BIOTECNOLOGIA: PRINCIPIOS BIOLOGICOS

Los autores han trabajado juntos como Profesores del MSc en Biotecnología y BSc en Biología Aplicada en el Politécnico de Hatfield a partir de cuyas enseñanzas ha nacido este libro.

Los cuatro tienen una gran experiencia industrial e investigadora. El profesor K. H. Goulding es actualmente Director del Departamento de Biología Aplicada del Politécnico de Lancashire.

Traductores

Prof. Juan Antonio Ordóñez Pereda

Catedrático de Nutrición y Bromatología.
Departamento de Higiene y Tecnología de los Alimentos.
Facultad de Veterinaria. Universidad Complutense. Madrid.

Secciones: I, II y III

Prof. Miguel Angel Asensio Pérez

Profesor Titular de Nutrición y Bromatología.
Departamento de Higiene y Tecnología de los Alimentos.
Facultad de Veterinaria. Universidad de Extremadura. Cáceres.

Sección: IV

Profra. Carmen San José Serrán

Profesor Titular de Tecnología de los Alimentos.
Departamento de Higiene y Tecnología de los Alimentos.
Facultad de Veterinaria. Universidad Complutense. Madrid.

Sección: V

BIOTECNOLOGIA: PRINCIPIOS BIOLOGICOS

M. D. Trevan, S. Boffey,
K. H. Goulding y P. Stanbury

Editorial ACRIBIA, S. A.
ZARAGOZA (España)

Título original: Biotechnology: The Biological Principles

Autores: M. D. Trevan, S. Boffey, K. H. Goulding y P. Stanbury

Editorial: Open University Press

*This edition is published by arrangement with **Open University Press,** Milton Keynes*

I.S.B.N.: 84-200-0671-8

IMPRESO EN ESPAÑA PRINTED IN SPAIN

Depósito legal: Z. - 2.555-89 Editorial ACRIBIA, S. A. - Royo, 23 - 50006 Zaragoza

Imprime: Tipo Línea, S. A. - Isla de Mallorca, s/n. - 50014 Zaragoza, 1990

Indice de contenido

Preámbulo

Como los autores de esta obra correctamente apuntan, la Biotecnología es una actividad que ha ocupado a la humanidad durante un muy largo período, al menos durante cinco o seis mil años. Sin embargo, es sólo desde el advenimiento de la «Ingeniería genética» cuando se ha reconocido como una actividad fundamental de la vida humana. En este sentido, constituye uno de los mejores ejemplos de cómo una actividad con la que hemos estado familiarizados ha estado inmersa en la oscuridad y ha emergido a la más absoluta claridad a consecuencia de un nuevo y excitante descubrimiento. El próximo impulso probablemente será el arranque de una nueva serie de avances dentro de las más viejas áreas de este campo. En este ejemplo, la Ingeniería genética no es sólo la causa de la evolución actual de la Biotecnología sino que constituye, como ha dicho John Higgins, «un dramático ejemplo de la dificultad de predecir qué áreas de las ciencias básicas probablemente conducen a aplicaciones importantes». El descubrimiento de la tecnología del DNA recombinante se debe a la gran cantidad de ayudas efectuadas a la investigación en Biología Molecular durante más de cuarenta años. Incluso tan tarde como en las postrimerías de la década de los sesenta, era normal criticar el apoyo relativamente importante que se había hecho a esta «fascinante» área de la Química y de la Biología sin que nada útil resultara de una forma directa. Actualmente, sin embargo, se reconoce que ha conducido a descubrimientos que afectarán radicalmente a la humanidad.

En la década de los cincuenta, unos pocos pioneros, empeñados en el progreso de la fermentación industrial para la fabricación de antibióticos, empezaron a desarrollar la Bioquímica a gran escala, la «Ingeniería bioquímica», como se llamó entonces al no haberse acuñado aún el término de «Biotecnología». Sin embargo, no se tuvo más noticia de esos esfuerzos hasta que la comprensión de la genética de los microorganismos alcanzó un estado en que dichos conocimientos pudieron explotarse comercialmente. Basándose en los conocimientos fundamentales de genética bacteriana, establecidos a partir de los trabajos de Monod, y apoyándose en las investigaciones sobre replicación del DNA, síntesis proteica, el código genético, enzimas de restricción y plásmidos bacterianos, emergió en el curso de cuarenta años un panorama completamente nuevo de las ciencias biológicas pero cargado de problemas científicos, éticos e industriales. La excitación engendrada por esta revolución y el poder de las técnicas que surgieron, estimularon a muchos investigadores líderes en el tema a sobrevalorar, y a los industriales a sobreestimar, el potencial comercial inmediato de los descubrimientos. El principal fallo fue no apreciar claramente que la genética era sólo el estado preliminar de la producción de un producto comercial y que las fases intermedias no eran sólo difíciles sino, en muchos casos, desconocidas.

Este texto ha sido diseñado para asistir a los estudiantes y a los industriales que tienen o que tendrán que vérselas con estas áreas biotecnológicas. La mayoría de los textos hasta ahora existentes sobre Biotecnología han mostrado una tendencia a ser muy especializados o, al contrario, de carácter general. No hemos encontrado en el mercado un libro de nivel intermedio que trate de los conceptos relevantes de la ciencia relativos a la Biotecnología y que sea apropiado para los estudiantes universitarios y técnicos en otros campos cuyas actividades rozan con la Biotecnología. Debido a la gran cantidad de materia del tema, los autores han tenido que ser selectivos; se han centrado fundamentalmente en sus propias áreas de experiencia para que el texto sea digno de confianza y su entusiasmo persuada al lector, un aspecto siempre estimulante de un libro. Este es un ganador y seguramente tendrá una buena acogida.

Eric M. Crook
Ex-profesor de Bioquímica
en el Departamento de Bioquímica
de St. Bartholomew's Medical School.
Londres.

Prefacio

En la actualidad, la publicación de un libro podría parecer a muchas personas la actividad más lucrativa bajo el «paraguas» de la Biotecnología; entonces ¿por qué aún otro más? Este libro en particular se ha escrito teniendo firmemente en la mente a los estudiantes de Biotecnología; ha surgido de la propia experiencia docente de los autores en las disciplinas biológicas, tanto a nivel de estudiante universitario como de postgraduado, que sustentan los avances biotecnológicos actuales. Nuestra intención ha sido escribir un libro que lleve a los estudiantes desde sus conocimientos básicos de Bioquímica, Microbiología y Biología Molecular y les ayude a comprender de una forma racional los problemas de áreas específicas, como el metabolismo microbiano, el crecimiento y el cultivo de microorganismos, la manipulación genética y la tecnología de los biocatalizadores. El libro se divide en cuatro principales secciones que cubre cada uno de esos aspectos. Al subdividir el libro de esa forma hemos tenido presente la naturaleza multidisciplinar de la Biotecnología pero también éramos totalmente conscientes de la necesidad de una presentación integrada. Por ello, hemos intentado, dondequiera que fuera necesario, llenar el texto de referencias cruzadas para que el libro resultante formara un conjunto coherente, asegurando un nivel de tratamiento similar a través de todo él. Sólo el tiempo dirá el éxito que hemos tenido. Para lograr lo que anteriormente se indicaba, cada sección recoge al principio una lista de conceptos de los que debe tenerse un conocimiento básico junto con unas pocas sugerencias de otros textos generales a los que el lector puede recurrir.

En consecuencia, tendríamos un tema continuo; metabolismo microbiano, cómo y por qué crecen los microorganismos y sobre qué; cómo pueden cultivarse los microorganismos; los productos que pueden obtenerse de ellos; cómo puede mejorarse la productividad mediante el uso de métodos convencionales y de ingeniería genética; cómo se realiza la ingeniería genética y qué más puede hacerse; el valor de los enzimas como un grupo de compuestos biológicos que son importantes tanto como productos de valor como susceptibles para aplicar ingeniería genética; cómo se pueden aislar y purificar los enzimas; cómo se pueden gobernar e incrementar sus actividades catalíticas y cómo se pueden utilizar los enzimas para incrementar la productividad microbiana y en las técnicas de ingeniería genética.

Como ayuda a los lectores, hemos realizado una presentación gráfica y tabular del contenido con la frecuencia que ha sido posible y hemos incluido un breve resumen al final de cada capítulo. Esperamos también que este libro sea de utilidad para los biotecnólogos prácticos que requieran un conocimiento del tema, al margen de su propia experiencia.

Hemos excluido deliberadamente dos importantes aspectos biológicos de la Biotecnología: cultivo de células vegetales y cultivo de celulas tisulares animales. Lo hemos hecho así porque ambos temas son áreas de naturaleza más especializada, raramente tratada con eficacia a nivel de estudios universitarios y, por otra parte, pretendiamos que el texto tuviera una longitud razonable.

Más sujeto a polémica, hemos dado, también deliberadamente, un enfoque intuitivo a aquellas áreas que habitualmente implican fórmulas matemáticas. Con ello, se ha intentado desarrollar una comprensión innata sobre la que pueda unirse un conocimiento detallado de las manipulaciones matemáticas necesarias. Por razones de claridad del texto, hemos decidido excluir los números EC de los enzimas pero hemos incluido, en su lugar, un glosario de la sistemática de los nombres y números de los enzimas.

Por último, quisiéramos agradecer a todos nuestros amigos y colegas que han hecho comentarios útiles durante la preparación de este libro, a las personas de la editorial Open University Press que sin su estímulo y aliento este libro nunca se hubiera completado y a nuestras familias que sin su paciencia y comprensión el presente proyecto hubiera sido imposible. Esperamos que este libro cubra su objetivo; cualquier falta o concepto erróneo es un fallo sólo de los autores; todo comentario o crítica de nuestros lectores será bien acogido.

M. D. Trevan
S. A. Boffey
K. H. Goulding
P. F. Stanbury

Agradecimientos

Las siguientes figuras se han reproducido con el permiso desinteresado de los titulares de la propiedad literaria.

Figura 6.1 from Malik, V. (1980) *Trends in Biochemical sciences,* **5** (3), 68–72, pub. Elsevier/North Holland Biomedical Press, Amsterdam.
Figura 7.2a Butterworth, D. (1984) In *Biotechnology of Industrial Antibiotics,* Ed. Vandamme, E. J., pp 225–236, pub. Marcel Dekker, New York.
Figura 7.2b Podojil, M., Blumaverova, M., Culik, K. and Vanek, Z. Ibid, pp 259–280.
Figura 7.2c Okachi, R. and Nara, T. Ibid, pp 329–366.
Figura 8.2a Dawson, P. S. S. (1974) Biotechnology and Bioengineering Symposium **4,** 809–819 pub. John Wiley, New York.
Figura 8.2b Taylor, I. J. and Senior, P. J. (1978) Endeavour, **2,** 31–34. pub. Pergamon Journals Ltd., Oxford.
Figura 8.2c Smith, S. R. L. (1980) Phil Trans. Roy. Soc. (London) B., **290,** 341–354. pub. Royal Society, London.
Figura 8.2d Hamer, G. (1979) In *Economic Microbiology,* Vol. 2. Ed. Rose, A. H. PP 31–45. pub. Academic Press, London.

Las siguientes figuras y tablas se han reproducido con el permiso desinteresado de los titulares de la propiedad literaria.

Figura 13.3 from Bruton C. J. in *Industrial and Diagnostic Enzymes* (Phil. Trans. R. Soc. Land. B **300,** (1983)) 246–261 Ed. Hartley, B. S. *et al* pub. Royal Society, London.
Figura 14.6 from Katchalski E. & Goldstein, L. (1972) Biochemistry **11,** 4072, American Chemical Society.
Figuras 14.7, 14.13, 14.17 and 14.19 from Trevan, M. D. (1980) *Immobilized Enzymes* pub. John Wiley & Sons, Chichester.
Figura 14.11 from Wharton, C. W., Crook, E. M. Brocklehurst, K. (1968), Eur. J. Biochem **6,** 572–578 pub. Federation of European Biochemical Societies.
Figura 14.15 from Simon, L. M. *et al* (1985) Enz. Microb. Technol. **7,** 357–360 pub. Butterworth & Co. (Publishers) Ltd.
Tabla 14.7 from Chibata I & Tosa, T. (1976) in Appl. Biochem. & Bioeng. **1,** Ed. Wingard H. L. *et al* pp. 334–5 pub. Academic Press.

SECCION I

Introducción

M. D. Trevan

Capítulo 1

¿Qué es la Biotecnología?

«Superorganismos para la tercera revolución industrial» sería el tipo de titular de los medios de comunicación de los últimos años que garantizaría sentir un escalofrío a lo largo de la espina dorsal de cualquier biotecnólogo. El problema es su perspectiva. La visión normal del biotecnólogo se distorsiona a menudo por la interpretación sobre lo que es la biotecnología y hasta donde se puede llegar. El propósito de este breve capítulo de introducción es proporcionar una visión de la Biotecnología: quiénes (o qué) son los biotecnólogos y qué se pretende con la Biotecnología.

1.1 ¿Qué es?

La Biotecnología se ha definido de diversas formas, la mayoría de la veces insatisfactoriamente pero si se presiona a un biotecnólogo para que ofrezca una definición probablemente diría: «La aplicación de organismos, sistemas y procesos biológicos en las industrias manufactureras y de servicio». Esta vaga definición en la práctica significa «la biología aplicada para la obtención de un provecho financiero o, con menos frecuencia, humanitario». De hecho, la Biotecnología no existe como una disciplina científica ni es un campo interdisciplinar emergente sino más bien es multidisciplinar que abarca una amplia variedad de áreas temáticas distintas. Realmente, es tal la amplitud y especializaciones que incluye el término que una reunión de biotecnólogos recordaría el escenario de la Torre de Babel, debido a la diversidad de lenguajes y dialectos empleados.

El término «Biotecnología» se ha introducido recientemente en el lenguaje popular, hacia la mitad de la década de los años 70, como resultado del gran potencial resultante de la aplicación de las técnicas de biología molecular emergentes. Parece que esta palabra se utilizó por vez primera al comienzo de los años 20 por el Leeds City Council del Reino Unido cuando sus miembros fundaron un Instituto de Biotecnología. No obstante, los procesos biotecnológicos son anteriores a esa fecha; datan de hace unos 5.000 años cuando se descubrió la producción de bebidas alcohólicas por fermentación.

Los antiguos egipcios fueron tan lejos que en aquel tiempo incluso utilizaron pan mohoso (el predecesor de los antibióticos) como cataplasma para curar las heridas infectadas e introdujeron un servicio para detectar la gestación basado en el efecto de la orina en la velocidad de germinación del trigo y cebada (pero esa historia está desgraciadamente alejada de la finalidad del presente texto). Por lo tanto, puede decirse que la Biotecnología es una moderna tecnología ¡tan vieja como las montañas! El interés actual de la biotecnología se ha estimulado por el potencial que puede derivarse del matrimonio entre procesos y métodos biológicos (algunos antiguos, otros nuevos) y las técnicas de ingeniería y electrónicas. Los frutos de la Biotecnología han nacido en un árbol cuyas raíces son las ciencias biológicas, en particular la Microbiología, Genética, Biología Molecular y Bioquímica y sus ramas la Ingeniería Química en su sentido más amplio. El propósito de este libro es el de ser una introducción a los principios de las tres raíces principales: Microbiología, Catálisis Biológica y Biología Molecular.

1.2 ¿Quiénes son?

Debería ser ya evidente que definir lo que es un biotecnólogo entraña incluso más dificultad que definir la Biotecnología, no sólo porque ésta abarque un amplio espectro de disciplinas sino también debido a la naturaleza transitoria de la actividad exhibida por un individuo. Una persona puede ser un biotecnólogo una semana y un bioquímico (o un microbiólogo, etc.), la próxima. Si tuviéramos que enumerar a todos los individuos que ellos mismos creen que contribuyen al desarrollo de la Biotecnología, la lista tendría que incluir a bioquímicos, microbiólogos, genetistas, biólogos moleculares, biólogos celulares, botánicos, ingenieros agrónomos, virólogos, químicos analíticos, ingenieros bioquímicos, ingenieros químicos, ingenieros controladores, ingenieros electrónicos e informáticos. Y aún así la lista estaría incompleta, ya que deberiamos incluir también a economistas, contables, gerentes, es decir, aquellos individuos responsables de la creación de una tecnología comerciable a partir de una actividad científica interesante. Es saludable apuntar que todo lo que es científica y técnicamente posible no es necesariamente rentable y productivo.

1.3 ¿Cuántos y dónde?

Es imposible estimar el tamaño de la comunidad biotecnológica y donde desarrollan sus actividades. No obstante, pueden ofrecerse unos pocos indicadores. Las conferencias científicas internacionales sobre Biotecnología atraen a unos 3.000 participantes y, probablemente, esta cifra representa menos del 10 % de la comunidad total. Se estima que sólo en el Reino Unido existen, excluyendo las industrias tradicionales como la de cervecería, unos 2.000 biotecnólogos y que dicho número puede, probablemente, crecer al ritmo del 20 % anual en los próximos 10 años.

La distribución de empleos en relación con el lugar de trabajo (por ejemplo, industria, institutos de investigación, institutos de educación superior) varía entre países pero, probablemente, la minoría desarrolla sus actividades en la industria, siendo las químicas y farmacéuticas las que emplean a más biotecnólogos bien directamente o a través de la financiación de pequeñas empresas biotecnológicamente independientes. En los institutos de investigación, las preocupaciones principales son las relacionadas con la salud y con la agricultura. *Omnipresencia* es la palabra clave en las instituciones de educación superior.

1.4 ¿Qué hacen?

La actividad de los biotecnólogos puede encuadrarse dentro de ocho áreas principales, las que se recogen en la Figura 1.1.

1.4.1. *DNA recombinante e Ingeniería Genética*

Entre todos las disciplinas, la biología molecular ha sido la que probablemente ha proporcionado el mayor impulso hacia la unificación de la Biotecnología. La posibilidad de separar un gen que codifica la producción de una determinada sustancia y transferirlo a otro microorganismo ha abierto el camino a la producción más eficaz de una proteína útil o a la introducción de una nueva característica en el microorganismo hospedador. Por ello, se ha hecho realidad la producción a gran escala de hormonas, vacunas, factores coagulantes de la sangre o enzimas por una bacteria común. Pero ¿por qué recurrir a esta dificultad?, ¿por qué no extraer la proteína deseada de su fuente original? Existen cuatro razones para ello. Primera, no resulta práctico con frecuencia cultivar ciertos tipos de células a gran escala. Por ejemplo, las células de mamíferos, en particular las de origen humano, pueden ser difíciles de obtener, crecen lentamente y, no se prestan para ser cultivadas por los métodos tan simples disponibles para los microorganismos. Se ha especulado que la obtención de interferón a partir de cultivos de células humanas sea probablemente sustituida, a más largo término, por la producción por microorganismos genéticamente modificados. Esto presupone, por supuesto, que las diferencias estructurales entre los interferones obtenidos de ambas formas no tienen un efecto significativo en su acción. Segunda, el suministro de la fuente material natural puede ser estrictamente limitada. Es normal que los medios utilizados induzcan una indignación moral pública cuando surgen comentarios en los séquitos mortuorios acerca de la extracción de las glándulas pituitarias para la obtención de la hormona humana del crecimiento. Tercera, la fuente natural puede estar inevitablemente contaminada. Los hemofílicos que reciban el factor XIII corren el riesgo de contaminarse también de hepatitis o, ultimamente, de SIDA. Cuarta, el coste.

Esta tecnología ofrece, además, una posibilidad adicional: la producción de proteínas nuevas. Permítasenos ejemplarizar la situación con enzimas. El uso de enzimas como catalizadores industriales es limitado debido, en parte, a las propiedades de los enzimas disponibles. Estas propiedades, en particular la especificidad, la aptitud catalítica y la estabilidad, están gobernadas por la estructura precisa de la molécula enzimática. Al modificar selectivamente el gen que codifica la síntesis del enzima antes de que se inserte en el microorganismo hospedador, la estructura, y por ende las propiedades del enzima, puede ser modificada de una forma ventajosa y, por tanto, obtenerse una nueva estirpe de superenzimas.

La modificación del genoma de plantas económicamente importantes tienen también un futuro prometedor. La introdución de la capacidad de fijar nitrógeno atmosférico en los cultivos no sólo vendría a solucionar el problema de los gastos ocasionados por la aplicación de fertilizantes sino que también eliminaría el peligro potencial que supone la contaminación de las aguas con nitratos arrastrados de los campos agrícolas. Se estima que se podría producir coles de bruselas fijadoras de nitrógeno a mitad de precio que las variedades tradicionales. ¡Que la producción de coles de bruselas a mitad de precio sea un objetivo prioritario es quizás más cuestionable! Se podrían aumentar las tasas proteicas contenidas en las semillas y obtenerse, por ejemplo, trigo con una gran riqueza proteica. También cabe la posibilidad de que los cultivos puedan ser manipulados genéticamente y conferirles una mayor resistencia a herbicidas o a ciertas infecciones.

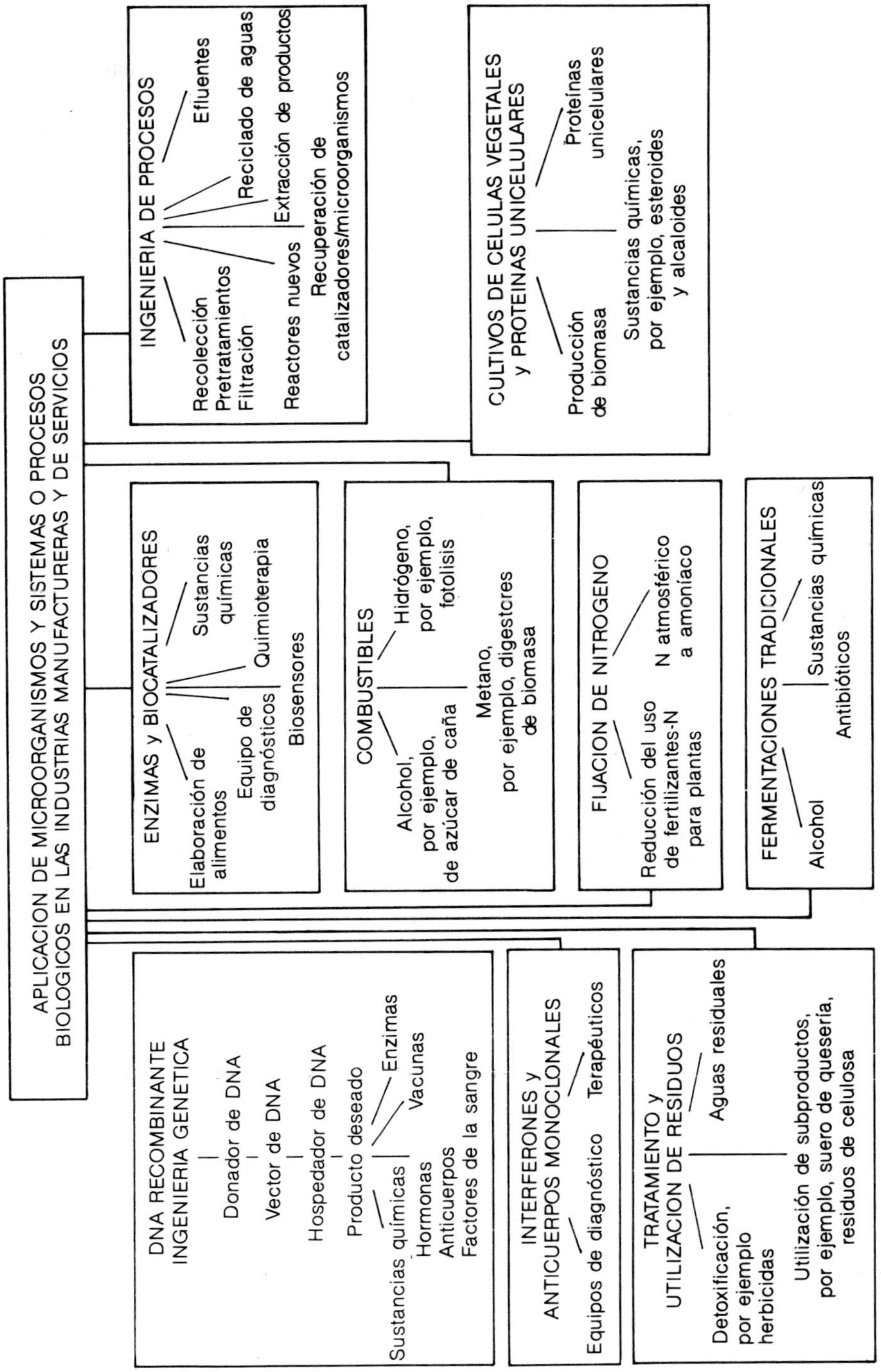

Fig. 1.1 Areas de interés en biotecnología

1.4.2 *Cultivo de células de mamíferos*

Es probable, por legitimidad científica o por razones económicas, que algunas proteínas de mamíferos puedan sólo producirse a partir de cultivos de células de mamíferos. Los dos aspirantes más claros de esta categoría son los anticuerpos monoclonales, por la complejidad que entraña la transcripción y transferencia de su material genético, y los interferones, por razones de costes y eficacia. Estos tipos de proteínas alcanzarán probablemente mayor importancia en el futuro tanto para la preparación de productos terapéuticos como por sus aplicaciones analíticas (véase biosensores, Capítulo 14, Sección 14.7). Por ello, el problema del cultivo de células de mamíferos a gran escala es una de las principales preocupaciones de los biólogos celulares y de los ingenieros bioquímicos en el futuro que se avecina.

1.4.3 *Plantas y cultivos de células vegetales*

Las plantas, aparte de su papel clave en la provisión de alimentos, son también una fuente importante de materia prima. En la actualidad, es probable que sean los almidones y el azúcar los productos de esta categoría que más se utilizan. El 90 % de los automóviles de Brasil circulan merced a una mezcla de petróleo y alcohol, derivando este último de la fermentación del azúcar de caña. Se ha propuesto también al azúcar como una materia prima para la industria química. De hecho existen técnicas para transformar, por ejemplo, el azúcar en óxido de etileno aunque, en la actualidad, la diferencia de precio entre el azúcar y ese gas no es lo suficientemente grande (Tabla 1.1) como para prepararlo comercialmente a partir de azúcar.

Tabla 1.1 Precio de diversos productos biológicos y otros no biológicos (1980)

Biológicos	*Precio (£/tonelada)*	*No biológicos*
	10 000 000	Oro
Aceite de jazmín	4 000 000	
Azafrán	4 000 000	
Vitamina B_{12}	2 300 000	
Capsaicina (chile)	250 000	
Penicilinas	45 000	
	5500	Politetrafluoroetileno
Queso	1300	
	1270	Aspirina
Acido cítrico	700	
	500	Oxido de etileno
Levadura	460	
Azúcar	350	
Cerveza (sin impuestos)	280	
	160	Nafta
Harina de soja	115	
	85	Crudo de petróleo
Melazas	80	

Las plantas constituyen también una importante fuente de medicamentos valiosos; un 25 % de los medicamentos de la moderna farmacopea son de origen vegetal. Sin embargo, la producción de medicamentos a partir de plantas cultivadas implica una dependencia de diversos factores como el clima y factores políticos y comerciales que conllevan, desde el punto de vista económico, una producción, a veces, inestable. En gran parte es por estas razones por lo que se ha desarrollado la ciencia (a veces se le denomina arte) del cultivo de células vegetales. El cultivo de células vegetales a gran escala para la producción de biomasa *per se* o para la extracción de un producto determinado que proporciona un gran rendimiento a partir de dichos cultivos se está tranformando en una tecnología muy interesante. La mayoría de los productos de gran valor así obtenidos se denominan metabolitos secundarios, sintetizados por las células en su fase estacionaria, es decir, cuando no está en la fase activa de crecimiento. Un aspecto adicional de esta tecnología es la inmovilización de células vegetales (véase Capítulo 14, Secciones 14.2.3, 14.2.4.7 y 14.4) que pueden mantenerse en un biorreactor a altas concentraciones durante meses. ¡Si siempre los vegetales fueron fábricas agrícolas es lo que verdaderamente debe ser! Hasta el momento la tecnología es cara por lo que los productos que se obtienen alcanzan un gran precio (normalmente excede a los 500 dólares por kg). Sin embargo, a medida que la tecnología avance y los costes sean más bajos se podrán producir materiales en grandes volúmenes y a menos precio, tal es el caso de ácido glicólico que se utiliza como materia prima para la industria química.

1.4.4 *Petróleos*

En el mundo, es lo que se nos dice, está escaseando el combustible, en particular los minerales y a medida que el suministro sea menor el crudo existente adquirirá un mayor valor como materia prima para la industria química (para la producción de plásticos, etc.), y para ser utilizado como combustible. La Biotecnología podría aportar dos soluciones: nuevos combustibles (véase Capítulo 15, Sección 15.4) y una fuente alternativa de materia prima de carbono. El proceso de obtención de alcohol como combustible en Brasil (véase anteriormente) está, desde un punto de vista económico, bastante equilibrado, dado que el alcohol debe destilarse antes de su uso, un proceso que consume energía. En este caso, el proceso es energéticamente económico (¡ahora!) al utilizar los residuos del azúcar de caña para la obtención del alcohol.

Otro combustible potencial obtenido por vía biotecnológica es el metano. Todo lo que se necesita es algún residuo sucio (o sustrato similar) y un agujero en el terreno con una tapa en la parte superior; la naturaleza hace el resto. Existen, obviamente, salas para mejorar tal tecnología. Este caso es un ejemplo de una tecnología que puede transferirse a las sociedades agrícolas del tercer mundo sin muchas dificultades.

El combustible biotecnológico más sofisticado y más deseado quizás sea el hidrógeno derivado de la biofotolisis del agua. Ya existe la tecnología para el almacenamiento y manipulación de hidrógeno y, en algunos aspectos, es de uso más seguro que la del petróleo y sujeta a menos problemas transaccionales en el comercio. La producción biofotolítica de hidrógeno a partir de agua ya se ha conseguido; se basa en la combinación de fotosistemas de vegetales, enzimas hidrogenasas de origen bacteriano y luz. En el momento presente existen aún una serie de problemas: la inestabilidad de las hidrogenasas y la relativa ineficacia de la conversión de la luz en energía por la clorofila. Sin embargo, existen publicaciones de que tales sistemas permanecen activos durante meses. La gran ventaja de un combustible de hidrógeno derivado del agua es que cuando se quema no produce contaminación alguna y regenera su producto original. Al menos en este aspecto es el combustible ideal.

1.4.5 *Biocatálisis*

Los enzimas son catalizadores supremos de la naturaleza que exhiben una gran especificidad y un enorme poder catalítico. Su potencial para una vasta variedad de aplicaciones es el principal interés de este libro. Los enzimas se han utilizado durante siglos; en particular para la producción de alimentos (por ejemplo, queso, eliminación de pelos del cuero) y representa un de las más viejas formas de biotecnología. Más recientemente, ha surgido un gran interés en el uso de enzimas (purificados o en células muertas o parcialmente vivas) en el tratamiento de alimentos, producción de sustancias químicas, sistemas analíticos y de diagnóstico y en el tratamiento de enfermedades. Este reciente interés se debe, en gran parte, al profundo conocimiento de la función y naturaleza de los enzimas y también a las nuevas tecnologías en la manipulación de biocatalizadores, sobre todo su inmovilización dado que pueden fijarse en un reactor o en una sonda sensora.

1.4.6 *Tratamiento y utilización de productos residuales*

Los residuos es un problema que la humanidad tiene planteado desde hace mucho tiempo. Lejos están los tiempos en los que un grito emitido desde un piso alto indicaba que le seguiría el contenido de un recipiente lanzado desde la habitación. Actualmente, las depuradoras constituyen un buen ejemplo de una Biotecnología simple: un lecho fijo de microorganismos que degradan los productos residuales que caen sobre ellos. Sin embargo, existen muchas otras formas de residuos que con la tecnología adecuada no sólo sería más fácil deshacerse de ellos sino quizás también convertirlos en productos útiles. Por ejemplo, la producción de queso comienza con la coagulación de la leche para formar la cuajada (sólida) y suero (líquido). A diferencia de la pequeña Sra. Muffet, nosotros mostramos una tendencia a no consumir el suero y sí a eliminarlo. Una fábrica de queso de tamaño medio puede producir miles de litros de suero al día y arrojarlo a la alcantarilla; esta operación no sólo presenta problemas de contaminación sino que constituye una pérdida económica. El suero se compone de unas pocas proteínas, minerales y alrededor del 4 % de lactosa. La lactosa como tal no es un producto particularmente útil; las dos terceras partes de la población mundial no puede digerirla y además es un producto no muy dulce ni tampoco muy soluble. Sin embargo, tiene alguna aplicación en la fabricación de helados, sopas preparadas y postres pero su uso podría ampliarse muchisimo si su molécula se rompiera para obtener los dos azúcares que la componen: glucosa y galactosa. Se han desarrollado procesos basados en la utilización del enzima β-D-galactosidasa que justamente cataliza esa hidrólisis.

La celulosa es otro material residual abundante, particularmente en forma de paja resultante de la recolección de los cereales. Tradicionalmente, este material se ha dejado abandonado en el campo o, en tiempos más recientes, se quema. Esta última operación se está prohibiendo gradualmente en el mundo desarrollado por razones ambientales principalmente. En teoría, los residuos de celulosa podrían degradarse y utilizarse como materia prima para la producción de proteína microbiana. Se ha estimado que la cantidad de proteína que se podría obtener de esta forma a partir de residuos agrícolas podría ser suficiente como para alimentar a la población total del mundo — una idea muy seria.

Finalmente, existen una serie de productos, como los herbicidas, que una vez utilizados para el fin que se emplearon son materiales residuales muy problemáticos. En este caso, también sería posible desarrollar métodos biológicos para conseguir su detoxificación *in situ*.

1.4.7 *Fermentación*

La fermentación comparte con la biocatálisis la característica de ser la forma más vieja de biotecnología. Tradicionalmente, la fermentación significaba la producción de alcohol de bebida a partir de los carbohidratos. Sin embargo, la fermentación —es decir, la aplicación del metabolismo microbiano para transformar una materia prima simple en productos de valor— puede producir una asombrosa variedad de sustancias útiles, por ejemplo, sustancias químicas como ácido cítrico, antibióticos, biopolímeros y proteínas unicelulares. El potencial es tan inmenso y variado como los mismos microorganismos. Lo que se necesita es conocer los microorganismos, controlar su metabolismo y crecimiento y manejarlos a gran escala. Estos aspectos se tratan extensamente en los capítulos siguientes de este libro (Capítulos 2-9).

1.4.8 *Ingeniería de procesos*

Para el científico del laboratorio una cosa es clonar un gen nuevo, descubrir un nuevo antibiótico o inventar un proceso catalizado por un enzima y otra cosa muy diferente es transferir este conocimiento a la escala que se requiera para obtener el producto en suficiente cantidad que haga rentable la operación. Esto último concierne al ingeniero, bien sea químico, bioquímico o de cualquier otra titulación. La recolección, el pretratamiento y filtración de la materia prima, el diseño del reactor, la recuperación/reutilización del biocatalizador o microorganismo, la extracción y análisis del producto, el tratamiento de efluentes, el reciclado del agua, etc. Todas estas operaciones conciernen al ingeniero. Los ingenieros químicos han mostrado por sí mismos estar muy versados en la manipulación de procesos químicos a gran escala. Sin embargo, los procesos biológicos difieren de los químicos en muchos aspectos importantes, por ejemplo, la necesidad de la esterilidad, la rentabilidad de la producción o la obtención de productos muy lábiles diluidos en grandes volúmenes de agua. Problemas como estos y otros nuevos que surjan constituyen, en la actualidad, un desafío a la ingenuidad tecnológica del hombre. Si no se solucionan, el biólogo bien podría archivar su tecnología y retornar a la historia natural.

1.5 ¿Cuánto cuesta?

¿Cuál es el precio de la Biotecnología? La contestación de esta pregunta requiere tener en cuenta tanto el valor inherente de los productos obtenidos por vía biológica como la contribución de las industrias relacionadas con la Biotecnología al producto doméstico bruto (GDP) de una economía. La Tabla 1.1 muestra una interesante comparación entre los precios brutos de productos biológicos y no biológicos.

En la cabecera de la lista está el oro pero le siguen el aceite de jazmín y el azafrán. En una cultura distinta quizás estos últimos productos podrían ser los valores que se atesoraran. Ya se ha hecho anteriormente alguna consideración en relación con el precio del azúcar y del óxido de etileno (véase páginas anteriores). Una de las comparaciones más sorprendente es la referente a los precios del queso y aspirina (bastante similares). Sin embargo, al detalle la aspirina cuesta unas 50 veces más que el queso. Esto no refleja necesariamente los relativos márgenes de beneficio de las industrias alimentarias y farmacéuticas sino más bien ilustra la importancia del volumen del producto en el mercado. El valor relativo de un producto depende no sólo del precio de venta del mismo sino también de la cantidad de producto que se coloque en el mercado. La Tabla 2, en la que se muestra el valor del comercio mundial de ciertos productos biológicos, ayuda también a comprender el razonamiento anterior; la producción de aceite de jazmín, un

Tabla 1.2 Comercio mundial de productos biológicos (1981)

Producto	*Libras (millones)*
*Bebidas alcohólicas	23 000
*Queso	14 000
**Antibióticos	4500
**Pruebas de diagnóstico	2000
†Semillas	1500
*Jarabes de fructosa concentrados	800
*Aminoácidos	750
*Levadura	540
**Esteroides	500
**Vitaminas	330
*Acido cítrico	210
*Enzimas	200
**Vacunas	150
**Seroalbúmina bovina	125
**Insulina	100
**Urokinasa	50
**Factor VIII	40
**Hormona del crecimiento	35
†Pesticidas microbianos	12
**Aceite de jazmín	8
Total:	48 850

Resumen

Producto	*Libras (millones)*
*Alimentos	39 500
**Productos sanitarios	7830
†Productos para la Agricultura	1512

artículo excesivamente caro, es de hecho una «industria» de bajó valor (8.000.000 de libras) porque la demanda del mismo es relativamente baja. Sin embargo, puede deducirse claramente que los productos biológicos son artículos de gran valor tanto por el precio al por mayor de los mismos como por el que alcanzan en el mercado.

Si las industrias afines a la Biotecnología se clasifican de acuerdo con la naturaleza y forma de fabricar sus productos puede deducirse (Tabla 1.3) que, exceptuando los productos destinados a la agricultura, contribuyen al producto nacional bruto (GDP) en un 20-25 %. Sin embargo, en términos de crecimiento económico nacional, las cifras muestran que el mayor potencial corresponde a las industrias alimentaria y química en vez de a la industria médica/farmacéutica. Sorprende, por tanto, que la mayoría de la estrategia nacional para el desarrollo biotecnológico se deba precisamente a la industria

Tabla 1.3 Contribución de las indutrias relacionadas con la Biotecnología al GDP (Producto nacional bruto) (% OCDE 1978)

		Industria	
País	*Alimento*	*Química*	*Sanitaria*
Francia	10.5	12.8	No disponible
Alemania	7.4	15.1	1.1
Japón	8.9	14.9	1.4
Nueva Zelanda	15.5	6.0	0.3
Noruega	13.2	8.8	0.2
Suecia	7.9	7.1	0.5
Reino Unido	9.8	14.8	1.0
Estados Unidos	9.1	13.6	0.8

Tabla 1.4 Subvenciones de diversos gobiernos a la investigación y desarrollo biotecnológicos (1983)*

País	*Libras (Millones)*
Estados Unidos	495
Alemania Occidental	96
Japón	90?
Francia	66
Reino Unido	60
Italia	27
Holanda	21
Bélgica	13

* Estimaciones de la CEE

médica/farmacéutica y que la mayoría de los gobiernos subvencionen la investigación en estas áreas (en el caso del Reino Unido más del 60 % de la subvención estatal corresponde a dichas áreas). Si esta situación está relacionada con el altruismo humano o se debe al hecho de que los productos biotecnológicos se obtienen más rápidamente justamente en el área de la salud es una cuestión abierta a debate. El dinero que emplean diferentes gobiernos en subvenciones para la investigación y desarrollo biotecnológico se muestra en la Tabla 1.4 aunque estos datos deben interpretarse con suma cautela.

En conclusión, puede decirse que la Biotecnología es ya un recurso muy valioso cuya tendencia en el futuro sólo puede ir en aumento.

1.6 ¿Hacia dónde?

Ya hemos analizado en las secciones precedentes de este capítulo parte de los objetivos y potencial de la Biotecnología. El desarrollo de la Biotecnología será un asunto

Tabla 1.5 Predicciones de la OCDE en productos biotecnológicos obtenidos por Ingeniería Genética (1981)

Insulina humana	1985
Interferón (tratamiento del cáncer)	1987
Interferón (antivírico)	1988
Vacuna de la hepatitis B	1990
Hormona del crecimiento	1990

a largo plazo dependiente del capricho del mercado y de la competencia con otras tecnologías en desarrollo. La predicción del futuro es un juego de locos en el mejor de los casos, pero puede ser de utilidad recordar algunas previsiones y ciertos escollos. La Tabla 1.5 es una lista de las previsiones hechas por la OCDE en 1981 acerca de cuando se comercializarían ciertos productos obtenidos por ingeniería genética. Es interesante por dos razones. Primera, parece probar que dichas previsiones son bastante exactas. Segunda, algunas de esas previsiones están siendo desplazadas por el desarrollo de otras tecnologías. Así, la insulina de cerdo químicamente modificada, indistinguible en términos moleculares, de la insulina humana apareció en el mercado en 1983. El interferón, el fármaco maravilloso aunque en el fondo puede que no lo sea tanto, para el tratamiento del cáncer puede que sea desplazado con este fin por descubrimientos más modernos, como el TNF (factor de necrosis tumoral).

1.7 Resumen

La llave del desarrollo con éxito de la Biotecnología depende bien de la obtención de productos que no puedan producirse de otra forma o bien de la obtención de un producto existente pero más barato. Es bastante obvio, sin embargo, que el último planteamiento implica el uso de una tecnología existente que puede ser mejorada y, por tanto, constituye un riesgo considerable. La tabla 1.6 muestra algunos de los más oscuros productos y servicios biotecnológicos que constituyen el principal objetivo del desarrollo biotecnológico a medio plazo y que están incluidos en el primer planteamiento.

¿La Biotecnología es la próxima revolución industrial? Que sea así es incierto pero podemos estar seguros que la Biotecnología está aquí para quedarse.

Tabla 1.6 Productos y servicios biotecnológicos posibles a medio plazo (De Dunnill y Rudd, 1984)

Vacunas para el resfriado común
Sustitutos del tabaco más competitivos (más seguro)
Colágeno «unicelular» para filetes
Vinos más baratos de «primera categoría»
Pruebas de diagnóstico precisas
Plantas de floración nueva
Métodos analíticos para estimar la respuesta humana a alimentos nuevos, medicamentos
Medicamentos ultraespecíficos contra un «blanco» definido

SECCION II

Crecimiento microbiano

K. H. Goulding

Conceptos que deben conocerse

Metabolismo básico, como la glicolisis, ciclo del TCA, metabolismo de los ácidos grasos.

Conservación de energía, como fosforilación oxidativa y fotofosforilación.

Libros útiles

Lehninger, A. L. (1982). *Principles of Biochemistry*. New York, Worth Publishers.
Stryer, L. (1981). *Biochemistry*. San Francisco, W. H. Freeman and Co.

Capítulo 2

Introducción al metabolismo

Se dice con frecuencia que la Bioquímica es la materia que unifica a las ciencias biológicas. La evidencia que sustenta tal aseveración proviene de los estudios comparativos del metabolismo celular y de los mecanismos de conservación de la energía. Aparte de las diferencias estructurales y organizativas fundamentales entre los organismos procariontes y eucariontes (entre ellas, en los procariontes, falta de membrana nuclear y ciertas estructuras como mitocondrias, cloroplastos y diferencias en la organización, replicación y expresión del material genético), todos los organismos muestran una marcada similitud a nivel celular. De hecho, incluso muchos rasgos estructurales y algunos aspectos de organización, replicación y expresión del material genético son muy similares en las bacterias y plantas y animales superiores pero las semejanzas entre estos grupos se acentúan extraordinariamente cuando se comparan los procesos metabólicos básicos.

2.1 Generación de ATP

Todos los organismos, para crecer y mantenerse, han de ser capaces de generar el nucleótido de alta energía adenosín trifosfato (ATP), para que pueda utilizarse en procesos que consumen energía, como el transporte y la biosíntesis, que son esenciales para la vida. Los procesos biosintéticos dependen de un suministro adecuado de carbono y nitrógeno y generalmente comienzan a partir de una pequeña lista de compuestos, los denominados *intermediarios metabólicos centrales.* Aunque existen variaciones, las rutas implicadas en la producción de ATP son, en esencia, similares en todos los organismos.

Las plantas, cianobacterias y otras bacterias fotosintéticas producen ATP fundamentalmente a través de mecanismos fotosintéticos de transporte de electrones; se conocen como *fototrofos.* En cambio, en los *quimiotrofos* el ATP deriva de la oxidación de compuestos orgánicos que, en los microorganismos, se denominan sustratos del crecimiento. Las rutas oxidativas implicadas y los procesos de transporte de electrones asociados son notablemente similares en todos los organismos. En aerobios, estos procesos se denominan habitualmente como *respiración celular* mientras que en los anaerobios, o en aerobios que funcionan en condiciones anaeróbicas, reciben el nombre de *respiración anaerobia* o *fermentación.*

La gran mayoría de los organismos utilizan mecanismos respiratorios similares, los cuales se discuten ampliamente en la mayoría de los libros de texto de Bioquímica (véase, por ejemplo, Lehninger, 1982; Stryer, 1981) y, por tanto, no se describirán con detalle en la presente obra; sólo se muestra un esquema básico del metabolismo respiratorio en la Figura 2.1. En ella se observa que virtualmente cualquier tipo de sustrato del crecimiento que contengan tres o más átomos de carbono puede oxidarse, directa o indirectamente, vía los intermediarios de la *ruta glicolítica* a acetil CoA que posteriomente se oxida completamente a dióxido de carbono vía el *ciclo del ácido tricarboxílico* (TCA o ciclo de Krebs). En consecuencia, sutratos como polisacáridos, monosacáridos y sus fosfatos, los ácidos orgánicos y los aminoácidos se oxidan a intermediarios glicolíticos que nuevamente se oxidan para rendir acetil CoA mientras que los lípidos se oxidan directamente a acetil CoA vía la ruta de la *β-oxidación.* El acetil CoA ingresa después en el ciclo del TCA al condensarse con un ácido orgánico de cuatro átomos de carbono, el ácido oxalacético, para rendir ácido cítrico, de seis carbonos. El citrato se oxida mediante una serie de reacciones cíclicas que regeneran oxalacetato y liberan dos moléculas de dióxido de carbono. Por tanto el acetato, de dos átomos de carbono, se oxida vía el ciclo del TCA rindiendo dos moléculas de dióxido de carbono. En varias etapas durante estos sucesos oxidativos, se reducen los aceptores de electrones (X en la Figura 2.1), como el nicotín adenín dinucleótido (NAD^+). Estos son posteriormente oxidados de nuevo mediante una *cadena de transporte de electrones* en la que están implicados, entre otros intermediarios, varios citocromos que se oxidan y reducen alternativamente hasta la fase final en la que el oxígeno actúa como aceptor de electrones, produciéndose agua. Durante estas reacciones de transporte de electrones se libera energía aunque alguna porción de la misma se conserva mediante el proceso de *fosforilación oxidativa.* El resultado es la generación de ATP.

En conclusión, en la utilización aeróbica de los sustratos con tres o más átomos de carbono el proceso de generación de ATP es similar en todos los organismos. Sin embargo, existen diferencias entre los microorganismos, particularmente en aquellos capaces de crecer anaeróbicamente, en los que toleran condiciones anaeróbicas o en aquellos capaces de crecer a partir de sustratos con menos de tres átomos de carbono, como metano, metanol y ácido glicólico. Como dichos microorganismos son extremadamente importantes en Biotecnología, dichas variaciones se considerarán extensamente en los Capítulos 3 y 4. Además, e igualmente debido a su importancia biotecnológica, también se considerarán (Capítulo 5) las rutas metabólicas implicadas en la oxidación de otros compuestos, como hidrocarburos de cadena larga y sustratos aromáticos, cuya conversión en intermediarios de la glicolisis o del ciclo del TCA se realiza mediante reacciones especiales.

2.2 Generación de precursores biosintéticos

La segunda exigencia para el crecimiento y mantenimiento de los organismos (la generación de ATP es la primera) es la capacidad de sintetizar componentes celulares, como aminoácidos (precursores de las proteínas), monosacáridos, ácidos grasos y otros lípidos y nucleótidos precursores de los ácidos nucleicos. De nuevo, existe una extremada similitud entre todos los organismos en relación con la forma de realizar la síntesis de esas sustancias. Los detalles de las rutas implicadas se discuten exhaustivamente en

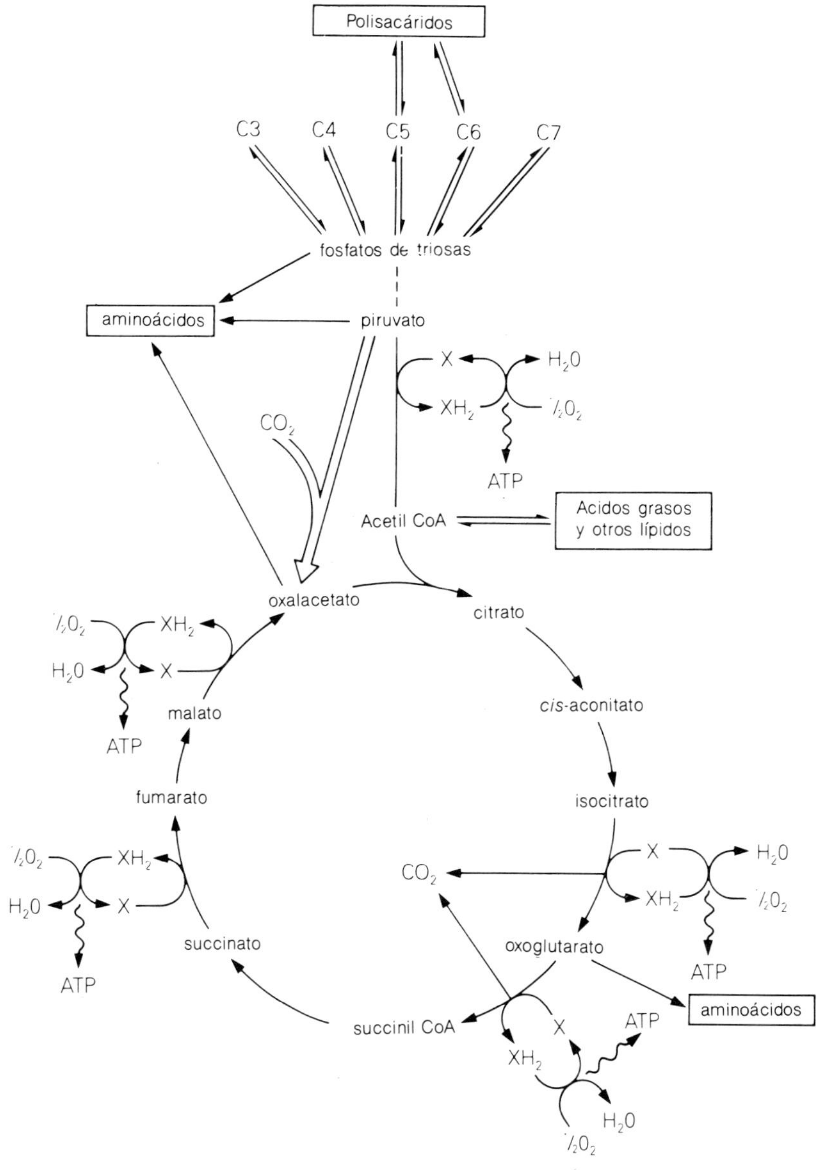

Fig. 2.1 Esquema diagramático en el que se muestra el catabolismo aeróbico de los sustratos que contienen tres átomos de carbono o más para la generación de ATP por la vía glicolítica y el ciclo del TCA. Igualmente se muestra como se utilizan estos sustratos para generar los principales precursores biosintéticos (véase la explicación en el texto) ➞, reacciones catabólicas; →, reacciones biosintéticas; ⇒, reacciones anapleróticas

la mayoría de los libros de Bioquímica, de modo que aquí sólo se ofrece un breve comentario.

Como se muestra en la Figura 2.1, la mayoría de las *rutas biosintéticas* comienzan a partir de intermediarios de la ruta glicolítica o de los del ciclo del TCA. Por ejemplo, la mayoría de los aminoácidos derivan del ácido glutámico, ácido aspártico, L-alanina o L-serina que, a su vez, se sintetizan por la aminación de sus respectivos cetoácidos precursores, α-oxoglutarato, oxalacetato, piruvato e hidroxipiruvato, los cuales son intermediarios (o fácilmente derivan de ellos) del ciclo del TCA o de la glicolisis. De forma similar, los ácidos grasos se sintetizan a partir del acetil CoA vía la ruta malonil CoA y los carbohidratos derivan del malato o del oxalacetato que se descarboxilan a piruvato o fosfoenolpiruvato. Estos últimos se metabolizan después mediante una serie de reacciones, algunas de las cuales siguen un camino inverso a las glicolíticas y otras son reacciones biosintéticas especiales; estos fenómenos rinden monosacáridos de seis átomos de carbono a partir de los que pueden sintetizarse otros monosacáridos y los polisacáridos. Otros compuestos, como los precursores de los nucleótidos purina y pirimidina, derivan del ciclo del TCA o de los intermediarios glicolíticos pero de una forma más indirecta. No obstante, arrancan de los intermediarios de estas rutas.

2.3 Rutas anapleróticas

De lo anteriormente expuesto queda claro que la glicolisis y el ciclo del TCA son rutas metabólicas de extrema importancia; no sólo porque tienen una función *catabólica* para la obtención de energía sino también porque proporcionan los precursores para la síntesis de todo tipo de componente celular *(función anabólica).* Para denominar esta doble función de la glicolisis y del ciclo del TCA, se ha introducido el término de *anfibólico* con el fin de describir el papel tan importante que desempeñan en el metabolismo celular. Este papel sólo puede realizarse totalmente si existe un mecanismo de continua regeneración de intermediarios de las rutas; por cada acetato que ingresa en el ciclo del TCA, se liberan dos moléculas de dióxido de carbono. Si se utilizan α-oxoglutarato, succinato, malato u oxalacetato para la síntesis de los precursores de componentes celulares, el ciclo cesaría entonces dado que no se regeneraría oxalacetato para aceptar al acetil CoA. Por ello, es obvio que se requiere una ruta que reponga, *ruta anaplerótica,* los niveles de intermediarios del ciclo del TCA gastados. En la gran mayoría de los organismos que utilizan sustratos de tres átomos de carbono o más, ese proceso implica una simple carboxilación de sustancias de tres átomos de carbono, habitualmente fosfoenolpiruvato o piruvato que derivan del mismo sustrato, rindiendo malato u oxalacetato (véase Figura 2.1). Los organismos tienen distintos enzimas para realizar esta función anaplerótica, siendo la más habitual:

$$\text{piruvato} + CO_2 + \text{ATP} + H_2O \xrightleftharpoons{\text{piruvato carboxilasa}} \text{oxalacetato} + \text{ADP} + \text{Pi} + 2H^+$$

$$\text{fosfoenolpiruvato} + CO_2 + \text{GDP} + \text{Pi} \xrightleftharpoons[\text{}]{\text{fosfoenolpiruvato carboxiquinasa}} \text{oxalacetato} + \text{GTP}$$

Como en las rutas de obtención de energía, los microorganismos que crecen a partir de diversos sustratos de dos átomos de carbono o a partir de ácidos grasos o hidrocarburos con dos átomos de carbono o más que son, en esencia, oxidados a acetil CoA han desarrollado, por necesidad, diferentes rutas anapleróticas (véase Capítulo 4). Esto es así porque unos pocos microorganismos pueden carboxilar directamente el acetato para rendir un sustrato de tres átomos de carbono que puede ser asimismo anapleróticamente carboxilado a oxalacetato o malato. La reacción inversa a la catalizada por el enzima piruvato deshidrogenasa que genera acetil CoA para alimentar el ciclo del TCA es virtualmente imposible bajo las condiciones celulares normales debido a la gran cantidad de energía libre que se requiere. Algunos microorganismos, en especial las bacterias fotosintéticas anaerobias, tienen la facultad de convertir el acetato en piruvato mediante una ferredoxin piruvato sintetasa (Stryer, 1981) pero no se considerarán en este libro debido al escaso interés biotecnológico de estos microorganismos. Los microorganismos que crecen a partir de sustratos con un solo átomo de carbono tienen incluso un problema mayor para la generación de los compuestos de tres y cuatro átomos de carbono que se requieren en la biosíntesis (véase Capítulo 3).

2.4 Resumen

La mayoría de los microorganismos que crecen a partir de una amplia variedad de sustratos los oxidan a través de la ruta glicolítica y del ciclo del TCA generándose nucleótidos reducidos. A la vez, estos nucleótidos reducidos se vuelven a oxidar vía los sistemas de transporte de electrones para generar el ATP necesario para el crecimiento y mantenimiento celular. Las rutas biosintéticas conducen a la síntesis de carbohidratos, lípidos, aminoácidos y proteínas y otros componentes celulares; dichas rutas comienzan generalmente en intermediarios de la glicolisis y del ciclo del TCA. Para cubrir este doble papel, anfibólico, estas rutas requieren una ruta de suministro, anaplerótica que implica habitualmente la carboxilación de compuestos de tres o cuatro átomos de carbono. Los organismos que crecen en sustratos de uno o dos átomos de carbono requieren, sin embargo, rutas metabólicas diferentes que se discutirán en los capítulos siguientes.

Capítulo 3

Crecimiento microbiano aeróbico sobre sustratos de un átomo de carbono

3.1 Definición, objetivo y fundamento

La definición de sustrato de un átomo de carbono puede parecer obvia. Sin embargo, en términos metabólicos, bajo esa denominación se incluyen no sólo sustancias que contienen nada más que un átomo de carbono, como dióxido de carbono, metano y metilamina, sino también otras con más de un átomo de carbono pero carentes de enlaces carbono-carbono, como:

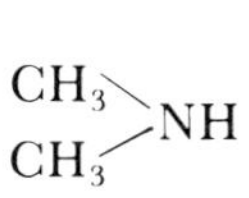

dimetilamina

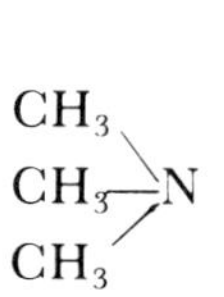

trimetilamina

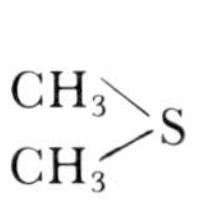

dimetilsulfuro

En el presente capítulo se discutirán inicialmente las rutas metabólicas que rinden energía halladas en organismos capaces de utilizar aeróbicamente sustratos de un carbono y, en segundo lugar, se estudiarán las rutas biosintéticas por las que los sustratos se transforman en los precursores de tres y cuatro átomos de carbonos necesarios para el crecimiento. Se ha adoptado un selectivo tratamiento dirigido a aquellos microorganismos, sustratos y rutas que tienen interés biotecnológico. En particular, se está acentuando el interés en la utilización de metano, metanol y monóxido de carbono mientras que al dióxido de carbono se le está dando una cobertura más selectiva. Esto no significa que los organismos capaces de utilizar dióxido de carbono para su crecimiento (autótrofos) no sean importantes en Biotecnología. Realmente, las plantas, algas y cianobacterias que utilizan la energía de la luz para generar ATP y tienen la facultad de fijar el dióxido de carbono *(fotoautótrofos)* destacan como organismos importantes en los desarrollo biotecnológicos. Sin embargo, los libros de Bioquímica (Lehninger, 1982) estudian detalladamente los procesos fotosintéticos de transporte de electrones y la fotofosforilación así como las rutas subsiguientes de fijación autotrófica de dióxido de carbono. Por el contrario, los mecanismos de generación de ATP en los organismos capaces de crecer aeróbicamente a partir de metano y metanol *(metilotrofos)* y de monóxido de carbono *(carboxidotrofos)* están menos documentados. Igualmente, las rutas de conversión de sustratos de un átomo de carbono, excepto dióxido de carbono, a los precursores de tres y cuatro carbono que se requieren para la biosíntesis raramente se discuten en los textos generales.

No obstante, estos microorganismos y su explotación tienen un gran interés. Por ejemplo, los metilotrofos se están utilizando ya para la producción de biomasa (cabe citar el caso de *Methylophilus methylotrophus* para producir biomasa a partir de metanol mediante el proceso denominado Prutreen ICI). Además, ciertos enzimas que desempeñan un papel clave en la oxidación de estos sustratos, especialmente la metano monooxigenasa, se están explotando en procesos de conversiones químicas *(bioconversores)* y en *biosensores.* En relación con los carboxidotrofos, cabe decir que su interés se está actualmente demostrando en relación a su posible papel en los biofiltros para eliminar el no deseado monóxido de carbono; como células biofuel destinadas a la conversión de la energía química liberada durante la oxidación de monóxido de carbono en electricidad y en biosensores para la detección y cuantificación de monóxido de carbono en diversos entornos, como minas, aparcamientos subterráneos y túneles (Colby, Williams y Turner, 1985). Evidentemente, es importante un conocimiento pleno de la bioquímica de todos estos microorganismos para estudiar sus aplicaciones biotecnológicas.

3.2 Los compuestos

El metano (CH_4) es el compuesto de un átomo de carbono más abundante. Se genera en ambientes anaeróbicos como en las profundidades del lodo, arrozales y en el estómago de los rumiantes en las fases finales de la degradación anaeróbica de sustratos orgánicos. El proceso de producción de metano por las *bacterias metanogénicas* (se estudia en el apéndice de este capítulo) juega un papel muy importante en el ciclo del carbono en el que más del 50 % del carbono anual que ingresa en los hábitats acuáticos se regenera en forma de metano (Hanson, 1980). La *metanogénesis* da lugar a la producción anual de unos 800 millones de toneladas de metano (Higgins *et al.,* 1981). Las bacterias anaerobias generan también cantidades importantes de metanol (CH_3OH) pero no llega a los niveles de metano. Sin embargo, se produce en la atmósfera a partir de metano durante procesos fotooxidativos.

Entre otros sustratos de un átomo de carbono, sólo se produce monóxido de carbono y dimetilsulfuro en cantidades significativas durante procesos degradativos naturales. También se producen grandes cantidades de monóxido de carbono, que se libera a la atmósfera, en los escapes de los automóviles y altos hornos. En diversos procesos industriales, se generan también subproductos entre los que existen compuestos de un átomo de carbono. Por ejemplo, de la industria del curtido derivan formaldehído ($HCHO$), formato ($HCOOH$), metilamina (CH_3NH_2), dimetilamina ($(CH_3)_2NH$) y trimetilamina ($(CH_3)_3N$); durante el tratamiento del caucho se produce formato; en la industria del galvanizado y en la de extracción de metales se forma cianuro (CN) y durante el tratamiento de la pulpa de madera se generan dimetil sulfuro ($(CH_3)_2S$), dimetilsulfóxido ($(CH_3)_2SO$) y dimetilsulfona ($(CH_3)SO_2$). En todos estos casos los subproductos presentan un serio problema de efluentes. El conocimiento de los microorganismos que puedan utilizar tales sustratos será de gran importancia para el desarrollo de biosensores que indiquen, tanto cualitativa como cuantitativamente, la presencia de aquellas sustancias e igualmente para el desarrollo de algún medio económico que degrade los efluentes a otros menos tóxicos.

3.3 Metilotrofos

Antes de la década de los años 60 se habían aislado y descrito sólo unos pocos microorganismos, aparte de los autótrofos, capaces de crecer aeróbicamente a partir de compuestos de un átomo de carbono. Todos los microorganismos que tienen la facultad de crecer a partir de compuestos orgánicos de un átomo de carbono (es decir, las sustancias listadas en el párrafo anterior excepto el cianuro y el monóxido de carbono) se conocen como metilotrofos. Por otra parte, los que pueden crecer utilizando monóxido de carbono como sustrato se les denominan carboxidotrofos y los que utilizan cianuro *cianotrofos*.

Las bacterias metilotrofas se han dividido en dos tipos. *Microorganismos del Tipo I:* son especies obligadas que pueden crecer sólo sobre metano y/o metanol. Tienen distribuidas, de forma uniforme, inclusiones membranosas en forma de disco que se desarrollan particularmente cuando crecen sobre metano; utilizan la ruta de la ribulosa fosfato (RMP) para la asimilación del sustrato (véase Sección 3.10) y poseen un ciclo del TCA incompleto. En contraste, las *bacterias del Tipo II* son, con frecuencia, microorganismos facultativos que no sólo pueden utilizar la lista completa de compuestos de un átomo de carbono (habitualmente con la excepción del metano) sino también una amplia variedad de otros sustratos con más de un átomo de carbono. Sus sistemas de membrana son diferentes; se asocian en parejas y se localizan en la periferia de la célula; utilizan una ruta asimilatoria diferente, la ruta de la L-serina (véase Sección 3.11) y poseen un ciclo del TCA completo. Estas diferencias tan marcadas entre las bacterias metilotrofas de los Tipos I y II indican, probablemente, dos caminos evolutivos diferentes que han convergido en la utilización de sustratos similares.

Las bacterias de los Tipos I y II se dividen, a su vez, en los *subgrupos I y II* y en diversos géneros diferentes, de acuerdo con los criterios taxonómicos en los que se incluyen el contenido en guanina y citosina del DNA, la morfología y la temperatura óptima de crecimiento. Los microorganismos del Tipo I se encuadran dentro de tres géneros: *Methylomonas, Methylobacter* y *Methylococcus. Methylococcus capsulatus* ha estado sometido a considerables controversias debido a que posee características de las especies de los Tipos I y II. En particular, no utiliza obligatoriamente metano o metanol, pudiendo, por tanto, usar como sustratos otros compuestos de un átomo de carbono de una forma autotrófica (véase Sección 3.9). Este ejemplo ilustra las dificultades taxonómicas de un grupo de microorganismos insuficientemente clasificados en un momento en que nuevas cepas se están aislando regularmente. Los microorganismos del Tipo II comprende los géneros obligados *Methylosinus* y *Methylocystis* y los facultativos son especies de los géneros *Methylobacterium, Methylophilus, Thiobacillus, Hyphomicrobium, Paracoccus* y numerosas pseudomonadáceas.

Además de bacterias, se han aislado diversas levaduras de cultivos enriquecidos capaces de crecer a partir de metano y metanol; se incluyen especies de los géneros *Rhodotorula, Candida, Kloeckera, Hanensula* y *Sporobolomyces.* Hasta el momento, se sabe mucho menos acerca de la estructura de membranas y de aspectos generales del metabolismo de estas levaduras.

Los sistemas de membrana de las bacterias metilotrofas ha despertado un considerable interés porque su desarrollo parece variar dependiendo de las condiciones de crecimiento. Parecen estar bien desarrolladas cuando crecen a partir de metano pero lo están menos y más insuficientemente organizadas a medida que envejece el cultivo e ingresan en la fase estacionaria de crecimiento. Esta circunstancia también ocurre en las especies facultativas cuando se utilizan otros sustratos incluso aunque las membranas estén mucho menos desarrolladas inicialmente. Variaciones similares acontecen como respuestas a los niveles de oxígeno y a las diferencias de temperatura; niveles bajos de oxígeno y temperaturas bajas implican un mayor desarrollo de la membrana. Hasta el momento no se han ofrecido aún razones convincentes que expliquen este comportamiento.

3.4 Rutas oxidativas para la generación de ATP en bacterias que crecen a partir de metano, metanol, fomaldehído y formato

No existe un sitio de ingreso en el ciclo del TCA para la oxidación de los sustratos de un átomo de carbono (véase Sección 2.1). Por ello, los microorganismos que crecen a partir de tales sustratos deben utilizar una ruta oxidativa diferente destinada a la generación de aceptores de electrones reducidos que puedan ingresar en el sistema de transporte de electrones para la producción de ATP. Los primeros estudios, realizados fundamentalmente por Quayle y sus colaboradores (Quayle, 1980) utilizando diversos inhibidores metabólicos en microorganismos que crecían a partir de metano, mostraron que en presencia de iodoacetato se acumulaba metanol mientras que en presencia de sulfito se acumulaba formaldehído y el metabolito que se acumulaba en el medio de cultivo de células en reposo era formato. Estas observaciones condujeron a la proposición de la ruta oxidativa mostrada en la Figura 3.1 en la que el dióxido de carbono es el producto final. La estequiometría global puede resumirse como sigue:

$$CH_4 + 2O_2 \rightarrow CO_2 + 2H_2O$$

En estudios posteriores se desarrolló esta ruta lineal para explicar la oxidación no sólo del metano sino también la del metanol, formaldehído y formato como sustratos energéticos; dichos sustratos ingresarían en la ruta en el punto adecuado. Cada reacción de esta ruta se considera a continuación con más detalle.

3.4.1 *Metano mono-oxigenasa*

La reacción catalizada por la metano mono-oxigenasa es la más interesante de la ruta y fue la mas difícil de demostrar. Inicialmente se consideraron varias posibilidades para la oxidación del metano a metanol:

$$\text{(a)}\quad CH_4 + O_2 + XH_2 \xrightleftharpoons{\text{metano mono-oxigenasa}} CH_3OH + H_2O + X$$

$$\text{(b)}\quad 2CH_4 + O_2 \xrightleftharpoons{\text{metano dioxigenasa}} 2CH_3OH$$

$$\text{(c)}\quad CH_4 + H_2O + X \xrightleftharpoons{\text{metano oxidorreductasa}} CH_3OH + XH_2.$$

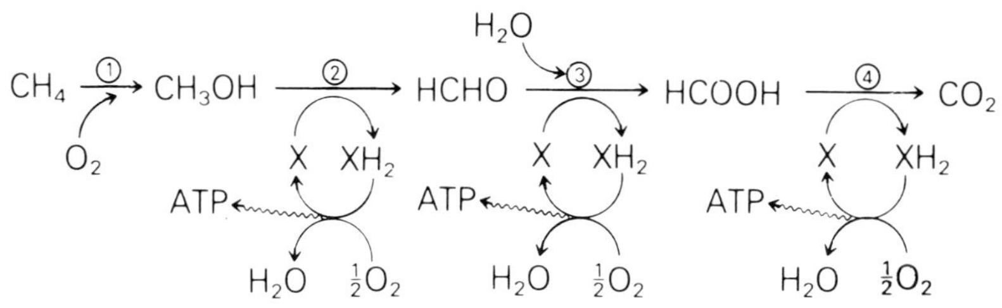

Fig. 3.1 Ruta oxidativa para la generación de ATP en los metilotrófos. X = aceptor de electrones; XH_2 = aceptor de electrones reducido; (1) metano mono-oxigenasa; (2) metanol deshidrogenasa; (3) formaldehído deshidrogenasa; (4) formato deshidrogenasa

El uso de $^{18}O_2$ y $H_2{}^{18}O$ demostró que el oxígeno del metanol derivaba del O_2 y no del H_2O, con lo que se excluyó la alternativa (c). Después se hipotetizó que la reacción (b) era más probable que la (a) debido a que la energía disponible para la generación de ATP sería menor con la reacción (a) dado que un nucleótido reducido (XH_2) se consumía en la reacción con lo que disminuiría la producción neta de XH_2 y, a su vez, sería menor el potencial de producción de ATP. En consecuencia, se argumentó que si se utilizaba la ruta (a) el rendimiento del crecimiento a partir de metano sería más bajo que el que se obtendría a partir de metanol. De hecho, el rendimiento del crecimiento era mayor en los microorganismos que crecieron a partir de metano. No obstante, muchos investigadores opinaron que la reacción (b) era termodinámicamente improbable. La solución del problema sobre la reacción que estaba implicada en el proceso tuvo que aguardar hasta el desarrollo de un sistema *in vitro* capaz de convertir el metano en metanol. Dicho sistema se desarrolló para *Methylococcus capsulatus.* Rápidamente se demostró después que el enzima que existía era la metano mono-oxigenasa de la reacción (a).

Estudios posteriores sobre este sistema enzimático continuaron con la controversia y actualmente se admite que existen dos formas del enzima, uno ligado a la membrana y otro soluble. El sistema soluble se demostró primero en *Methylococcus capsulatus* y el particulado en *Methylosinus trichosporium* pero actualmente se cree que los dos enzimas pueden existir en ambos microorganismos; la presencia de uno u otro dependería de las condiciones de crecimiento y, en particular, de la naturaleza del factor de crecimiento limitante (O_2, CH_4 o N). Más recientemente, se ha mostrado (Stanley *et al.,* 1983) en *Methylococcus capsulatus,* en el que previamente se asumía que sólo poseía el enzima soluble, que la disponibilidad de cobre parece influir en la localización celular y tipo de la metano mono-oxigenasa. Cuando crece en presencia de bajos niveles de cobre el enzima que prevalece es el soluble pero se transforma en el particulado si crece en presencia de niveles elevados de cobre. Además, cambia la composición proteica del enzima.

El enzima soluble de *Methylococcus capsulatus* consiste de tres proteínas: A, B y C. La *proteína A* contiene hierro no hemo y azufre, mientras que la *proteína B* posee un grupo prostético desconocido y la *proteína C* es una flavoproteína que tiene también hierro y azufre. La secuencia de la reacción que se ha postulado para la oxidación del metano por este enzima es:

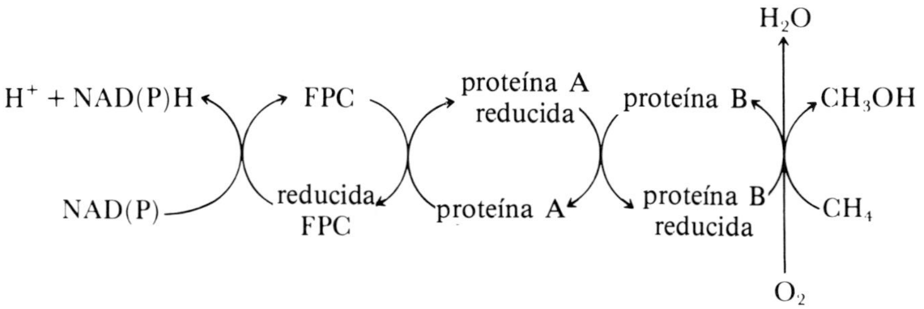

donde FPC es la flavoproteína C.

El enzima particulado está más insuficientemente caracterizado pero se sabe que la de *Methylosinus trichosporium* se compone también de tres proteínas. Cabe destacar que el enzima purificado no utiliza NAD(P)H como dador de electrones; en su lugar una de las tres proteínas componentes, el citocromo *c* reducido, desempeña esta función.

Se requieren obviamente nuevos estudios en ambos tipos de metano mono-oxidasa para aclarar totalmente los mecanismos de oxidación del metano a metanol y para resolver la cuestión de la localización celular y el tipo del enzima. En particular, sería interesante establecer si la facultad de cambiar de un tipo a otro es un fenómeno extendido, lo que llevaría a clarificar el significado de tales cambios y a examinar el mecanismo regulador implicado. Igualmente, se requieren realizar más estudios sobre el enzima aislado a partir de un amplio espectro de metilotrofos dado que, por ejemplo, en la levadura *Candida* el citocromo P_{450} parece sustituir a la proteína B en el esquema apuntado anteriormente mientras que en el caso de *Pseudomonas putida* una proteína distinta, *rubredoxina,* parece reemplazar a las proteínas A y B.

Es indudable, sin embargo, que la aclaración de todas esas cuestiones llegará pronto debido al intenso interés que hay en la explotación de la actividad metano mono-oxidasa en una gran variedad de procesos biotecnológicos (Dalton, 1980; Higgins, Best y Hammond, 1980; Large, 1983). Este interés radica en la observación tan importante y poco habitual de que el enzima puede actuar sobre una amplia variedad de sustratos pudiendo utilizar alcanos de cadena corta y larga, alquenos y sustancias aromáticas y heterocíclicas, como ciclohexano, benceno, tolueno y piridina. Se prevé que el enzima pueda utilizarse para catalizar reacciones que, por los procesos químicos normales, son difíciles de conseguir o proporcionan rendimientos bajos. Por ello, el enzima podría tener un enorme valor en la industria química. Además, ciertas *moléculas «rebeldes»* que no son fácilmente biodegradables sino que persiten en el entorno originando problemas de contaminación, podrían transformarse, mediante el uso de este enzima, en productos más fácilmente biodegradables con lo que se conseguiría aliviar algunos de los efectos ambientales no deseables.

La amplia afinidad de sustratos de la metano mono-oxidasa permite que los metilotrofos obligados que posean este enzima puedan oxidar y presumiblemente aprovechar, al menos en términos de producción de ATP, otros sustratos sobre los que no pueden crecer. Higgins, Best y Hammond (1980) han discutido este fenómeno y han rechazado el uso del término metabolismo fortuito con el que se le ha denominado, argumentando que algún beneficio debe proporcionar al microorganismo. Se considera preferible el término de *co-metabolismo.*

3.4.2 *Metanol deshidrogenasa*

La metanol deshidrogenasa de las bacterias es menos variable que la metano monooxidasa, diferenciándose entre unas y otras especies sólo en la afinidad por el sustrato y en el peso molecular. En todos los casos el enzima oxida a los alcoholes primarios con una longitud de cadena de hasta al menos C_{11}. En algunas especies, el enzima exhibe también actividad formaldehído deshidrogenasa. Una de las características de las metanol deshidrogenasas es que todas contienen un grupo prostético basado en una quinona denominado *metoxatina* o *pirrolo quinolina quinona* (PQQ) y, de aquí, que se mencione como una de las pocas *quinoproteínas* que se ha aislado hasta la fecha. Este grupo prostético parece funcionar como el aceptor de electrones primario en la oxidación de metanol a formaldehído y, a su vez, transfiere electrones al citocromo *c*. Este último se vuelve a oxidar por una oxidasa terminal que es un citocromo a/a_3 o un citocromo *o*.

3.4.3 *Formaldehído deshidrogenasa*

La formaldehído deshidrogenasa es un enzima común encontrado en la mayoría de los organismos dado que el formaldehído es un metabolito implicado en muchas reacciones celulares. Como se ha indicado anteriormente, la metanol deshidrogenasa puede exhibir actividad formaldehído deshidrogenasa. En la mayoría de las especies, sin embargo, se ha caracterizado una formaldehído deshidrogenasa NAD^+-dependiente distinta. El subsiguiente sistema de transporte de electrones no se conoce bien pero se cree que está implicado el citocromo *c*, actuando como oxidasa terminal el citocromo a/a_3 o el *o*.

Algunas bacterias del tipo I que utilizan la ruta RMP para la asimilación del formaldehído (véase Sección 3.10) tienen actividades formaldehído deshidrogenasa muy baja al igual que la del enzima siguiente en la secuencia oxidativa, la formato deshidrogenasa. Se ha demostrado que estos microorganismos pueden oxidar al formaldehído por la ruta RMP, actuando la 6-fosfoclicerato deshidrogenasa en una versión oxidativa especializada de la ruta. La discusión del uso de esta ruta oxidativa alternativa es más oportuna cuando se estudie la ruta RMP (véase Sección 3.10).

3.4.4 *Formato deshidrogenasa*

La formato deshidrogenasa es también un enzima muy difundido. Se ha demostrado en la mayoría de los metilotrofos que es NAD^+-dependiente ligado al citocromo *c* y después a una oxidasa terminal.

De todo lo expuesto hay que deducir que hay una considerable variación individual entre las bacterias en relación con el mecanismo preciso de las reacciones responsables de la oxidación del metano a dióxido de carbono. En particular, lo que nosotros hoy sabemos de los aceptores/dadores de electrones, de las cadenas de transporte de electrones implicadas y de su acoplamiento a la fosforilación oxidativa para rendir ATP es poco y queda aún mucho por aclarar. Indudablemente, los rendimientos de ATP en cada uno de los pasos que catalizan las tres deshidrogenasas son elevados liberando la suficiente energía para la generación de 3 ATP resultando un total de, al menos, 9 ATP por molécula de metanol oxidada a CO_2. Este proceso contrasta con la generación de 6 ATP por cada uno de los átomos de carbono de glucosa oxidada totalmente a CO_2 en la ruta glicolítica y ciclo del TCA. Por lo tanto, el rendimiento de energía a partir de la oxidación de metano y metanol es extremadamente grande y explica el gran rendimiento de crecimiento en la mayoría de las bacterias que utilizan estos sustratos en comparación con sustratos más oxidados.

3.5 Rutas oxidativas en levaduras que crecen sobre metanol

Las levaduras metilotrofas sólo crecen muy lentamente sobre metano y la mayoría de las investigaciones se han realizado sobre la facultad de oxidar el metanol aunque es posible que estos microorganismos puedan utilizar también otros compuestos de un átomo de carbono. Uno puede preguntarse ¿por qué la ruta oxidativa de las levaduras se trata separadamente a la de las bacterias? La respuesta es que los detalles de la ruta es muy diferente en la primera reacción, la conversión de metanol en formaldehído. Esta reacción está catalizada no por una deshidrogenasa sino por la *metanol (alcohol) oxidasa.* Este enzima, que se localiza en peroxisomas, es una flavoproteína ligada al FAD que consta de ocho subunidades idénticas y capaz de oxidar numerosos alcoholes además del metanol. La reacción global para la oxidación del metanol es:

$$CH_3OH + O_2 \rightarrow HCHO + H_2O_2.$$

La toxicidad del peróxido de hidrógeno liberado se neutraliza inmediatamente por una catalasa peroxisomal y, por ello, la reacción global es totalmente irreversible. Debe notarse que esta reacción no conlleva la reducción de un aceptor de electrones el que podría reoxidarse mediante el mecanismo de transporte de electrones para rendir ATP. Por lo tanto, los rendimientos de ATP son más bajos en las levaduras que en las bacterias, lo que probablemente explica las velocidades de crecimiento más lentas y los rendimientos de crecimiento más bajos que caracterizan a las levaduras que utilizan metanol como sustrato (Egli y Lindley, 1984).

El formaldehído, la sustancia resultante de la reacción catalizada por la metanol oxidasa, se oxida, como en las bacterias, a formato. Igualmente, esta reacción difiere de la de las bacterias. La formaldehído deshidrogenasa de las levaduras es NAD^+ y glutatión (GSH)-dependiente y la reacción comienza con la formación de S-hidroximetilglutatión rindiendo formilglutatión:

$$HCHO + GSH + NAD^+ \rightarrow GS \sim OCH + NADH + H^+.$$

En *Candida boidinii* el tiol-éster se hidroliza después merced a una *esterasa* regenerándose GSH y liberándose formato:

$$GS \sim OCH + H_2O \rightarrow GSH + HCOOH.$$

La formato deshidrogenasa oxida finalmente el formato a dióxido de carbono en una reacción que, al parecer, es idéntica a la que se produce en las bacterias. Se ha demostrado que tanto la actividad formaldehído deshidrogenasa como la formato deshidrogenasa de las levaduras están localizadas exclusivamente en el citopplasma. Por ello, el formaldehído resultante de la actuación de la metanol oxidasa en el peroxisoma debe abandonar dicho orgánulo para la subsiguiente oxidación y el NADH generado por las dos deshidrogenasas debe alcanzar la mitocondria para oxidarse de nuevo mediante el sistema de transporte de electrones. Los experimentos realizados sugieren que el sistema de transporte de electrones implica el uso del sistema NADH oxidasa de las mitocondrias que genera no tres sino sólo dos ATP por cada par de electrones transportados. De nuevo, este hecho apoyaría el rendimiento de crecimiento más bajo que, en comparación con las bacterias, se observa en las levaduras que crecen a partir de metanol.

3.6 Rutas oxidativas de generación de ATP en bacterias que crecen sobre otros sustratos de un átomo de carbono (excluyendo monóxido de carbono y cianuro)

Diversos estudios han analizado el crecimiento, sobre todo el de pseudomonadáceas, a partir de las aminas metilamina, dimetilamina y trimetilamina. En todos los casos, se ha observado que el grupo metilo se transforma en formaldehído que después se oxida vía formato, como en el caso de las bacterias metilotrofas que crecen sobre sustratos de un átomo de carbono, a dióxido de carbono (véase Sección 3.4). Sin embargo, parece que existe una marcada variedad de rutas en relación con la coversión a formaldehído.

Por ejemplo, en el caso de la metilamina, se conocen tres rutas diferentes (Large, 1881):

$$\text{(i)}\quad CH_3NH_3^+ + O_2 + H_2O \xrightarrow{\text{amina oxidasa}} HCHO + H_2O + NH_4^+$$

$$\text{(ii)}\quad CH_3NH_3^+ + H_2O + X \xrightarrow[\text{deshidrogenasa}]{\text{metilamina}} HCHO + NH_4^+ + XH_2$$

$$\text{(iii)}\quad CH_3NH_3^+ + \text{glutamato} \xrightarrow[\text{sintetasa}]{\text{metilglutamato}} \text{metilglutamato} + NH_4^+$$

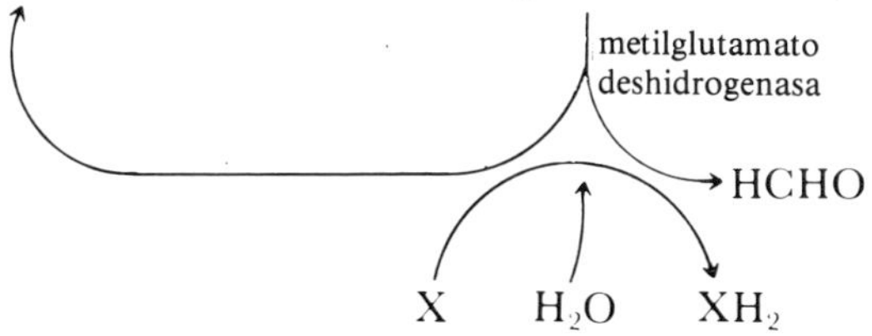

En el caso de la dimetilamina, se han establecido dos rutas alternativas:

$$\text{(i)}\quad (CH_3)_2NH_2^+ + O_2 + NAD(P)H + H^+ \xrightarrow[\text{mono-oxigenasa}]{\text{dimetilamina}} CH_3NH_3^+ + HCHO + NAD(P)^+ + H_2O$$

$$\text{(ii)}\quad (CH_3)_2NH_2^+ + X + H_2O \xrightarrow[\text{deshidrogenasa}]{\text{dimetilamina}} CH_3NH_3^+ + HCHO + XH_2.$$

La reacción de la mono-oxigenasa es la más común. Este enzima es dependiente del oxígeno mientras que la deshidrogenasa alternativa puede funcionar anaeróbicamente, lo que proporciona un sistema apropiado para reoxidar el aceptor de electrones reducido disponible (por ejemplo NO_3^-). El formaldehído liberado en ambas reacciones se oxida como se ha indicado anteriormente mientras que la metilamina se oxida a formaldehído antes de la próxima oxidación.

De forma similar ocurre con la trimetilamina; los grupos metilo se transforman, cada uno a su tiempo, en formaldehído. Igualmente, la oxidación inicial de un grupo metilo a formaldehído puede ocurrir de una de las dos formas posibles, es decir, utilizando la mono-oxigenasa o la deshidrogenasa. Sin embargo, el sistema mono-oxigenasa, al menos en *Pseudomonas aminodovorans,* acontece en una reacción diferente de dos etapas en la cual se forma N-óxido de trimetilamina, $(CH_3)_3NO$, y después se convierte en dimetilamina y formaldehído. Los microorganismos que emplean esta ruta pueden también utlizar el N-óxido de trimetilamina como fuente de energía y de carbono.

Sólo unas pocas bacterias estrictamente aerobias pueden oxidar sales tetrametilamónicas. La reacción clave, la oxidación de un grupo metilo a formaldehído, está catalizada por una mono-oxigenasa; el otro producto que se forma es trimetilamina. El enzima utiliza al NAD(P)H como dador de electrones.

La variedad de mecanismos para la oxidación de aminas metiladas es, en cierto modo, sorprendente pero debe observarse que la etapa principal es, en todos los casos, la reacción catalizada por una mono-oxigenasa con un amplio espectro de sustratos. Por otra parte, debe apuntarse que los microorganismos que utilizan la ruta de la deshidrogenasa crecen, habitualmente, mejor sobre estos sustratos que los que usan el sistema de la mono-oxigenasa. Indudablemente, esta circunstancia está relacionada al hecho de que las mono-oxigenasas *consumen* aceptores de electrones reducidos, con lo que disminuye el nivel de aceptores reducidos disponibles para ingresar en el sistema de transporte de electrones y, por tanto, para ser utilizados en la generación de ATP. Por el contrario, el sistema deshidrogenasa *produce* aceptores de electrones reducidos, lo que permite que se produzca más ATP durante su reoxidación.

Se le ha prestado menos atención a la oxidación de los compuestos de azufre metilado que a otros sustratos de un átomo de carbono. *Pseudomonas* MS crece sobre sales de trimetilsulfonio utilizando una ruta bastante diferente que los que crecen a partir de trimetilamina; transfiere un grupo metilo al portador, de un átomo de carbono, tetrahidrofolato (THF) y éste sufre después una serie de transformaciones hasta convertirse en formil THF que pasa a formato al tiempo que se regenera el aceptor THF. Al parecer, el dimetilsulfuro, que es el otro compuesto resultante en la reacción inicial, no se oxida posteriormente. Recientemente se ha aislado una especie de *Hyphomicrobium* que puede utilizar dimetilsulfóxido no sólo como única fuente de energía y carbono sino también de azufre. Es obvio que en este caso el sustrato se oxida totalmente no sólo para la generación de ATP sino también para la liberación del azufre, probablemente en forma de sulfato, que es esencial para el crecimiento. Las reacciones enzimáticas implicadas no han sido aún caracterizadas. No obstante, los mecanismos de utilización de los compuestos de azufre metilado están despertando un considerable interés debido a su posible uso en la desulforización del carbón.

3.7 Carboxidotrofos y cianotrofos

Puede parecer sorprendente que algunos microorganismos puedan utilizar como única fuente de carbono dos sustancias tan tóxicas como el monóxido de carbono y el cianuro. Estos microorganismos se denominan respectivamente *carboxidotrofos* y *cianotrofos.* Ambos sustratos son poderosos inhibidores del citocromo a/a_3 (citocromo oxidasa); inhiben el transporte de electrones terminal siendo reoxidados por el oxígeno molecular. Este fenómeno tiene un efecto catastrófico en la respiración dado que los nucleótidos reducidos no pueden reoxidarse aeróbicamente, limitándose la generación de ATP. Por ello, tanto el dióxido de carbono como el cianuro son sustancias extremadamente tóxicas para los organismos vivos. Aquellos microorganismos que pueden crecer a partir de estos sustratos deben tener, por tanto, un mecanismo de transporte de electrones independiente del sistema normal del citocromo a/a_3.

Hasta la fecha, se han publicado muy pocos trabajos sobre la utilización de cianuro como sustrato, distintos a los que demuestran que diversas pseudomonadáceas y algunos actinomicetos utilizan dicha sustancia como fuente de carbono y nitrógeno. Muchos más trabajos se han realizado, por el contrario, sobre los carboxidotrofos (Meyer y Schlegel, 1983). Estos microorganismos, taxonómicamente, parecen constituir un grupo de bacterias muy diverso, muchas de las cuales pueden crecer autotróficamente, como las bacterias del hidrógeno (esto es, $H_2 + CO_2$). Entre los microorganismos que se ha probado que pueden utilizar el monóxido de carbono están *Pseudomonas gazotropha* que crece también bien sobre metanol, *Pseudomonas carboxydovorans* que utiliza también como sustratos acetato, piruvato y algunos intermediarios del ciclo del TCA, *Bacillus schlegelii* y algunas especies de *Azotobacter.* Se ha demostrado que estos microorganismos están distribuidos ubicuamente en suelos, fangos de agua dulce y en minas de carbón. Pueden tolerar niveles de monóxido de carbono muy elevados (hasta del 90%)

La oxidación del monóxido de carbono a dióxido de carbono está catalizada por el enzima *monóxido de carbono oxidasa:*

$$CO + H_2O + X \rightarrow CO_2 + XH_2.$$

El XH_2 que se genera se reoxida a través de un sistema de transporte de electrones para rendir el ATP necesario para el crecimiento. La ruta de asimilación es la de la ribulosoa difosfato (RBP o ciclo de Calvin) de la fijación de dióxido de carbono (véase Sección 3.9). El crecimiento a partir de monóxido de carbono es, por tanto, una forma especializada de autotrofia en la que el sustrato, en primer lugar, se oxida totalmente a dióxido de carbono que después se fija por la ruta autotrófica convencional, utilizando la energía y el poder reductor de la oxidación inicial. Resulta obvio que, en tal situación, la eficacia del crecimiento es muy baja (tiempo de generación de 12-42 horas). En consecuencia, el interés biotecnológico del uso de monóxido de carbono como sustrato para el crecimiento de bacteria no está dirigido a su utilización potencial como fuente para la producción de biomasa.

El enzima monóxido de carbono oxidasa es una proteína compleja; es una flavoproteína molibdo-ferro-sulfo FAD dependiente activada por selenio, un hecho excepcional. El grupo molibdeno está asociado a una pterina rara. La subsiguiente reoxidación de esta proteína, cuyo mecanismo de acción no se conoce (Meyer y Schlegel, 1983), se logra a través de un sistema de transporte de electrones insensible al monóxido de carbono en el que está implicado el citocromo b_{561} siendo el aceptor de electrones terminal el citocromo *o* (algunas veces denominado como citocromo b_{563}).

Debe apuntarse que ciertos metilotrofos pueden oxidar también el dióxido de carbono, aunque de una forma poco eficaz, utilizando el amplio espectro de actividad de la metano mono-oxigenasa. Estos microorganismos no pueden crecer, sin embargo, a partir de monóxido de carbono como única fuente de carbono. Por el contrario, diversos anaerobios pueden utilizar monóxido de carbono; entre ellos, *metanógenos* (véase el apéndice de este capítulo), homoacetógenos, como *Clostridium pasteurianum* y alguna bacteria fotosintética, por ejemplo, *Rhodopseudomonas* sp. Estas especies utilizan una *monóxido de carbono deshidrogenasa* que cataliza la misma reacción que la monóxido dc carbono oxidasa. Ese enzima posee características bastante importantes que lo diferencia de la monóxido de carbono oxidasa y es extremadamente sensible al oxígeno.

3.8 Rutas asimilatorias de los microorganismos que utilizan sustratos de un átomo de carbono

Como se apuntaba en la Sección 2.2, todos los organismos requieren generar los esenciales compuestos de tres y cuatro átomos de carbono, la mayoría intermediarios de la ruta glicolítica y del ciclo del TCA, que son, a su vez, precursores de la biosíntesis de los componentes celulares. Esta función se logra generalmente por la carboxilación anaplerótica de compuestos de tres átomos de carbono para rendir oxalacetato o malato (véase Sección 2.3). Sin embargo, en los microorganismos que utilizan compuestos de un átomo de carbono no se generan, durante las reacciones oxidativas, compuestos de tres átomos de carbono. Por tanto, se requiere un mecanismo asimilatorio para sintetizar compuestos de tres y cuatro átomos de carbono. Se han descrito para ello una amplia variedad de rutas en diferentes microorganismos (de ellas se trata en las Secciones 3.10 a 3.13). Para detalles adicionales, se remite al lector a recientes revisiones, como Quayle, 1980; Higgins *et al.*, 1981; Large, 1983.

3.9 Ruta de la ribulosa difosfato (RBP) para la asimilación de dióxido de carbono

Todos los organismos autotróficos, incluso las plantas, utilizan la ruta de la ribulosa difosfato (RBP) para reducir el dióxido de carbono. Esta ruta fue descrita originalmente por Calvin y colaboradores y, con frecuencia, se denomina ciclo de Calvin (Lehninger, 1982). En esta ruta, que se describe esquemáticamente en la Figura 3.2, la ribulosa 1-5-difosfato (RBP) actúa como un aceptor de dióxido de carbono y es carboxilado para formar un monosacárido fosfato transitorio de seis átomos de carbono; es muy inestable y se rompe espontáneamente en dos moléculas de fosfoglicerato, de tres átomos de carbono. Este es posteriormente fosforilado rindiendo disfosfoglicerato que se reduce después a gliceraldehído-3-fosfato (G-3-P). Como se muestra en la Figura 3.2, se requieren tres moléculas del aceptor (RBP) por cada tres moléculas de carbono fijadas, produciéndose seis moléculas de G-3-P. Sin embargo, para mantener la ruta en funcionamiento es necesario que se regeneren las tres moléculas del aceptor de cinco átomos de carbono. Esta operación conlleva la reorganización de 15 carbonos en cinco moléculas de G-3-P a través de una serie de monosacáridos fosfatos que dejan una producción neta de una molécula de G-3-P. Este puede fácilmente convertirse, por la ruta glicolítica, en fosfoenolpiruvato o ácido pirúvico; de aquí, que puedan servir como fuente de los precursores de tres y cuatro átomos de carbono que se requieren para la biosíntesis, exactamente como ocurre en otros organismos (véanse Secciones 2.2, 2.3 y Figura 2.1).

Los detalles completos de esta ruta se encuentran en la mayoría de los libros de texto de Bioquímica por lo que no se ofrecerán en el presente. Debe observarse que los dos enzimas críticos, exclusivos de esta ruta, son el inicial, el enzima carboxilante *ribulosa difosfato carboxilasa* (carboxi-dismutasa) y *la ribulosa-5-fosfato quinasa,* responsable del último paso en el que se regenera el RBP. La estequiometría global de esta ruta se escribe habitualmente de la siguiente forma:

$$3CO_2 + 6NAD(P) + 6H^+ + 9ATP \rightarrow G\text{-}3\text{-}P + 6NAD(P)^+ + 9ADP + 8Pi.$$

Otras rutas de asimilación de sustratos de un átomo de carbono tienen como productos finales otros que no son el G-3-P. Para comparar la estequiometría de estas rutas es esencial utilizar un producto final común, normalmente el piruvato. Si el G-3-P producido en la ruta de la RBP se oxida posteriomente a piruvato por la vía glicolítica, se producen un $NADH_2$ y 2ATP. Por lo tanto, la estequiometría de la ruta de la RBP para la producción de piruvato es:

$$3CO_2 + 5NAD(P)H + 5H^+ + 7ATP \rightarrow \text{piruvato} + 5NAD(P)^+ + 7ADP + 7Pi.$$

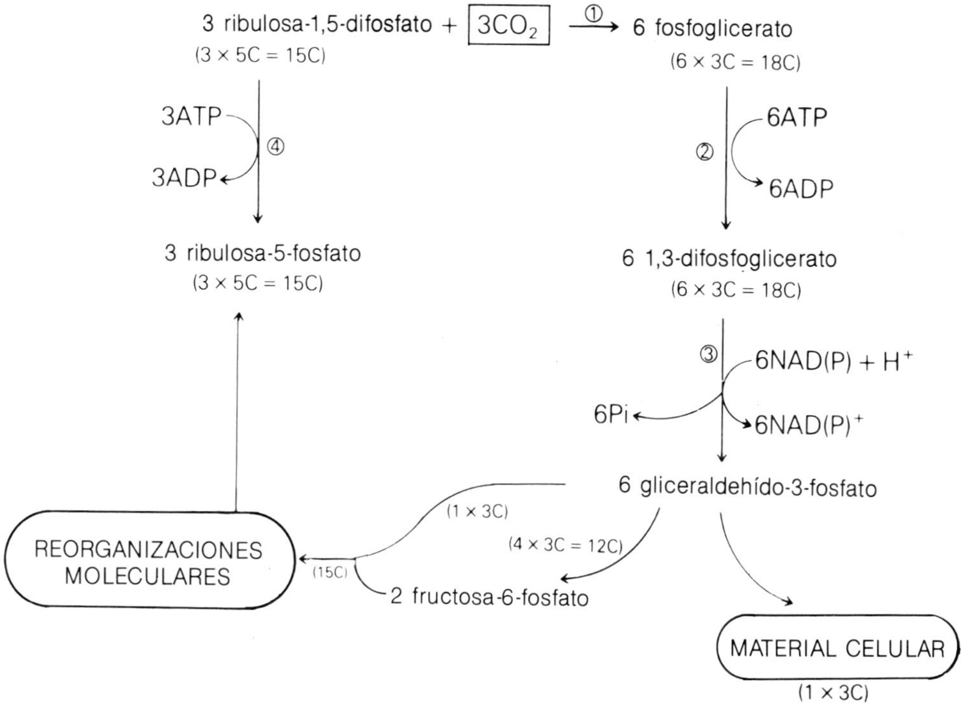

Fig. 3.2 Esquema de la ruta de la ribulosa difosfato (RBP) para la fijación autotrófica de dióxido de carbono. (1) ribulosa-1-5- difosfato carboxilasa; (2) fosfoglicerato quinasa; (3) gliceraldehído-3-fosfato deshidrogenasa; (4) ribulosa-5-fosfato quinasa

Queda claro, por tanto, que la ruta de la RBP demanda mucha energía, consumiendo cinco equivalentes reductores y 7ATP para producir, a partir de tres moléculas de dióxido de carbono, una molécula de piruvato. Como se estudiará más adelante, la estequiometría de esta ruta es desfavorable en comparación con otras vías asimilatorias de compuestos de un átomo de carbono (véanse Secciones 3.10, 3.11 y 3.12).

La ruta de la RBP no se encuentra exclusivamente en los microorganismos autotróficos estrictos. Por ejemplo, como se indica en la Sección 3.7, es la ruta por la que los carboxidotrofos aerobios asimilan el dióxido de carbono que resulta de la oxidación del monóxido de carbono como única fuente de carbono. Se ha demostrado también que ciertos metilotrofos que crecen a partir de formato (como *Pseudomonas oxalaticus, Methylococcus capsulatus* y *Paracoccus denitrificans*) oxidan el sustrato a dióxido de carbono y después fijan el dióxido de carbono liberado por la ruta de la RBP. No sorprende que el crecimiento sea pobre dada la demanda energética de esta ruta y también debido a que sólo un NAD^+ se reduce por cada molécula de formato oxidada a dióxido de carbono por la ruta de la formato deshidrogenasa. Presumiblemente, esta incoveniencia se vea compensada por el variado número de sustratos que estos microorganismos pueden utilizar.

3.10 Ruta de la ribulosa monofosfato (RBP) para la asimilación de formaldehído en las bacterias del tipo I

Al principio se anticipaba que todos los metilotrofos debían oxidar el sustrato a dióxido de carbono y después asimilarlo autotróficamente por la ruta de la RBP. Sin embargo, en las bacterias del tipo I, como *Methylomonas methanica,* los modelos de fijación de $^{14}CO_2$ y de oxidación del ^{14}C-metano que experimentalmente se han obtenido han mostrado que no son idénticos. Además, el enzima crítico de la ruta RBP, la ribulosa-difosfato carboxilasa, no está presente en estos microorganismos cuando utilizan metano o metanol. El primer producto marcado resultante de la asimilación del ^{14}C-metano se identificó eventualmente como un monosacárido fosfato, la *hexulosa-6-fosfato* (H-6-P) y, al mismo tiempo, se aisló un sistema enzimático capaz de formar in vitro H-6-P, usando como aceptor ribulosa nonofosfato. El enzima *hexulosa-fosfato sintetasa* está presente en todas las bacterias del tipo I que crecen a partir de metano, metanol, formaldehído y todos los sustratos que rinden dióxido de carbono al oxidarse por la vía del formaldehído (por ejemplo, metilamina, etc.), y es exclusivo de esta ruta. El H-6-P es posteriomente metabolizado a través de una serie de reacciones (véase Figura 3.3) muy similares a las de la ruta de la RBP. Inicialmente, tres moléculas de H-6-P se transforman en su isómero fructosa-6-fosfato (F-6-P) mediante otro enzima, también único para el sistema, la hexulosa-fosfato isomerasa. Una molécula de F-6-P se fosforila a fructosa-1-6-difosfato antes de su rotura mediante la quc sc forma dos moléculas de gliceraldehído-3-fosfato (G-3-P). Una de éstas y las otras dos moléculas de F-6-P sufren una serie de reorganizaciones generando las tres moléculas del aceptor ribulosa monofosfato, con lo que se facilita la continuidad del proceso. Por lo tanto, se consigue una produción neta de una molecula de triosa que cubre la demanda de los compuestos de tres y cuatro átomos de carbono que se requieren como precursores biosintéticos.

Entre las bacterias del tipo I, existen sutiles diferencias en la secuencia de la reacción global de la ruta RMP que afectan al mecanismo de conversión del F-6-P en dos compuestos de tres átomos de carbono y en las reorganizaciones moleculares implicadas en la regeneración de RMP. Las variantes del metabolismo de la F-6-P son:

(i) *versión glicolítica*: genera dos moléculas de triosa fosfato mediante la ruta de fructosa-1-6-difosfato
(ii) *versión Etner-Doudoroff*: convierte la F-6-P en triosa fosfato (1 $\times$ 3C) y piruvato (1 $\times$ 3C).

Las variantes para la regeneración de la RMP son las versiones de: (a) *transaldolasa* y (b) *sedoheptulosa fosfatasa.*

La acusada similitud entre las rutas RBP y RMP no deben enmascarar las diferencias tan importantes que existen en sus respectivas estequiometrías. Como puede deducirse de la Figura 3.3, la estequiometría para la formación de una molécula de G-3-P vía la *glicolisis,* versión *transaldolasa,* es la siguiente:

$$3HCHO + ATP \rightarrow G\text{-}3\text{-}P + ADP.$$

Si, con fines comparativos, se toma como punto final el elegido anteriormente (piruvato), la estequiometría se transforma en:

$$3HCHO + ADP + Pi + NAD(P)^+ \rightarrow \text{piruvato} + ATP + NAD(P)H + H^+.$$

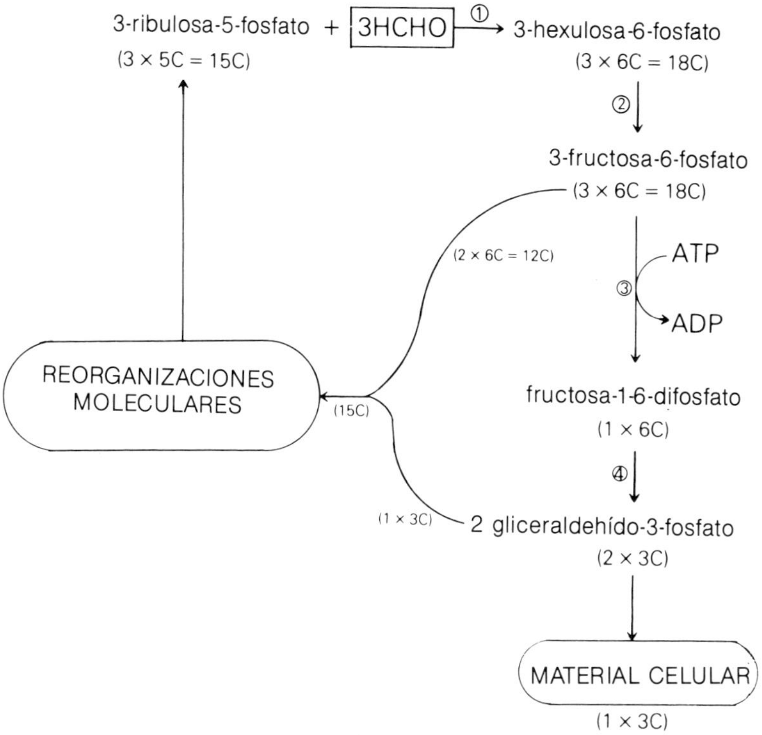

Fig. 3.3 Esquema de la ruta ribulosa monofosfato (RMP) en los microorganismos del tipo I para la asimilación de formaldehído. (1) Hexulosa-fosfato sintetasa; (2) hexulosa-fosfato isomerasa; (3) fructosa fosfato quinasa (fosfofructoquinasa); (4) fructosa difosfato aldolasa. Nota: la ruta que se representa es la versión glicolítica. En la versión de Etner-Duodoroff, la fructosa-6-fosfato se convierte en glucosa-6-fosfato en una reacción catalizada por una hexosa fosfato isomerasa. La glucosa-6-fosfato se deshidrata formándose 2-ceto-3-desoxi-6-fosfógluconato por una 6-fosfogluconato deshidrogenasa previamente a que se produzca la reacción catalizada por la 2-ceto-3-desoxi-6-fosfogluconato aldolasa que produce los compuestos de tres átomos de carbono gliceraldehído-3-fosfato y piruvato

Para las otras versiones, las estequiometrías globales son:

(i) *glicolisis/sedoheptulosa fosfatasa y Etner- Doudoroff/transaldolasa*

$$3HCHO + NAD(P)^+ \rightarrow \text{piruvato} + NAD(P)H + H^+$$

(ii) *Etner-Doudoroff/sedoheptulosa fosfatasa*

$$3HCHO + 3ATP + NAD(P)^+ \rightarrow \text{piruvato} + NAD(P)H + H^+ + 3ADP + 3Pi.$$

Cualquiera de las versiones que se utililice tiene una gran eficacia si se compara con la de la ruta RBP para la fijación del dióxido de carbono que requiere una gran demanda de ATP y NAD(P)H + H^+ (véase Sección 3.9). Como la versión más eficaz es la ruta de la glicolisis/transaldolasa, no sorprende que los microorganismos que utilizan esta ruta sean los preferidos para los procesos industriales destinados a la producción de biomasa cuando se usan metano o metanol como sustratos. El principal microorganismo que se ha explotado hasta el momento es *Methylophilus methylotrophus* que, al igual que otros metilotrofos que se están estudiando actualmente para su uso para la producción de biomasa, utiliza la ruta RMP. Sin embargo, su elección se efectuó antes de conocer qué versión de la ruta RMP utilizaba. Actualmente se cree que usa la versión Etner-Doudoroff/transaldolasa (Beardsmore, Aperghis y Quayle, 1982) que es ligeramente menos eficaz que la versión glicolisis/transaldolasa. Cabe imaginar, por tanto, que se hagan intentos en el futuro para transferir a este microorganismo, por ingeniería genética, el sistema glicolisis/transaldolasa. En este contexto, es significativo que *M. methylotrophus* haya sido ya sometido a manipulaciones genéticas para mejorar su crecimiento a partir de metanol. El amoníaco, esencial para la síntesis de aminoácidos, se transforma en glutamato mediante una de las dos reacciones siguientes:

$$\text{(i)}\quad \text{oxoglutarato} + NH_4^+ + \text{NAD(P)H} + H^+ \xrightleftharpoons{\text{glutamato deshidrogenasa}} \text{glutamato} + NADP^+ + H_2O$$

y

$$\text{(ii)}\quad \text{glutamato} + NH_4^+ + \text{ATP} \xrightleftharpoons{\text{glutamina sintetasa}} \text{glutamina} + \text{ADP} + \text{Pi}$$

seguida por

$$\text{glutamina} + \text{oxoglutarato} + \text{NAD(P)H} + H^+ \xrightleftharpoons{\text{glutamato sintetasa}} 2\ \text{glutamato} + NADP^+ + H_2O.$$

Muchas bacterias, incluso algunas metilotrofas (por ejemplo, *Methylomonas methanica*) poseen ambos sistemas; el primero opera cuando existe un exceso de nitrógeno y el segundo en presencia de bajos niveles de este elemento. Es por ello por lo que la glutamina sintetasa tiene una afinidad mucho mayor por el amoníaco que la glutamato deshidrogenasa. Sin embargo, *Methylophilus methylotrophus* sólo posee el sistema glutamina sintetasa/glutamato sintetasa. Esta vía requiere una mayor demanda de energía, consumiendo ATP mientras que en el sistema glutamato deshidrogenasa no se gasta ATP. Windass *et al.* (1980), aislaron un mutante del microorganismo que no posee glutamato sintetasa y, mediante ingeniería genética, transfirieron el gen de *E. coli* que codifica la síntesis de glutamato deshidrogenasa al microorganismo original. La cepa de *M. methylotrophus* resultante mostraba un rendimiento superior al 7 % más que la cepa silvestre, lo que demostraba que ahorraba justamente un ATP por cada molécula de glutamato sintetizada.

Merece la pena apuntar que *Methylococcus capsulatus* (que se ha mencionado anteriormente como un microorganismo que posee características de los tipos I y II) opera no sólo por la ruta RMP sino que puede también utilizar una ribulosa difosfato carboxilasa muy activa para fijar dióxido de carbono por la ruta RBP y, por tanto, utilizar una forma de nutrición autotrófica. La ruta RMP, como se ha informado anteriormente, es más favorable en términos energéticos que la RBP y la posibilidad del microorganismo de fijar compuestos de un átomo de carbono por ese segundo sistema requiere que sea reclasificado, dado que no parace habitual que pueda operar por ambas rutas.

Se ha mencionado anteriormente (véase Sección 3.4) que algunos microorganismos (por ejemplo *Methylophilus methylotrophus*) que utilizan la ruta RMP para la asimilación de compuestos de un átomo de carbono tienen bajas actividades de formaldehído y formato deshidrogenasa, enzimas claves en la ruta oxidativa normal para la producción de energía, y que estos microorganismos pueden oxidar sus sustratos por la ruta RMP. En estos microorganismos se han detectado dos deshidrogenasas activas (*glucosa-6-fosfato deshidrogenasa* y *6-fosfogluconato deshidrogenasa*) cuando crecen a partir de metanol y metilamina pero no cuando lo hacen a partir de metano. Por ello, se ha sugerido que debe funcionar un sistema *desasimilador RMP* cuando se utilizan los primeros sustratos (véase Figura 3.4). No obstante, hay que decir que no existen evidencias aún que confirmen totalmente esta ruta y que es posible también que la mayoría del sustrato se oxide por la ruta normal incluyendo los pasos que afectan a la formaldeheído y formato deshidrogenasa incluso aunque sus actividades sean bajas.

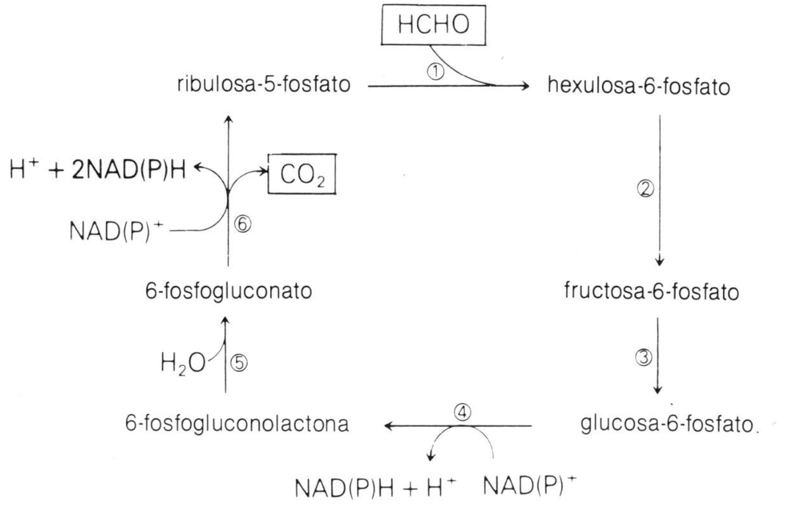

Fig. 3.4 Ruta de desasimilación de la ribulosa monofosfato que pueden utilizar los metilotrofos del tipo I como vía oxidativa, obtención de energía de compuestos de un átomo de carbono. (1) hexulosa-fosfato sintetasa; (2) hexulosa-fosfato isomerasa; (3) hexosa-fosfato isomerasa; (4) glucosa-6-fosfato deshidrogenasa; (5) 6-fosfogluconolactonasa; (6) 6-fosfogluconato deshidrogenasa

3.11 Ruta de la serina para la asimilación de formaldehído en las bacterias del tipo II

La ruta de la serina para la asimilación de formaldehído en las bacterias del tipo II se observó, en primer lugar, en *Pseudomonas* AMI. Difiere bastante de las rutas RBP y RMP, en particular en el hecho de que sólo el 50 % del carbono asimilado proviene

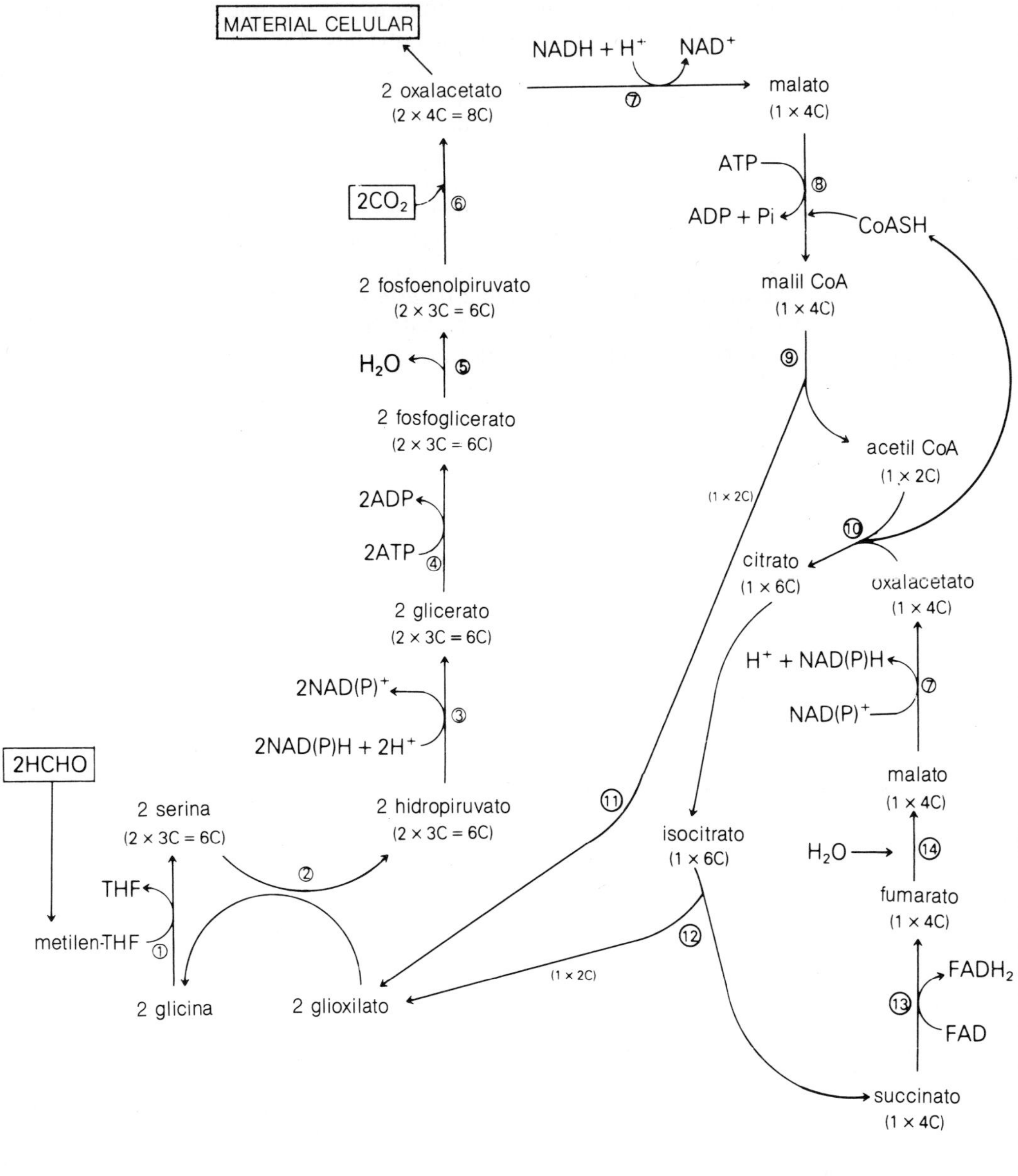

Fig. 3.5 Versión isocitrato liasa (positiva) de la ruta de la serina para la asimilación de formaldehído en bacterias del tipo II. (1) serina hidroximetiltransferasa; (2) serina-glioxilato aminotransferasa; (3) hidroxipiruvato reductasa; (4) glicerato quinasa; (5) fosfoenolpiruvato hidratasa; (6) fosfoenolpiruvato carboxilasa; (7) malato deshidrogenasa; (8) malil-CoA sintetasa; (9) malil-CoA liasa; (10) citrato sintetasa; (11) aconitasa; (12) isocitrato liasa; (13) succino deshidrogenasa; (14) fumarato reductasa

directamente de formaldehído y el resto de dióxido de carbono. Sin embargo, como se describirá, la fijación del dióxido de carbono no implica la actuación de ribulosa difosfato carboxilasa, ya que no existe en los microorganismos del tipo II que crecen sobre compuestos de un átomo de carbono. Los productos iniciales resultantes de la asimilación de ^{14}C-metanol (o ^{14}C-metilamina) son compuestos derivados de un solo carbono del coenzima ácido tetrahidrofólico (THF) que es un portador común de unidades de un átomo de carbono en muchas reacciones de transferencia de un carbono que acontecen en todos los organismos vivos.

Como se muestra en la Figura 3.5, la forma metileno del THF actúa como dador de un carbono, siendo la glicina el aceptor y L-serina el producto resultante. La L-serina se desamina después rindiendo el cetoácido equivalente, hidroxipiruvato, que se reduce a glicerato mediante un enzima considerado como característico de la ruta de la serina, la *hidroxipiruvato reductasa.* El glicerato es entonces fosforilado rindiendo fosfoglicerato que se metaboliza después formando fosfoenolpiruvato y piruvato por la ruta normal de la glicolisis. Cualquiera de estas sustancias pueden carboxilarse para formar oxalacetato, utilizando *PEP carboxilasa* (el sistema habitual), *PEP carboxiquinasa* o *piruvato carboxilasa.*

En este punto la reacción puede resumirse así:

$$2HCHO + 2CO_2 + 2CH_2NH_2COOH \rightarrow 2 \begin{array}{l} CH_2COOH \\ | \\ CH_2COOH \end{array} + NH_3$$

Este proceso satisface, por una vía diferente a las rutas RBP y RMP, las necesidades de los microorganismos que crecen a partir de sustratos de un átomo de carbono para generar los precursores biosintéticos de tres y cuatro átomos de carbono. Sin embargo, para lograr que el flujo de carbono sea continuo en toda la ruta, las dos unidades de glicina deben regenerarse a partir de una de las moléculas de oxaloacetato quedando una producción neta de una molécula de oxalacetato destinada a la biosíntesis.

Diversos estudios mutacionales han mostrado que la regeneración de glicina implica la transaminación de glioxilato, cuyo origen permaneció sin resolver durante algún tiempo. Eventualmente, como ocurre en casi todas las rutas utilizadas por microorganismos que crecen a partir de compuestos de un átomo de carbono, se han demostrado dos variantes principales para la regeneración de glioxilato a partir de oxalacetato. La ruta fundamental (véase Figura 3.5), observada en *Pseudomonas* MA, *Pseudomonas* MS y *Pseudomonas aminovorans,* depende de dos enzimas considerados característicos de esta versión de la ruta de la L-serina; uno de ellos es la *malil CoA liasa* que rompe el malil CoA (deriva del oxalacetato vía malato) rindiendo dos compuestos de dos átomos de carbono, uno de ellos es glioxilato. La otra unidad de dos átomos de carbono que se genera, el acetil CoA, se utiliza para regenerar la segunda molécula de glioxilato. Se condensa con oxalacetato y se metaboliza vía el ciclo del TCA hasta isocitrato; en este punto actúa el segundo enzima crítico, *isocitrato liasa,* que rompe el ácido de seis átomos de carbono rindiendo glioxilato y succinato. El último se metaboliza vía las reacciones normales del TCA para regenerar el aceptor oxalacetato original. Esta ruta se conoce con el nombre de versión *isocitrato liasa* (+ *ve*) de la ruta de la L-serina.

Algunos metiltrofos del tipo II, entre ellos *Ps* AMI e *Hyphomicrobium* no inducen la síntesis de la isocitrato liasa cuando crecen en sustratos de un átomo de carbono. En su lugar, utilizan la versión *isocitrato liasa (negativa)* de la ruta de la L-serina. En ésta el acetil CoA se condesa con oxoglutarato (cinco átomos de carbono) rindiendo el ácido de siete átomos de carbono homoisocitrato. Un enzima, *homoisocitrato liasa,* rompe este ácido formándose glioxilato y glutarato. El glutarato se metaboliza posteriormente para regenerar el incial aceptor oxoglutarato.

La estequiometría global para la producción de piruvato es idéntica en ambas versiones de la ruta:

$$2HCHO + 2CO_2 + 2NAD(P)H + 2H^+ + 2ATP \rightarrow \text{piruvato} + 2NAD(P)^+ + 2ADP + 2Pi.$$

Esta ruta es algo menos eficaz que las cuatro versiones de la ruta RMP (véase Sección 3.10) pero es considerablemente más favorable que la autotrófica RBP (véase Sección 3.9). Desde un punto de vista de la producción de biomasa, debe recordarse que un gran número de especies puede utilizar, con frecuencia facultativamente, los sustratos de un átomo de carbono por esta ruta en vez de usar la RMP.

3.12 Ruta de la xilulosa fosfato para la asimilación de formaldehído en levaduras metilotrofas

Como se ha estudiado en la Sección 3.5, las levaduras metilotrofas oxidan el metanol por una ruta diferente a las empleadas por las bacterias. Igualmente, la ruta asimilatoria de las levaduras es diferente aunque durante algún tiempo se creyó que utilizaban la ruta RMP. El modelo de fijación del ^{14}C-metanol fue bastante similar al encontrado para las bacterias del tipo I. Sin embargo, los enzimas de la ruta RMP hexulosa fosfato y hexulosa fosfatoisomerasa no se encontraron en las levaduras. En las levaduras, en cambio, se ha observado una ruta diferente, denominada *ruta de la xilulosa monofosfato (XMP),* que tiene semejanza con la RBP y RMP (véase Figura 3.6). Como acontece en la ruta RMP, es el formaldehído el precursor del material celular, el que se transfiere a un aceptor de cinco átomos de carbono, la xilulosa-5-fosfato. Los productos resultantes de esta reacción son dos compuestos de tres átomos de carbono: gliceraldehído-3-fosfato y dihidroxiacetona fosfato. El enzima crítico se le ha denominado *dihidroxiacetona sintetasa.* De nuevo, por cada tres unidades de formaldehído asimiladas, se utilizan tres aceptores de cinco átomos de carbono que deben regenerarse. Por lo tanto, de las seis unidades de tres átomos de carbono que se producen como resultado de la reacción inicial, cinco se reciclan para regenerar el aceptor mientras que la restante se utiliza para la síntesis de material celular. La regeneración utiliza otro enzima característico de esta ruta, *trioquinasa,* responsable de la fosforilación de la dihidroxiacetona.

La estequiometría de la ruta XMP es la siguiente:

$$3HCHO + 3ATP \rightarrow \text{gliceraldehído-3-fosfato} + 2ADP + 2Pi$$

Utilizando el piruvato como producto final, como fines comparativos con otras rutas, resulta:

$$3HCHO + ATP + NAD(P)^+ \rightarrow \text{piruvato} + ADP + Pi + NAD(P)H + H^+.$$

Esta reacción resulta más favorable que varias versiones de la ruta RMP (vease Sección 3.10), considerablemente mejor que la ruta de la L-serina (véase Sección 3.11) y bastante más eficaz que la RBP (véase Sección 3.9). Esta conclusión permite deducir que el crecimiento relativamente pobre de las levaduras a partir de metanol refleja la ineficacia de su ruta oxidativa (véase Sección 3.5). Que las levaduras que crecen a partir de

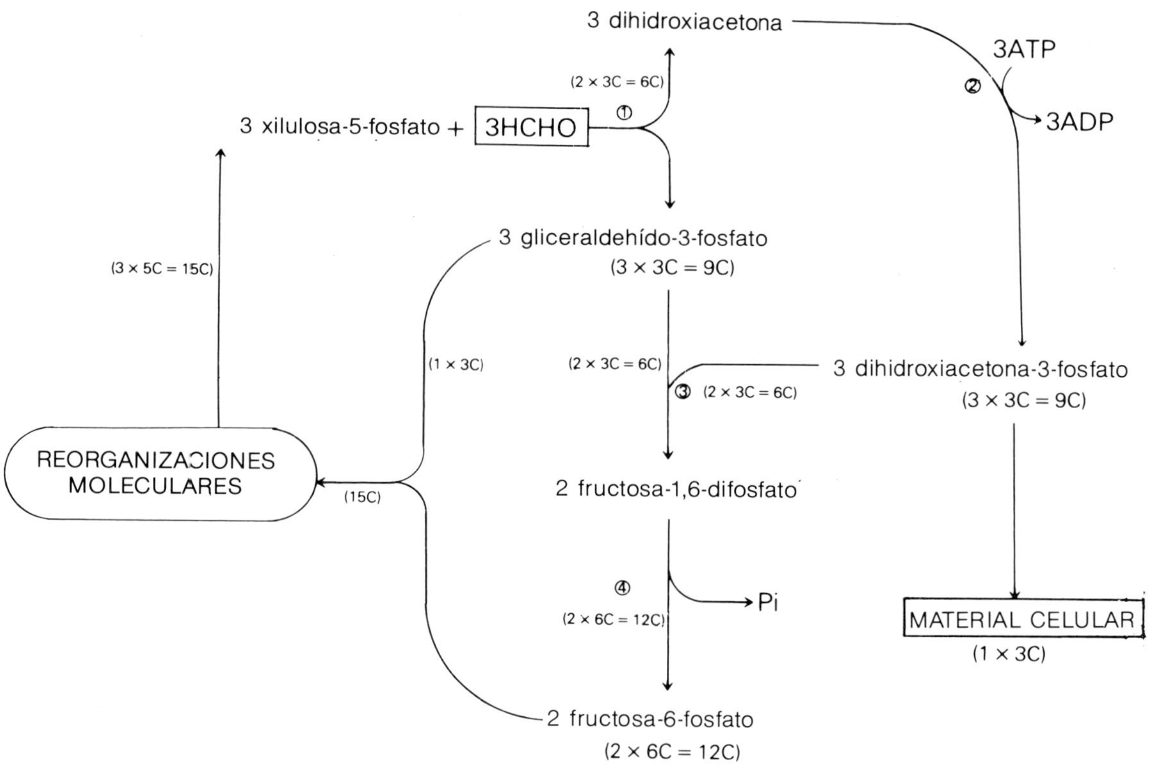

Fig. 3.6 Esquema de la ruta xilulosa monofosfato (XMP) para la asimilación de formaldehído en levaduras metilotrofas. (1) dihidroxiacetona sintetasa; (2) trioquinasa; (3) fructosa-1,6- difosfato aldolasa; (4) fructosa-1,6-difosfatasa

compuestos de un átomo de carbono se utilicen en el futuro para la producción de proteína unicelular es una cuestión que depende esencialmente de la manipulación genética, con el fin de introducir en ellas una ruta oxidativa más eficaz.

3.13 Resumen

En las secciones 3.4 a 3.7 se ha analizado la capacidad de los metilotrofos y carboxidotrofos de oxidar una amplia variedad de sustratos de un átomos de carbono para generar ATP. Puede deducirse que, a pesar del número relativamente limitado de sustratos implicados, los diferentes microorganismos que los utilizan poseen mecanismos distintos, en particular los referentes a los sistemas enzimáticos y a los de transporte de electrones. Aunque la ruta oxidativa habitual es vía alcohol, aldehído y ácido para rendir dióxido de carbono con compuestos que ingresan en un determinado nivel, existe una gran diversidad de variantes; entre ellas el menos corriente es el sistema hallado en las levaduras.

Una de las características común a todas las rutas es que todas son lineales, resultando en la completa oxidación del sustrato a dióxido de carbono. Esta peculiaridad difiere de los microorganismos que utilizan sustratos de dos o más átomos de carbono (a excepción del ácido oxálico; véase Sección 4.2) que se oxidan a través de rutas cíclicas, sobre todo utilizando el ciclo del TCA (véase Sección 2.1) y el ciclo del ácido dicarboxílico (véase Sección 4.2), en el caso de algún compuesto de dos átomos de carbono. Estas diferencias ilustran las variedades metabólicas básicas existentes entre los microorganismos que utilizan sustratos de un átomo de carbono y los organismos que usan como sustratos compuestos que poseen tres o más átomos de carbono, según se ha discutido en la Sección 2.1. Existen también diferencias en las rutas asimilatorias. Los organismos que utilizan sustratos con tres o más átomos de carbono rinden intermediarios de tres átomos de carbono que pueden utilizarse directamente o carboxilarse a oxalacetato para proporcionar los precursores necesarios para el crecimiento (véase Sección 2.2). Los microorganismos que utilizan compuestos de un átomo de carbono deben usar, sin embargo, el sustrato para generar estas sustancias de tres átomos de carbono, lo que implica la presencia de rutas especiales. Según se describe en las secciones 3.9 a 3.12, los metilotrofos utilizan una amplia variedad de rutas asimilatorias, entre las que se incluye la RBP para la fijación autotrófica de dióxido de carbono. Obviamente, los metilotrofos, algunos de los cuales abundan en los hábitats naturales, han desarrollado diferentes rutas para poder utilizar diversos sustratos. Aunque indudablemente ellos desempeñan un papel importante en los ecosistemas naturales, sobre todo en el ciclo del carbono, es probable que en la próxima década nuestro conocimiento de su bioquímica básica pueda aplicarse a una extensa variedad de procesos biotecnológicos. Entre ellos, cabe citar la producción de biomasa (no sólo porque sean metilotrofos obligados cuando crecen a partir de metano sino también por ser capaces de fijar el gas nitrógeno (Murrel y Dalton, 1983), bioconversiones en la industria química, en procesos de detoxificación y en el desarrollo de diversos biosensores.

Para obtener la máxima ventaja del potencial de estos microorganismos se necesita rellenar una importante laguna aún existente. Hasta el momento, se sabe poco acerca del control del metabolismo de compuestos de un átomo de carbono, en el que se incluye tanto los sistemas de control sutiles (para regular el flujo de material a través de las rutas oxidativas y asimilatorias, lo que probablemente se realiza mediante enzimas alostéricos) como los sistemas de control groseros (que regulan los niveles enzimáticos). Los pocos datos que se disponen no permiten postular, en este momento, una visión general o perfilar modelos comunes de control (McNermy y O'Connor, 1980; Large, 1983). Es a todas luces importante, sobre todo si estos microorganismos van a mejorarse mediante manipulación genética, que los mecanismos de control se conozcan tan pronto como sea posible.

Apéndice del capítulo 3: producción de metano por los metanógeneos

Los anaerobios juegan un papel clave en el ciclo del carbono; son los principales responsables de la degradación de las sustancias orgánicas que conducen a la eventual regeneración de dióxido de carbono. Hoy día se sabe que este proceso comprende tres fases (Fig. 3.7) llevadas a cabo por tres diferentes grupos de anaerobios. Los microorganismos del grupo I se coonocen como *degradadores,* cuya función es romper hidrolíticamente los polímeros (como proteínas, ácidos nucleicos y polisacáridos) para producir hidrógeno, dióxido de carbono, formato, acetato, etanol, propionato, propanol, butirato, butanol, etc. Los microorganismos del grupo II, conocidos como *acetógenos*, fermentan posteriormente el etanol, propionato, butirato, etc., rindiendo acetato, hidrógeno y dióxido de carbono como productos finales principales. Los microorganismos del grupo III son los *metanógenos* y degradan el acetato produciendo metano y dióxido de carbono.

Los productos resultantes de muchas de estas reacciones, sobre todo los de las reacciones de la fase I (realizadas por una amplia variedad de anaerobios, como *Clostridium, Bacteroides* y *Ruminococcus*) son de gran importancia comercial y biotecnológica. Entre ellos, etanol (como combustible y bebida), propanol y butanol (ambos como disolventes). Recientemente, el interés acerca de las aplicaciones industriales de los metanógenos ha aumentado, por lo que parece adecuado estudiar estos microorganismos en el presente apéndice.

Aunque las bacterias metanogénicas juegan un papel clave en la regeneración de metano en los hábitats naturales, el actual interés biotecnológico de estos microorganismos se centra en la explotación de su capacidad, como parte de la cadena de las bacterias anaerobias, de producir metano durante la degradación de los residuos y efluentes domésticos, agrícolas e industriales. Alrededor del 26 % del combustible consumido en Estados Unidos es metano. Se considera que la generación biotecnológica de metano es la mejor forma de suplementar las fuentes geológicas naturales de este gas. El proceso, conocido como *producción de biogás*, está ya muy extendido pero habitualmente se utiliza a pequeña escala (por ejemplo, como una fuente de calor en granjas que deriva del estiércol de cerdos, vacas o aves) pero el potencial de tal proceso es enorme. (Daniels, 1984). Sin embargo, sólo podrá llevarse a cabo cuando se disponga de un conocimiento más completo de la fisiología, bioquímica y biología molecular de los metanógenos. Como se estudiará, algunos aspectos de estos microorganismos, muchos de ellos peculiares del grupo, están bien documentados pero se sabe muy poco de otros. Se remite al lector, para una información mayor, a las revisiones de Large (1983), Vogel *et al.* (1984) y Zeikus (1983).

A1 *Los microorganismos*

Los metanógenos se incluyen actualmente en uno de los grupos de bacterias primitivas *(Arquebacterias)* que comprende los halófilos extremados y los termoacidófilos. Estos microorganismos carecen de peptidoglicano en su paped celular y poseen otras características, sobre todo relacionadas con su mecanismo de síntesis proteica, que los di-

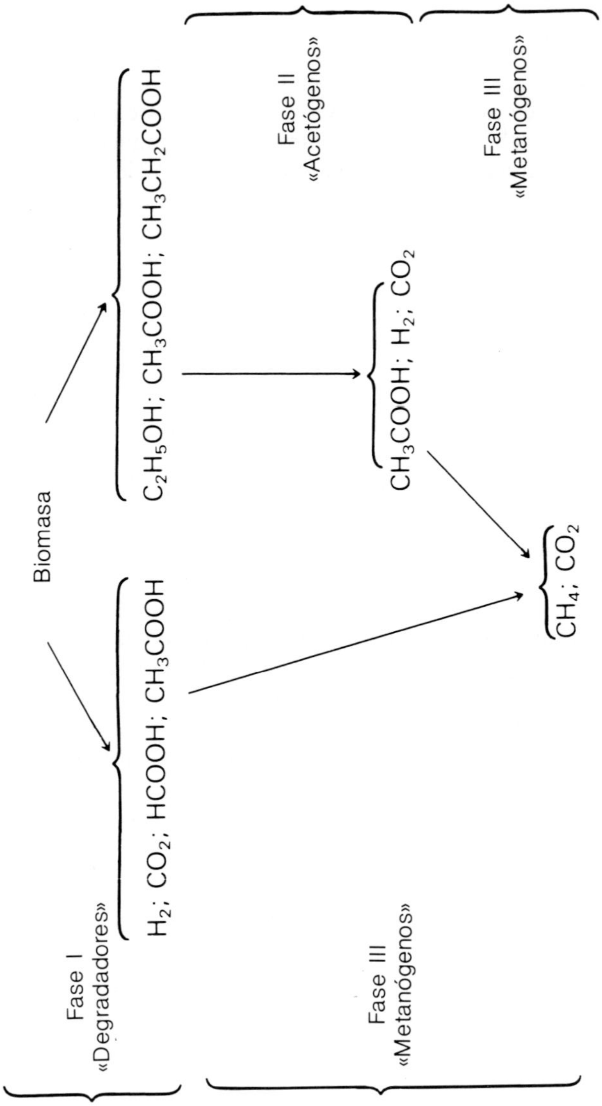

Fig. 3.7 Fases de la degradación anaeróbica de sustratos orgánicos

ferencian de la mayoría de las bacterias (las *Eubacterias*). Los metanógenos constituye un grupo restringido y especializado de bacterias que viven en suelos pantanosos, intestino de los animales, aguas fecales, vegetación en putrefacción y sedimentos acuáticos. La taxonomía de los metanógenos está perfeccionándose gradualmente y en la actualidad se reconocen tres órdenes de metanógenos estrictos (obligados). Estos son el Orden Methanobacteriales que incluye las especies de los géneros *Methanobacterium* y *Methanobrevibacter;* el Methanococcales que consta de especies de *Methanococcus* y el Methanomicrobiales que comprende especies de *Methanomicrobium, Methanogenium, Methanospirillum* y *Methanosarcina.*

La mayoría de los metanógenos son inmóviles y las células de algunos son, entre las bacterianas, las más grandes aisladas hasta el momento. Están incluidos entre los anaerobios más estrictos (niveles de oxígeno de 0,01 mg ml^{-1} los inhiben totalmente). Como la mayoría de los anerobios caracen de superóxido dismutasa y catalasa y, por ello, no pueden neutralizar los radicales superóxido y el peróxido de hidrógeno que se genera en el metabolismo oxidativo. El nitrato y el sulfato son también inhibidores mientras que el amoníaco y el dióxido de carbono son esenciales para el crecimiento y el sulfuro de hidrógeno tiene generalmente un efecto estimulador. La cisteína puede reemplazar al sulfuro de hidrógeno pero los aminoácidos y los péptidos no pueden sustituir al amoníaco. Hasta muy recientemente se creía que todos los metanógenos crecían sólo muy lentamente, con un tiempo de generación superior a las l0 horas incluso en condiciones óptimas. Sin embargo, ciertas cepas aisladas recientemente (como *Methanococcus jannaschii*) crecen más velozmente con tiempos de generación de poco más de 30 minutos.

La mayoría de los metanógenos crecen mejor utilizando dióxido de carbono e hidrógeno como sustratos, derivando la energía necesaria para el crecimiento de la reducción del dióxido de carbono a metano por el hidrógeno. Algunos metanógenos utilizan dióxido de carbono y, en vez de hidrógeno, formato. Un pequeño número puede utilizar formato, metanol o metilamina. Las especies más versátiles, en relación con los sutratos que pueden utilizar, son cepas de *Methanosarcina,* dado que pueden utilizar como sustratos hidrógeno, dióxido de carbono, metanol, metilamina y acetato; éste último es un sustrato que no utilizan la mayoría de las especies aisladas hasta el momento.

Cualquier microorganismo que crezca a partir de dióxido de carbono como su sustrato de crecimiento aparente es, estrictamente hablando, un *autótrofo.* Sin embargo, los metanógenos no se encuadran en esta categoría porque la utilización del dióxido de carbono es bastante diferente de la de otros autótrofos. No existen pruebas que indiquen que asimilan el dióxido de carbono vía la ruta RBP. Realmente, carecen del enzima crítico, la ribulosa difosfato carboxilasa, de la fijación autotrófica del dióxido de carbono por la ruta RBP.

A2 *El proceso metanogénico*

El mecanismo de la generación de metano y la producción concomitante de ATP se ha estudiado en detalle en los últimos años habiéndose conseguido un importante progreso. Hoy está claro que la metanogénesis implica la presencia de diversos compuestos reactivos excepcionales que se listan a continuación. Estos son:

(i) *Tetrahidrometanopterina;* es el portador de unidades de un átomo de carbono y, por tanto, se asemeja, desde un punto de vista funcional, al ácido tetrahidrofólico pero es, aparentemente, único para los metanógenos.

(ii) *Co-enzima* F_{420}; es una deazoflavina con una estructura muy distinta a la de FMN o FAD, con una cadena larga que consta de un grupo lactilo y dos restos glutamil. Funciona como un portador de electrones durante la metanogénesis.

(iii) Un *factor reductor de dióxido de carbono* que no ha sido caracterizado totalmente.
(iv) *Co-enzima M;* es el ácido 2-mercaptoetano sulfónico ($HSCH_2CH_2SO_3^-$) y es importante en las fases terminales de la metanogénesis. Es también único para los metanógenos.
(v) *Factor* F_{430}; un compuesto amarillo que contiene níquel.
(vi) *Factor III,* al que no se le ha aclarado todavía el papel que pueda desempeñar en la metanogénesis.

De la lista anterior, puede deducirse fácilmente que la bioquímica de la formación de metano implica compuestos y reacciones exclusivas que caracterizan a este grupo de microorganismos. El hecho de que se haya encontrado en los metanógenos un único compuesto común del sistema de transporte de electrones, el citocromo *b,* sirve para enfatizar este punto.

El proceso completo de la formación de metano ocurre, al parecer, con todos los intermediarios fuertemente ligados a los portadores. El primer paso implica la presencia de un portador, probablemente tetrahidrometanopterina (Vogels *et al.,* 1981), en el que el dióxido de carbono se transforma en formato que va ligado al portador. Posteriormente, como se ilustra en la Figura 3.8, el formato ligado al portador es sucesivamente reducido a formaldehído, metanol e intermediarios metilo antes de alcanzarse la fase terminal en que se libera el metano. Es probable, pero no definitivo, que el coenzima F (CoF) en su forma reducida, reducido mediante un sistema *hidrogenasa*, actúe como el principal agente reductor de este proceso. La fase mejor conocida es la terminal en la que esta implicado el coenzima M. Parece probable que la unidad de un átomo de carbono se transfiera al CoM como un derivado del metanol. Este es después reducido a un derivado metilo y, en el paso final, se libera el metanol. El paso final está catalizado por una *metil CoM reductasa* e intervienen tres compuestos, uno de los cuales es amarillo pudiendo ser el F_{430}. La reacción puede resumirse así:

$$CH_3\text{–S–CoM} + H_2 + ATP \rightarrow CH_4 + CoM - SH + ADP + Pi.$$

El objetivo del proceso global de la metanogénesis es generar ATP aunque la reacción terminal requiera ATP. Entonces ¿dónde se genera ATP en el proceso? Hasta el momento, sólo se conoce deficientemente el mecanismo de producción de ATP. Las especulaciones que se pueden hacer serían estériles y puede que unicamente sirvieran para crear confusiones. Obviamente, esta es una laguna importante de nuestro conocimiento sobre estos microorganismos que debe aclararse.

El proceso global de metanogénesis utilizando dióxido de carbono e hidrógeno como sustratos puede resumirse como sigue:

$$CO_2 + 4H_2 \rightarrow CH_4 + 2H_2O.$$

Cuando se utiliza formato como sustrato del crecimiento, la ruta de generación de metano es similar a la ilustrada en la Figura 3.8 en que él se utiliza probablemente como el reductor directo del F_{420} con la liberación de dióxido de carbono que sigue posteriormente el curso que se ilustra en la figura. El proceso puede resumirse así:

$$4HCOOH \rightarrow CH_4 + 3CO_2 + 2H_2O.$$

Bastante menos se sabe acerca de la utilización de metanol y acetato pero los procesos pueden resumirse como sigue:

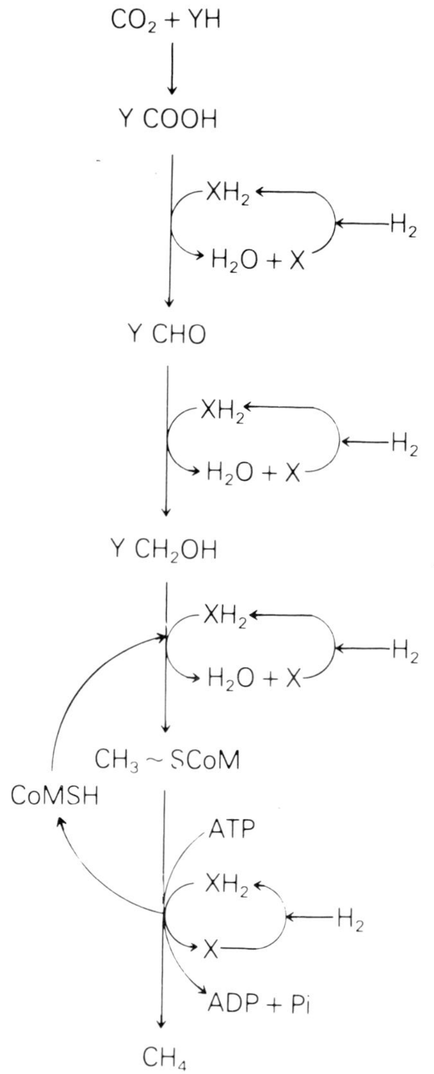

Fig. 3.8 Ruta de producción de metano. Y es un portador, probablemente tetrahidrometanopterina. XH_2 representa uno o más portadores de electrones que pueden reducirse directa o indirectamente mediante hidrógeno y la participación de CoF_{420} y/o F_{430}

$$4CH_3OH \rightarrow 3CH_4 + CO_2 + 2H_2O$$

y

$$CH_3COOH \rightarrow CH_4 + CO_2.$$

Estas ecuaciones tan simples enmascaran un complejo proceso que, en el caso del metanol, implica la oxidación inicial de parte del metanol para generar un poder reductor que pueda reducir posteriormente el metanol a metano. Por ello, las reacciones estarían mejor escritas así:

$$CH_3OH + H_2O \rightarrow CO_2 + 3XH_2$$

$$3CH_3OH + 3XH_2 \rightarrow 3CH_4 + 3H_2O$$

las que unidas dan la ecuación resumida. Es probable que en la reducción del metanol a metano, el grupo metilo del metanol se transfiera directamente al CoM.

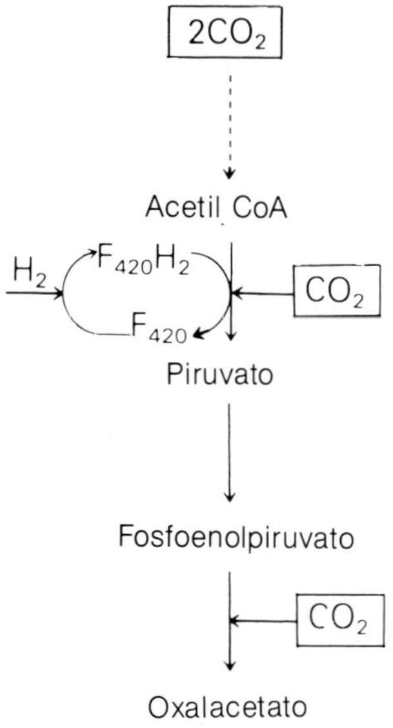

Fig. 3.9 Esquema de la ruta para la generación de compuestos de tres y cuatro átomos de carbono precursores de la biosíntesis en metanógenos

A3 *Síntesis de los materiales celulares en los metanógenos*

Como ya se ha establecido, los metanógenos no fijan dióxido de carbono autotróficamente. Entoces ¿cómo estos microorganismos convierten el dióxido de carbono en materiales celulares? Aunque se ha hecho algún progreso, la reacción inicial en la que se utiliza hidrógeno y dióxido de carbono para generar acetato permanece aún sin aclarar. Es probable, realmente posible, que se utilicen portadores de un átomo de carbono similares a los implicados en la metanogénesis y que dos de éstos, o posiblemente uno de éstos y un derivado de un átomo de carbono de la vitamina B_{12} que existe en los metanógenos en cantidades enormes, reaccionen para formar acetil CoA. Este, como se muestra en la Figura 3.9, se carboxila a piruvato que, a su vez, se carboxila a oxalacetato. Por lo tanto, pueden regenerarse los compuestos de tres y cuatro átomos de carbono requeridos para la biosíntesis. En estas reacciones únicas, que no acontecen en los aerobios, interviene una *piruvato sintetasa,* similar a la de las bacterias fotosintéticas. Este enzima, que sintetiza piruvato al carboxilar al acetil CoA, se ha detectado en *Methylosarcina barkeri* y depende del F_{420} que aporta el poder reductor que se necesita (en las bacterias fotosintéticas es la ferredoxina la que ejerce esta función). Si estas reacciones se confirman, será necesario explicar como se forma inicialmente el acetil CoA; así se podrá comprender cómo estos microorganismos se proporcionan ellos mismos sus necesidades biosintéticas.

A4 *Resumen*

De la discusión anterior, cabe concluir que la bioquímica de los metanógenos es fascinante pero poco conocida aún. De forma particular, los dos principales problemas que aún permanecen sin solución son los mecanismos de la generación de ATP y la forma de producir acetato a partir del dióxido de carbono. Debido al gran interés que está despertando la explotación biotecnológica de estos microorganismos, es probable que el conocimiento que hoy se tiene de los metanógenos se amplíe rápidamente.

Capítulo 4

Crecimiento microbiano aeróbico sobre sustratos de dos átomos de carbono

4.1 Objetivo y fundamento

Existe una mayor variedad de componentes de dos átomos de carbono que de uno; en consecuencia una mayor diversidad de microorganismos que pueden utilizar dichos sustratos, lo que realizan usando una gran variedad de rutas tanto degradativas (rutas oxidativas para la obtención de energía) como asimilatorias (rutas biosintéticas). Sin embargo, el examen de los sustratos y de las rutas que utilizan para metabolizarlos permite hacer una serie de generalizaciones basadas en el estado de oxidación/reducción del sustrato. Dicho estado puede agruparse en tres categorías: sustratos con una relación H:O de 2:1 o más (por ejemplo, etanol (C_2H_5OH) y acetato (CH_3COOH)); sustratos con una relación H:O inferior a 2:1 pero superior a 0,6:1 (por ejemplo, glicolato ($CH_2OHCOOH$) y glioxilato ($CHOCOOH$)) y sustratos muy oxidados con relaciones H:O por debajo de 0,6:1 (por ejemplo, oxalato ($(COOH)_2$). En general, el crecimiento microbiano a partir de sustratos de dos átomos de carbono ha despertado menos interés que sobre sustratos de un átomo de carbono. Esto no quiere decir que este bajo interés actual continúe al mismo nivel dado que muchos compuestos de dos átomos de carbono se generan en ecosistemas naturales y en forma de subproductos en algunas industrias y pueden ser sustratos potencialmente útiles para la producción de biomasa.

4.2 Rutas oxidativas para la generación de ATP

La mayoría de los sutratos de dos átomos de carbono que se han utilizado para estudiar el metabolismo oxidativo y energético son los que tienen la relación H:O de 2:1 o más. En general, se oxidan rindiendo acetil CoA, el que después se oxida también vía el ciclo del TCA. Por ejemplo:

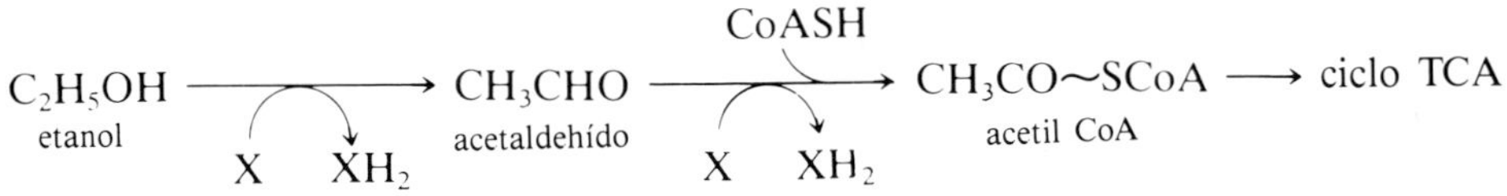

Por lo tanto, el metabolismo oxidativo de tales sustratos es esencialmente igual que en el resto de los organismos (véase Sección 2.1) pero, como se estudiará, no es así en el caso de las rutas anapleróticas (véase Sección 4.3).

Los sustratos más oxidados, con relaciones H:O menores de 2:1 pero superiores a 0,6:1, se oxidan a través de dos rutas conocidas. Primero, ellos pueden reducirse hasta el nivel de acetato que se oxida después vía el ciclo del TCA (es decir, a través de una ruta de reducción/oxidación). Esta ruta excepcional se da en *Paracoccus denitrificans* y es muy interesante (véase Fig. 4.1); se descubrió porque la facultad de este microorganismo de oxidar el glicolato o glioxilato se bloqueaba por los clásicos inhibidores del ciclo del TCA: monofluoracetato, malonato y arsenito.

La ruta que se muestra en la Figura 4.1 es, en algunos aspectos, relativamente única. La reacción clave es la condensación de glicina (2C) y glioxilato (2C) para formar hidroxiaspartato (4C) en una reacción catalizada por la *hidroxipiruvato sintetasa.* El aminoácido se desamina después a su cetoácido equivalente que, al descarboxilarse, se transforma en fosfoenolpiruvato; éste se transforma en piruvato que sufre una segunda descarboxilación rindiendo acetato que se oxida vía el ciclo del TCA. Obviamente, la ruta genera aceptores de electrones reducidos (por propio derecho, como en los pasos oxidativos del ciclo del TCA) que se reoxidan a través de los procesos normales de transporte de electrones generándose ATP. La característica excepcional de esta vía metabólica es que, como parte de la ruta en la que se genera acetato, se produce una reacción de condensación C2-C2 que origina un compuesto de cuatro átomos de carbono. De aquí que la ruta se comporte no sólo como una vía oxidativa sino que desempeña también una función anaplerótica.

Globalmente, utilizando como ejemplo el glioxilato y asumiendo que acontecen los mecanismos normales de transporte de electrones, esta ruta rinde, durante la oxidación completa de dos moléculas de glioxilato, 15 ATP (es decir, una relación ATP:C de 3,75) mientras que en la oxidación total de una molécula de acetato se generan 12 ATP (es decir, una relación ATP:C de 6). El menor rendimiento energético refleja el estado más oxidado del sustrato.

La segunda ruta, más normal, utilizada para la oxidación de sustratos como glicolato y glioxilato (y la glicina derivada del glioxilato por aminación) es la conocida como *ciclo del ácido dicarboxílico (DCA)* (véase Fig. 4.2). Se ha observado en coliformes, pseudomonadáceas y muchos otros grupos de bacterias que utilizan estos sustratos. El descubrimiento de la misma derivó de la observación de que, en coliformes, el monofluoracetato inhibía acusadamente la oxidación del glioxilato mientras que tal inhibición no se producía en el ciclo clásico del TCA. Esta paradoja se resolvió al observar que el malato era el producto inicial de la oxidación del glioxilato y su formación dependía de la inducción, previa al crecimiento sobre glioxilato, del enzima *malato sintetasa.* Posteriormente se demostró que el monofluoracetato inhibía a este enzima.

Después de su formación, el malato se oxida a oxalacetato el que se ve afectado por dos reacciones descarboxilativas, formándose primero piruvato y luego acetil CoA. Como se muestra en la Figura 4.2, el acetil CoA actúa como aceptor inicial de glioxilato

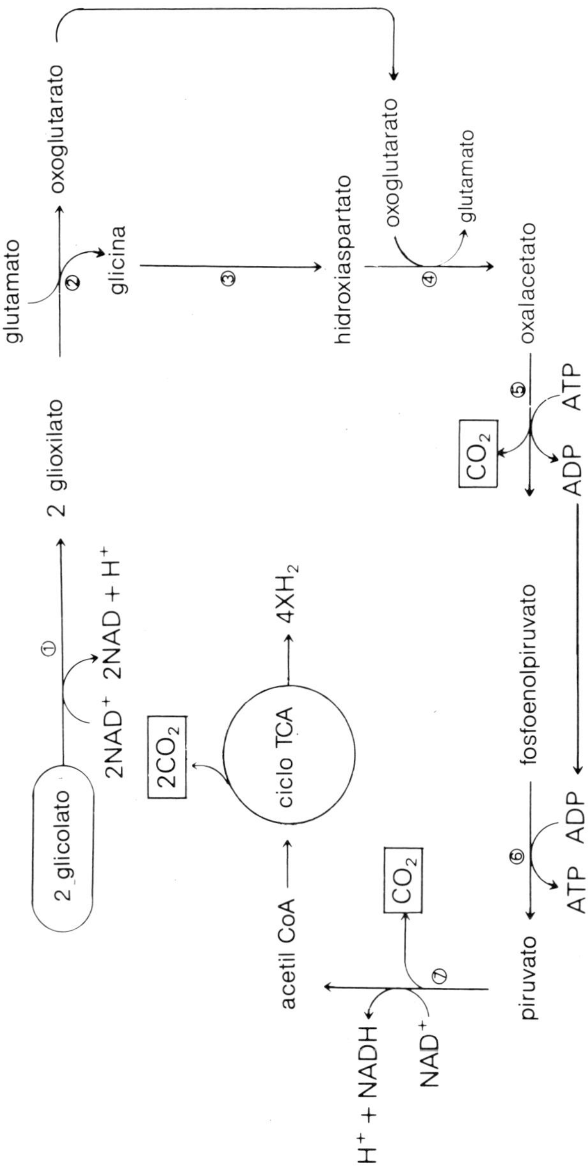

Fig. 4.1 Oxidación de glicolato y glioxilato en *Paracoccus denitrificans;* (1) glicolato deshidrogenasa; (2) glioxilato:glutamato transaminasa; (3) hidroxiaspartato sintetasa; (4) oxaloacetato:glutamato transaminasa; (5) PEP-carboxiquinasa; (6) piruvato quinasa; (7) piruvato deshidrogenasa

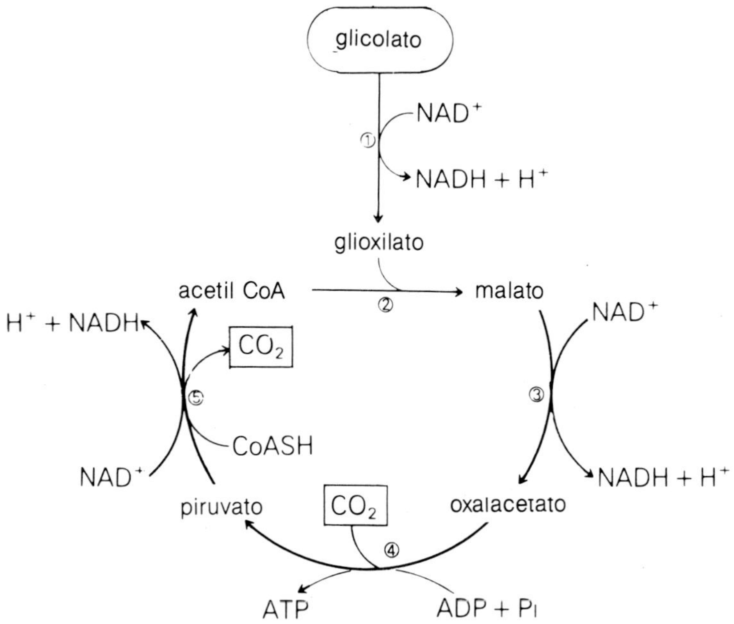

Fig. 4.2 Ciclo del ácido dicarboxílico; (1) glicolato deshidrogenasa; (2) malato sintetasa; (3) malato deshidrogenasa; (4) piruvato carboxilasa; (5) piruvato deshidrogenasa

y se regenera en la última reacción del ciclo. Por tanto, en el ciclo del DCA, una molécula de glioxilato se oxida totalmente a dióxido de carbono y se generan dos aceptores de electrones reducidos y una molécula de ATP. Asumiendo que se dan los procesos normales de transporte de electrones, la oxidación del glioxilato rinde, por tanto, 7 ATP (es decir, una relación ATP:C de 3,5).

Es interesante comparar los ciclos del TCA y DCA. El primero da cuenta de la oxidación completa de acetil CoA con la participación y regeneración obligadas de un cetoácido mientras que por el ciclo del DCA se oxida totalmente el glioxilato con la participación y regeneración obligadas de acetil CoA. Sin embargo, el papel de ambas rutas es idéntico: la oxidación de sustratos de dos átomos de carbono como parte del proceso de generación de ATP y el suministro de precursores biosintéticos (acetil CoA, piruvato, malato y oxalacetato). Por ello, ambas rutas son *anfibólicas* y para reponer los precursores biosintéticos se necesita una ruta *anaplerótica* (véase Sección 4.3). Debe apuntarse que los microorganismos que utilizan el ciclo del DCA para oxidar sustratos, como el glioxilato, tienen que recurrir también, al menos, a un ciclo parcial del TCA. Es así porque necesitan producir oxoglutarato (cinco átomos de carbono) como precursor de glutámico que juega un papel clave y central en el metabolismo de los aminoácidos (véase Fig. 2.1 y Sección 2.2).

Se han realizado relativamente poco estos estudios acerca de las rutas oxidativas que se utilizan para generar ATP a partir de compuestos de dos átomos de carbono muy oxidados, como oxalato. Este compuesto se utiliza extensamente en la industria del automóvil para eliminar la herrumbre de las chapas antes de proceder a la pintura de las mismas; presenta, a veces, problemas residuales debido a que es bastante tóxico. En consecuencia, ha despertado gran interés el uso de microorganismos con fines detoxicantes.

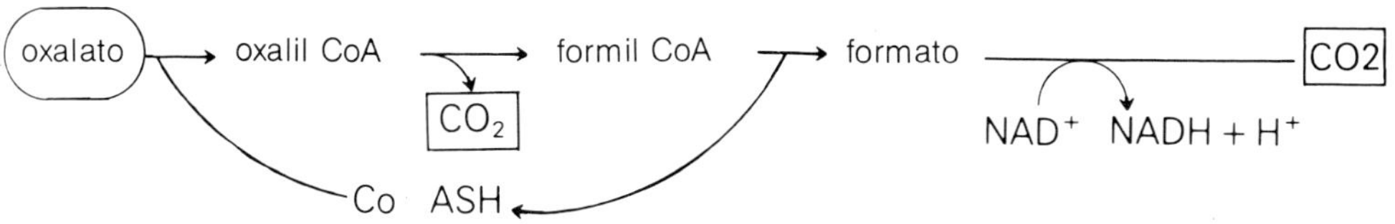

Fig. 4.3 Ruta oxidativa lineal para la oxidación del ácido oxálico

Es superfluo decir que un compuesto tan oxidado no es un buen sustrato para el crecimiento; su potencial de generación de ATP es pequeño. Sin embargo, algunas pseudomonadáceas, como *Pseudomonas oxalaticus* pueden utilizar oxalato aunque de una forma lenta y poco eficaz.

La ruta para la utilización del oxalato representa un punto intermedio entre las rutas cíclicas normales para la oxidación de compuestos de dos átomos de carbono (ciclos TCA y DCA) y la ruta oxidativa lineal del metabolismo de los compuestos de un átomo de carbono (véase Sección 3.4) La ruta oxidativa del oxalato es lineal y tiene, por tanto, más semejanza con la oxidación de compuestos de un átomo de carbono que con la de dos. Por otra parte, como se discute en la Sección 4.3, las rutas biosintéticas son más típicas que las del crecimiento a partir de sustratos de un átomo de carbono.

La ruta oxidativa lineal es simple (véase Fig. 4.3). El enzima clave es *formato deshidrogenasa* que participa también en la oxidación de compuestos de un átomo de carbono en los metilotrofos. Cuando el NADH reducido que se forma durante esta reacción se oxida, se generan 3 ATP, resultando una relación ATP:C de 1,5, un rendimiento muy bajo que refleja la naturaleza de un sustrato muy oxidado.

Nótese que en esta ruta, al contrario de lo que ocurre en la oxidación de otros compuestos de dos átomos de carbono, no participan precursores biosintéticos de tres y cuatro átomos de carbono. Por lo tanto, estrictamente hablando, no se requiere una ruta anaplerótica pero se necesita un mecanismo para generar los precursores de tres y cuatro átomos de carbono.

4.3 Rutas biosintéticas y anapleróticas de los microorganismos que crecen a partir de sustratos de dos átomos de carbono

Como se ha indicado anteriormente (véase Sección 4.2), la mayoría de los compuestos de dos átomos de carbono se oxidan vía el ciclo del TCA. Ello necesita una ruta anaplerótica para reponer los niveles de intermediarios del ciclo de TCA que se requieren como precursores biosintéticos. Como existen pocos microorganismos que han desarrollado mecanismos para carboxilar los compuestos de dos átomos de carbono a piruvato o fosfoenolpiruvato que posteriormente puedan ser carboxilados a oxalacetato o malato, se requiere otro mecanismo anaplerótico para la conversión de los sustratos de dos átomos de carbono en los precursores de cuatro átomos de carbono necesarios.

Ya se ha indicado que la excepcional ruta de reducción/oxidación de *Paracoccus denitrificans* cumple este cometido (véase Sección 4.2) pero las rutas oxidativas más normales que se encuentran en otros microorganismos (es decir, los ciclos del TCA y DCA) requieren una ruta anapletórica separada. La naturaleza de esta ruta refleja, de nuevo, las relaciones H:O del sustrato y la ruta oxidativa. Para compuestos con una relación H:O de 2:1 o más se usa el *ciclo del glioxilato* para reponer los niveles de intermediarios del ciclo del TCA mientras que para compuestos con una relación más baja de H:O que se oxidan por el ciclo del DCA se utiliza la *ruta del glicerato.* En ésta se incluye el muy oxidado ácido oxálico, que como se recordará, se utiliza biosintéticamente como otros compuestos de dos átomos de carbono incluso aunque su oxidación se efectúe como si fuese un compuesto de un átomo de carbono.

El *ciclo del glioxilato* (véase Fig. 4.4) utiliza la ruta normal de ingreso en el ciclo del TCA. Por lo tanto, el acetil CoA se condensa con oxalacetato para formar citrato que se metaboliza posteriormente mediante las reacciones del ciclo del TCA rindiendo isocitrato. En este punto, se suprimen las dos reacciones sucesivas de descarboxilación oxidativa del ciclo del TCA que conducen a la formación primero de oxoglutarato y luego succinato. El isocitrato (6C) se degrada por la *isocitrato liasa* formándose succinato (4C) y glioxilato (2C). El glioxilato se condensa después con una segunda molécula de acetil CoA (2C) produciéndose malato (4C) en una reacción catalizada por la *malato sintetasa.* El malato así formado se oxida para regenerar el oxalacetato original. La ruta origina, por tanto, una producción neta de un compuesto de cuatro átomos de carbono (succinato), con lo que, de esta forma, se cubre la función anaplerótica:

$$\underset{\text{acetato}}{2CH_2COOH} + NAD^+ \longrightarrow \underset{\text{succinato}}{\begin{array}{c} CH_2COOH \\ | \\ CH_2COOH \end{array}} + NADH + H^+$$

La *ruta del ácido glicérico* (véase Fig. 4.5) conduce a la producción de oxalacetato para reponer el intermediario en los ciclos del TCA y DCA pero este objetivo se logra de una forma bastante diferente a como se consigue mediante el ciclo del glioxilato. En vez de la condensación C2-C2 del ciclo del glioxilato, dos moléculas de glioxilato participan en la reacción que rinde dióxido de carbono y el semialdehído ácido tartrónico (TAS) de tres átomos de carbono. Esta reacción está catalizada por un enzima específico de esta ruta, *glioxilato carboligasa.* El metabolismo posterior del TAS se efectúa vía su reducción a ácido glicérico por el enzima, también característico de esta ruta, *TAS reductasa.* El acido glicérico se fosforila y metaboliza, siguiendo las reacciones glicolíticas normales, a fosfoenolpiruvato o piruvato que posteriomente pueden sufrir una carboxilación rindiendo oxalacetato. Que la ruta siga uno u otro camino depende del enzima carboxilante que exista en el microorganismo, la *piruvato carboxilasa* o la *PEP carboquinasa.* La secuencia global de los suscesos puede resumirse así:

$$C2 + C2 \longrightarrow C3 + CO_2 \longrightarrow C4$$

o de otra forma:

$$\underset{\text{glioxilato}}{2\ CHOCOOH} + NADH + H^+ \quad \underset{\text{oxalacetato}}{\begin{array}{c} CH_2COOH \\ | \\ COCOOH \end{array}} + NAD^+ + H_2O$$

Como se ha mencionado anteriormente, el ácido oxálico se asimila también vía esta ruta. Como *Pseudomonas oxalaticus* asimila el formato por la vía autotrófica de la ruta RBP después de oxidar los sutratos a formato, se podría esperar que el oxalato se oxida-

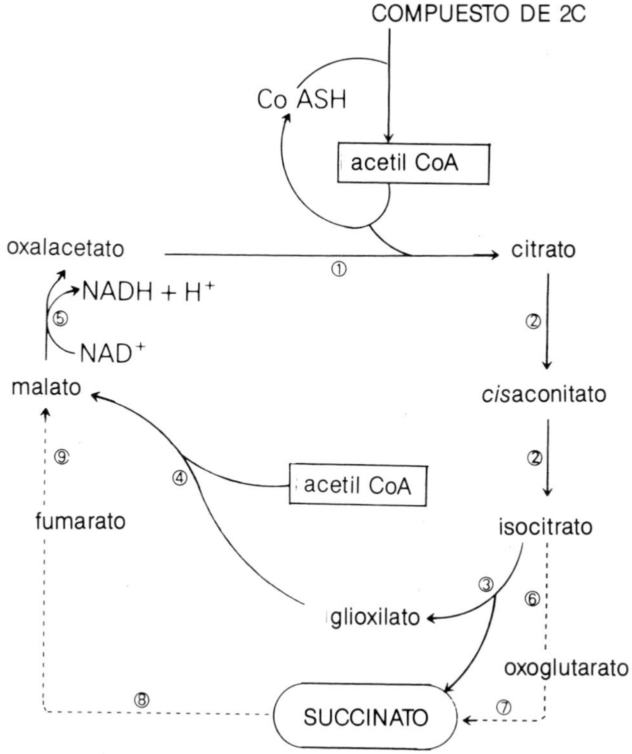

Fig. 4.4 Ciclo del glioxilato. Reacciones comunes a las del ciclo del TCA: (1) enzima de condensación del citrato; (2) aconitasa; (5) malato deshidrogenasa. Reacciones específicas del ciclo del glioxilato: (3) isocitrato liasa; (4) malato sintetasa. Reacciones específicas del ciclo del TCA: (6) isocitrato deshidrogenasa; (7) oxoglutarato deshidrogenasa; (8) succínico deshidrogenasa; (9) fumarato deshidrogenasa

ra a formato y fijarse después como dióxido de carbono. Sin embargo, los experimentos con sustancias marcadas utilizando células cultivadas en ^{14}C-formato y ^{14}C-oxalato mostraron un modelo muy diferente a aquel. Los primeros intermediarios marcados detectados a partir de ^{14}C-oxalato fueron el semialdehído ácido tartrónico y ácido glicérico, lo que indicaba que se utilizaba la ruta del ácido glicérico. Posteriomente se demostró que el oxalil CoA se reducía para formar glioxilato:

$$\text{oxalil CoA} + \text{NADH} + H^+ \rightarrow \text{glioxilato} + \text{NAD}^+ + \text{CoASH}$$

que ingresa en la ruta del glicerato.

4.4 Resumen

El crecimiento microbiano a partir de sustratos de dos átomos de carbono se efectúa mediante una variedad de rutas oxidativas y anapleróticas de acuerdo con el estado ini-

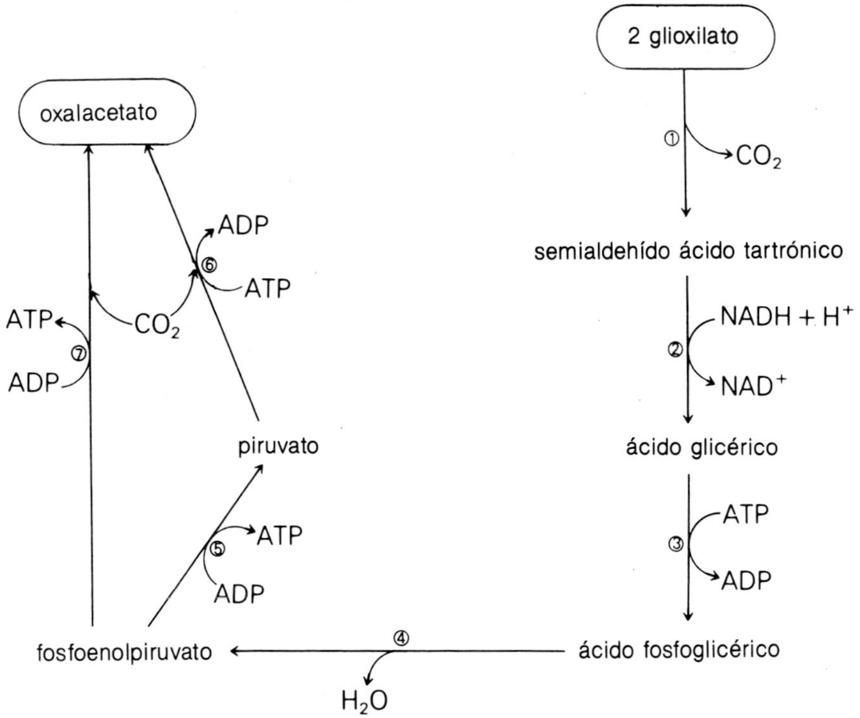

Fig. 4.5 Ruta del glicerato. (1) glioxilato carboligasa: (2) semialdehído ácido tartrónico reductasa; (3) glicerato quinasa; (4) enolasa; (5) piruvato quinasa; (6) piruvato carboxilasa (7) fosfoenolpiruvato carboquinasa. Nota: las reacciones (5) y (6) o (7) conducen a la formación de oxalacetato pero que ocurran las primeras o la segunda depende del microorganismo

cial de oxidación/reducción del sustrato. La mayoría de los compuestos de dos átomos de carbono se metabolizan para rendir acetato que después se oxida por el ciclo del TCA. Como esta ruta es anfibólica en la que se suministran precursores biosintéticos que sirven también para la ruta oxidativa terminal, se requiere una ruta anaplerótica para reponer los precursores. Esta operación se realiza normalmente por el ciclo del glioxilato. En el caso de sustratos más oxidados, la ruta oxidativa es la del ciclo del DCA y la anaplerótica es la del glicerato. El muy oxidado ácido oxálico se oxida vía una ruta lineal bastante semejante a la que se utiliza para la oxidación de sustratos de un átomo de carbono pero se asimila por una ruta de compuestos de dos átomos de carbono, la del glicerato.

Se han realizado un número mayor de investigaciones sobre los mecanismos de control implicados en el crecimiento de microorganismos que utilizan compuestos de dos átomos de carbono que en los que usan compuestos de un átomo de carbono. En general, estos estudios indican que los enzimas requeridos para convertir un determinado sustrato en acetil CoA o glioxilato para su ingreso en los ciclos del TCA o del DCA son inducidos por la presencia del sustrato como *única* fuente de carbono, como lo demuestra los enzimas específicos del ciclo anaplerótico del glioxilato y de la ruta del glicerato.

Se ha prestado un especial interés al papel de los enzimas isocitrato liasa y malato sintetasa en el metabolismo de los compuestos de uno y dos átomos de carbono. La isocitrato liasa es un enzima clave en la ruta de la L-serina propia de los metilotrofos facultativos del tipo II que, además de poder crecer a partir de sustratos de un átomo de carbono, pueden utilizar una amplia variedad de compuestos de dos átomos de carbono. Al crecer sobre la mayoría de sustratos de dos átomos de carbono, el enzima es esencial en el ciclo del glioxilato. Es interesante resaltar que el papel del enzima, incluso aunque catalice una reacción idéntica en cada caso, es bastante diferente. En la ruta de la L-serina, forma parte de una ruta biosintética y es esencial para el mecanismo de regeneración de una unidad de aceptor (glicina) de un derivado del THF de un átomo de carbono. Por otra parte, en el ciclo del glioxilato tiene un papel anaplerótico esencial.

El enzima malato sintetasa desempeña, en el crecimiento a partir de compuestos de dos átomos de carbono, dos o más funciones que contrastan notablemente. En el crecimiento a partir de glioxilato, actúa en la ruta oxidativa del ciclo del DCA mientras que en el crecimiento a partir de acetato, o compuestos que se transforman en acetato, el enzima tiene una función anaplerótica en el ciclo del glioxilato. La doble función de enzimas de este tipo plantea una interrogante acerca de cómo se controla su inducción. Esta pregunta no se ha contestado todavía satisfactoriamente pero está claro, que al menos en el caso de la malato sintetasa, los dos enzimas implicados son productos resultantes de genes diferentes; uno de ellos se induce por sustratos oxidados vía el ciclo del DCA mientras que el otro se induce por sustratos que se oxidaron por el ciclo del TCA y asimilados por el ciclo del glioxilato.

El control de las rutas metabólicas de *Pseudomonas oxalaticus* es también de considerable interés, sobre todo la cuestión de por qué y cómo se induce la ribulosa-1,5-difosfato carboxilasa en el crecimiento a partir de formato, el que se oxida vía formato deshidrogenasa a dióxido de carbono y se fija vía la carboxilasa, mientras que el oxalato, que se oxida también vía formato deshidrogenasa a dióxido de carbono ocasiona la represión de la ribulosa-1,5 difosfato carboxilasa e induce la síntesis de glicólico deshidrogenasa, glioxilato carboligasa y TAS reductasa. Lo que está claro es que la doble función de enzimas en el metabolismo de compuestos de uno y dos átomos de carbono y, en el caso del oxalato, las fascinantes alternativas de la ruta metabólica permiten deducir la versatilidad de los microorganismos para crecer a partir de varios sustratos.

Capítulo 5

Crecimiento microbiano aeróbico sobre algunos sustratos de más de dos átomos de carbono

5.1 Objetivo y fundamento

Ya se ha indicado en el Capítulo 2, Secciones 2.1 y 2.3 que todos los compuestos con tres o más átomos de carbono se metabolizan por rutas que se encuentran en la mayoría de todos los organismos vivos, por lo que dichas rutas no se van a considerar aquí. Esencialmente, tales sustratos se convierten, habitualmente por vías bastante directas, en intermediarios de la glicolisis antes de su oxidación vía el ciclo del TCA. La anaplerosis se efectúa mediante la carboxilación de compuestos de tres átomos de carbono. Sin embargo, existen dos tipos de compuestos que se utilizan como sustrato del crecimiento microbiano que tienen un interés biotecnológico especial. Son los hidrocarburos distintos al metano y compuestos aromáticos. En el presente Capítulo se van a considerar algunos aspectos específicos de su utilización.

5.2 Oxidación y asimilación de hidrocarburos alifáticos

Se sabe desde hace tiempo que los microorganismos tienen la facultad de degradar hidrocarburos y ya en 1950 se hizo un primera revisión Zobell (1950) sobre el tema. Los estudios iniciales se abandonaron debido a la imposibilidad de disponer de sustratos puros. Los estudios realizados con esos sustratos impuros dieron lugar a unos modelos de crecimiento y respiración que se demostró se debían a que los microorganismos oxidaban, y presumiblemente utilizaban, alguna impureza y seguía una disminución del crecimiento y un gasto de oxígeno mientras se inducía un nuevo grupo de enzimas para utilizar una segunda impureza, y así sucesivamente hasta que se habían utilizado todas las impurezas. Después era cuando se utilizaba el hidrocarburo como sustrato pero en ese momento, en cultivos controlados, la presencia de otros nutrientes ya era limitada.

Actualmente, existe un gran interés en la explotación de los microorganismos que degradan los hidrocarburos debido a diversas razones. Primera, esos microorganismos pueden emplearse para la producción de biomasa utilizando como sustratos subproductos de la industria petrolífera u otros productos residuales que contienen hidrocarburos. Segunda, están siendo estudiados exhaustivamente para utilizarlos como una forma de solucionar los problemas de contaminación que ocasionan los petróleos, en especial en la dispersión de derramamientos de estos productos. Tercera, se esta investigando el potencial de dichos microorganismos para liberar aceites pesados de sustratos que los contengan dado que mediante técnicas convencionales es generalmente imposible recuperar más del 70 % del petróleo de un yacimiento petrolífero. A la vista de estas aplicaciones biotecnológicas, es interesante estudiar el grupo de microorganismos capaces de utilizar los hidrocarburos e, igualmente, como realizan esta función. Al margen de estas características potencialmente útiles de los microorganismos que degradan los hidrocarburos pueden, por otra parte, ocasionar problemas debido a su capacidad de crecer en las interfases aceite/agua y en la emulsiones aceite/agua, causando problemas de biodeterioro en los sistemas mecánicos a consecuencia de la degradación del aceite.

Muchas bacterias, levaduras y mohos filamentosos pueden oxidar y asimilar los hidrocarburos alifáticos. Cabe citar entre ellos a especies de los géneros *Corynebacterium, Pseudomonas* y *Candida.* En general, los hidrocarburos de cadena corta, aunque son oxidados, no se utilizan como único sustrato para el crecimiento pero los de cadena larga, de ocho carbonos (por ejemplo *n*-octano) o más, sí que proporcionan un buen crecimiento. Se puede decir, en términos generales, que los hidrocarburos saturados se utilizan más fácilmente que los insaturados; que se prefieren los hidrocarburos de cadena lineal a los de cadena ramificada y los de cadena par a los que poseen un número impar de átomos de carbono.

La ruta oxidativa (véase Figura 5.1) sigue el modelo de la del crecimiento sobre metano:

$$\text{hidrocarburo} \rightarrow \text{alcohol} \rightarrow \text{aldehído} \rightarrow \text{ácido graso}$$

El ácido graso resultante se metaboliza después, habitualmente por la ruta de la *β-oxidación,* rindiendo acetil CoA que se oxida finalmente vía el ciclo del TCA. El sistema *mono-oxigenasa* responsable de la oxidación del hidrocarburo al alcohol correspondiente y los del *alcohol* y la *aldehído deshidrogenasas* son similares a los que se utilizan en la conversión de metano en metanol, formaldehído y formato. Se han descrito dos mecanismos diferentes del transporte de electrones asociado para la mono-oxigenasa; uno dependiente del citocromo P_{450} en *Corynebacterium* sp y el otro, detectado en *Candida* sp., que depende de rubredoxina. Igualmente, se ha demostrado que las deshidrogenasa están ligadas al NAD (Wyatt, 1984).

En algunas ocasiones puede presentarse una *oxidación diterminal* (véase Fig. 5.1). Conlleva la formación de ácidos grasos dicarboxílicos que después se oxidan a acetil CoA mediante la vía *α-ω oxidación* en la que se forma, como producto final adicional, ácido oxálico. No está aún aclarado cual es el destino del ácido oxálico. Algunas especies pueden realizar una oxidación subterminal en la que el sitio de ataque de la mono-oxigenasa es un carbono distinto a los átomos de carbono finales. El producto final es también el acetil CoA que se oxida vía el ciclo del TCA. Se sabe bastante menos de como acontece la oxidación de los alquenos (hidrocarburos insaturados) e hidrocarburos

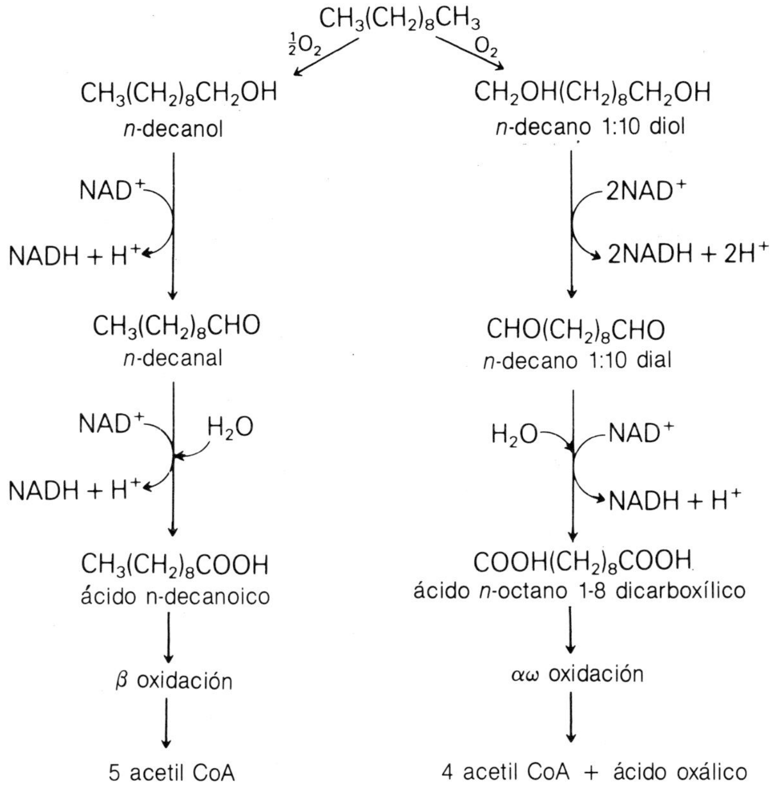

Fig. 5.1 Rutas oxidativas para la degradación de hidrocarburos de cadena larga ejemplarizadas con el *n* -decano. A la izquierda se muestra la oxidación monoterminal y a la deracha la diterminal

de cadena ramificada pero sí está claro que son reacciones catalizadas por monooxigenasas. Como se ha indicado, el producto final de la ruta oxidativa de los hidrocarburos es el acetil CoA que se oxida posteriormente vía el ciclo del TCA, por lo que se producirá mucho ATP, no debido a la β o α-ω oxidación sino a los nucleótidos reducidos que se generan.

Cuando se trató de la ruta de la producción de precursores para la biosíntesis de tres y cuatro átomos de carbono, se podia considerar que los microorganismos afectados crecían a partir de acetato dado que este compuesto era el producto final del paso inicial de la oxidación. No puede sorprender, por tanto, que los microorganismos que utilizan hidrocarburos alifáticos contengan *isocitrato liasa* y *malato sintetasa.* En consecuencia, utilizan el *ciclo del glioxilato* como ruta anaplerótica.

Un aspecto fascinante del crecimiento microbiano a partir de hidrocarburos alifáticos es el ingreso real de estas sustancias insolubles. Las experiencias indican que los microorganismos segregan agentes de superficie específicos que emulsifican los hidrocarburos en una forma que ayuda a atravesar la membrana celular. Se sabe también que cuando los microorganismos crecen sobre hidrocarburos tienen un contenido mucho mayor de lípidos en sus membranas. Puede que las emulsiones de hidrocarburos al entrar en contacto con membranas con un elevado contenido de lípidos sea suficiente para que se produzca el ingreso del sustrato. No obstante, es posible también que mecanismos de transporte especiales estén aún por descubrir.

5.3 Oxidación y asimilación de sustancias aromáticas

La capacidad de los microorganismos de degradar las sustancias aromáticas se ha estudiado en una gran variedad de microorganismos utilizando una enorme cantidad de compuestos. El interés biotecnológico de estas degradaciones es de gran importancia desde el punto de vista del uso de enzimas y células inmovilizados en bioconversiones específicas, sobre todo para catalizar reacciones que por medios químicos son difíciles de realizar o proporcionan rendimientos bajos (por ejemplo, la síntesis de medicamentos u otros compuestos deseables). Una segunda área potencial es la biodegradación, y de aquí, la posibilidad de eliminar efluentes potencialmente tóxicos que contienen sustancias aromáticas. De forma similar, se podían degradar pesticidas, con lo que se lograría una detoxificación por medios basados en el conocimiento de la degradación microbiana de sustancias aromáticas.

La variedad de sustancias aromáticas utilizadas por uno u otro microorganismo es extensa pero sólo se pretende realizar una breve descripción de los principios más importantes. Se remite al lector a la revisión de Dagley (1978), donde puede encontrarse un estudio más detallado. El metabolismo de diversos compuestos aromáticos se efectúa mediante una amplia variedad de mecanismos que implican inicialmente reacciones de oxigenación e hidroxilación. Como cabría esperar, la oxigenación se efectúa, con frecuencia, mediante reacciones con actividad mono-oxigenasa. Es imposible aquí proporcionar detalles de las mismas dada las grandes variaciones que existen. Sin embargo, sí conviene apuntar que la reacción clave de estas degradaciones es la apertura del anillo bencénico para lo que existen sólo dos rutas principales. La mayoría de las sustancias aromáticas que pueden oxidarse totalmente se convierten incialmente en catecol o sustancias afines a través de una *meta* u *orto* fusión. El metabolismo posterior de los productos resultantes de estas reacciones conduce a la generación de intermediarios del ciclo del TCA, habitualmente succinil CoA y acetil CoA. El último se oxida vía el ciclo del TCA para generar ATP mientras que el primero puede actuar como una sustancia anaplerótica del ciclo. Por lo tanto, la ruta implicada en la utilización de sustratos aromáticos rinde productos finales que satisfacen los dos requisitos del crecimiento.

5.4 Resumen

Solamente se ha ofrecido una descripción breve y general del metabolismo aeróbico de compuestos que contienen tres o más átomos de carbono. Se ha hecho así debido a la gran variedad de compuestos de este tipo existentes y debido también al hecho de que tras una o dos reacciones iniciales la gran mayoría de los mismos se oxidan vía la glicolisis y el ciclo del TCA (véase Fig. 2.1). Esta ruta tiene, como intermediarios, compuestos de tres átomos de carbono que pueden carboxilarse para dar intermediarios de cuatro átomos de carbono del ciclo del TCA y satisfacer así la provisión de los precursores biosintéticos necesarios para el crecimiento. Por lo tanto, cuanto se ha descrito en primer lugar como rutas «normales» del metabolismo que representa el enclave que unifica la bioquímica puede operar en el caso del metabolismo de compuestos de tres átomos de carbono o más. Incluso los hidrocarburos y las sutancias aromáticas pueden metabolizarse de acuerdo con los mismos principios, es decir, convirtiéndose en intermediarios de un pequeño número de rutas que ingresan en las rutas metabólicas centrales.

SECCION III

Cultivo industrial de microorganismos

P. F. Stanbury

Conceptos que deben conocerse

Bioquímica microbiana básica
Estructura y taxonomía microbianas
Algebra y cálculos básicos

Libros recomendados

Demain, A. L. and Solomon, N. A. (1986) Manual of Industrial Microbiology and Biotechnology. Washington, American Society for Microbiology.

Riviere, J. (1977) Industrial Applications of Microbiology (Translated and edited by Moss, M. O. and Smith, J. E.). Surrey University Press.

Stanbury, P. F. and Whitaker, A. (1984) Principles of Fermentation Technology, Oxford, Pergamon Press.

Capítulo 6

Productos procedentes de los microorganismos

6.1 Introducción

La diversidad bioquímica de los microorganismos, ilustrada por la facultad que tienen de crecer a partir de una gran diversidad de sustratos y producir una amplia variedad de sustancias, ha conllevado su explotación industrial por la industria fermentativa. Los microbiólogos tienden a interpretar el término «fermentación» como un proceso destinado a la producción de un producto mediante el cultivo masivo de microorganismos, mientras que los bioquímicos utilizan dicha palabra con un sentido más estricto. El verdadero significado bioquímico de la palabra es «un proceso que genera energía en el que los compuestos orgánicos actúan como dadores de electrones y aceptores terminales de electrones» (véase Sección 1.1) Sin embargo, en esta Sección el término «fermentación» se usará en su más amplio sentido microbiológico. Los avances en biología molecular y manipulación genética de los últimos años han proporcionado una gran oportunidad a la ya bien establecida industria fermentativa para iniciar nuevos procesos y mejorar los ya existentes. Estos avances han servido para decir a todas voces que nacía una nueva era pero debe tenerse presente que la explotación de esos importantes avances depende de técnicas de cultivo a gran escala que la industria ha desarrollado durante muchos años. Los objetivos de esta sección son: primero, introducir al lector en los diversos productos derivados de la fermentación y, en segundo lugar, concentrarse en los principios biológicos en que descansan dichos procesos.

6.2 Producción de biomasa microbiana

El producto comercial de origen microbiano más evidente quizás sea la biomasa microbiana (las mismas células de microorganismos). Las células de levadura, utilizadas en la industria de panadería, se han producido comercialmente desde principio de siglo.

Igualmente, se produjeron como alimento humano en Alemania durante la primera guerra mundial. Estos procesos iniciales de producción de biomasa eran aeróbicos y, como se discute más adelante, el proceso se controlaba eficazmente. Aunque ha continuado la producción de levadura de panadería por fermentación, no ocurrió así con la biomasa que se producía durante la primera guerra mundial; esta producción tanto como alimento para el hombre como para pienso para animales quedó relativamente abandonada de tal forma que tales procesos no fueron de nuevo motivo de profundas investigaciones hasta la década de los años 60. En ese tiempo se empezó a explotar el uso de una amplia variedad de microorganismos capaces de crecer sobre sustratos de diversos átomos de carbonos (entre ellos hidrocarburos) para la producción industrial de la biomasa denominada «proteína unicelular» o SCP. Muy pocos de los procesos investigados en ese tiempo fueron adelante porque tropezaron con dificultades económicas y políticas. La British Petroleum fue probablemente la empresa líder en este campo; desarrolló una tecnología de tal magnitud que llevó a la empresa a diseñar una planta en Cerdeña para la producción de biomasa de levadura a partir de *n*-alcanos. Sin embargo, la BP fue incapaz de convencer al gobierno italiano de la seguridad toxicológica de su producto y la fábrica nunca se puso en marcha. Muchos otros procesos cayeron presa de las guerras de Oriente Medio y de la subsiguiente escalada de los precios de los productos petrolíferos. Sin embargo, La Imperial Chemical Industries (ICI) persitió en sus planes de producción de biomasa bacteriana *(Methylophilus methylotrophus)* a partir de metanol y desarrolló el proceso Pruteen para la producción de proteína de alto grado destinada a la fabricación de pienso para animales. El proceso utiliza un cultivo en continuo (véase Capítulo 7) a una gran escala (1.500 m^3). Este proceso es un buen ejemplo de la aplicación de la ingeniería para el desarrollo de procesos microbianos. La economía de la producción de SCP para la alimentación animal es todavía marginal pero la tecnología desarrollada por la ICI durante el proyecto Putreen ha conllevado que la empresa sea un líder mundial en biotecnología. La ICI está explotando su experiencia en cultivos continuos a gran escala al colaborar con la Rank Hovis MacDougall en un proceso para la producción de biomasa fúngica a partir de carbohidratos destinada a la alimentación humana. La economía de este proceso parece más atractiva.

6.3 Producción de productos microbianos

La explotación de las facultades biosintéticas de los microorganismos ha dado como resultado el establecimiento de un gran número de procesos comerciales. El crecimiento de un microorganismo conduce a la generación de numerosos metabolitos pero el que se sintetiza mayoritariamente depende de la naturaleza del microorganismo, de las condiciones de cultivo utilizadas y de la velocidad de crecimiento del cultivo en producción. Si un microorganismo se inocula en un medio nutritivo que satisface su crecimiento, el cultivo pasará por una serie de fases; el sistema se denomina cultivo discontinuo (véase Capítulo 7). Inicialmente, no se produce crecimiento alguno, etapa a la que se denomina *fase de latencia* y puede considerarse como un período de adaptación. A continuación sigue un intervalo durante el cual la velocidad de crecimiento de las células aumenta gradualmente hasta alcanzar una velocidad máxima constante, etapa que se conoce como fase *logarítmica* o *exponencial.* A medida que se agotan los nutrientes, o se acumulan metabolitos tóxicos, la velocidad de crecimiento de las células se desvía del valor máximo y, eventualmente, cesa el crecimiento; se dice que el cultivo ha pasado a la *fase estacionaria.* Después de un tiempo el número de células viables empieza a declinar y el cultivo entra en la *fase de muerte.*

El término descriptivo de cultivo discontinuo puede acarrear confusiones cuando se considera la actividad metabólica del mismo durante las distintas fases, dado que el metabolismo de las células durante la fase estacionaria puede ser muy diferente del de la fase logarítmica; no es, de ningún modo, estacionario. Bu'lock *et al.* (1965), propusieron una términología descriptiva que reflejara el comportamiento de las células microbianas desde un punto de vista metabólico en vez de en términos cinéticos. Se utilizó el término *trofofase* para describir la fase logarítmica de un cultivo en las que los únicos compuestos resultantes del metabolismo son esenciales bien para el crecimiento (aminoácidos, nucleótidos, proteínas, ácidos nucleicos, lípidos, carbohidratos, etc.), o bien son subproductos del catabolismo energético (como etanol, acetona y butanol). Los metabolitos producidos durante la trofofase se denominan metabolitos primarios. El término *idiofase* se utilizó para describir la fase del cultivo en la que se producían otros compuestos diferentes a los metabolitos primarios; se denominaron metabolitos secundarios. Los metabolitos secundarios se han definido como compuestos que se sintetizan cuando las células crecen lentamente o no crecen; no juegan un papel definido en el crecimiento celular y su distribución es, taxonómicamente, limitada. La idiofase, por tanto, corresponde aproximadamente a la fase estacionaria del cultivo discontinuo.

Las interrelaciones entre los metabolismos primarios y secundarios se ilustran en la Figura 6.1; puede observarse que los metabolitos secundarios tienden a sintetizarse a partir

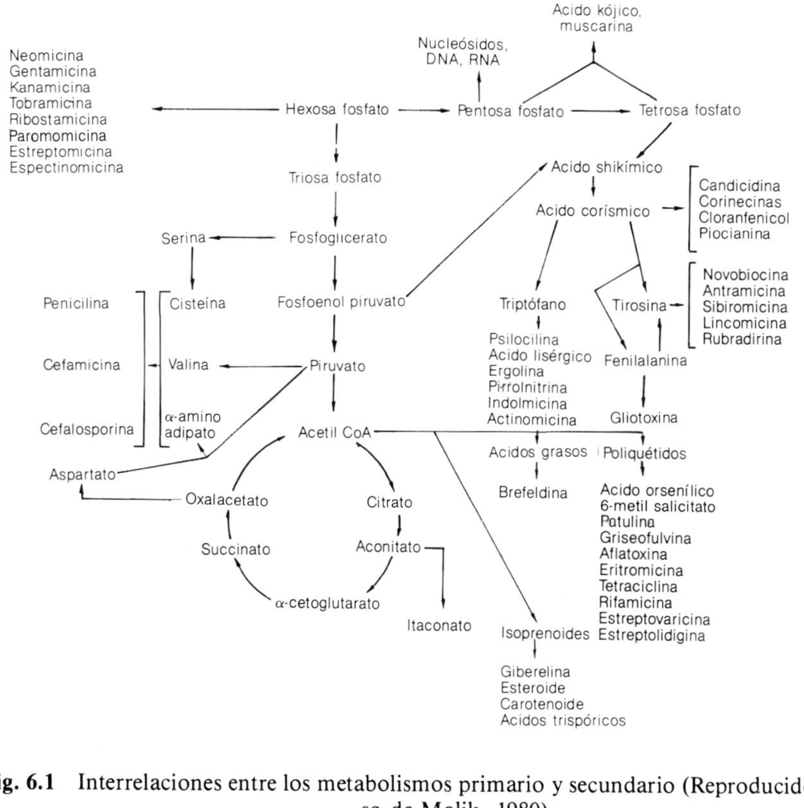

Fig. 6.1 Interrelaciones entre los metabolismos primario y secundario (Reproducido con permiso de Malik, 1980)

de los intermediarios clave y de los productos finales del metabolismo primario. Aunque las primeras rutas metabólicas mostradas en la Figura 6.1 son comunes a la gran mayoría de los microorganismos, cada metabolito secundario puede ser sintetizado por sólo un muy pequeño número de grupos microbianos. Por otra parte, no todos los grupos microbianos tienen un metabolismo secundario; es una característica normal de las bacterias y mohos filamentosos y de las bacterias esporuladas pero no es una propiedad, por ejemplo, de las enterobacterias. Por tanto, aunque la distribución taxonómica del metabolismo secundario es mucho más limitada que la del primario, la variedad de productos producidos es enorme. A primera vista, no parece lógico que los microorganismos sinteticen compuestos que no tengan una función metabólica y que sean verdaderamente subproductos del catabolismo. Sin embargo, muchos metabolitos secundarios exhiben propiedades antimicrobianas y, por tanto, les pueden servir para entrar en competencia en los hábitats naturales (Demain, 1980). Se ha demostrado que otros, aunque se descubrieron en cultivos en idiofase, se producen durante la trofofase y se ha dicho que pueden desempeñar un papel regulador. Por tanto, algunos «metabolitos secundarios» no cumplen todos los criterios que se agrupan en la definición ofrecida anteriormente, que debiera considerarse mas bien como una descripción general del fenómeno que como una verdadera definición. Realmente, Campbell (1984) opina que el único aspecto definitivo de esta definición original es la distribución taxonómicamente limitada de los metabolitos secundarios. Aunque las interrelaciones entre los metabolismos primario y secundario y el papel fisiológico del último son temas que están sometidos a un considerable debate, la relevancia de estos productos para la industria es el significado comercial de los mismos. En la Tabla 6.1 se muestran algunos ejemplos del significado comercial de dichos productos.

El control del inicio del metabolismo secundario se ha investigado extensamente y, obviamente, es un área de un interés considerable para la industria fermentativa. Debido a estas investigaciones existe una información muy considerable acerca de los cambios que se producen en el medio al inicio del metabolismo secundario. No obstante, se conoce poco sobre el control del proceso a nivel de DNA. Se ha demostrado que los precursores metabólicos primarios de los metabolitos secundarios inducen su formación; por ejemplo, el triptófano en la biosíntesis de alcaloides (Robbers y Floss, 1970) y la metionina en la síntesis de cefalosporina (Komatsu, Mizumo y Kodaira, 1975). Por otra parte, se ha demostrado también que los componentes del medio reprime el metabolismo secundario; las primeras observaciones al respecto fueron las de Soltero y Johnson (1953) quienes mostraron el efecto represor de la glucosa en la formación de bencilpenicilina. Se ha observado en varias ocasiones que las fuentes de carbono, nitrógeno y fosfato, que proporcionan un rápido crecimiento, inhiben la formación de metabolitos secundarios. Por tanto, es esencial evitar la presencia de nutrientes represores en los medios fermentativos o que estén presentes a niveles subrepresores. Estos aspectos se consideran más detalladamente en el Capítulo 8.

Como se ha mencionado en la introducción, el advenimiento de la tecnología del DNA recombinante ha ampliado el número de productos potenciales de origen microbiano. Se puede dotar a las células microbianas de la facultad de sintetizar productos normalmente asociados a las células superiores. Tales productos pueden constituir la base de nuevos procesos fermentativos; por ejemplo, la síntesis de interferón, insulina y renina. Las técnicas *in vitro* de la tecnología de DNA recombinante se considera en los Capítulos 10, 11 y 12.

Las rutas biosínteticas y catabólicas que se dan durante la biosíntesis primaria y secundaria son todas reacciones catalizadas por enzimas. Como se ilustra en la Tabla 6.2 muchos enzimas microbianos tienen aplicaciones comerciales y son, por tanto, produc-

Tabla 6.1 Algunos ejemplos de metabolitos microbianos de significado comercial

Metabolitos primarios	*Significado comercial*
Etanol	«Ingrediente activo» en bebidas alcohólicas
Acido cítrico	Diversos usos en la industria alimentaria
Acetona y butanol	Disolventes
Acido glutámico	Potenciador del sabor
Lisina	Aditivo alimentario
Polisacáridos	Aplicaciones en la industria alimentaria; potenciador para la recuperación de aceite
Fe^{+++}	Lixiviador mineral
Metabolitos secundarios	
Penicilina	Antibiótico
Tetraciclinas	Antibióticos
Cefalosporina	Antibiótico
Estreptomicina	Antibiótico
Griseofulvina	Antibiótico antifúngico
Pepstatina	Tratamiento de úlceras
Ciclosporina A	Inmunosupresor
Crestina	Tratamiento del cáncer
Bestatina	Tratamiento del cáncer

tos, de gran valor comercial, resultantes de la fermentación. La mayoría de las cepas silvestres de microorganismos regulan la síntesis de los productos metabólicos de tal forma que sólo los sintetizan en las cantidades requeridas para cubrir las necesidades del crecimiento celular. Sin embargo, en los procesos comerciales es esencial producir estos compuestos en concentraciones muy elevadas y, por tanto, es necesario modificar las células productoras y controlar los factores ambientales hasta tal punto que sus sistemas de control normales sean superados. El control de los factores ambientales y la modificación genética de los microorganismos se tratan en los Capítulos 8 y 9.

6.4 Procesos de transformación microbiana

Al igual que se utilizan microorganismos para la producción de biomasa y metabolitos, las células microbianas pueden emplearse para catalizar la conversión de un producto en otro de estructura similar pero de mayor valor comercial. Aunque la producción de vinagre es el proceso de transformación más antiguo y mejor conocido (conversión de etanol en acético), la mayoría de estos procesos conllevan la producción de compuestos de gran valor. Las reacciones que pueden estar implicadas en dichos procesos son oxidación, deshidrogenación, hidroxilación, deshidratación, condensación, descar-

Tabla 6.2 Algunos ejemplo de aplicaciones comerciales de enzimas

Enzima	*Origen microbiano*	*Industria*	*Aplicación*
Amilasa	Fúngico	Panadería	Aceleración de la fermentación; reducción de la viscosidad de la masa
Amilasa	Fúngico/bacteriano	Cervecería	Liberación de azúcares solubles de la malta
Proteasa	Fúngico/bacteriano	Cervecería	Protección contra la «turbidez»
Amilasa	Fúngico/bacteriano	Alimentaria	Fabricación de jarabes
Pectinasa	Fúngico	Alimentaria	Preparación de zumos de frutas y concentrados de café
Proteasa	Bacteriano	Lavandería	Enzima que se incorpora al detergente en polvo

boxilación, aminación, desaminación e isomerización. La ventaja de los procesos microbianos sobre el uso de reactivos químicos es la especificidad y la posibilidad de operar a temperaturas y presiones relativamente bajas. La desventaja de estos procesos de transformación es que se necesita producir una gran cantidad de biomasa para catalizar, quizás, una sola reacción. Por ello, algunos procesos se le ha proporcionado un perfil más dinámico mediante la inmovilización, en soportes inertes, de las células mismas o de los enzimas aislados que específicamente catalizan una reacción. De este modo, pueden emplearse como catalizadores reutilizables. Estos aspectos se tratan más detalladamente en el Capítulo 14.

6.5 Estructura de un proceso fermentativo

La parte dentral de un proceso fermentativo es el crecimiento del microorganismo industrial en unas condiciones ambientales que estimula la síntesis del producto comercial que se pretende obtener. Se realiza en un fermentador que consta esencialmente de un gran recipiente (con una capacidad entre 1.000 dm^3 y 1,5 millones de dm^3) en el que se mantiene el microorganismo a la temperatura, pH, concentración de oxígeno disuelto y concentración de sustrato deseados. Sin embargo, el cultivo del microorganismo en el fermentador es sólo una de las numerosas fases del proceso (véase Fig. 6.2). El medio en el que crece el microorganismo ha de formularse de acuerdo con las materias primas y, posteriormente, esterilizarse. El contenido del fermentador se esteriliza y se inocula con un cultivo viable, metabólicamente activo. Después del crecimiento se separan las células de la porción líquida y se recoge la fracción que interese (bien las células o el sobrenadante libre de células). Se debe supervisar la evolución del programa impuesto para el desarrollo del proceso. Para que pueda realizarse la fermentación es necesario, en primer lugar, obtener un microorganismo adecuado para el proceso que se pretenda

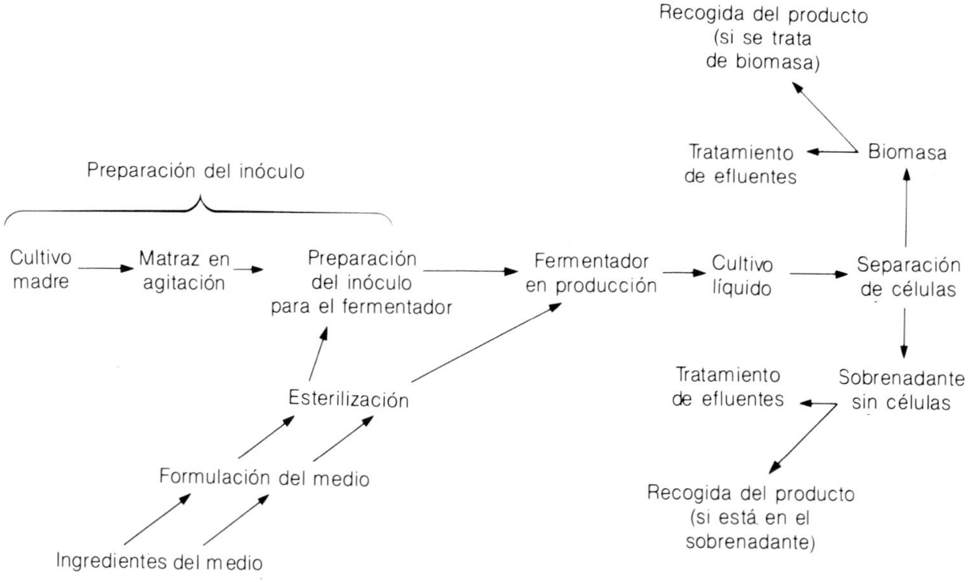

Fig. 6.2 Fases de un proceso fermentativo

llevar a cabo, lo que se efectúa normalmente seleccionando cepas naturales; la productividad del mismo debe aumentarse hasta obtener niveles económicos, lo que se realiza mediante mejoras por mutación, recombinación o diseño del proceso. Por tanto, el éxito de los procesos fermentativos depende de la destreza de microbiólogos, bioquímicos, genetistas, ingenieros químicos, químicos e ingenieros de control de procesos. Aunque este texto se concentra sólo en los aspectos biológicos no hay que olvidar la naturaleza interdisciplinar del tema.

Capítulo 7

Cultivo de microorganismos

7.1 Cultivo discontinuo (batch culture)

Un microorganismo sólo crecerá en un medio de cultivo si contiene todos los nutrientes necesarios en una forma disponible y si son adecuados el resto de los factores ambientales. El método de cultivo más simple es el cultivo discontinuo en el que el microorganismo crece a partir de una limitada cantidad de medio hasta que se agota un nutriente esencial o se acumulan subproductos tóxicos hasta niveles que inhiben el crecimiento. En un sistema discontinuo el cultivo pasará por una serie de fases, según se ilustra en la Figura 7.1.

El crecimiento no comienza inmediatamente después de la inoculación del medio de cultivo; el período previo al crecimiento activo se denomina fase de latencia que puede considerarse como un período de adaptación. Es evidente que en los procesos comerciales es conveniente reducir la fase de latencia tanto como sea posible no sólo para evitar la pérdida de tiempo sino también porque se consumen nutrientes para mantener el cultivo viable en dicho período previo al crecimiento. El tiempo de la fase de latencia puede reducirse usando un inóculo relativamente grande (3-10 %) de un cultivo en fase exponencial que haya sido preparado en el mismo medio (o similar) que el utilizado para la fermentación.

7.1.1 *Preparación del inóculo*

Se debe disponer de una cantidad de cultivo suficiente para inocular el medio del fermentador; además debe ser metabólicamente activo, estar libre de contaminantes y ser capaz de producir el producto que se pretenda obtener en el cultivo subsiguiente. Sin embargo, si, por ejemplo, el fermentador produjera 100.000 dm^3, el volumen del inóculo tendría que estar comprendido entre 3.000 y 10.000 dm^3. Este volumen tiene que prepararse a partir de un cultivo inicial de unos pocos cm^3, lo que conlleva un gran número de fermentaciones sucesivas a una escala cada vez nayor. Existen diversas opi-

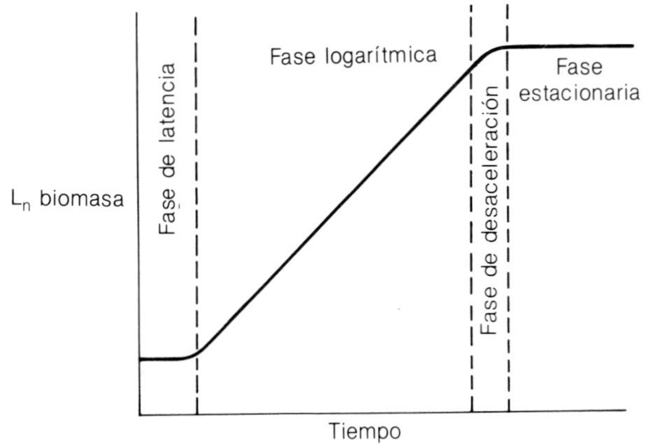

Fig. 7.1 Representación esquemática del crecimiento de un microorganismo en un cultivo discontinuo

niones conflictivas sobre la conveniencia de utilizar el volumen «óptimo» de inóculo o preparar un inóculo puro y libre de cepas degeneradas (es decir, células que han perdido la capacidad de producir el compuesto deseado) porque mientras mayor sea el número de pases entre el cultivo madre y la fermentación final mayor será el riesgo de contaminación y de degeneración de cepas. Por otra parte, también se requiere un considerable desembolso para los fermentadores preparadores del inóculo. Si la planta tiene un gran número de fermentadores para la producción, una serie de recipientes para los subcultivos puede ser adecuada para suministrar todo el inóculo que se necesita, con lo que la inversión sería razonable. Sin embargo, si la planta de producción consiste sólo de un gran fermentador en continuo, entoces es muy gravoso construir un fermentador para la preparación de inóculo de un décimo de capacidad que el industrial, ya que se utilizaría con muy poca frecuencia. Por lo tanto, es necesario llegar a un compromiso entre el volumen del inóculo, las probabilidades de contaminación del mismo y las de degeneración de cepas y la inversión necesaria.

Muchos microorganismos utilizados en las fermentaciones industriales son filamentosos y formadores de esporas asexuales. Entre estos microorganismos cabe citar *Penicillium chrysogenum* (utilizado para la producción comercial de penicilina), *Aspergillus niger* (para la producción comercial de ácidos orgánicos) y algunos actinomicetos (usados en la producción de diversos antibióticos y otras sustancias).

La facultad de formar esporas asexuales es de gran importancia para la preparación del inóculo dado que una relativamente pequeña cantidad de biomasa puede utilizarse para producir una gran concentración de células. Stanbury y Whitaker (1983) han discutido detalladamente el uso de un inóculo de esporas y sólo se van a citar aquí los aspectos más importantes. El micelio esporula profusamente en un medio de ágar sólido o en la superficie de granos de cereales; ambos métodos se utilizan para la preparación de inóculos de esporas con fines industriales (Vezina y Singh, 1975). Butterworth (1984) describió el uso de un frasco de Roux de aproximadamente 200 cm^2 de superficie de ágar para la esporulación de *Streptomyces clavuligerus* (utilizado para la producción comercial de ácido clavulánico, un inhibidor de la β-lactamasa). Las esporas formadas en ese matraz pueden utilizarse para la preparación de 75 dm^3 de subcultivo y éste emplearse para la inoculación de 1500 dm^3 de medio en el fermentador industrial. Podojil *et al.* (1984) cita el uso de matraces con mijo para la formación de esporas de *Streptomyces aureofaciens,* destinado a la producción comercial de clortetraciclina. Muchos mohos esporulan en cultivos sumergidos (es decir, en un fermentador con agitación) si se utiliza el medio de cultivo óptimo (Vezina, Singh y Sehgal, 1965); por ejemplo las esporas de *Penicillium patulum* se producen en cultivos sumergidos en los programas de preparación de ionóculo para la producción comercial de griseofulvina (Huber y Tietz, 1984).

La naturaleza filamentosa de muchos microorganismos comercialmente importantes presenta considerables problemas al tecnólogo de fermentaciones. Un microorganismo filamentoso puede dar lugar a diversas formas de crecimiento en cultivos líquidos sumergidos y sólo algunas de ellas pueden ser deseables para el proceso comercial. Estas formas de crecimiento van desde largos filamentos homogéneamente distribuidos por el medio a aglomeraciones compactas de micelio suspendidas en el caldo. Las formas filamentosas originan un caldo extremadamente viscoso que puede ser muy difícil de oxigenar adecuadamente mientras las formas aglomeradas dan lugar a un caldo menos viscoso pero también menos homogéneo. En los aglomerados, el micelio localizado en el centro de esas formaciones puede tener un escaso aporte de nutrientes y oxígeno debido a problemas de difusión de los mismos. Además, existen datos que indican que la morfología del microorganismo influye en la producción del cultivo; si esto se debe a los fenómenos ya mencionados o a alguna forma de control metabólico es una cuestión que aún no está aclarada (Whitaker y Long, 1973; Calam y Smith, 1981). En definitiva, algunas fermentaciones se realizan con el microorganismo en su forma filamentosa mientras otras con crecimiento en forma aglomerada. Por ejemplo, se ha informado que el crecimiento filamentoso es óptimo para la producción de penicilina por *P. chrysogenun* mientras que en aglomerado lo es para la producción de ácido cítrico por *A. niger* (Smith y Calam, 1980; Al Obaidi y Berry, 1980). El crecimiento filamentoso es absolutamente necesario en el proceso ICI-RHM de producción de micoproteína para el consumo humano a partir de *Fusarium graminearium.* Se requiere una morfología altamente filamentosa para que el producto presente una textura que recuerde la consistencia de las carnes blancas y rojas que se aprecia al masticar (Marsh y Pinkney, 1985). En este proceso hay que obtener hifas de una longitud media de 400 μm.

La relevancia de esta consideración acerca de la morfología del micelio para preparar el inóculo radica en la influencia que la cantidad de esporas utilizadas como inóculo para la fermentación puede tener en la morfología final. Una elevada concentración de esporas tiende a rendir formas filamentosas mientras que si la concentración de esporas es baja tiende a proporcionar formas aglomeradas (Whitaker y Long, 1973). La naturaleza del medio utilizado en el programa de preparación de inóculo influye también en la morfología. Aunque la gran mayoría de la información disponible en la bibliografía está relacionada con la morfología de los mohos en cultivos sumergidos, el tema es igualmente importante en las fermentaciones de actinomicetos.

La Figura 7.2 muestra algunos ejemplos de programas para la preparación de inóculos; puede deducirse que la naturaleza del programa varía considerablemente dependiendo del proceso. Debe recordarse que el éxito del sistema de preparación de un inóculo debe juzgarse de acuerdo con la productividad del cultivo desarrollado en la fermentación subsiguiente. De la exposición anterior hay que deducir que es extremadamente indeseable utilizar células procedentes de la fermentación final para inocular la próxima producción; se debe preparar un inóculo nuevo a partir del cultivo madre original para cada lote que se fabrique. No obstante, existen dos excepciones a esta regla general; son en la producción de cerveza y vinagre. En la producción de vinagre por fermentación en un sistema discontinuo, las células de bacterias acéticas procedentes de lote producido se utilizan como inóculo para la producción del lote siguiente, lo que se realiza retirando aproximadamente el 60 % del cultivo. El microorganismo es extremadamente sensible a la limitación de oxígeno y es esencial obtener un crecimiento rápido. En el caso del vinagre los riesgos de contaminación y degeneración de cepas son menores debido al hábitat tan selectivo del medio. En las factorías tradicionales de producción de cerveza tipo «ale» ha sido una práctica común inocular el medio con levaduras obtenidas de

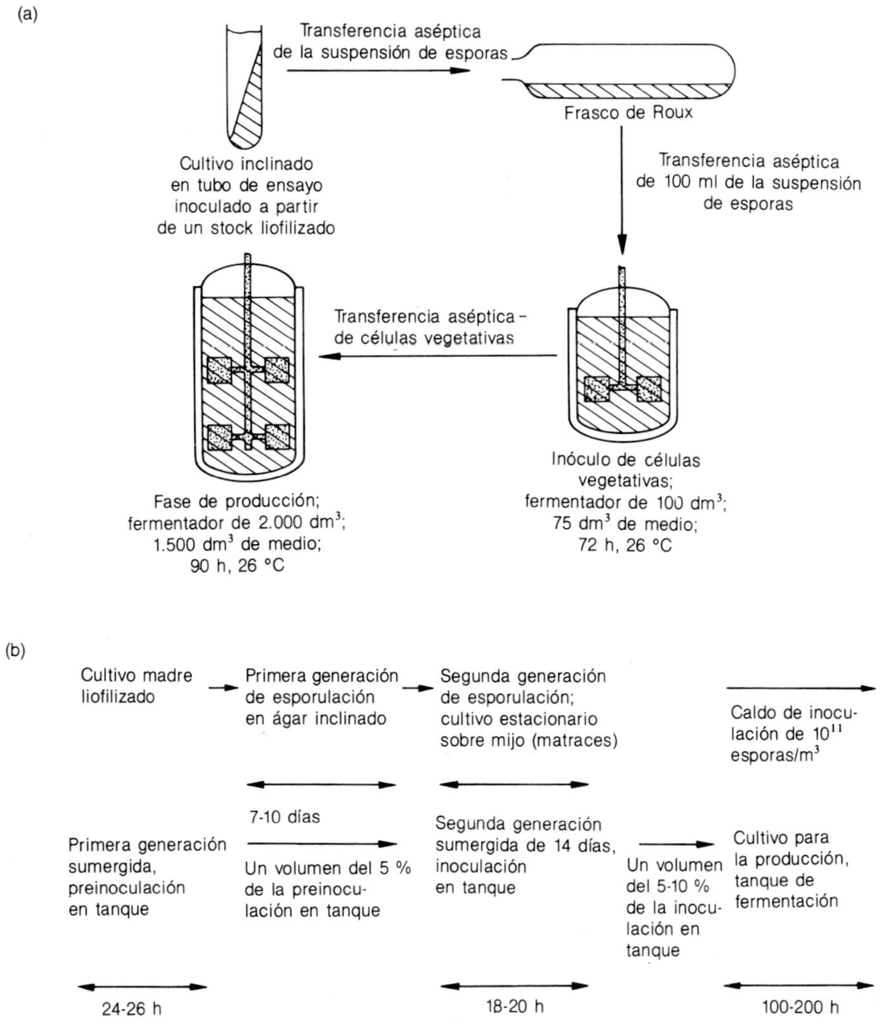

Fig. 7.2 Algunos ejemplos representativos de programas para la preparación comercial de inóculos. (a) Producción de ácido clavulánico por *Streptomyces clavuligerus* (reproducido con permiso de Butterworth, 1984). (b) Producción de clortetraciclina por *Streptomyces aureofaciens* (reproducido con permiso de Podojil, 1984). (c) Producción de sagamicina por *Streptomyces sp.* (Reproducido con permiso de Okachi y Nara, 1984)

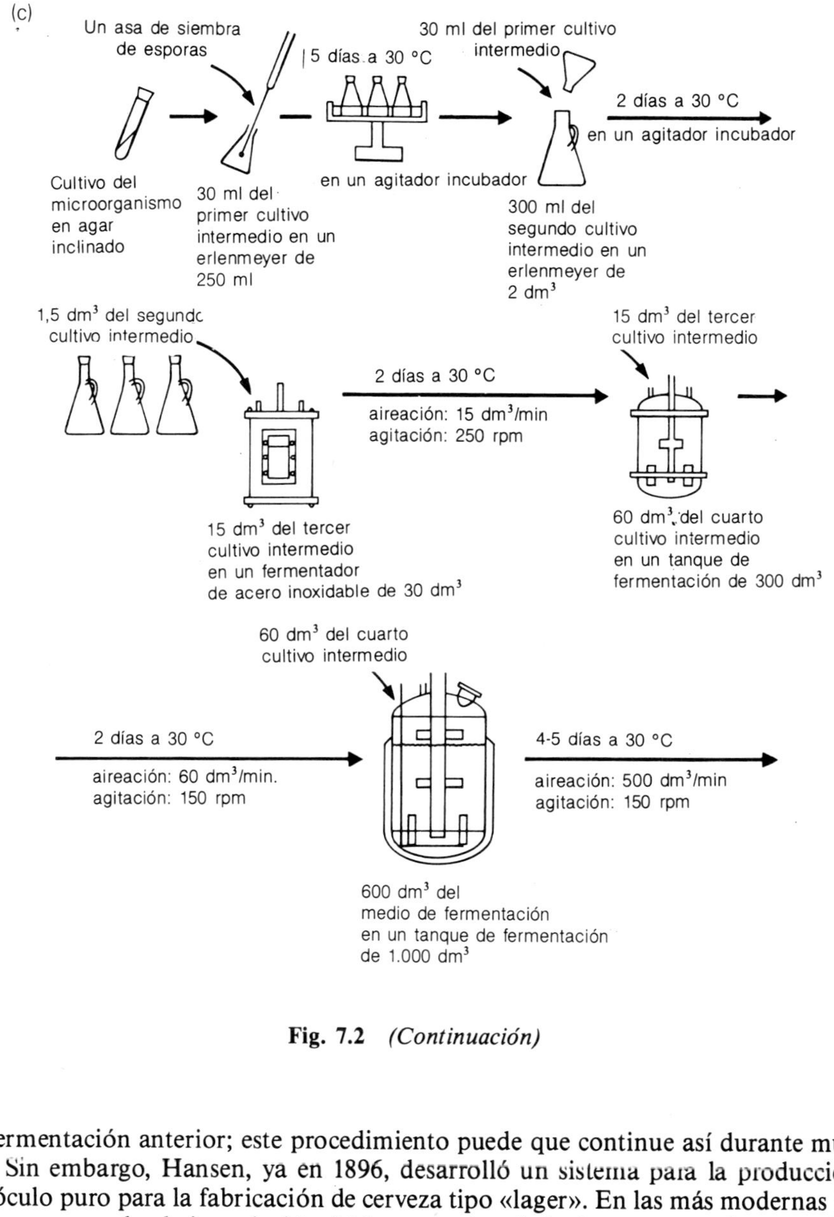

Fig. 7.2 *(Continuación)*

una fermentación anterior; este procedimiento puede que continue así durante muchos años. Sin embargo, Hansen, ya en 1896, desarrolló un sistema para la producción de un inóculo puro para la fabricación de cerveza tipo «lager». En las más modernas fábricas de cerveza «ale» la inoculación del lote anterior al siguiente es actualmente relativamente limitada pero todavía se practica en muchas de las pequeñas fábricas tradicionales y, además, hay que añadir que ¡la calidad de sus productos es habitualmente excepcional!

7.1.2 *Crecimiento logarítmico o exponencial*

Suponiendo que se utiliza un inóculo activo (como se ha indicado anteriormente) puede acortarse el tiempo de la fase de latencia y la velocidad de crecimiento de las células aumenta progresivamente. Transcurrido un período de tiempo, las células crecen a una velocidad máxima constante; esta etapa se denomina fase logarítmica o exponencial y puede describirse por la ecuación:

$$\frac{dx}{dt} = \mu x \qquad (1)$$

donde x es la concentración de células (mg cm^{-3})
t es el tiempo de incubación (h)
μ es la velocidad específica de crecimiento (h^{-1}).

Al integrar la ecuación (1) se transforma en:

$$x_t = x_0 e^{\mu t} \qquad (2)$$

donde x_0 es la concentración de células en el tiempo 0
x_t es la concentración de células después de un tiempo de t h.

Tomando logarítmos naturales en la ecuación (2) se obtiene:

$$\ln x_t = \ln x_0 + \mu t.$$

Por tanto, la representación del logaritmo natural de la concentración de células frente al tiempo da una línea recta cuya pendiente es μ, la velocidad específica de crecimiento. Durante la fase exponencial, la velocidad específica de crecimiento es constante y máxima en las condiciones que se opera; se denomina entonces μ_{max}, velocidad específica de crecimiento máxima.

El crecimiento de un microorganismo en un cultivo puede describirse también mediante un simple cálculo algebraico usando el término tiempo de duplicación, t_d, que es el tiempo necesario para que se divida una célula. Si un medio de cultivo se inoculara con sólo una célula viable y esta célula creciera a la velocidad máxima sin pasar por la fase de latencia, el incremento secuencial del número de células que se observaría sería: 1, 2, 4, 8, 16, 32, 64, 128, etc. Este incremento secuencial puede representarse expresando el número de células en base dos. Entonces resultaría: 2^1, 2^2, 2^3, 2^4, 2^5, 2^6, 2^7, 2^8, etc. Los exponentes (o potencias o índices) en dicha serie representa el número de generaciones que han ocurrido, por lo que después de n generaciones el número de células del cultivo será 2^n. Si el medio se inoculara con N_0 células, el número de células, N_t, presente después de n generaciones sería:

$$N_t = N_0 \cdot 2^n$$

o

$$N_t = N_0 \cdot 2^{t/t_d}. \qquad (3)$$

Al tomar logarítmos en base 2 la ecuación (3) se transforma en:

$$\text{Log}_2 N_t = \text{Log}_2 N_0 + \frac{t}{t_d} \qquad (4)$$

Entonces

$$t_d = \frac{t}{\text{Log}_2 N_t - \text{Log}_2 N_0}. \qquad (5)$$

Aunque el término de tiempo de duplicación se utiliza relativamente poco en fisiología microbiana, puede ser útil para convertir la velocidad específica de crecimiento en el tiempo de duplicación para lograr una mejor apreciación del significado de estos valores. La ecuación que deriva del tiempo de duplicación utilizando el término número de células puede obtenerse también usando el término concentración de células. Entonces:

$$t_d = \frac{t}{\mathrm{Log}_2\, x_t - \mathrm{Log}_2\, x_0} \quad (6)$$

Ya se ha mostrado que:

$$\ln x_t = \ln x_0 + \mu t.$$

Si en esta ecuación $t = td$, entonces $x_t = 2x_0$:

$$\ln 2x_0 = \ln x_0 + \mu t_d$$

o

$$\mu = \frac{\ln 2}{t_d} \quad \text{y} \quad t_d = \frac{\ln 2}{\mu}$$

Por tanto

$$\mu = \frac{0.693}{t_d} \quad (7)$$

De donde, una velocidad específica de crecimiento de 1 h^{-1} equivale a un tiempo de duplicación de 0,693 h. La Tabla 7.1 ofrece algunos valores representativos del μ_{max} para diversos microorganismos.

Las ecuaciones (2) y (3) ignoran el hecho de que el crecimiento acarrea el agotamiento de nutrientes y la acumulación de subproductos tóxicos y, por tanto, predice que el crecimiento continúa indefinidamente. Sin embargo, a medida que se agota el sustrato o se acumulan subproductos tóxicos la velocidad específica de crecimiento se desvía del valor máximo; el crecimiento con el tiempo cesa y se entra en la fase estacionaria.

La disminución de la velocidad del crecimiento y el cese del crecimiento debido al agotamiento de sustrato puede describirse por la relación entre μ y la concentración residual del sustrato limitante. El sustrato limitante es aquel componente del medio que primero se agota. Monod (1942) demostró la siguiente relación:

$$\mu = \frac{\mu_{max} s}{K_s + s} \quad (8)$$

donde s es la concentración residual del sustrato limitante y K_s es la constante de utilización o saturación para el sustrato limitante y equivale a la concentración de sustrato cuando el valor de μ es la mitad que el de μ_{max}.

La ecuación (8) se representa gráficamente en la Figura 7.3; la zona B a C equivale a la fase exponencial del cultivo, con sustrato en exceso y un crecimiento con un μ_{max}. La zona A a B corresponde a la desaceleración de la velocidad de crecimiento, desde el final de la fase exponencial al inicio de la fase estacionaria. El valor numérico del

K_s refleja la afinidad del microorganismo por el sustrato (un elevado valor del K_s indica una baja afinidad y un bajo valor del K_s refleja una gran afinidad). Por lo tanto, si el microorganismo tiene una gran afinidad por el sustrato limitante (bajo K_s) la velocidad específica de crecimiento en un cultivo discontinuo no se verá afectada hasta que la concentración de sustrato disminuya hasta niveles muy bajos. En consecuencia, un microorganismo de estas características mostrará una fase de desaceleración corta. Del mismo modo, si un microorganismo tiene una baja afinidad por el sustrato limitante (elevado K_s), la velocidad específica de crecimiento disminuirá cuando aún existe una concentración de sustrato relativamente elevada y, por tanto, en el crecimiento de dicho microorganismo se observará una fase de desaceleración larga. Algunos valores representativos del K_s de diversos microorganismos se muestran en la Tabla 7.2.

Tabla 7.1 Valores representativos del μ_{max} de diversos microorganismos (calculados de acuerdo con las condiciones especificadas en las referencias)

Microorganismo	μ_{max} (h^{-1})	*Referencia*
Beneckea natriegens	4.24	Eagon, 1961
Methylomonas methanolytica	0.53	Dostalek, Haggstrom and Molin, 1972
Penicillium chrysogenum	0.12	Trinci, 1969

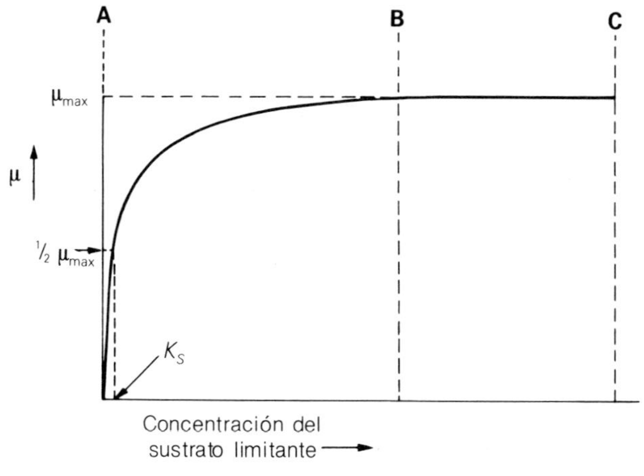

Fig. 7.3 Efecto de la concentración residual del sustrato limitante en la velocidad específica de crecimiento de un microorganismo

La cantidad de biomasa en la fase estacionaria depende de la composición del medio y de la eficacia del microorganismo para convertir los sustratos en células. De forma ideal, el medio debe formularse de tal manera que el factor limitante del crecimiento sea un sólo sustrato y no la acumulación de sustancias tóxicas. La concentración de células en la fase estacionaria viene dada por la ecuación:

$$x = Y \cdot S_R \tag{9}$$

donde x es la concentración de células,
Y es el factor de rendimiento para el sustrato limitante (g de biomasa por g de sustrato consumido),
S_R es la concentración original del sustrato en el medio.

El término Y constituye una medida de la eficacia de las células para convertir el sustrato en biomasa. La biomasa, en cualquier momento del cultivo discontinuo, viene dada por la ecuación:

$$x = Y(S_R - s)$$

donde s es la concentración residual de sustrato en aquel momento.

Entonces,

$$Y = \frac{x}{(S_R - s)}$$

Por tanto, suponiendo que células y sustrato están en las mismas unidades, Y es una constante sin dimensiones. El valor de Y dependerá, obviamente, del microorganismo y del sustrato. La importancia de este valor se discute más detalladamente en 8.3.1.

Tabla 7.2 Valores representativos del K_s para diversos microorganismos y sustratos

Microorganismo	*Sustrato*	K_s (mg dm^{-3})	*Referencia*
Escherichia coli	Glucosa	6.8×10^{-2}	Shehata y Marr (1971)
Escherichia coli	Iones fosfatos	1.6	Shehata y Marr (1971)
Pseudomonas sp.	Metanol	0.7	Harrison (1973)
Aspergillus niger	Glucosa	5.0	Pirt (1973)
Saccharomyces cerevisiae	Glucosa	25	Pirt y Kurowski (1970)

7.2 Cultivo continuo

Si se prepara un cultivo de tal forma que el cese del crecimiento se deba al agotamiento del medio (es decir, limitación de sutrato) en vez de a la acumulación de metabolitos tóxicos, entonces la fase exponencial del crecimiento puede prolongarse mediante la adición de nuevo medio al recipiente donde se está cultivando el microorganismo. Esta operación puede repetirse hasta que el recipiente se llene. No obstante, si se instala un sistema de flujo continuo en un fermentador de tal forma que el cultivo fresco desplace, en un volumen igual, al cultivo agotado, entonces se puede conseguir una producción de células de forma continua. Si el medio se añade a dicho sistema a una velocidad adecuada para que el desplazamiento del medio se equilibre con la producción de biomasa nueva, entonces se puede llegar a un estado de equilibrio. El crecimiento de células en un cultivo continuo de este tipo se controla por la disponibilidad de los componentes limitantes del crecimiento presentes en el medio. El sistema se denomina quimiostato. Cabe destacar que cualquier componente del medio puede ser el nutriente limitante y la naturaleza de esta limitación afectará marcadamente a la fisiología y bioquímica celular.

7.2.1 *Cinética del cultivo continuo*

La cinética del cultivo continuo puede describirse somo sigue:

El flujo del medio en el sistema se describe por el término velocidad de dilución, D, definida como:

$$D = \frac{F}{V}$$

donde D es la velocidad de dilución (h^{-1})
V es el volumen (dm^3)
F es el flujo ($dm^3\ h^{-1}$)

Los cambios en la concentración de células en el fermentador durante un determinado tiempo viene definido por la ecuación:

$$\frac{dx}{dt} = \text{crecimiento} - \text{salida}$$

o

$$\frac{dx}{dt} = \mu x - Dx. \tag{10}$$

Como se ha mencionado anteriormente, cuando el sistema alcanza un estado de equilibrio, el crecimiento de las células se compensa por la salida de biomasa (producción); entonces:

$$\frac{dx}{dt} = 0$$

$$\mu x = Dx$$

$$\mu = D. \tag{11}$$

La ecuación (11) establece que la velocidad específica de crecimiento en un quimiostato bajo condiciones de equilibrio se controla por la velocidad de dilución y es cuando el sistema está bajo el control del operario. El efecto controlador de la velocidad de dilución está regulado, esencialmente, por la relación entre μ y s, como demostró Monod (1942):

$$\mu = \frac{\mu_{max} s}{K_s + s}.$$

En un estado de equilibrio μ = D; por tanto:

$$D = \frac{\mu_{max}\bar{s}}{K_s + \bar{s}} \tag{12}$$

donde $\bar{s}$ es la concentración del sustrato residual en el estado de equilibrio.

Despejando $\bar{s}$ de la ecuación anterior resulta:

$$\bar{s} = \frac{K_s D}{\mu_{max} - D}. \tag{13}$$

La ecuación (13) predice que la concentración de sustrato en el quimiostato viene determinada por la velocidad de dilución. En efecto, esto se debe a que el crecimiento está consumiendo el sustrato hasta una concentración que permite que la velocidad de crecimiento iguale a la velocidad de dilución.

Si el sustrato se agota hasta un grado en que su concentración tenga un nivel inferior al que soporta la velocidad de crecimiento impuesta por la velocidad de dilución, se da la siguiente secuencia de sucesos:

(1) La velocidad de crecimiento de las células será menor que la velocidad de dilución y saldrán del quimiostato a una velocidad superior a la que se está formando, por lo que decrece la producción.
(2) La concentración de sustrato en el quimiostato aumentará dado que existe un número menor de células para consumir el sustrato.
(3) La mayor concentración de sutrato ocasionará que las células crezcan a una velocidad mayor que la velocidad de dilución, con lo que aumentará la concentración de biomasa.

La concentración de células en el quimiostato en el estado de equilibrio viene definida por la ecuación:

$$\bar{x} = Y(S_R - \bar{s}) \tag{14}$$

donde $\bar{x}$ es la concentración de células en el estado de equilibrio.
Combinando las ecuaciones (13) y (14) resulta:

$$\bar{x} = Y\left(S_R - \frac{K_s D}{\mu_{max} - D}\right) \tag{15}$$

Por tanto, la concentración de biomasa en el estado de equilibrio depende de las variables S_R y D. Si se aumenta S_R, $\bar{x}$ aumentará también pero $\bar{s}$, la concentración residual de sustrato en el quimiostato, permanecerá igual. Si se aumenta D, μ será mayor ($\mu = D$) y el sustrato residual tendría que aumentar para soportar la elevada velocidad de crecimiento, por lo que habrá menos cantidad de sustrato disponible para convertirse en biomasa que, en definitiva, disminuirá.

El efecto del aumento de la velocidad de dilución y de la concentración inicial del sustrato se refleja en la Figura 7.4; puede deducirse que a medida que D aumenta, $\bar{s}$ aumenta sólo ligeramente, lo que se debe a que el valor de K_s es habitualmente muy pequeño y, por tanto, puede producirse un significativo incremento de la velocidad de dilución (velocidad específica de crecimiento) con sólo un ligero aumento de la concentración residual de sustrato. A medida que D se aproxima al μ_{max}, la concentración residual del sustrato limitante que se requiere para soportar la mayor velocidad de crecimiento aumenta significativamente; el sutrato residual es mayor y la biomasa declina. Con el tiempo, se alcanza una velocidad de dilución a la que $\bar{x}$ se iguala a cero (es decir, todas las células han salido del quimiostato y $\bar{s} = S_R$. Esta velocidad de dilución se denomina D_{crit} y viene definida por la ecuación:

$$D_{crit} = \frac{\mu_{max} \cdot S_R}{K_s + S_R}.$$

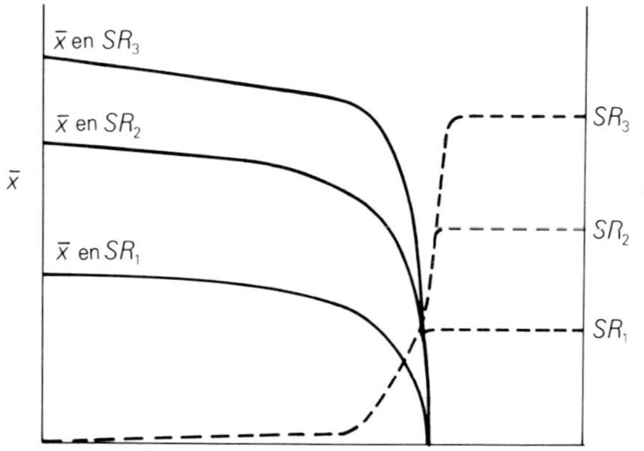

Fig. 7.4 Efecto de la velocidad de dilución y el incremento de la concentración inicial de sustrato (SR3 > SR2 > SR1) en la concentración de biomasa y en la concentración residual del sustrato limitante un quimiostato en estado de equilibrio; velocidad de dilución: ———— concentración de biomasa ($\bar{x}$); - - - - - - - concentración residual del sustrato limitante

D_{crit} es siempre ligeramente más baja que el μ_{max}, dado que el μ_{max} nunca puede alcanzarse en un quimiostato simple porque debe prevalecer las condiciones del sustrato limitante.

Algunos microorganismos exhiben una afinidad muy escasa por el sustrato (un valor K_s elevado) y como D aumenta, la concentración residual de sustrato debe incrementar significativamente para soportar la mayor velocidad de crecimiento. Por tanto, para un microorganismo de estas características, $\bar{x}$ muestra una disminución significativa en un intervalo relativamente pequeño de velocidades de dilución.

7.2.2 *Diferencias entre cultivo discontinuo y continuo*

Las principales diferencias entre estos dos tipos de cultivos pueden resumirse de la forma siguiente:

(1) El cultivo continuo opera bajo condiciones de un estado de equilibrio (las concentraciones de todos los componentes del cultivo son constantes).

(2) El cultivo continuo opera bajo condiciones limitantes de sustratos mientras que el cultivo discontinuo, en la fase exponencial, funciona en presencia de exceso de sustrato.

(3) La velocidad de crecimiento en el cultivo continuo está controlada por la velocidad de dilución (y por ello bajo el control del operario) y su valor es siempre menor que el μ_{max}. Por el contrario, la velocidad específica de crecimiento en la fase exponencial de un cultivo discontinuo alcanzará el μ_{max} correspondiente a las condiciones que prevalezcan en el cultivo.

7.3 Cultivo discontinuo alimentado

El término de cultivo discontinuo alimentado se utiliza para describir a un cultivo discontinuo al que se añade, continua o secuencialmente, medio fresco sin la eliminación del cultivo crecido. Por lo tanto, el volumen de un cultivo discontinuo alimentado aumenta con el tiempo. Pirt (1975) describió la cinética de un sistema de esta naturaleza como sigue:

Si el crecimiento de un microorganismo en un cultivo discontinuo estuviera limitado por la concentración de un sustrato del medio, la concentración de biomasa en la fase estacionaria, x_{max}, estaría definida por la ecuación:

$$x_{max} \simeq Y \cdot S_R$$

asumiendo que el inóculo inicial fue insignificante en comparación con la biomasa final. Si se añadiera medio fresco al recipiente a una velocidad de dilución inferior al valor de μ_{max}, todo el sustrato debe ser consumido virtualmente a medida que ingresa en el sistema:

$$F \cdot S_R \simeq \mu \cdot \frac{X}{Y}$$

donde X es la biomasa total existente en el recipiente (Vx). Aunque la biomasa total (X) aumenta con el tiempo, la concentración de células, x, permanece virtualmente constante; o sea:

$$\frac{dx}{dt} \simeq 0$$

y, por tanto, $\mu = D$.

Un sistema así se dice que está cuasi equilibrado. A medida que avanza el tiempo y aumenta el volumen del cultivo, la velocidad de dilución disminuirá. De aquí que el valor D quede definido por la expresión:

$$D = \frac{F}{V_0 + F \cdot t}$$

donde F es el flujo,
V_0 el volumen inicial del cultivo y
t el tiempo de duración del cultivo alimentado.

La cinética de Monod predice que a medida que disminuye D, la concentración de sustrato residual debería también disminuir, con lo que se haría mayor la concentración de biomasa. Sin embargo, en el rango de velocidades de dilución que se opera, la concentración inicial de sustrato será mucho mayor que la concentración residual y el incremento de $\bar{s}$ será insignificante. La principal diferencia entre el estado equilibrado de un quimiostato y del estado cuasi equilibrado de un cultivo discontinuo alimentado es que en el primero la velocidad de dilución es constante mientras que en el sistema alimentado, D disminuye con el tiempo. La velocidad de dilución en el cultivo discontinuo alimentado puede mantenerse constante incrementando exponencialmente la velocidad de flujo con la ayuda de un sistema de control computerizado.

7.4 Uso de cultivos para la producción de productos microbianos

Las características autorreguladoras y la condición del estado de equilibrio del quimiostato hacen que el sistema sea, al menos teóricamente, una forma muy atractiva para la producción de productos de origen microbiano. Sin embargo, el uso industrial a gran escala del cultivo continuo es, por diversas razones, extremadamente limitado y se reduce a la producción de biomasa y etanol por lo que no se puede decir que los sistemas predominantes de los normalmente en uso sean los cultivos continuos. La mayoría de los procesos discontinuos industriales se han modificado, en mayor o menor extensión, para que operen como sistemas alimentados que poseen algunas de las ventajas de los cultivos continuos eliminando algunos de los inconvenientes.

7.4.1 *Comparación de los cultivos discontinuo y continuo en los sistemas industriales de producción*

La productividad de un cultivo, en término de células formadas, puede describirse como la cantidad de biomasa obtenida por unidad de tiempo. Stanbury y Whitaker (1984) definieron la productividad de un cultivo discontinuo mediante la expresión:

$$R_{batch} = \frac{x_{max} - x_0}{t_i + t_{ii}} \tag{16}$$

donde R_{batch} es la cantidad de biomasa producida (g dm^3 h^{-1}) en el cultivo discontinuo.
x_{max} la concentración de biomasa en la fase estacionaria (g dm^3)
x_0 la concentración de biomasa del inóculo (g dm^3)
t_i el tiempo durante el que el microorganismo crece a la μ_{max}
t_{ii} es el tiempo durante el que el microorganismo no está creciendo a la μ_{max} e incluye la fase de latencia, la de desaceleración y los períodos de preparación del lote, esterilización y recolección.

Igualmente, definieron la productividad de un cultivo continuo como:

$$R_{cont} = D\bar{x}\left(1 - \frac{t_{iii}}{T}\right) \tag{17}$$

donde R_{cont} es la cantidad de biomasa obtenida (g dm^3 h^{-1}) en el cultivo continuo
t_{iii} es tiempo previo al establecimiento del estado de equilibrio donde se incluye el tiempo de preparación del quimiostato, esterilización y el tiempo de operación en forma discontinua antes de funcionar como sistema continuo.
T el tiempo de duración del estado de equilibrio.

El término $D\bar{x}$ de la ecuación (17) aumenta al máximo al incrementar la velocidad de dilución; después, cualquier otro incremento posterior de D, ocasiona una disminución de $D\bar{x}$ hasta que se alcanza el D_{crit}, en el cual la obtención de biomasa es cero. Por lo tanto, la máxima obtención de biomasa por unidad de tiempo (o sea, la productividad) puede lograrse operando a la velocidad de dilución a la que se alcanza el valor máximo de $D\bar{x}$; este valor se denomina como D_{max}. La fermentación discontinua definida en la ecuación (16) es la media del tiempo total de la fermentación. Como $dx/dt = \mu x$, la productividad del cultivo aumenta con el tiempo, obteniéndose la gran mayoría de biomasa hacia el final de la fase exponencial de la fermentación. En el estado de equilibrio, el quimiostato opera al, o cerca del, D_{max}, por lo que la productividad permanece a un valor constante y máximo durante la totalidad de la fermentación. Además, un sistema continuo puede funcionar durante mucho tiempo, de modo que el periodo no productivo, t_{iii}, de la ecuación (17) puede ser insignificante. Sin embargo el tiempo no productivo del cultivo discontinuo, t_{ii}, es importante, especialmente si se tiene en cuenta las veces que hay que reestablecer la condiciones en un cultivo discontinuo en comparación con el continuo. Por ello, t_{ii} sería un factor recurrente; así un proceso continuo es obviamente un sistema mucho mas productivo para la formación de biomasa que un sistema discontinuo.

La naturaleza de estado de equilibrio del sistema continuo tiene también la ventaja de que es mucho más fácil de controlar que el proceso discontinuo. Durante un cultivo discontinuo la eliminación de calor, la producción de álcali o ácido y el consumo de oxígeno variará desde valores muy pequeños al principio de la fermentación hasta otros muy altos que acontecen durante la fase logarítmica. Por ello, el control de las condiciones ambientales de un sistema de esta naturaleza es mucho más difícil que en el proceso continuo donde, en el estado de equilibrio, tanto la producción como el consumo deberían ser constantes. Además, un proceso continuo demanda un trabajo laboral más constante en comparación con el sistema discontinuo.

Una de las desventajas que se ha atribuido al sistema continuo es su susceptibilidad a contaminarse por microorganismos «extraños». El control de la contaminación es esencialmente un problema que atañe al diseño del fermentador, a su construcción y operación; el dominio de este punto radica en el empleo de una buena ingeniería y de unas buenas prácticas microbiológicas. Smith (1980) discutió la metodología utilizada en el diseño y operación del fermentador continuo ICI Pruteen (volumen de trabajo 15.000 m^3). De esa publicación puede deducirse que es perfectamente posible construir y operar en un quimiostato a una escala muy grande. Por tanto, no debe hacerse hincapié en los problemas de contaminación. (Algunos aspectos del diseño de sistemas de fermentación aséptica se analizan en 8.2.2).

La superioridad del sistema continuo para la producción de biomasa se ha reconocido totalmente y ha obtenido su fruto en el proceso del ICI. La producción de subproductos asociados al crecimiento microbiano debería ser también más eficaz en un sistema continuo. Sin embargo, el éxito de tales sistemas se ha limitado a la producción de etanol comercial aunque la fabricación de etanol de bebida en sistemas continuos sólo ha tenido un éxito limitado (al menos en el Reino Unido).

La industria cervecera del Reino Unido ha utilizado cultivos continuos para la producción de cerveza a escala comercial pero las mejoras practicadas en los sistemas discontinuos han acarreado que el empleo de los procesos continuos sea superfluo. Debe recordarse que el objetivo de la industria cervecera no es la simple producción de etanol sino elaborar una bebida apetecible para una clientela exigente y sagaz. Para ello, la cerveza no esta lista para su consumo inmediatamente después de su fermentación; debe almacenarse, bajo condiciones adecuadas, durante dos semanas o más después de su producción para que tenga lugar su «acondicionamiento». La producción de cerveza en continuo reduce el tiempo de obtención del producto desde alrededor de una semana (por el método tradicional discontinuo) a 4-8 horas. Sin embargo, la adopción de depósitos discontinuos cilíndrico-cónicos (descritos por Nathan en 1930 pero no utilizados hasta la década de los setenta) proporcionó una fermentación discontinua que se completaba en 48 horas. Aunque este tiempo es todavía bastante largo en comparación con el sistema continuo, cuando se considera el tiempo total para la producción (o sea, la fermentación más el tiempo de acondicionamiento) la rapidez del proceso continuo no compensan los inconvenientes, que son:

(1) el largo período que se necesita para alcanzar el estado de equilibrio;
(2) la inflexibilidad del sistema (acondicionar el fermentador para cambiar el tipo de cerveza es una operación que emplea mucho tiempo);
(3) La dificultad de evaluar el sabor del producto obtenido de una forma continua en comparación con el sistema tradicional.

En consecuencia, la fabricación de cerveza de forma continua se ha suspendido casi totalmente por las mejoras introducidas en los procesos discontinuos.

La adopción de cultivos continuos para la producción de productos microbianos es extremadamente limitada. Aunque, en teoría, es posible optimizar un proceso continuo para conseguir la máxima productividad de un determinado producto metabólico, el largo tiempo que se necesita para estabilizar el sistema introduce una inseguridad derivada del problema de la estabilidad de la cepa. La consideración de la cinética del cultivo continuo revela que el sistema es muy selectivo y favorecerá la propagación del microorganismo mejor adaptado. El término «mejor adaptado» en este contexto, se refiere a la afinidad del microorganismo por el sustrato limitante a la velocidad de dilución que se opere. Por lo tanto, si el microorganismo *P* puede mantener la velocidad específica de crecimiento impuesta por la velocidad de dilución a la concentración residual del sustrato limitante más baja y otro microorganismo *Q* no puede conseguir ese objetivo, el microorganismo *P* prevalecerá en el cultivo y el otro será, con el tiempo, eliminado del quimiostato. Un microorganismo comercial ha sufrido habitualmente alguna mutación y puede contener elementos genéticos introducidos por manipulaciones géneticas *in vitro* para que pueda producir grandes concentraciones del producto deseado. Por ello, en términos fisiológicos, tales microorganismos comerciales son extremadamente ineficaces y una cepa «revertante», que produce menos cantidad del producto deseado, puede adaptarse mejor a las condiciones del cultivo que el microorganismo mutado (gran productor) y, en consecuencia, aquel prevalecerá en el cultivo. Este fenómeno, denominado por Calcott (1981) como «contaminación interna», constituye la razón más poderosa para la no utilización de cultivos continuos en la producción de productos metabólicos.

7.4.2 *Cultivos discontinuos alimentados para la producción comercial de metabolitos*

Ya se ha discutido que la industria ha sido reacia a la adopción de cultivos continuos para la producción de metabolitos microbianos. No obstante, se han realizado grandes avances en los sistemas alimentados. Un cultivo discontinuo alimentado puede utilizarse para extender el período productivo de un proceso discontinuo tradicional sin que le afecten las desventajas inherentes al cultivo continuo y proporcionando al tecnólogo fermentador un medio de controlar el proceso. El uso de sistemas discontinuos alimentados para el control de las fermentaciones se discute en la Sección 8.4.

7.5 Resumen

De la exposición anterior puede deducirse que los microorganismos pueden crecer en cultivos discontinuos, discontinuos alimentados y continuos. El cultivo continuo es un sistema que proporciona al microbiólogo una oportunidad de mantener un cultivo en unas condiciones ambientales en equilibrio bajo unas condiciones fisiológicas controladas. Sin embargo, aunque el cultivo continuo constituye una excelente herramienta de investigación, su uso en la fermentación industrial se limita a la producción de biomasa. El método de cultivo más ampliamente adoptado a escala industrial es el discontinuo alimentado que permite al tecnólogo fermentador un considerable control del proceso sin que se presenten las dificultades inherentes de los sistemas de cultivo continuo.

Capítulo 8

Control de las condiciones ambientales del microorganismo del proceso

8.1 Introducción

Las condiciones ambientales que se le imponen al microorganismo para su crecimiento deben controlarse durante la fermentación para conseguir la máxima productividad. Los factores ambientales más importantes son:

(1) La composición química del medio debe ser tal que permita al microorganismo sintetizar el producto óptimamente dentro de los aspectos económicos del proceso.
(2) La temperatura del proceso debe ser la óptima para la síntesis del producto.
(3) El cultivo debe mantenerse en un estado puro durante la fermentación.

Estos factores ambientales dependen de:

(1) Diseño del fermentador y programación de las condiciones en que se opere.
(2) Formulación del medio de cultivo.
(3) Modo de operación del proceso fermentativo.

8.2 Diseño y funcionamiento del fermentador

El estudio detallado del diseño de un fermentador cae fuera del objetivo de este libro que se concentra en los principios biológicos de la Biotecnología. Sin embargo, como la tecnología de los procesos fermentativos es una amalgama de técnicas biológicas e ingeniería química, es necesario proporcionar un breve resumen de los tipos de fermentadores disponibles y de sus principales características. Stanbury y Whitaker (1984) prepararon una lista de 13 puntos que consideraron eran los criterios más importantes para el diseño de un fermentador:

(1) El tanque debe diseñarse para que funcione asépticamente durante numerosos días, así como para las operaciones de más larga duración.
(2) Se debe proporcinar un sistema adecuado de aireación y agitación para cubrir las necesidades metabólicas de los microorganismos.
(3) El consumo de energía debe ser tan bajo como sea posible.
(4) Debe tener un sistema para el control del pH.
(5) El fermentador debe tener un sistema para la toma de muestras.
(6) Debe existir un sistema para el control de la temperatura.
(7) Las pérdidas por evaporación no deben ser excesivas.
(8) El diseño del tanque debe ser tal que las operaciones laborales durante el funcionamiento, recolección, limpieza y mantenimiento sean mínimas.
(9) El tanque debe ser versátil, para la aplicación de diversas modalidades de procesos.
(10) Las superficies internas del tanque deben ser lisas, utilizando, donde sea posible, soldaduras en vez de juntas de pestaña.
(11) La geometría del fermentador debe ser similar a otros tanques más pequeños o mayores de la planta o a los de la planta piloto para poder reproducir procesos a diferentes escalas.
(12) Deben emplearse los materiales más baratos que proporcionen resultados satisfactorios.
(13) Debe existir un servicio adecuado de repuestos para el fermentador.

El mantenimiento de un ambiente aséptico y unas condiciones aeróbicas son, probablemente, los dos puntos de mayor relevancia que hay que considerar. Los fermentadores más ampliamente utilizados a nivel industrial están provistos de mecanismos de agitación, dispersión y aireación así como de sistemas para el control de la temperatura, pH y formación de espuma. En la Figura 8.1 se muestra la representación esquemática de un fermentador. Aunque la gran mayoría de los fermentadores comerciales disponen de agitación mecánica para lograr una buena mezcla y transferencia de oxígeno, en algunos se realizan esta función mediante la inyección de aire, careciendo de agitación mecánica. La Figura 8.2 ilustra algunos ejemplos de fermentadores que no tienen agitación mecánica; el mejor conocido quizás sea el que se utiliza para el proceso ICI Pruteen.

8.2.1 *Transferencia de oxígeno*

El oxígeno no es una gas muy soluble (una solución saturada de oxígeno contiene aproximadamente 10 mg dm^{-3} de este gas) y su suministro se logra pulverizando aire en el fermentador durante el proceso. La transferencia de oxígeno en solución viene definida por la ecuación:

$$\frac{dC_L}{dt} = K_L a(C^* - C_L) \tag{1}$$

donde C_L es la concentración de oxígeno disuelto (mmol dm^{-3})
t es el tiempo (h)
C^* es la concentración saturada de oxígeno disuelto (mmol dm^{-3})

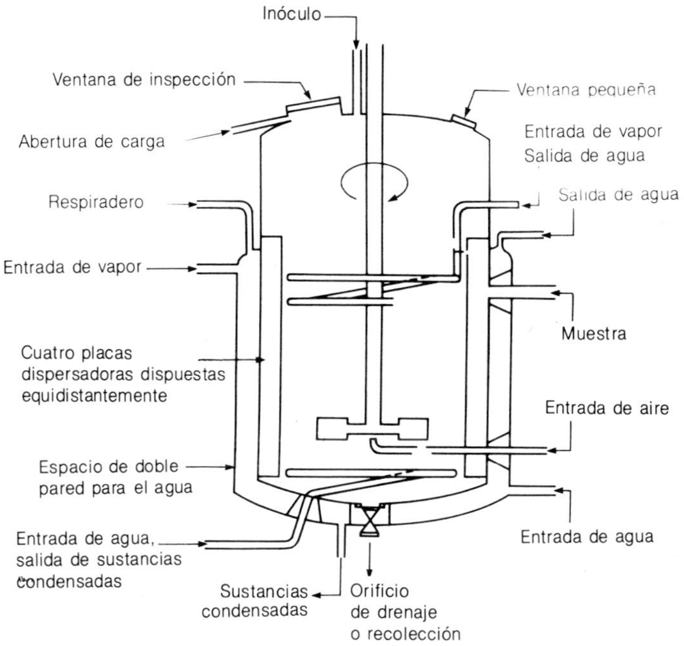

Fig. 8.1 Representación esquemática de un fermentador aireado mediante agitación

K_L es el coeficiente de transferencia de masa (cm h^{-1})
a es área interfacial gas/líquido por unidad de volumen
$\frac{dC_L}{dt}$ es la velocidad de transferencia de oxígeno (mmol dm^{-3} h^{-1})

Los términos K_L y a son muy difíciles de medir en un proceso fermentativo y, por ello, ambos se combinan en la expresión K_La que se denomina coeficiente de transferencia volumétrica; se utiliza como un índice de la capacidad de aireación del fermentador. El valor de este coeficiente depende del diseño del tanque, del grado de agitación (medido como la cantidad de energía consumida para agitar el contenido del tanque), del flujo de aire, de la viscosidad del medio de cultivo y de la presencia de agentes antiespumantes en el medio (Stanbury y Whitaker, 1984). Por tanto, el diseño de un fermentador y de las condiciones de operación debe ser tal que cubra la demanda de oxígeno del microorganismo. Sin embargo, debe apuntarse que la concentración de oxígeno disuelto en el medio tiene una marcada influencia en la fisiología de un microorganismo aerobio. En consecuencia el K_La de un fermentador debe tener un valor que permita que la cantidad deseada de oxígeno pueda transferirse por unidad de tiempo (o sea, cubrir la demanda de oxígeno del microorganismo) en presencia de una cierta concentración de oxígeno disuelto en el medio (que mantiene a las células en la correcta forma fisiológica).

El efecto de la concentración de oxígeno disuelto en la velocidad específica de consumo de oxígeno (mmol de oxígeno por g de peso seco de biomasa/h) es del tipo de la relación de Michaelis-Menten (o de Monod) según se muestra en la Figura 8.3. Puede deducirse que a medida que aumenta la concentración de oxígeno disuelto, aumenta la velocidad específica de consumo de oxígeno hasta alcanzar un valor máximo. La concentración más baja de oxígeno disuelto a la que la velocidad específica de consumo de oxígeno es máxima se

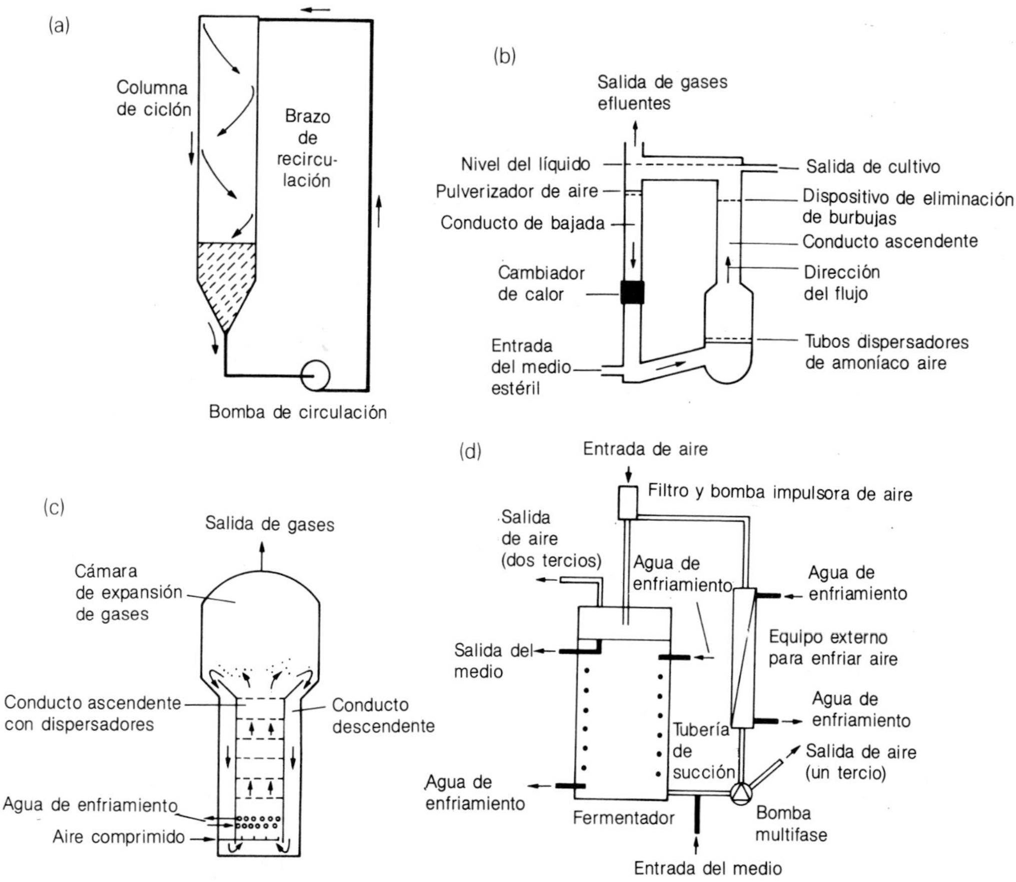

Fig. 8.2 Algunos ejemplos de fermentadores sin agitación mecánica. (a) Fermentador de ciclón (reproducido con permiso de Dawson, 1974). (b) Fermentador de circulación de aire con ramal externo (reproducido con permiso de Taylor y Senior, 1978). (c) Fermentador ICI de circulación de aire con ramal interno (reproducido con permiso de Smith, 1980). (d) Fermentador Vogelbusch de chorro de aire (reproducido con permiso de Hamer, 1979)

denomina C_{crit}. Por tanto, el mantenimiento del cultivo en condiciones aeróbicas totales conlleva que el fermentador pueda sostener la concentración de oxígeno disuelto por encima del C_{crit} (en la Tabla 8.1 se ofrecen algunos valores del C_{crit}). Sin embargo, las condiciones de aireación óptima para la formación del producto microbiano que se pretenda obtener pueden ser diferentes a las que proporcionan una producción máxima de biomasa, por lo que puede ocurrir que sea necesario que el fermentador opere a una concentración de oxígeno disuelto por debajo o por encima del C_{crit}.

La producción de alcohol comercial a partir de levaduras constituye un claro ejemplo en el que la concentración de oxígeno disuelto se mantiene por debajo del valor de C_{crit}. Aunque se considera que la producción de alcohol es un proceso anaeróbico, se requiere oxígeno para la síntesis de esteroles y ácidos grasos insaturados que componen la membrana de la levadura. En este caso, el fermentador debe diseñarse para suministrar cantidades relativamente bajas de oxígeno.

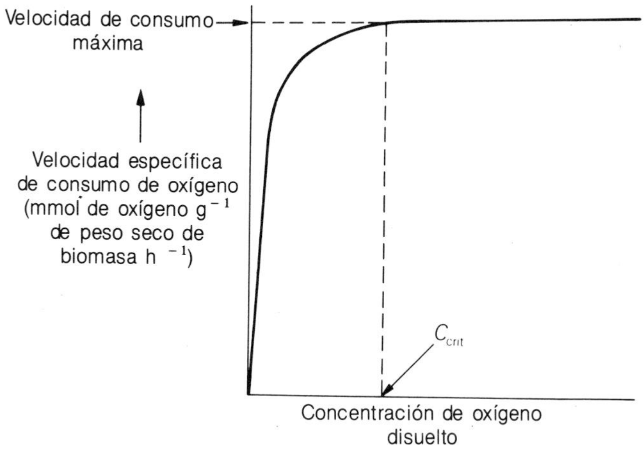

Fig. 8.3 Efecto del oxígeno disuelto en la la velocidad específica de consumo de oxígeno de un cultivo microbiano

Tabla 8.1 Concentraciones críticas de oxígeno disuelto de algunos microorganismos (Rivere, 1977)

Microorganismo	*Temperatura*	C_{crit} (mmol dm^{-3})
Azotobacter sp.	30	0.018
Escherichia coli	37	0.008
Saccharomyces sp.	30	0.004
Penicillium chrysogenum	24	0.022

Un ejemplo excelente de los efectos de la concentración de oxígeno disuelto en la producción de aminoácidos se describe en el trabajo de Hirose y Shibai (1980). Estos autores hallaron un C_{crit} para *Brevibacterium flavum* de 0,01 mg dm^{-3} y representaron el nivel de suministro de oxígeno como el grado en que se satisfacían las necesidades de oxígeno (velocidad respiratoria del cultivo expresada como fracción de la velocidad respiratoria máxima) Si el grado en que se satisfacían las necesidades era inferior a 1, indicaba que la concentración de oxígeno disuelto está por debajo del C_{crit}. La producción de componentes de las familias de los aminoácidos glutamato y aspartato se veía afectada adversamente por valores de dicho grado de «satisfacción» inferiores a 1, mientras que la producción óptima de fenilalanina, valina y leucina se daba a grados de «satisfacción» de 0,55, 0,60 y 0,85, respectivamente. Las rutas biosintéticas de estos aminoácidos se muestran en la Figura 8.4; puede observarse que la fenilalanina, la valina y la leucina derivan de intermediarios de la glicolisis, fosfoenolpiruvato y piruvato, mientras que las familias del glutamato y aspartato proceden de intermediarios del ciclo del TCA. Por ello, la limitación de oxígeno y la disminución concomitante de las reacciones del ciclo del TCA conllevará la presencia de más intermediarios disponibles para la biosíntesis de fenilalanina, valina y leucina. Por otra parte, si el suministro de oxígeno satisface totalmente las necesidades del mismo, el ciclo del TCA

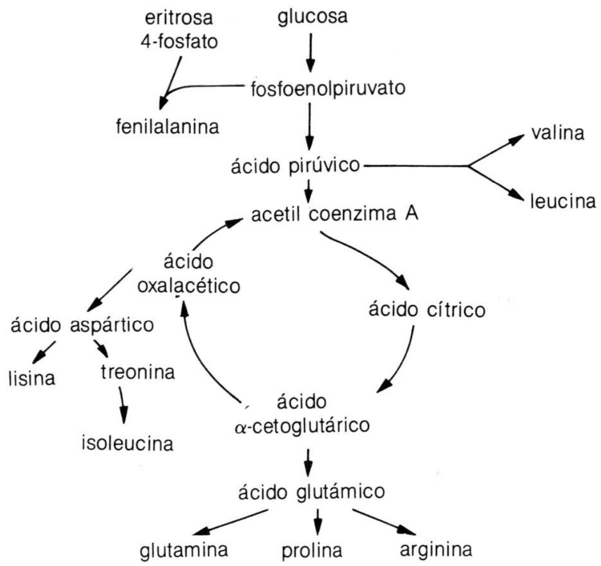

Fig. 8.4 Rutas biosintéticas de diversos aminoácidos en *Brevibacterium flavum*

operará plenamente y, por tanto, habrá un suministro efectivo de precursores de glutamato y asparatato.

La producción de cefalosporina por *Cephalosporium* (Feren y Squires, 1969) es óptima a concentraciones de oxígeno disuelto considerablemente superiores que al valor de C_{crit} de la cepa. En este caso, el fermentador debe tener la capacidad de suministrar una concentración de oxígeno disuelto mayor que la necesaria para mantener el cultivo en condiciones aeróbicas.

Las propiedades reológicas del caldo de fermentación tienen un considerable efecto en el K_La que se logra en el fermentador. Un microorganismo unicelular origina normalmente un caldo con una viscosidad relativamente baja que apenas se ve afectada por el nivel de agitación (o sea, es un fluido newtoniano). Sin embargo, un microorganismo de estructura miceliar origina, con frecuencia, un caldo con una gran viscosidad que varía con el grado de agitación (o sea, no es un fluido newtoniano). El grado de agitación en el fermentador es diferente en las distintas partes del medio (es mayor en las regiones cercanas al agitador y más bajo en las zonas más distantes del agitador). Por lo tanto, el caldo en la zona central tiende a ser menos viscoso, con lo que el aire puede ingresar mejor en esta región, desarrollándose unas condiciones más anaeróbicas en las zonas más viscosas. Es importante, por ello, que el régimen de agitación durante la fermentación proporcione una buena transferencia de oxígeno y una zona de gran turbulencia pero que esa turbulencia se transmita también a través del caldo. Una solución de este problema consiste en utilizar dos tipos diferentes de agitación en el sistema: uno diseñado para producir una zona de gran turbulencia y el otro mediante la instalación de un sistema de bombeo del caldo. Legrys y Solomon (1977) diseñaron un fermentador con una turbina discal en el fondo y una hélice impulsora en la parte superior; la turbina origina la turbulencia mientras que la hélice proporciona un gran flujo, con lo que el volumen del tanque se removía cada 20-30 segundos. De este modo, el micelio circulaba a través de la zona de aireación del tanque antes que se agotara el oxígeno. Marsh y Pinkey (1985) describieron el proceso piloto para el cultivo de *Fusarium graminearum* que se utilizó para la producción de microproteína ICI-RHM. Como ya se ha discutido (véase Capítulo 7.1) la estructura filamentosa del microorganismo influye de una forma crítica en la calidad al masticar de los muchos productos que se preparan a partir de micoproteína. Por ello, el fermentador debe tener la capacidad de airear un caldo muy viscoso no newtoniano. El fermentador piloto de 1,3 m^3 tiene una turbina impulsora «Rushton» de seis hojas que ocasiona la transferencia de oxígeno y un sable de tres hojas que proporciona una rápida circulación en el interior del tanque.

8.2.2. *Mantenimiento de las condiciones asépticas*

El fermentador y su contenido ha de esterilizarse antes del comienzo del proceso y las condiciones asépticas deben mantenerse durante la fermentación. La consecución de unas condiciones asépticas es, en esencia, un problema de ingeniería y, por tanto, cae fuera del objetivo de este texto. No obstante, se ofrece una lista de los puntos principales para familiarizar al lector con este aspecto tan importante:

(1) En un fermentador provisto de agitación, el eje del mismo debe entrar en el tanque a través de una junta aséptica.
(2) El fermentador debe construirse de tal forma que pueda esterilizarse, al igual que su contenido, con vapor. Por lo tanto, debe existir un suministro de vapor en cada punto de entrada y salida en el tanque. La esterilización se realiza inyectando vapor por todos los puntos de entrada y salida, salvo en el de salida de aire que sirve para que escape el vapor.
(3) El aire que ingresa en el fermentador debe haberse esterilizado por filtratación.
(4) Durante la fermentación debe existir en el interior del tanque una sobrepresión para que cualquier fuga que se produzca ocasione la salida de aire del fermentador y no el ingreso de aire del exterior que pudiera estar contaminado.
(5) El tanque ha de construirse de tal forma que las operaciones de inoculación, toma de muestra y adiciones posteriores necesarias puedan hacerse asépticamente.

Las operaciones de esterilización y adiciones asépticas en una planta industrial son maniobras complejas que pueden requerir, quizás, la manipulación de cientos de válvulas. Por ello, la posibilidad de un error humano es muy elevada. No obstante, el advenimiento del control por ordenadores ha sido de gran valía para el control y seguimiento de la esterilización y operaciones asépticas. De acuerdo con Tonge (1980), el funcionamiento del fermentador ICI Pruteen sería extremadamente difícil sin el control informático.

8.3 Formulación del medio de cultivo

El medio de cultivo que se utilice en la fermentación no sólo debe cubrir las necesidades nutritivas del microorganismo sino también las exigencias del proceso industrial. Por ello, deben tenerse en cuenta una serie de factores importantes para la formulación del medio. Entre ellos, el coste, la eficacia de la utilización, la reología y su efecto en las corrientes descendentes.

Todos los microorganismos requieren agua, fuentes de carbono y nitrógeno, elementos minerales y, posiblemente, nutrientes específicos, como vitaminas y aminoácidos. La mayoría de los microorganismos comercialmente importantes son quimioorganotróficos y, por tanto, la fuente de energía y carbono es una y la misma, El carbono y el nitrógeno se suministran habitualmente en forma de mezclas complejas de productos naturales baratos o son subproductos de otro proceso. Los elementos traza existen normalmente en la materia prima que sirve de sustrato o en el agua corriente que se utiliza en la preparación del medio. Cualquier nutriente específico que se requiera, como vitaminas o aminoácidos, debe añadirse en forma pura pero puede que exista también en el mercado como un extracto de origen animal o vegetal. Los fosfatos deben incorporarse al medio como agentes tamponadores aunque normalmente el pH se controla externamente. La Tabla 8.2 ofrece algunos ejemplos de fuentes de carbono y nitrógeno que se utilizan habitualmente en las fermentaciones. En la Tabla 8.3 se muestran algunos ejemplos de formulaciones de medios industriales.

8.3.1 *Rendimiento de biomasa*

El rendimiento de biomasa que puede obtenerse por unidad de carbono que se incorpora al medio es un criterio importante para la elección de la fuente de carbono, especialmente para la producción de proteína unicelular. El coeficiente de rendimiento celular (*Y*) para una fuente de carbono viene definido por la expresión:

$$\frac{\text{Cantidad de materia seca celular producida}}{\text{Cantidad de sustrato de carbono utilizado}}$$

En la Tabla 8.4 se ofrecen algunos valores representativos de *Y*; puede observarse que algunos hidrocarburos proporcionan un mayor rendimiento que los carbohidratos. La razón de esto es que los hidrocarburos muy reducidos contienen más carbono por g de sustancia que los carbohidratos. Sin embargo, el mayor rendimiento implica una mayor demanda de oxígeno de las células al crecer sobre estos sustratos muy reducidos (Fig. 8.4). Por lo tanto, se ha de suministrar más oxígeno a la fermentación basada en hidrocarburos que en la realizada a partir de carbohidratos. El consumo de grandes cantidades de oxígeno implica, además, la generación de un calor considerable que debe eliminarse para mantener la temperatura de fermentación al valor óptimo.

En consecuencia, la elección de la fuente de carbono influye de una forma importante en el diseño del fermentador para que se suministre el oxígeno suficiente que permita una completa utilización de la fuente de carbono. Asimismo, es necesario también diseñar un área de intercambio de calor adecuada para eliminar la energía calorífica que se genere. Un ejemplo excelente de estas consideraciones es el fermentador ICI Pruteen.

8.3.2 *Inductores*

El medio, aparte de proporcionar los sustratos necesarios para el crecimiento, tiene también una considerable influencia en los productos finales generados por el microorganismo. Los enzimas catabólicos son, con frecuencia, inducibles; es decir, sólo se sintetizan en presencia de un inductor que normalmente es el sustrato del enzima o una sustancia de estructura similar. Por ello, un medio para la producción comercial de un enzima catabólico debe incluir en su composición un inductor relevante. La Tabla 8.5 muestra algunos ejemplos de enzimas comercialmente importantes y el sistema inductor correspondiente.

Se ha demostrado que la producción de ciertos metabolitos secundarios esta sometida también a fenómenos inductores. Por ejemplo, la α-manosidasa es un enzima clave en la biosíntesis de estreptomicina y su síntesis se induce por la presencia de manano. Por ello, extracto de levadura es el sustrato que habitualmente se utiliza como fuente de nitrógeno en la fermentación destinada a la obtención de aquel antibiótico.

Tabla 8.2 Algunos ejemplos de fuentes de carbono y nitrógeno utilizadas habitualmente en los medios fermentativos

Fuentes de carbono	*Fuentes de nitrógeno*
Almidón	Amoníaco
Glucosa	Sales amónicas
Malta	Nitratos
Melazas de remolacha	Macerado de maíz
Melazas de caña	Gránulos de cacahuetes
Aceites vegetales	Harina de soja
Hidrocarburos	Sangre deshidratada
	Medios formulados
	Harina de soja
	Solubles de destilería
	Extracto de levadura

Tabla 8.3 Algunos ejemplos de medios para fermentaciones industriales

Producción de ácido glutámico (Gore, Reisman y Gardner, 1968)		*Acido clavulánico* (Butterworth, 1984)
Glucosa	270 g dm^{-3}	Harina de soja 1,5 %
$(NH_4)_2HPO_4$	2 g dm^{-3}	Glicerol 1,0 %
$NH_4H_2PO_4$	2 g dm^{-3}	KH_2PO_4 0,1%
K_2SO_4	2 g dm^{-3}	Plurónico L81 al 10 %
$MgSO_4 \cdot 7H_2O$	0.5 g dm^{-3}	Antiespumante y aceite de soja 0,2 % (vol/vol)
$MnSO_4 \cdot H_2O$	0.04 g dm^{-3}	
$FeSO_4 \cdot 7H_2O$	0.02 g dm^{-3}	
Biotina	12 μg dm^{-3}	
Penicilina	11 μg dm^{-3}	

Griseofulvina (Huber y Tietz, 1984)	
Extracto de maíz	3.50 g/l
$(NH_4)_2SO_4$	0.50 g/l
KH_2PO_4	4.00 g/l
KCl	1.00 g/l
$CaCO_3$	4.00 g/l
H_2SO_4	0.125 g/l
Mobilpar	0.275 g/l
Aceite mineral	0.275 g/l

Glucosa (50 %): 0,5-0,6 dm^3 h^{-1} para mantener el pH a 6,8-7,2

Tabla 8.4 Factores de rendimiento proporcionados por algunos microorganismos durante su crecimiento a partir de diversos carbohidratos (modificado de Mateles, 1979)

Sustrato	*Microorganismo*	*Y* *(g biomasa* g^{-1} sustrato)	*Demanda de* O_2 (gO_2/g peso seco)	*Referencia*
Glucosa	*Escherichia coli*	0,53	0,4	Schulze y Lipe (1964)
Metanol	*Pseudomonas* c.	0,54	1,2	Goldberg *et al.* (1976)
Octadecano	*Pseudomonas* sp.	1,06	1,6	Wodzinski y Johnson (1968)

Tabla 8.5 Algunos ejemplos de inductores utilizados en la producción de enzimas comercialmente importantes

Enzima	*Inductor*
Proteasas	Diversas proteínas
α-amilasa	Almidón
Celulasa	Celulosa
Pectinasa	Pectina
Penicilina acilasa	Acido penilacético

8.3.3 *Represores*

La producción de enzimas y metabolitos secundarios está frecuentemente inhibida por la presencia de ciertas sustancias en el medio de cultivo. Se ha observado que las fuentes de carbono que son rápidamente utilizadas inhiben la síntesis de amilasas y una amplia variedad de metabolitos secundarios, por ejemplo, griseofulvina, penicilina, bacitracina y actinomicina (Demain, 1984). Después de muchos años de utilizar medios empíricos, la producción de la mayoría de los antibióticos se efectúa utilizando una fuente de carbono distinta a D-glucosa, o si se útiliza ésta, se alimenta el cultivo con un flujo bajo (véase Sección 8.4).

Igualmente se ha observado que las fuentes de nitrógeno tienen también efectos represores en la producción de metabolitos secundarios. Por ejemplo, el que la harina de soja y la prolina sean las mejores fuentes nitrogenadas para la producción de estreptomicina se debe, posiblemente, a su lenta utilización, con lo que se evita el efecto represor en la síntesis del metabolito (Demain, 1984). Otro de los represores normales de los metabolitos secundarios son los fosfatos inorgánicos, como se ha demostrado en el caso de la producción de estreptomicina, bacitracina, oxitetraciclina y novobiocina.

En consecuencia, la elección del factor limitante (el componente que se agota primero y, por tanto, limita el crecimiento) en un medio de cultivo dependerá de los efectos represores de los componentes del medio en la productividad. Por ello, dependiendo del sistema de control implicado, los medios comerciales pueden estar limitados por la sustancia carbonada o nitrogenada, por fosfatos u, ocasionalmente, por otros nutrientes.

8.3.4 *Precursores*

La producción de un determinado metabolito puede incrementarse notablemente si se añade al sistema un precursor del metabolito. El ejemplo clásico de esta situación es la adición de ácido fenilacético en la producción de penicilina que actúa como precursor de la cadena lateral de la bencilpenicilina. Otro ejemplo de esta naturaleza es el papel precursor del ión cloruro en las fermentaciones de clortetraciclina y griseofulvina.

8.4 Modo de operación de los procesos fermentativos

Como se ha discutido en el Capítulo 7, los microorganismos pueden crecer en sistemas discontinuos, continuos o discontinuos alimentados. Aunque el cultivo continuo es el que ofrece el mayor grado de control en el crecimiento y la fisiología de los microorganismos, su uso en fermentaciones industriales está limitado por las razones que se han expuesto anteriomente (Sección 7.4). Sin embargo, la adopción del cultivo discontinuo alimentado ha proporcionado al tecnólogo de fermentaciones una herramienta muy útil para el control de las condiciones ambientales de las fermentaciones. El tipo más común de sistema discontinuo alimentado que se utiliza en cultivos masivos es la adición de un componente del medio al sistema en fermentación, controlándose la velocidad de adición mediante un parámetro fácilmente medible. El sustrato que con más frecuencia se añade es la fuente de carbono aunque puede utilizarse cualquier componente que tenga un efecto crítico en el control de la fermentación. Los parámetros que más frecuentemente se utilizan para el seguimiento de la alimentación son la concentración de oxígeno disuelto y el pH, aunque también se pueden utilizar otros como la viscosidad. La principal ventaja de añadir un componente del medio en vez de incorporar su totalidad al principio es que el nutriente puede mantenerse a muy bajas concentraciones durante la fermentación. Un nivel bajo de un nutriente (pero que se está reponiendo constantemente) tiene las siguientes ventajas:

(1) Mantiene la condiciones del cultivo dentro de los límites de la capacidad de aireación del fermentador.
(2) Elimina los efectos represores de los componentes del medio (fuentes de carbono, de nitrógeno o fosfatos) al ser utilizados rápidamente.
(3) Evita los efectos tóxicos de un componente esencial del medio.
(4) Proporciona un nivel limitante del nutriente requerido por un mutante auxótrofo.

El ejemplo más antiguo del uso de un cultivo discontinuo alimentado es la producción de levadura de panadería. Ya en 1915 se observó que un exceso de malta en el medio ocasionaba una producción de biomasa muy rápida y, por tanto, una demanda de oxígeno que no podía ser satisfecha por el fermentador (Reed y Peppler, 1973), con lo que se favorecía el establecimiento de condiciones anaeróbicas que originaba la formación de etanol por la biomasa. La solución del problema consistió en hacer crecer las levaduras inicialmente en un medio poco concentrado y añadirle más medio concentrado a un ritmo menor que el que el microorganismo podía utilizar el sustrato. Hoy se sabe que una elevada concentración de glucosa ejerce un efecto represor en la actividad respiratoria, por lo que en las modernas fábricas de producción de levadura la alimentación con melazas está bajo un estricto control que se efectúa midiendo el etanol existente (cantidades trazas) en el gas que sale del fermentador. Tan pronto como se detecta etanol se reduce la velocidad de alimentación. Aunque estos sistemas originan que el crecimiento sea más lento que el que se consigue en otras condiciones, el rendimiento está próximo al máximo que puede obtenerse teóricamente (Fiechter, 1982).

La producción de penicilina constituye un buen ejemplo del uso de cultivos discontinuos alimentados para la producción de un metabolito secundario (Hersbach, Van der Beek y Van Dijck, 1984). La producción de penicilina es un proceso de «dos fases»; la inicial es una etapa de crecimiento seguida por una fase de producción o idiofase. Durante la fase de producción, el fermentador se alimenta con glucosa a un ritmo que permite una velocidad de crecimiento relativamente alta (y, por tanto, una rápida acumulación de biomasa) pero que limita la demanda de oxígeno al nivel que puede ser cubierto por el fermentador. La velocidad de la alimentación se controla midiendo la concentración de oxígeno disuelto o el pH del caldo. Si la concentración de oxígeno disuelto cae por debajo del C_{crit} (véase Sección 8.2) se disminuye el flujo. Si se utiliza el pH como medio de seguimiento de la fermentación, un descenso del pH indica que se están formando ácidos orgánicos y, por tanto, se están creando condiciones de anaerobiosis. En tal caso es necesario disminuir el ritmo de adición de glucosa. Durante la fase de producción, la biomasa debe mantenerse a una velocidad de crecimiento relativamente baja, por lo que la glucosa se añade a un pequeño flujo de tal forma que se mantenga su concentración en el medio a un nivel inferior al que se inhibe la formación de penicilina (véase Sección 8.3.3). Durante esta fase, la concentración de oxígeno disuelto se utiliza para controlar la velocidad de dilución por retroalimentación (feedback). El ácido fenilacético es un precursor de la penicilina G (benzilpenicilina) (véase Sección 8.3.4) pero es también tóxico para el moho a una concentración tres veces superior a la que se utiliza. Por ello, el ácido fenilacético es otra de las sustancias que va incluida en el medio de alimentación del fermentador durante la fase de producción.

En el Capítulo 9 se ha discutido el uso de mutantes auxótrofos en la producción de productos de origen microbiano. Estos mutantes pueden crecer sólo cuando se suministran ciertos nutrientes, que no necesitan las cepas silvestres. Además, para conseguir la producción óptima del producto deseado, el crecimiento de un mutante auxótrofo debe limitarse por la disponibilidad del nutriente que requiera. Por lo tanto, la adición del compuesto requerido para la fermentación a un flujo inferior que al que puede consumirse facilita al tecnólogo controlar el proceso dentro de unos márgenes estrechos.

8.5 Resumen

Las condiciones ambientales influyen marcadamente en el crecimiento microbiano. El entorno del microorganismo depende del modo de operación, del diseño del fermentador y de la composición del medio de cultivo. El fermentador hay que diseñarlo con el objetivo de mantener el cultivo en estado puro y que facilite que el proceso fermentativo se desarrolla en unas condiciones físicas y químicas óptimas. El suministro de oxígeno al microorganismo debe ser tal que sea óptima la formación del producto que se pretenda obtener, lo que puede implicar que la concentración de oxígeno disuelto pueda ser diferente a la necesaria para el crecimiento óptimo. El medio utilizado en la fermentación debe tener todos los nutrientes que el microorganismo requiera para su crecimiento así como las sustancias que se necesiten para proporcionar una síntesis del producto óptima. Las condiciones ambientales dependen del tipo de fermentación; el sistema que se utiliza de una forma más común es el cultivo discontinuo alimentado. Los sistemas discontinuos alimentados permiten al tecnólogo mantener condiciones aeróbicas, controlar los efectos represores de los componentes del medio y proporcionar componentes esenciales (que a veces son sustancias tóxicas) en concentraciones bajas. Por lo tanto, el mantenimiento de unas condiciones ambientales constantes y controladas requiere una combinación de conocimientos biológicos y de ingeniería química.

Capítulo 9

El perfeccionamiento de microorganismos industriales

9.1 Introducción

El microorganismo industrial ideal es aquel que produce el metabolito comercial deseado en cantidades relativamente grandes en comparación con otros productos biosintéticos y catabólicos finales. Obviamente, una cepa industrial de esta naturaleza debe ser un pésimo competidor en condiciones ambientales naturales. Por ello, un microorganismo aislado de ambientes naturales normalmente produce el metabolito deseado en cantidades muy pequeñas, por lo que es necesario mejorar la productividad de la cepa. Aunque el rendimiento puede mejorarse optimizando las condiciones del cultivo, la producción está controlada en última instancia por el genoma. En consecuencia, para conseguir mejorar la productividad potencial, es necesario modificar el genoma del microorganismo, lo que puede lograrse de dos formas (a) mutación o (b) recombinación.

9.2 Mutación

Cada vez que se divide una célula microbiana existe una pequeña probabilidad de que ocurra un cambio en el material que se hereda. Una cepa que manifieste una característica modificada se denomina con el término de mutante y es el resultado de haber sufrido una mutación. La probabilidad de que ocurra una mutación puede aumentarse mediante la exposición del cultivo a la acción de un agente mutagénico, entre los que cabe destacar las radiaciones ionzantes, la luz ultravioleta y diversas sustancias químicas, como ácido nitroso y nitrosoguanidina. La exposición de los microorganismos a estos agentes implica normalmente someter a las células a una dosis mutagénica que conlleva la muerte de la gran mayoría de ellas. Entre los microorganismos supervivientes a esta exposición pueden existir algunos mutantes, de los cuales una muy pequeña proporción pueden producir una mayor cantidad de la sustancia deseada. Utilizando técnicas de mutación normales no se puede predeterminar el gen que se verá afectado por el agente mutagénico porque los sitios de acción de los agentes mutagénicos ocurrirán en gran número de genes. Por lo tanto, la tarea del genetista industrial es diferenciar los pocos mutantes mayores productores que aparezcan (las cepas deseables) de los muchos menores productores que se encuentran entre los microorganismos supervivientes al tratamiento mutagénico. Esta tarea es mucho más fácil en cepas productoras de metabolitos primarios que en aquellas que produzcan metabolitos secundarios, como puede deducirse de los ejemplos que a continuación se describen.

9.2.1 *Selección de mutantes que producen mayores niveles de metabolitos primarios*

Uno de los más importantes grupos de metabolitos primarios está constituido por los aminoácidos, siendo *Corynebacterium glutamicum* el microorganismo que se utiliza más frecuentemente para su producción. El *C. glutamicum* original fue aislado por Kinoshita, Udaka y Shimono (1957) quienes analizaron la capacidad de numerosas cepas naturales de liberar ácido glutámico al medio de cultivo. En este punto, parece relevante considerar la fisiología de la producción de ácido glutámico por *C. glutamicum*. La cepa natural aislada por Kinoshita era un auxótrofo para la biotina (es decir, era incapaz de sintetizar biotina y había que añadirla al medio de cultivo). Cuando *C. glutamicum* se cultivaba en un medio que contenía grandes concentraciones de biotina, el microorganismo sintetizaba glutamato en cantidades comprendidas entre 25 y 36 $\mu g\ mg^{-1}$ de peso seco de células. Se asumía que no se formaba una cantidad mayor de glutamato debido a algún tipo de control por retroalimentación (feedback) del glutamato que afectaba a su propia síntesis. Bajo condiciones limitantes de biotina (es decir, el crecimiento microbiano estaba limitado por la biotina disponible) las células producían glutamato que se acumulaba en el medio hasta concentraciones de 50 $g\ dm^{-3}$. La liberación de glutamato se explicó en base al hecho de que la limitación de biotina afectaba a la membrana celular en el sentido de tener una deficiencia de fosfolípidos que originaba una alteración de su permeabilidad selectiva (Nakao *et al.*, 1973).

La cepa de Kinoshita no sólo era incapaz de sintetizar biotina sino que tampoco podía sintetizar el enzima α-cetoglutarato deshidrogenasa que convierte el cetoglutarato en succinato en el ciclo del ácido tricarboxílico. Esta deficiencia en el ciclo del TCA ocasiona que el α-cetoglutarato se desvíe de la ruta y se sintetice glutamato. Las funciones del ciclo del TCA en este microorganismo se realizan al operar la ruta del glioxilato (Figura 9.1).

En consecuencia, la combinación de un bloqueo metabólico en la conversión de un intermediario del ciclo del TCA y la limitación de biotina ocasiona una gran producción de glutamato. Una de las mayores desventajas de usar la limitación de biotina es que impide que se utilice una fuente de carbono (carbohidratos crudos) rica en biotina. Como solución alternativa a este problema se ha utilizado la inclusión de algún factor en el medio de cultivo que altere la permeabilidad celular; en tal caso no se requiere un control riguroso de la concentración de biotina en el medio. Entre los factores que pueden modificar la permeabilidad celular cabe citar la penicilina y agentes de superficie como derivados de ácidos grasos.

Se han utilizado diversos mutantes de *C. glutamicum* para la producción comercial de distintos aminoácidos (también para la de ácido glutámico). Las cepas silvestres controlan de tal forma la síntesis de productos finales biosinéticos primarios que sólo producen los niveles requeridos por el microorganismo. Los mecanismos de control implicados son la inhibición de la actividad de enzimas clave de las rutas biosintéticas y la

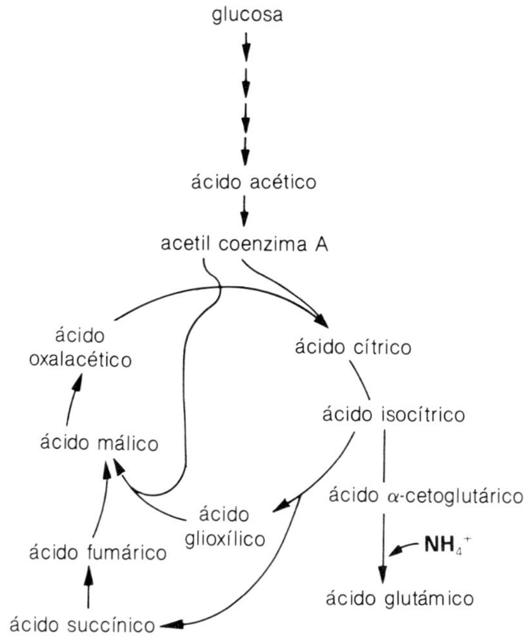

Fig. 9.1 Ciclo del TCA y ruta del glioxilato en *Corynebacterium glutamicum*

represión de la síntesis mediante el(los) producto(s) final(es) cuando éstos se encuentran en la célula en concentraciones suficientes para satisfacer las necesidades del microorganismo. Estos mecanismos se denominan como control por retroalimentación (feedback). *C. glutamicum* es un microorganismo muy adecuado para su utilización industrial debido a que los mecanismos de control por retroalimentación son muy simples y, por tanto, pueden manipularse con más facilidad que en otros microorganismos que presentan mecanismos más «sofisticados», como, por ejemplo, *E. coli.* El aislamiento de mutantes de *C. glutamicum* (y microorganismos afines) para la producción de lisina se utilizará para ilustrar las alternativas que se han empleado para suprimir el control biosintético.

En la Figura 9.2 se muestra el control de la síntesis de lisina en *C. glutamicum;* puede deducirse que la aspartoquinasa, el primer enzima de la ruta biosintética, es inhibida cuando los niveles de lisina y treonina son superiores a un determinado umbral. Este tipo de regulación se denomina inhibición por retroalimentación concertada. Una importante característica de esta ruta es que la lisina no ejerce control alguno sobre la ruta biosintética en el tramo comprendido entre el semialdehído aspártico y la lisina. Un mutante que no pudiera catalizar la conversión de semialdehído aspártico en homoserina sólo podría crecer en un medio suplemementado con serina y el microorganismo sería auxótrofo para la serina. Si un microorganismo de esta naturaleza se cultivara en presencia de muy pequeñas concentraciones de homoserina, la tasa endógena de treonina no alcanzaría el nivel inhibidor para regular la síntesis de aspartoquinasa y, en consecuencia, el aspartato se transformaría en lisina que se iría acumulando en el medio. El conocimiento, pues, de los mecanismos reguladores de las rutas biosínteticas permite tener un «plano» del mutante que se precisa, lo que contribuye a facilitar la tarea del diseño del procedimiento para separar el mutante deseado de otros supervivientes. Na-

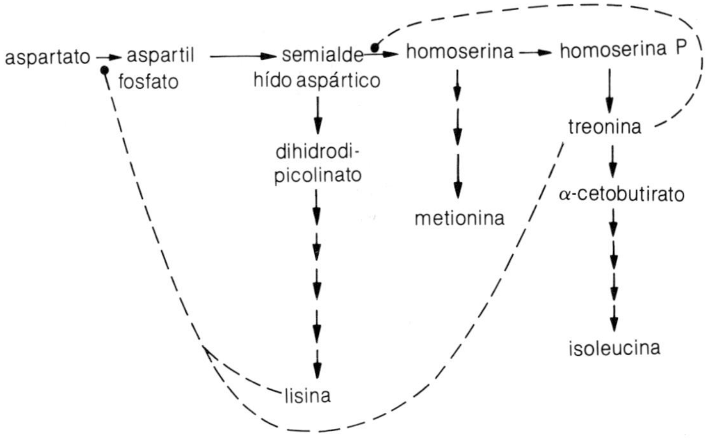

Fig. 9.2 Control de la producción de lisina en *Corynebacterium glutamicum;* inhibición por retroalimentación

kayama, Kituda y Kinoshita (1961) se acogieron a esta lógica dedución y aislaron mutantes de *C. glutamicum* auxótrofos para la homoserina mediante la técnica de enriquecimiento con penicilina descrita por Davis (1949). Bajo las condiciones culturales normales un auxótrofo tiene desventajas en relación con la cepa de donde procede (cepa silvestre). Sin embargo, la penicilina sólo destruye a los microorganismos en crecimiento y, por lo tanto, si los supervivientes resultantes de un tratamiento mutagénico se cultivan en un medio que contenga penicilina y que carezca de un nutriente necesario para el crecimiento del mutante deseado, sólo sobrevirá las células que no pudieran crecer, es decir, el auxótrofo que se busca. Si las células se extraen del caldo con penicilina, se lavan y se resuspenden en un medio que contenga el nutriente para que el microorganismo es auxótrofo, el cultivo que se obtenga contendrá un número de microorganismos muy abundante del tipo que se requiere. El grupo de Nakayama consiguió, de esta forma, aislar cepas de *C. glutamicum* auxótrofas para la homoserina que producían 44 g de lisina por dm^{-3}.

Un método alternativo para la obtención de mutantes que no producen productos finales reguladores es el aislamiento de cepas mutantes que no reconozcan la presencia de los factores reguladores. Tales mutantes pueden aislarse a partir de los supervivientes al tratamiento mutagénico mediante el estudio de su capacidad para crecer en presencia de ciertas sustancias que inhiben a la cepas de donde proceden, las silvestres. Un compuesto análogo, o simplemente un análogo, es una sustancia que tiene una estructura similar a otra; los análogos de los metabolitos primarios tienen, con frecuencia, un efecto inhibidor del crecimiento microbiano. La toxicidad de un análogo puede deberse a diferentes causas; por ejemplo, el análogo puede incorporarse a una macromolécula en lugar del producto natural ocasionando la formación de un compuesto defectuoso; el análogo puede actuar como un inhibidor competitivo de un enzima cuyo sustrato es el producto natural; el análogo puede imitar el mecanismo regulador de la sustancia natural e inhibir así la formación de dicho producto a pesar de que la concentración del producto natural sea inadecuada para permitir el crecimiento. Los mecanismos por los que un mutante tiene la facultad de crecer en presencia de un análogo inhibidor del crecimiento de la cepa silvestre pueden ser diversos. Sin embargo, si la toxicidad se debiera a que el análogo imita las características reguladoras del producto final normal, la resistencia puede deberse a que el sistema regulador es incapaz de reconocer al análogo como factor de control. Los mutantes resistentes al análogo pueden que no reconozcan tampoco al producto natural y, en consecuencia, pueden sintetizarlo en mayores cantidades. Existe, pues, una posibilidad muy razonable de que el mutante resistente al análogo pueda sobreproducir el producto final análogo al compuesto análogo.

Sano y Shiio (1970) utilizaron el razonamiento anterior con la intención de aislar mutantes de *Brevibacterium flavum*. El control de la producción de lisina en *B. flavum* es igual al de *C. glutamicum* (Fig. 9.2). Sano y Shiio demostraron que el análogo s-(2-aminoetil) cisteína (AEC) de la lisina sólo inhibía totalmente el crecimiento en presencia de treonina, lo que indicaba que el AEC, en combinación con treonina, ocasionaba una inhibición retroalimentada concertada sobre la aspartoquinasa y privaba al microorganismo de lisina y metionina. Se aislaron mutantes que podían crecer en presencia del AEC y treonina mediante el cultivo de los supervivientes al tratamiento mutagénico en placas de ágar que contenía ambos factores. Una proporción relativamente elevada de las colonias resultantes sobreproducían lisina; la c.pa que mostró el mayor rendimiento producía más de 30 g de prolina por dm^{-3}.

Los microorganismos que se utilizan comercialmente para la producción de metabolitos primarios rara vez se modifican en un solo sitio del genoma. Con frecuencia se necesita alterar varios sitios reguladores para conseguir una sobreproducción del producto deseado. Por ejemplo, Kase y Nakayama (1972) prepararon una cepa de *C. glutamicum* que sobreproducía treonina; era auxótrofa para la metionina y resistente al análogo de la treonina, el ácido α-amino-β-hidroxi valérico y al análogo de la lisina, s-(β-aminoetil)-L-cisteína. No obstante, también se utilizan en la producción comercial cepas multimutadas, en las que una mutación en un sólo sitio proporcionaría una buena producción. La finalidad del uso de tales cepas es la de mejorar su estabilidad en el sentido de que varias mutaciones que proporcionan el *mismo* fenotipo aseguran que debe haber más de una reversión antes de que el microorganismo pierda la característica comercialmente importante. Por ejemplo, Sano y Shiio (1979) desarrollaron una cepa de *C. glutamicum* para la producción de lisina que era auxótrofa para la homoserina y leucina y, al tiempo, era resistente al análogo s-(2-aminoetil)-L-cisteína.

9.2.2 *Selección de mutantes productores de metabolitos secundarios*

El conocimiento de los sistemas reguladores puede facilitar el diseño de procedimientos para el aislamiento de mutantes sobreproductores de metabolitos primarios. El diseño de métodos para el aislamiento de mutantes que sobreproduzcan metabolitos secundarios es más difícil debido a que existe mucha menos información en la bibliografía sobre el control de la síntesis de los mismos y, además, los productos finales del metabolismo secundarios no se requieren para el crecimiento. Los sistemas que se han utilizado, y han tenido considerable éxito, están basados en determinaciones empíricas directas de la productividad en los supervivientes de un tratamiento mutagénico, en vez de sistemas culturales que proporcionan la ventaja de seleccionar mutantes con la capacidad potencial de ser productores. Por lo tanto, un programa típico para seleccionar mutantes sería tratar una población de células a un tratamiento mutagénico tal que sobreviva un 1-5 % de la población y determinar la productividad de tantos supervivientes como sea posible. El análisis de la productividad se realiza habitualmente mediante el cultivo del microorganismo en agitadores-incubadores y determinando después la actividad del cultivo. Estos métodos son, obviamente, muy laboriosos y se han realizado varios intentos de reproducir esos sistemas a pequeña escala, que implican el cultivo y la estimación de la productividad en medios de ágar. Estos sistemas miniaturizados son menos laboriosos que los programas convencionales; algunos ejemplos se muestran en la Tabla 9.1.

Tabla 9.1 Sistemas miniaturizados para la selección de mutantes productores de metabolitos secundarios

Metabolito secundario	*Referencia*
Clortetraciclina	Dulaney y Dulaney (1967)
Kasugamicina	Ichikawa *et al.* (1971)
Penicilina	Ditchburn, Giddings y MacDonald (1974)
Penicilina	Ball y MacGonagle (1978)
Cefalosporina	Trilli *et al.* (1978)
Antibióticos β-lactámicos	Ray Chowdhurry, Goswani y Chakrabarti (1980)

Aunque estos programas empíricos de selección de mutantes productores han tenido notable éxito, existe una creciente tendencia a utilizar algún método basado en cultivos selectivos para el aislamiento de los mutantes deseados. Tales sistemas incluyen el aislamiento de auxótrofos, mutantes análogo-resistentes y mutantes resistentes a los efectos autotóxicos de metabolitos secundarios. Diversos investigadores han obtenido cepas mejoradas productoras de metabolitos secundarios mediante el aislamiento de mutantes auxotróficos. En mucho de estos casos parece no existir relación entre la sustancia a la que la cepa era auxótrofa y el metabolito secundario sintetizado. Una posible explicación de este hecho es que las cepas mejoradas presentaban una doble mutación y su carácter auxotrófico no estaba directamente relacionado con la mejora de la productividad. Estos sistemas pueden explotarse utilizando nitrosoguanidina (NTG) como agente mutagénico. La NTG ocasiona una serie de mutaciones alrededor de la horquilla de replicación del cromosoma bacteriano. Por lo tanto, si una de las mutaciones se pudiera seleccionar (por ejemplo, por auxotrofía) se podría aislar una cepa que contuviera una mutación seleccionable entre otras que estuvieran muy cerca. El uso eficaz de esta alternativa requiere un preciso conocimiento de las posiciones de los genes de importancia en el metabolismo secundario para que puedan seleccionarse las mutaciones vecinas.

La técnica de selección de mutantes resistentes a análogos inhibidores ha sido muy útil para la selección de mutantes sobreproductores de metabolitos secundarios. Si la disponibilidad de un precursor de un metabolito secundario es un factor limitante de la productividad de dicho metabolito, es posible estimular la producción mejorando la síntesis del precursor que normalmente es un producto final del metabolismo primario. Por ejemplo, Elander *et al.* (1971), aislaron mutantes de *Pseudomonas aureofaciens* resistentes a análogos de triptófano que sobreproducían el antibiótico pirrolnitrina. El triptófano es un precursor de la pirrolnitrina y el mutante resistente sintetizaba más cantidad de este precursor limitante.

Martin *et al.* (1979), aislaron mutantes resistentes a análogos de triptófano que sobreproducían candicidina. La explicación de este fenómeno es que la retroalimentación de triptófano inhibe su propia síntesis que ocasiona el agotamiento de ácido corísmico, un precursor del triptófano y de la candicidina. En el mutante resistente, el triptófano no inhibía su propia síntesis por retroalimentación por lo que no cesaba la producción del precursor de la candicidina.

Se ha demostrado que muchos metabolitos secundarios inhiben a la cepa productora si aquellos se añaden durante la fase de crecimiento del microorgansimo. Parece existir también una correlación entre la resistencia autotóxica en la fase de crecimiento y la productividad en la idiofase. Por tanto, la capacidad de un superviviente al tratamiento mutagénico de crecer en presencia de altas concentraciones del metabolito secundario que produzca puede utilizarse como un carácter útil para la selección de una mayor productividad. Bu' Lock (1980) ha utilizado esta alternativa con éxito en el aislamiento de cepas sobreproductoras de los antibióticos antifúngicos agestoroles. Esta técnica ha sido utilizada posteriormente usando los métodos de manipulación genética de Crameri, Davies y Thompson (1985). Estos investigadores clonaron en *Streptomyces kanamyceticus* (un productor de kanamicina) el gen que codifica la síntesis de la 6-N-acetiltransferasa. Este enzima está implicado en la resistencia a aminoglicósidos. Las cepas recombinantes que contenían el gen clonado eran más resistentes a dicha sustancia tóxica y producían más kanamicina. En consecuencia, la aplicación de las técnicas utilizadas para la mejora de la producción de metabolitos primarios ha facilitado que se hagan unos notables progresos en la mejora de cepas productoras de metabolitos secundarios.

9.3 Recombinación

Hopwood (1979) definió la recombinación como todo proceso que ayuda a generar nuevas combinaciones de genes presentes originalmente en individuos diferentes. En comparación con la inducción y selección de mutantes, el uso de la recombinación para la mejora de cepas industriales ha sido bastante limitado. Quizás se deba al éxito de los programas de mutación, a la relativa facilidad de inducir la mutación y a la falta de información sobre la genética básica de las cepas industriales. Sin embargo, en la actualidad existen técnicas que permiten utilizar la recombinación como un sistema de mejora de cepas industriales. Pocos microorganismos industrialmente importantes exhiben reproducción sexual como tal y la consecución de cepas recombinantes de los mismos queda confinada probablemente a cepas de mohos y levaduras comerciales utilizadas en panadería, cervecería e industrias de destilación. Sin embargo, los sistemas de recombinación no asociados a la reproducción sexual son más comunes en cepas industrialmente importantes. Las metodologías experimentales desarrolladas recientemente han hecho posible que estos sistemas sean más fáciles de explotar. Algunos de los sistemas de recombinación se describirán brevemente a continuación; asimismo se expondrán las técnicas de fusión de protoplastos que han aumentado enormemente la posibilidad de obtener cepas recombinantes muy valiosas.

9.3.1 *Sistemas de recombinación aplicables a microorganismos de relevancia comercial*

Pontecorvo y colaboradores (1953) demostraron que la fusión nuclear y la segregación de genes podía ocurrir al margen de órganos sexuales de un hongo sexual, *Aspergi-*

llus nidulans y en los hongos imperfectos (que no exhiben reproducción sexual) *Aspergillus niger* y *Penicillium chrysogenum*. El proceso se denominó ciclo parasexual. Para que tenga lugar la recombinación parasexual en un hongo imperfecto, la fusión nuclear debe ocurrir entre núcleos genéticamente diferentes, es decir, el microorganismo debe tener núcleos genéticamente diferentes. Un microorganismo de esta naturaleza se denomina heterocarionte y puede formarse por núcleos que migran de un individuo a otro mediante conexiones formadas entre los dos individuos por la fusión de células adyacentes. El núcleo que migra puede dividirse en la cepa receptora y coexistir con el núcleo original de dicha cepa. El establecimiento de un heterocarionte es un suceso raro y para facilitar su reconocimiento se utilizan marcadores auxótrofos. Las dos cepas que se utilizan para generar un heterocarionte son auxótrofas para distintos nutrientes. Las esporas deben disponer de suficientes nutrientes para que puedan germinar pero sólo se puede dar un importante crecimiento si tiene lugar la fusión de las células vegetativas, es decir, si se forma el heterocarionte. Las colonias producidas en el medio proceden, por tanto, de heterocariontes en los que coexisten los núcleos de las dos cepas originales.

Una fusión nuclear puede tener lugar entre los núcleos distintos en el heterocarionte y originar un clon diploide. Un núcleo diploide del clon puede sufrir, en raras ocasiones, una mitosis anormal originándose un recombinante. La mitosis anormal puede ocasionar un entrecruzamiento mitótico, haploidización o una combinación de ambos. El entrecruzamiento mitótico conlleva el intercambio de segmentos distales entre cromátidas de cromosomas homólogos y la haploidización es un proceso que origina una distribución desigual de cromátidas en los núcleos de células hijas resultantes de una división mitótica.

La frecuencia de la fusión nuclear en células vegetativas puede incrementarse mediante el uso de ciertos agentes, como vapores de alcanfor o luz ultravioleta. Igualmente, se puede aumentar la frecuencia del entrecruzamiento mitótico y la haploidización utilizando, entre otros agentes, rayos X, luz ultravioleta y mostazas nitrogenadas. En el trabajo de Sermonti (1969) se ofrece una descripción detallada del ciclo parasexual. Por lo tanto, utilizando las técnicas anteriores pueden obtenerse recombinantes que exhiban características que no tenían las células originales. Estas técnicas se han utilizado para estudiar la genética básica de *Penicillium chrysogenum* y *Aspergillus niger* (Sermonti, 1969; MacDonald y Holt, 1976). Queener y Swartz (1979) opinan que en el caso de la penicilina se ha hecho uso del ciclo parasexual para «engendrar» cepas comerciales mejoradas. Una de las principales dificultades inherentes en la utilización del ciclo parasexual para la mejora de las cepas es la formación del heterocarionte, o sea, la fusión celular a partir de cepas diferentes. No obstante, las técnicas de fusión de protoplastos (se discuten más adelante, en esta sección) han aliviado este problema.

La conjugación es un proceso que se da en las bacterias; la información genética se transfiere de una célula a otra a través de un contacto célula-célula. El cromosoma de la célula «donadora» se moviliza por la integración de una partícula de DNA normalmente extracromosomal en el cromosoma. En *E. coli* el elemento «movilizador» se denomina factor F o plásmido F; en otras bacterias están implicados factores diferentes. La cantidad de información genética que se transfiere a la célula receptora depende del tiempo de contacto entre las dos células que participan en el proceso, por lo que mientras más tiempo estén las células en contacto mayor cantidad de material genético se transferirá. Además, el DNA se transfiere de una forma lineal; un fragmento del DNA donador se dispone adyacentemente al sitio de integración del factor movilizante y este fragmento pasa a la célula receptora, siendo el factor movilizante el último que se transfiere. La síntesis del DNA se inicia en la célula donadora de tal forma que el DNA tranferido se repone por el material sintetizado. El segmento transferido puede incorporarse al cromosoma de la célula receptora por un fenómeno de entrecruzamiento. Por lo tanto, la tranferencia de un determinado gen dependerá de su posición en el cromosoma en relación con el sitio de integración del factor movilizante y del tiempo que las células están en contacto. Como en el caso del ciclo parasexual, la conjugación es un suceso que ocurre raramente, por lo que ha de utilizarse un proceso de selección para el aislamiento de recombinantes. Esta operación puede realizarse mediante el uso de diferentes nutrientes auxotróficos para las cepas y cultivando los recombinantes potenciales en medios mínimos. Sin embargo, debido a que la transferencia de material genético es un fenómeno dependiente del tiempo, los marcadores genéticos utilizados sólo sirven para la selección de determinados recombinantes. En consecuencia, es importante utilizar diversos marcadores auxotróficos situados en diferentes regiones del cromosoma, siendo esencial disponer de un mapa genético del microorganismo.

El fenómeno de la conjugación se ha observado en estreptomicetos que tienen una enorme importancia industrial. Hopwood (1976) cree que las compañías industriales han utilizado la conjugación para la mejora de cepas industriales de estreptomicetos pero los resultados no se han publicado, obviamente, por razones de seguridad. Las desventajas de los sistemas de conjugación son que se requiere unos conocimientos genéticos considerables de los microorganismos para realizar el proceso eficazmente y que, generalmente, se obtiene una transferencia incompleta del genoma. Como en el caso del ciclo parasexual, el desarrollo de las técnicas de fusión de protoplastos ha reducido enormemente tales dificultades.

9.3.2 *Fusión de protoplastos*

Los protoplastos son microorganismos desprovistos de su pared celular; se preparan sometiendo a las células, en un medio isotónico, a la acción de enzimas que degradan la pared celular. Entre protoplastos, puede ocurrir una fusión celular, seguida de una fusión de material nuclear que de otra forma no se produciría. El protoplasto fusionado resultante puede regenerar la pared celular y crecer como un microorganismo normal. La fusión de protoplastos se ha realizado con hongos filamentosos (Ferenczy, Kevei y Zsolt, 1974), levaduras (Sipiczki y Ferenczy, 1977), *Bacillus* sp. (Fodor y Alfoldi, 1976), *Brevibacterium flavum* (Tosaka *et al.* 1982) y estreptomicetos (Chater, 1979).

La fusión de protoplastos facilita enormemente la preparación de heterocariontes de hongos filamentosos (la tarea más difícil en el uso del ciclo parasexual). La frecuencia de fusión de protoplastos en los hongos filamentosos necesita también de marcadores genéticos para el aislamiento de recombinantes. Sin embargo, el éxito obtenido con el uso de este método ha sido mucho mayor que utilizando las técnicas convencionales para la generación de heterocariontes. En la bibliografía existen diversos ejemplos sobre el uso de la técnica de fusión de protoplastos en cepas de relevancia industrial. Así, Hamlyn y Ball (1979) prepararon una fusión de cepas de *Cephalosporium acremonium;* un cruce entre una cepa no formadora de esporas, de crecimiento lento y una cepa formadora de esporas, de crecimiento veloz que sintetiza sólo la tercera parte de cefalosporina que la primera cepa. Tras la fusión, se seleccionó un recombinante que esporulaba bien, presentaba una velocidad de crecimiento elevada y producía el mayor nivel de cefalosporina. Chang, Terasaka y Elander (1982) usaron la fusión de protoplastos para combinar las propiedades deseables de dos cepas de *Penicillium chrysogenum* que sintetizaban penicilina V. La cepa 1 exhibía una morfología adversa pero sintetizaba sólo penicilina V (el producto deseado), mientras que la cepa 2 mostraba una morfología deseable aunque sintetizaba cantidades significativas de penicilina OH-V (un producto no deseable). La fusión de protoplasto dio lugar a la selección de recombinantes capaces de sintetizar solamente penicilina V presentando, además, la morfología deseable.

La fusión de protoplastos ha facilitado también el aislamiento de estreptomicetos recombinantes. Hopwood y colaboradores (Hopwood, 1979) han desarrollado una técnica de fusión de protoplastos para estreptomicetos que origina un gran número de recombinantes, de tal forma que éstos pueden detectarse sin la necesidad de utilizar marcadores auxotróficos. Además, la totalidad del genoma se somete a recombinación y no sólo una porción del mismo como ocurre en el caso de la conjugación. Un excelente ejemplo del uso de esta técnica se encuentra en el trabajo de Tosaka y col. (1982), en el que se describe la mejora de una bacteria productora de un aminoácido. Estos investigadores aumentaron la velocidad del consumo de glucosa (y, por tanto, la producción de lisina) de una cepa de *Brevibacterium flavum* productora de lisina fusionándola con otra cepa de *B. flavum* que no producía lisina pero consumía glucosa a gran velocidad.

Los ejemplos citados sobre la fusión de protoplastos han afectado a la combinación de propiedades deseables, expresadas en diferentes cepas, dentro de un mismo microorganismo. Además, las propiedades deseables no se limitaron al rendimiento del producto sino que incluían otras características del microorganismo que eran importantes para el proceso fermentativo (por ejemplo, velocidad de crecimiento, grado de esporulación y velocidad de consumo de sustrato). En consecuencia, la recombinación es una herramienta excelente para mejorar otras características distintas al simple rendimiento del producto que se pretende obtener.

9.3.3 *Tecnología del DNA recombinante* «in vitro»

La recombinación *in vitro* de microorganismos industrialmente importantes se ha logrado merced a las técnicas *in vitro* de DNA recombinante que se discuten en los Capítulos 10-12. Aunque los recombinantes que se han logrado por estas técnicas a los que se han dado mayor publicidad son cepas de bacterias y levaduras que sintetizan compuestos «extraños», se han realizado también importantes avances en la mejora de cepas productoras de compuestos convencionales. No obstante, la gran mayoría de las publicaciones dan cuenta de la mejora de cepas productoras de metabolitos primarios.

La eficacia del microorganismo utilizado *(Methylophylus methylotrophus)* en el proceso ICI para la obtención de proteína unicelular se ha mejorado insertando en él un plásmido que contiene un gen, procedente de *E. coli,* que codifica la síntesis de glutamato deshidrogenasa. La cepa manipulada es capaz de metabolizar más eficazmente el amoníaco que la cepa original, derivado de una mejora del 5 % en la conversión de carbono. Sin embargo, parece ser que el microorganismo manipulado todavía no se ha utilizado a escala comercial. La producción de treonina por *E. coli* se ha mejorando mediante su manipulación *in vitro.* Debavov (1982) incorporó el operón completo de treonina de un mutante de *E. coli* K_{12} resistente a un análogo de treonina en un plásmido que después se insertó en la bacteria. El número de copias del plásmido en la célula fue de aproximadamente 20 y la actividad de los enzimas codificados por el operón treonina aumentó 40-50 veces. El microorganismo produjo 30 g dm^{-3} de treonina mientras que la cepa sin manipular producía 2-3 g dm^{-3}. Miwa, Nakamori y Mimose (1981) utilizaron igualmente técnicas de manipulación *in vitro* para mejorar el rendimiento de un productor de treonina, *E. coli* β1M4, que era resistente al ácido α-amino-β-hidroxi-valérico (un análogo de treonina) y auxotrófico para la isoleucina, metionina, prolina y tiamina, cuyo rendimiento era de 3-6 g dm^{-3}. El operón de treonina de la cepa se insertó en el plásmido pBR322 y el plásmido híbrido se introdujo en un auxótrofo de treonina derivado de la cepa original, la β1M4. La optimización de las condiciones culturales de la cepa recombinante produjo una cantidad de 65 g dm^{-3} de treonina.

La aplicación de técnicas de manipulación genética de la cepa de importancia industrial *Corynebacterium glutamicum* ha sido obstaculizada por la falta de vectores adecuados para la clonación de genes. No obstante, en 1983 se han registrado dos patentes (Ajinomoto, 1983; Kyowa Hakko Kogyo, 1983) en las que se describen el aislamiento de plásmidos de corinebacterium que pueden utilizarse como vectores.

La mejora de la producción de enzimas comercialmente importantes se ha logrado mediante técnicas de manipulación genética. El rendimiento de enzimas se ha logrado incrementar incorporando el gen del cromosoma que codifica la síntesis del enzima en un plásmido, el cual puede luego insertarse en la cepa original (o en otra diferente) y mantenerse un número elevado de copias. Colson *et al.* (1981), clonó un gen de *Bacillus coagulans* que codifica la síntesis del enzima termoestable α-amilasa en *E. coli* donde se replicó y mantuvo un elevado número de copias, lo que ocasionó una gran producción de enzima. También se ha mejorado la producción de penicilina acilasa en una cepa de *E. coli* mediante la inserción del gen relevante en un plásmido que luego se incorporó en la cepa original (Stoppok *et al.,* 1980).

La aplicación *in vitro* de técnicas de DNA recombinante para la mejora de la formación de metabolitos secundarios no está tan avanzada como la de metabolitos primarios. La principal razón de ello es la falta de información de génetica básica de la producción de metabolitos secundarios junto a las dificultades inherentes en el estudio de la producción de compuestos que no son esenciales para el crecimiento de los microorganismos productores. No obstante, se han hecho considerables avances en la manipulación genética de estreptomicetos derivados del estudio pionero de Hopwood y colaboradores. Se han desarrollado técnicas usando protoplastos como receptores de plásmidos de estreptomicetos modificados genéticamente; tres de ellos se han utilizado para la clonación de genes que codifican la síntesis de antibióticos. Aunque las cepas manipuladas no han dado lugar a la producción de mayores niveles de antibióticos, estos estudios pueden servir de apoyo para la comprensión de la estructura y el control de los genes implicados en el metabolismo secundario. Crameri, Davies y Thompson (1985) consiguieron mejorar el rendimiento de antibióticos aminoglicósidos producidos por *Streptomyces kanamyceticus* y *Streptomyces fradiae* mediante la clonación del gen que codifica la resistencia a aminoglicósidos en los microorganismos productores. Puede concluirse que las técnicas de manipulación genética están proporcionando resultados estimulantes en el campo de los compuestos secundarios. Diversos científicos han indicado cómo pueden ampliarse estos avances. Malik (1982) ha sugerido que el aislamiento del RNA mensajero al inicio del metabolismo secundario debe proporcionar el patrón para la síntesis de cDNA y, por tanto, los genes que pueden codificar la síntesis de enzimas específicos del metabolismo secundario. Kurth y Demain (1984) han propugnado que el uso de la técnica de clonación por «escopetazo» (shotgun) en las cepas productoras para la amplificación de genes o para la obtención de genes interespecíficos puede conducir a la síntesis de nuevos antibióticos. Un objetivo a largo plazo sería la transferencia de genes del metabolismo secundario de las cepas productoras naturales a microorganismos mas adecuados para fines productivos, tal como *E. coli.*

9.4 Resumen

La mejora genética de cepas industriales puede lograrse por mutación y recombinación. Las técnicas de selección de mutantes han sido las que se han utilizado durante mucho tiempo para conseguir incrementar la productividad. El uso de técnicas de recombinación tradicionales por las compañías industriales han dado lugar probablemente a importantes avances en los procesos fermentativos. Los avances en la tecnología de DNA recombinante *in vitro* han proporcionado ya mejoras de los procesos «tradicionales» así como al establecimiento de otros nuevos. Sin embargo, debe recordarse que la cepa industrial «ideal» está aún por desarrollarse y probablemente surgirá por la combinación de todas estas técnicas y la tecnología del DNA recombinante no puede emplearse aisladamente.

SECCION IV
Ingeniería genética
S. A. Boffey

Conceptos que deben conocerse

Estructura del RNA y del DNA; el código genético; aspectos básicos de la trascripción y de la traducción.

Estructura proteica.

Principios de actividad enzimática; afinidad del enzima por el sustrato.

Significado de: gen, genoma, homozigoto, transformación, procariota y eucariota.

Libros recomendados

Lewin, B. (1983) Genes. Wiley, Nueva York.

Mainwaring, W. I. P., Parish, J. H., Pickering, J. D. y Mann, N. H. (1982) Nucleic acid biochemistry and molecular biology. Blackwell, Oxford, Reino Unido.

Stryer, L. (1981) Biochemistry, 2ª ed. Freeman, San Francisco.

Watson, J. D., Tooze, J. y Kurtz, D. T. (1983) Recombinant DNA—a short course. Scientific American Books. Freeman, Nueva York.

Capítulo 10

Los objetivos de la ingeniería genética

10.1 Técnicas de manipulación de genes

La ingeniería genética implica «cambiar genes». Estos cambios pueden tener lugar como resultado de la transferencia de un gen desde el lugar donde se encuentra habitualmente a una célula que normalmente no lo tiene, o al modificar de alguna forma la secuencia de un gen, de modo que se obtenga un gen distinto. Por supuesto, dicho gen modificado también se puede transferir a un nuevo tipo de células. Para evitar la confusión con las técnicas clásicas de mejora, o con el proceso de transferencia por plásmidos que ocurre de forma natural, se admite que la ingeniería genética o manipulación genética también incluye algunos procesos que se realizan *in vitro*.

10.1.1 *Mejora clásica*

¿Por qué se necesita la ingeniería genética? Es cierto que mediante los programas clásicos de mejora es mucho lo que se ha logrado y lo que se continuará logrando. En la Sección 9.3.1 se han descrito los métodos empleados para la «mejora» de cepas microbianas mediante la conjugación o, con menor frecuencia, mediante la transferencia parasexual de genes entre cepas, y por tanto no se van a repetir aquí. En general, el científico que hace la mejora pretende introducir un gen deseable en un organismo que ya tiene muchos atributos atractivos, lo que se realiza cruzando el organismo con otro que tenga el gen deseado, pero que en muchos otros aspectos no es tan adecuado como el pimero. Se espera que la descendencia de tal cruce conlleve la combinación de las características favorables del primer organismo con el gen deseado del segundo. Por desgracia, la probabilidad de que se dé esa combinación perfecta de genes tiende a ser extremadamente baja. De hecho, existe la misma probabilidad de obtener una descendencia que presente sólo las características no deseadas de cada progenitor. Como consecuencia, se han de elegir aquellos descendientes que contengan el gen deseado y que también hayan conservado muchas de las características favorables del primer progenitor. Si a continuación se cruzan dichos descendientes con el primer progenitor, la descendencia resultante contendrá, por lo general, menos genes no deseados que los que tenía la primera generación, aunque también algunos habrán perdido el gen deseado y, por tanto, han de descartarse. Por repetición de este tipo de retrocruzamientos de descendientes seleccionados, se puede llegar a un nivel en el que, a efectos prácticos, sólo se han transferido al genoma del primer organismo el gen deseado. Incluso entonces, han de realizarse nuevos cruces entre la descendencia para generar organismos que sean homozigotos para el gen «transferido» y, por consiguiente, que sea una «verdadera» mejora.

Es obvio que la mejora clásica requiere mucho tiempo, incluso cuando se utilizan artilugios para aumentar las probabilidades a favor del científico que hace la mejora. Se puede progresar más rápidamente si los organismos que se van a cruzar son muy similares, ya que esto reduce el número de retrocruzamientos necesarios. Sin embargo, los genes de mayor utilidad suelen encontrarse en organismos muy diferentes del organismo de destino. Si se puede realizar el cruce, la obtención de una cepa «verdadera» resulta muy laboriosa, aunque posible. Desgraciadamente, por lo general sólo hay fertilización entre organismos de la misma especie o de especies muy próximas, por lo que para cualquier organismo, el conjunto de genes disponibles a través de la mejora clásica es muy limitado. De aquí, la importancia de mantener reservas de individuos selectos de una amplia gama de variedades «extraordinarias» de plantas y animales, ya que constituirán el conjunto de genes para futuros programas de mejora.

La variedad en el conjunto de genes disponibles para una especie se puede aumentar creando mutantes, utilizando agentes químicos mutagénicos o radiación de alta energía, como se ha descrito para los microorganismos (véase Sección 9.2). Sin embargo, ya que no hay control sobre qué genes van a mutar, la inmensa mayoría de dichas mutaciones son letales, perjudiciales o sin consecuencias. Puede suceder que se genere una mutación beneficiosa, pero que no se detecte debido a la aparición simultánea de una mutación letal en otro gen de la misma célula. Obviamente, la mutagénesis sólo es útil si se dispone de métodos muy eficaces para detectar las mutaciones beneficiosas (véase Sección 9.2). El método también se ve limitado a organismos unicelulares o a aquellos que puedan crecer a partir de cultivos celulares o embriones, ya que su modo de acción aleatoria excluye la posibilidad de provocar mutaciones idénticas en todas las células de un animal o de una planta mediante el tratamiento de todo el organismo. Como se verá más adelante, esta limitación también es aplicable a la mayoría de los tipos de ingeniería genética.

10.1.2 *Protoplastos y clonación de células*

Como se describe en la Sección 9.3.2, la «fusión de protoplastos» puede aumentar enormemente la eficacia de la recombinación entre los genomas de cepas microbianas diferentes. Esta técnica también se puede aplicar a células animales y vegetales. Cuando las paredes de las células vegetales se digieren con pectinasas y celulasas en un medio iso-osmótico con el contenido de las células, se obtienen protoplastos esféricos, que son células desnudas rodeadas tan sólo por sus membranas plasmáticas. Mediante una manipulación adecuada, estos protoplastos regenerarán las paredes celulares, crecerán y se multiplicarán, y cada protoplasto dará lugar a una cepa de células clonadas que puede cultivarse indefinidamente como tejido indiferenciado de callo. En muchos casos se pueden lograr plantas completas a partir del callo, modificando en el medio los niveles de las hormonas del crecimiento de las plantas, de forma que se puede obtener un número ilimitado de plantas clonadas a partir de un único protoplasto.

Más importante aún es el hecho de que, utilizando un reactivo tal como el polietilenglicol o un campo eléctrico pulsante, se puede inducir la fusión de unos protoplastos con otros antes de que se regenere la pared celular (Shepard y col., 1983). Estas fusiones pueden tener lugar entre células de especies sexualmente incompatibles, formándose células híbridas. Por desgracia, estos híbridos son inestables y, con el tiempo, se pierde un juego completo de cromosomas, pero no antes de que haya cierta transferencia de genes entre ambos. Dado que el intercambio de DNA es al azar, sólo hay una pequeña posibilidad de que alguno de los productos de la fusión contenga un determinado gen «extraño», por lo que se debe utilizar algún tipo de selección para entresacar las células deseadas. Con frecuencia esto sólo se puede hacer después de que se hayan regenerado las plantas a partir de cada línea celular, a menos que el gen deseado codifique un producto que pueda detectarse bioquímicamente en la etapa de callo. A pesar de lo poco previsible que resulta y de la dificultad técnica, la fusión de protoplastos representa una valiosa contribución a las técnicas clásicas de la mejora vegetal. Se ha utilizado, por ejemplo, para transferir resistencia a enfermedades desde especies primitivas de *Solanum* a modernas variedades comerciales de patata, que no pueden cruzarse sexualmente.

También se puede inducir la fusión de células animales, formándose normalmente células híbridas inestables. Sin embargo, como no se pueden regenerar animales completos a partir de células únicas, este método no se ha utilizado como una técnica adicional en programas clásicos de mejora animal. No obstante, la fusión de células animales ha adquirido una importancia enorme desde que Milstein y Kohler descubrieron que las células normales productoras de anticuerpos se podían fusionar con células malignas (mieloma) para dar lugar a células de «hibridoma», produciendo cada una de éstas produciría un solo tipo de anticuerpo. Las células del hibridoma pueden separarse unas de otras y cultivarse indefinidamente, produciendo cada clon un único anticuerpo, conocido como anticuerpo «monoclonal». Estos anticuerpos están demostrando ser de un inmenso valor en medicina y en biología molecular, ya que son mucho más eficaces que las mezclas de anticuerpos diferentes para distinguir entre antígenos similares.

Otro método para obtener nuevas características en una planta se basa en el fenómeno de «variación de clones somáticos», por el cual se observa que las plantas clonadas a partir de diferentes células de la misma planta original pueden poseer características hereditarias diferentes. No es posible predecir qué características nuevas pueden aparecer, y de las que aparezcan, muchas no serán deseables. No obstante el método ha demostrado ser de utilidad para conseguir nuevas variedades mejoradas de patatas y de trigo.

10.1.3 *Posibles productos de la ingeniería genética*

Existe un importante campo de la ingeniería genética en el que la mejora clásica resulta totalmente inútil; se trata de la transferencia de un gen desde un organismo superior a una bacteria o a una levadura con el propósito de lograr sintetizar el producto del gen cultivando las células transformadas. Pero, dado que los animales o las plantas de los que deriva el gen elaboran tales productos, ¿por qué hemos de preocuparnos de persuadir a organismos inferiores para que hagan el mismo trabajo? La respuesta se basa generalmente en el coste de aislamiento de cantidades adecuadas de producto a partir de la fuente natural, o en la absoluta imposibilidad de obtener la materia prima suficiente.

10.1.3.1 *Fármacos.* Para apreciar el enorme potencial de la ingeniería genética en la producción de fármacos, baste considerar algunos de los polipéptidos que tienen valor farmacológico. Por ejemplo, muchos hemofílicos pueden morir al no poder detener las hemorragias debido a la imposibilidad de sintetizar un polipéptido llamado factor VIII de la coagulación de la sangre humana, el cual se encuentra presente normalmente en la sangre humana, aunque en concentraciones muy pequeñas. Afortunadamente, se puede evitar que dichas personas mueran por una hemorragia si se les inyecta el factor VIII, purificado a partir de enormes cantidades de sangre humana. La preparación del factor VIII no es sólo un proceso muy caro, dada su baja concentración inicial en un fluido cuya disponibilidad es limitada y que ya es de por sí valioso, sino que, como cada preparación se obtiene a partir de la sangre de muchos miles de donantes, hay un riesgo importante de que con las inyecciones del factor de coagulación se puedan transmitir a los hemofílicos virus peligrosos, como el de la hepatitis o el del SIDA.

La obtención de otros polipéptidos, que también han de extraerse del suero humano o de tejidos, presenta problemas similares: el activador plasminógeno tisular podría utilizarse para disolver coágulos de sangre no deseados que bloquean vasos sanguíneos, aliviándose así las trombosis. La calcitonina, posiblemente junto con la hormona paratiroidea, podría ser de gran valor para estimular el fortalecimiento de huesos quebradizos que con tanta frecuencia se dan en personas mayores. Se ha identificado un factor de crecimiento neuronal que podría inducir la reparación y regeneración de nervios lesionados. La hormona del crecimiento humano es un polipéptido que ya se utiliza para tratar niños que padecen insuficiencia hipofisaria, y que en caso contrario daría lugar a un marcado retraso del crecimiento o enanismo. Por fortuna, la incidencia relativamente baja del enanismo hace que se pueda controlar utilizando la hormona extraída de hipófisis de cadáveres humanos, pero existen indicios de que la hormona del crecimiento humano también podría ser de utilidad en el tratamiento de quemaduras, para inducir la cicatrización de heridas y huesos fracturados y para tratar huesos debilitados por una descalcificación. Dado que la hormona que se obtiene de hipófisis humanas se utiliza casi exclusivamente para tratar el enanismo, cualquier expansión en las aplicaciones de esta hormona está supeditada a su obtención mediante microorganismos sometidos a una manipulación genética.

Posiblemente es la insulina el ejemplo más conocido de un polipéptido obtenido por manipulación genética. Esta hormona es esencial para la regulación correcta de los niveles de glucosa en sangre. Si no se produce en el páncreas, se presentará la diabetes, que debe mantenerse bajo control mediante inyecciones de insulina. Dado que se estima que hay unos 60 millones de diabéticos en el mundo, de los cuales unos 25 millones están en países desarrollados (es decir, que pueden pagar sus medicamentos), hay un enorme mercado para la insulina. Para la mayoría de los diabéticos la insulina obtenida de cerdo o de ganado vacuno parece ser tan eficaz como la variedad humana, lo que era de esperar en vista de que sólo difieren de la insulina humana en uno o tres aminoácidos respectivamente. Sin embargo, algunos diabéticos pueden desarrollar una respuesta alérgica a las insulinas animales, y existe cierta polémica acerca de los efectos colaterales de la utilización de una hormona «extraña». Estas observaciones impulsaron los intentos de producir insulina «humana» mediante bacterias manipuladas genéticamente, y se pensaba que la primera compañía que tuviese éxito haría una fortuna. Por desgracia para estas compañías, la investigación de métodos de modificar la insulina químicamente fue progresando, hasta el extremo de que ahora es posible modificar la insulina de cerdo para conseguir exactamente la misma estructura de la insulina humana. La batalla entre los dos procesos de producción de insulina se librará en el ámbito económico y en vista de la abundancia de páncreas de cerdo, parece poco probable que la victoria sea para los biotecnólogos.

Otro grupo de polipéptidos que han originado una gran especulación son los interferones. El cuerpo humano sintetiza estas moléculas de forma natural como respuesta a infecciones víricas; parece ser que tienen propiedades antivíricas y antitumorales. No obstante, al igual que para muchos de estos compuestos, las cantidades que pueden elaborarse en los tejidos humanos (glóbulos blancos y fibroblastos en el caso de los interferones) son tan pequeñas que no fue posible realizar las pruebas clínicas adecuadas para establecer sus propiedades. En vista de sus *posibles* efectos terapéuticos, se establecieron programas para producir interferones, a gran escala, en bacterias. De esta forma se han obtenido tres tipos de interferones. Aunque ciertamente no parecen ser los «fármacos maravillosos» que algunos habían pronosticado, sí parecen tener un efecto importante en el sistema inmunitario, originando un gran incremento de la resistencia a diversos virus. Igualmente son eficaces en el tratamiento de determinados tipos de cáncer. Irónicamente, los interferones pueden ser de máxima utilidad contra el cáncer revelando más información acerca de cómo el sistema inmunitario puede detectar y eliminar tumores.

Los sucesores de los interferones como fármacos «contra el cáncer» de mayor interés pueden ser el factor de necrosis tumoral (TNF) y la linfotoxina (LT). Estos polipéptidos se elaboran en células humanas y son capaces tanto de reconocer células tumorales como de destruirlas selectivamente. Aunque se trata de moléculas diferentes, ambas presentan algunas secuencias bastante extensas en común y hay dos regiones que son muy constantes (es decir, que probablemente tienen la misma estructura tridimensional en ambas moléculas) que podrían ser las responsables del reconocimiento de las células tumorales y de la destrucción celular. Se han clonado los genes tanto del TNF como de la LT y las pruebas clínicas de las moléculas sintetizadas por las bacterias han de revelar su eficacia frente a tumores y, lo que es más importante, si producen efectos colaterales perjudiciales (Gray y col., 1984; Pennica y col., 1984).

10.1.3.2 *Vacunas.* Las aplicaciones médicas de los microorganismos manipulados genéticamente no se limitan a la síntesis de polipéptidos humanos. La utilización de tales sistemas en la elaboración de vacunas resulta muy atractiva. El objetivo que se persigue al fabricar una vacuna es que contenga moléculas que produzcan la misma respuesta antigénica que el virus para el que ofrece inmunidad, sin causar la proliferación nociva de virus en el organismo. Esto puede lograrse mediante el empleo de virus que de alguna forma se hayan convertido en apatógenos, pero que todavía presentan el mismo aspecto externo. Sin embargo, hay dos problemas. La inactivación incompleta de los virus puede permitir que sobrevivan algunos de ellos y, en consecuencia, serían en realidad una fuente de infección; a este tipo de preparaciones se han atribuido algunos casos de glosopeda. El otro problema es que el virus ha de cultivarse en animales y, en determinados casos, sólo pueden multiplicarse en el hombre. En tales ocasiones han de utilizarse cultivos de células humanas, que son caros de mantener y de crecimiento muy lento en comparación con las bacterias. Ya que el mercado de las vacunas puede ser inmenso (200 millones de personas en todo el mundo padecen hepatitis B; cada año se suministran al ganado 800 millones de dosis de vacunas contra la glosopeda), desde un punto de vista económico ha merecido la pena asumir estos problemas. Sin embargo, son las proteínas de la envoltura (capa externa) vírica las que son antigénicas, por lo que las preparaciones de proteína purificada procedente de esa estructura pueden actuar como una vacuna eficaz. Esto abre inmediatamente la posibilidad de clonar y expresar en bacterias los genes de las proteínas de la envoltura vírica, utilizando el producto bacteriano como vacuna. Tales vacunas tendrán la garantía de estar exentas de virus vivos y, desde luego, serán más baratas que las elaboradas utilizando cultivos de células animales.

10.1.3.3 *Enzimas.* Las enzimas sólo pueden utilizarse a escala industrial si su coste de producción es bajo (veánse Secciones 13.2, 14.3 y 14.6.2), lo que, de hecho, significa que han de derivar de cultivos microbianos. En vista de la inmensa variedad de reacciones que llevan a cabo los microorganismos, es probable que algún microorganismo ya produzca cualquier enzima que necesiten los ingenieros bioquímicos. No obstante, también es probable que con una cierta manipulación genética se mejore el rendimiento del enzima, quizás transfiriendo su gen a otro hospedador que crezca más rápido y que sea más seguro y más eficaz, o uniendo el gen a un promotor más potente, a fin de incrementar su nivel de expresión. Uniendo al gen las secuencias adecuadas, se podría lograr que la célula excretase el enzima, facilitándose así su aislamiento.

Muchos enzimas son inestables cuando se separan de la célula, por lo que no son adecuados para su uso industrial. La ingeniería genética ofrece la posibilidad de modificar la estructura de un enzima para aumentar su estabilidad, modificar su pH o su temperatura óptima, cambiar su afinidad por el sustrato, etc., pero este «ajuste» de los enzimas depende de que mejore ampliamente nuestro conocimiento acerca de las forma exacta en que trabajan los enzimas.

10.1.3.4 *Líneas de células mejoradas.* Las células se cultivan para obtener una molécula de valor, tal como un antibiótico, o a fin de generar una biomasa de alta calidad a partir de un sustrato barato, como en el caso de la producción de proteína unicelular. En ambos casos existen fuertes razones comerciales para utilizar células que crezcan lo más eficazmente posible en cuanto a conversión de energía, y que se adecúen tanto como sea posible a su función específica. En la Sección 9.3.3 se presentan varios ejemplos en los que se emplea la ingeniería genética para potenciar la eficacia del crecimiento de microorganismos o para aumentar la producción de un compuesto útil.

10.1.3.5 *Animales.* Para el profano, el término «ingeniería genética» probablemente suscita imágenes de un moderno Dr. Frankenstein creando nuevas criaturas monstruosas en su laboratorio. Irónicamente, parece poco probable que la manipulación genética de genomas animales progrese en los próximos años tanto como la de otros organismos. Como se verá más adelante, la manipulación genética implica la selección de las células cuyos genomas se han modificado adecuadamente, entre las que no se han modificado o que no se han modificado adecuadamente, seguida de la multiplicación de las células seleccionadas («clonación»). Este es el final del proceso cuando tratamos con organismos unicelulares, como bacterias o levaduras, o con cultivos celulares de animales o plantas; pero para obtener animales o plantas manipuladas genéticamente, han de regenerarse los organismos completos a partir de las células clonadas. Por el momento somos incapaces de regenerar animales a partir de células clonadas, excepto en la limitada extensión de subdividir grupos de células en las primeras etapas del desarrollo embrionario. Suponiendo que se pueda eliminar este obstáculo, existe todavía el problema de saber qué genes hemos de modificar. Los genomas de los animales son inmensamente más complejos que los de las bacterias, incluso su análisis genético se ve dificultado porque las poblaciones de que se dispone para la investigación son relativamente pequeñas y sus tiempos de generación son largos. A esto hay que añadir que características tales como la velocidad de crecimiento, la producción láctea, la resistencia a enfermedades y la morfología vienen determinadas por interacciones entre muchos genes diferentes, siendo evidente que todavía tenemos un largo camino que recorrer antes de que se pueda mejorar la calidad del ganado mediante ingeniería genética. Sin embargo, a pesar de estos obstáculos ya ha habido algunos intentos fructíferos de expresar genes extraños en animales (veáse Sección 11.3.3).

10.1.3.6 *Plantas.* Por el contrario, se ha caracterizado muy bien la genética de las principales plantas que se cosechan. Se ha determinado la localización de una amplia gama de genes de función conocida y muchos de estos genes se han aislado, clonado e incluso se ha determinado su secuencia. Estos análisis tan detallados han sido posibles gracias a la facilidad para obtener enormes cantidades de plantas a partir de cruces experimentales. Aún subsisten los problemas de la interacción de genes para determinar las características de la planta, pero con frecuencia se han podido identificar uno o dos genes que presentan una influencia especialmente fuerte en una determinada característica. En consecuencia, hay muchos genes vegetales que codifican atributos tales como resistencia a enfermedades, a estrés o a herbicidas, y proteínas de reserva de semillas o componentes del sistema fotosintético que se podrían desear transferir de una especie a otra. Es posible clonar células de la mayoría de las plantas por crecimiento como injerto o en cultivos en suspensión, y de muchos de éstos se pueden regenerar plantas completas. En tales casos parece no haber ninguna razón para que no se utilice la ingeniería genética como una alternativa más rápida que la mejora clásica y para salvar cualquier barrera que impida cruces entre plantas de especies diferentes. Por desgracia, todavía no es posible regenerar plantas a partir de cultivos celulares de las monocotiledóneas más importantes que se cultivan (gramíneas), tales como el trigo o el maíz, y éste sigue siendo el obstáculo más importante para su manipulación genética (Ozias-Akins y Lorz, 1984).

Las fantasías del ingeniero genético de plantas no se detienen en la transferencia de genes de una planta a otra; van mucho más allá, como introducir genes microbianos en plantas. Los genes más atractivos comprenden los que codifican los enzimas responsables de la degradación de ciertos herbicidas, y que por tanto podrían hacer que la planta fuese resistente a tales herbicidas. Dicha resistencia sería muy útil en los cultivos, permitiendo la utilización de herbicidas de forma selectiva contra las malas hierbas *después* de que haya brotado el cultivo. Otros genes potencialmente valiosos son los responsables de la elaboración de polipéptidos insecticidas en algunas bacterias, como *Bacillus thuringiensis.*

Probablemente la proposición más ambiciosa consiste en introducir en plantas los genes de fijación de nitrógeno desde un organismo tal como *Klebsiella pneumoniae.* Esto implicaría la transferencia de un gran complejo de 17 genes, conocido como el grupo de genes *nif* y requeriría cierta manipulación de dichos genes para asegurar su expresión. Dado el origen procariota del grupo de genes *nif,* se ha sugerido que la estrategia más sensata consistiría en transferirlos al cloroplasto, cuya maquinaria transcriptora y traductora tiene muchas características procariotas. Esta aproximación también tiene la ventaja de que los cloroplastos están acoplados a la producción de ATP y al potencial reductor que son necesarios para la fijación del nitrógeno (Merrick y Dixon, 1984). Hay desde luego problemas, no siendo el menor de ellos la sensibilidad de la nitrogenasa al oxígeno que producen los cloroplastos y el no disponer de un método para transformar los cloroplastos. Sin embargo, en vista del masivo empleo anual de fertilizantes artificiales, existe toda clase de incentivos para resolver estos problemas. Una alternativa, a la que se está prestando una considerable atención, consiste en introducir en los cultivos genes responsables de la asociación con microorganismos fijadores de nitrógeno, utilizando ingeniería genética.

Es fácil dejarse llevar por las excitantes posibilidades de la manipulación genética y suponer que las ideas que se han expuesto darán su fruto en los próximos años. Hay enormes presiones comerciales para progresar rápidamente, pero también hay muchos problemas técnicos y algunas lagunas importantes en nuestro conocimiento de los procesos que queremos modificar.

10.2 Resumen

La ingeniería genética se define como el cambio de genes utilizando procesos *in vitro,* en contraste con los procedimientos de mejora clásica en los que los genes se transfieren por medios sexuales o por conjugación. Dado que tal transferencia de genes es un proceso relativamente aleatorio, hay que seleccionar las características deseables, y para generar «nuevos» genes hay que basarse en las mutaciones. Una seria limitación de este sistema es que no se pueden transferir genes entre organismos que no estén relacionados.

Por el contrario, la ingeniería genética es particularmente útil cuando se desea introducir un gen de un organismo superior en una bacteria o en una levadura. Como resultado de tales manipulaciones se puede conseguir la síntesis microbiana de polipéptidos de actividad farmacológica, vacunas o enzimas para uso industrial. Dichas manipulaciones se pueden utilizar para mejorar las propiedades de los microorganismos de importancia industrial o para modificar la genética de los animales. Sin embargo, en este último caso el principal problema radica en modificar todas las células de un organismo, ya que no se pueden regenerar animales a partir de cultivos unicelulares. Las plantas por el contrario, se pueden manipular más fácilmente, y hay perspectivas reales para dotarlas de resistencia a enfermedades y a herbicidas, dirigir la síntesis de polipéptidos insecticidas e introducir la fijación de nitrógeno en cultivos de plantas no leguminosas.

Capítulo 11

Técnicas de la ingeniería genética

11.1 Esquema de la clonación de genes

La clonación de genes fue inicialmente posible por avances técnicos tales como el aislamiento de enzimas que rompen el DNA por sitios precisos (endonucleasas de restricción), o que unen covalentemente fragmentos de DNA (ligasas) y, con frecuencia, los avances dependen aún del desarrollo de nuevos enzimas u otros reactivos bioquímicos. Estamos viviendo una explosión de publicaciones de nuevas técnicas relacionadas con la clonación; esta proliferación de información técnica, junto con un exceso de «jerga», pueden hacer que el neófito no comprenda fácilmente los principios básicos de la clonación. Una vez que éstos se entienden es mucho más fácil ver dónde encajan las nuevas técnicas en el proceso de clonación. El objetivo de esta sección es esbozar las estrategias que se emplean en la clonación de genes y presentar las técnicas que se utilizan con mayor frecuencia.

Hay varias posibles razones para desear clonar un determinado fragmento de DNA. Se podría desear introducir en una bacteria un gen que codifique un polipéptido valioso, de forma que las bacterias produjesen grandes cantidades del polipéptido. Esta es la aproximación que ha recibido mayor publicidad, y que tiene como resultado la producción bacteriana de polipéptidos tales como la insulina, el interferón y la hormona del crecimiento. Como se verá más adelante, el DNA también se puede clonar en células eucariotas, con el propósito de utilizar las células como «fábricas» bioquímicas o para modificar las propiedades de las células y hacerlas más adecuadas a nuestras necesidades. No obstante, en la práctica, la clonación de genes se lleva a cabo con mayor frecuencia para producir suficiente DNA para posteriores análisis como, por ejemplo, para determinar su secuencia.

La clonación de genes consiste esencialmente en la inserción en la célula de un determinado fragmento de DNA «extraño» de forma que el DNA insertado se replique y se transmita a las células hijas durante la división celular. Este proceso tiene lugar de forma natural, como lo demuestra la rápida dispersión de la resistencia múltiple a antibióticos entre poblaciones bacterianas sometidas a una adecuada presión selectiva. Sin embargo, la transferencia de DNA sólo se da normalmente entre cepas de bacterias estrechamente relacionadas, y existe poco control sobre qué fragmentos de DNA se transfieren. Por tanto, la transferencia natural de DNA o transducción, es demasiado imprevisible y limitada para que sea de utilidad en la clonación de genes.

Los principales pasos de la clonación de genes se resumen en la Figura 11.1; incluyendo los procesos siguientes:

(1) Aislamiento del gen (u otro fragmento de DNA) a clonar.
(2) Inserción del gen en otro fragmento de DNA, llamado vector, que hará posible que el DNA se incorpore a la bacteria y que se replique en su interior cuando las células crezcan y se multipliquen. Aunque la Figura 11.1 muestra el empleo

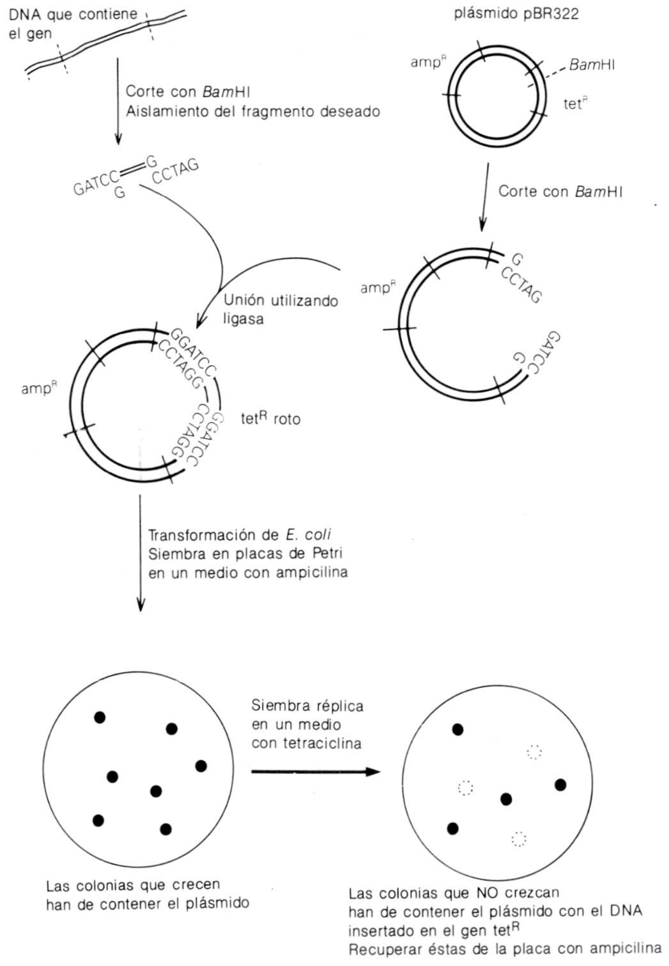

Fig. 11.1 Esquema de la clonación de genes

de un plásmido como vector, ya que éste es un sistema ampliamente utilizado, también se pueden utilizar otros tipos de vectores, tales como el DNA vírico o los cósmidos.

(3) Transferencia de los vectores recombinantes a las bacterias, bien por transformación o por infección utilizando virus.
(4) Selección de las células que contengan los vectores recombinantes deseados.
(5) Cultivo de las bacterias, que puede prolongarse indefinidamente, para obtener tanto DNA clonado como sea necesario.
(6) En esta etapa, normalmente, se recupera de las células el vector que contiene el DNA insertado, y el fragmento insertado se corta y se separa de las moléculas de vector. No obstante, a veces el objetivo es conseguir la expresión del gen en las bacterias, especialmente si el gen codifica un polipéptido que es difícil o caro de preparar por otros medios.

11.2 Procedimientos de clonación de genes

11.2.1 *Endonucleasas de restricción*

Las endonucleasas de restricción desempeñan un destacado papel en la clonación de genes. Estos enzimas, que se encuentran de forma natural en las bacterias como arma frente a virus invasores, cortan ambas cadenas de las moléculas de DNA siempre que se dé determinada secuencia de nucleótidos. La clase de enzimas que más se utiliza para la clonación de genes se conoce como tipo II; cada uno de estos enzimas reconoce una secuencia determinada de nucleótidos, generalmente de cuatro o seis nucleótidos, y normalmente corta las cadenas de DNA por esta secuencia. Los cortes pueden ser a distinta altura, originándose unas protuberancias unicatenarias cortas, o pueden encontrarse a la misma altura, en cuyo caso dan lugar a extremos «romos». La Figura 11.2 ilustra los tipos de secuencia que pueden reconocer los enzimas de restricción y dónde se verifican los cortes. Obsérvese que las secuencias que se cortan internamente (la mayoría) son simétricas; es decir, cuando se leen de 5' a 3', ambas cadenas tienen la misma secuencia. Los cortes a distinta altura originan extremos unicatenarios que son idénticos y complementarios entre sí. En consecuencia, a bajas temperaturas, las cadenas simples tienen cierta tendencia a asociarse por complementaridad de bases, originando una unión reversible entre fragmentos que se han cortado por el mismo enzima. Se dice que tales fragmentos tienen extremos «adherentes» o «cohesivos». Hoy día se dispone a nivel comercial de una enorme variedad de endonucleasas de restricción, de forma que se pueden conseguir extremos romos o adherentes para la mayor parte de las secuencias de tetra- o de hexanucleótidos.

El aislamiento de genes para clonar, la inserción de DNA en los vectores, la recuperación de los fragmentos insertados a partir de los vectores clonados y la construcción de nuevos vectores dependen de nuestra capacidad para cortar el DNA por puntos bien definidos —de aquí la capital importancia de las endonucleasas de restricción en la clonación de genes—.

11.2.2 *Aislamiento del DNA a clonar*

Dependiendo de los objetivos del experimento, el DNA puede proceder de diversas fuentes. Se puede pretender aislar y clonar un gen determinado para posteriormente analizar su secuencia, o para investigar el control de su transcripción. Inevitablemente, el

Enzima	Secuencia de reconocimiento	Productos	Representación convencional
*Eco*RI	5'—G↓AATTC—3' 3' CTTAA↑G—5'	5'—G AATTC—3' 3'—CTTAA G—5'	G↓AATTC
*Bam*HI	5'—G↓GATCC—3' 3'—CCTAG↑G—5'	5'—G GATCC—3' 3'—CCTAG G—5'	G↓GATCC
*Hpa*I	5'—GTT↓AAC—3' 3'—CAA↑TTG—5'	5'—GTT AAC—3' 3'—CAA TTG—5'	GTT↓AAC
*Sau*3A	5'—↓GATC—3' 3'—CTAG↑—5'	5'— GATC—3' 3'—CTAG —5'	↓GATC

Fig. 11.2 Secuencias de reconocimiento de algunas endonucleasas de restricción. Las flechas indican los puntos de escisión. Obsérvese que los extremos adherentes que se obtienen con *Sau*3A son complementarios de los que se obtienen con *Bam*HI, aunque el primero reconoce la secuencia de un tetranucleótido mientras que el último reconoce un hexanucleótido

gen sólo constituirá una pequeña parte de todo el genoma (el 0,03 % aproximadamente del genoma de *Escherichia coli* y tan solo el 0,03 × 10-3 % de genomas de mamíferos), por lo que ha de encontrarse una forma de identificar el gen y «separarlo» de las otras partes del genoma, bien antes o bien después de clonarlo. Esta tarea se simplifica si se dispone del RNAm correspondiente en una forma suficientemente purificada. Si la proteína que codifica es un producto mayoritario de las células, el RNAm ya estará enriquecido en el tipo deseado. Sin embargo, para enriquecer los RNAm menos abundantes (la mayoría) se necesitarán procesos tales como fraccionamiento por tamaño del RNAm, traducción *in vitro* de las fracciones, precipitación de los productos de la traducción con anticuerpos específicos, etc. En la Sección 11.2.6 se describen los métodos para obtener un RNAm específico, y no vale la pena que éste constituya el paso más difícil de la clonación, particularmente si el producto del gen no está bien caracterizado.

El RNAm purificado puede utilizarse para dirigir la síntesis de una cadena de DNA complementario (DNAc), utilizando el enzima transcriptasa inversa (Fig. 11.3); como resultado se obtiene un híbrido de DNA/RNA. Tras retirar la cadena de RNA utilizando un álcali, la cadena simple de DNA puede actuar como un molde para la síntesis de una cadena complementaria de DNA en presencia de la DNA polimerasa. Se podría esperar que la doble cadena de DNAc resultante fuese idéntica al gen que codifica su RNAm, y así es en el caso de los genes procariotas. Sin embargo, la mayoría de los genes eucariotas contienen secuencias intercaladas (intrones) que interrumpen sus secuencias de codificación. Se transcribe el gen completo, incluyendo los intrones; éstos se eliminan del RNAm y las piezas restantes (exones) se empalman para dar el RNAm maduro, que es el que se traduce y a partir del cual se obtiene el DNAc. Como en el RNAm funcional no hay intrones, cuando el objetivo de la clonación sea la expresión del gen se puede utilizar el DNAc en lugar del gen verdadero. Obviamente, por el contrario, esta aproximación no se puede utilizar si se desea analizar la secuencia del gen nativo, inclu-

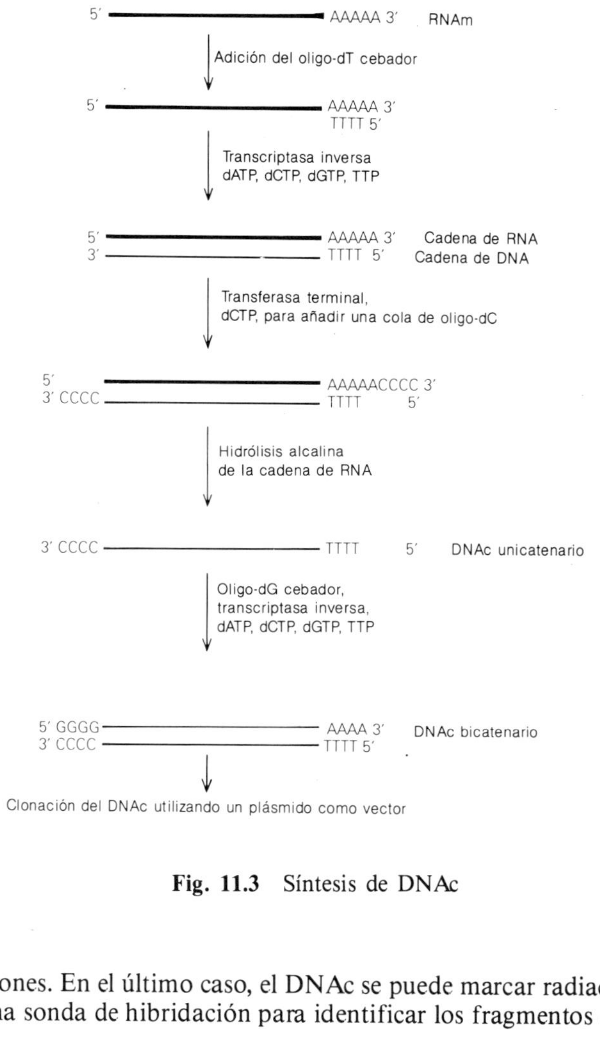

Fig. 11.3 Síntesis de DNAc

yendo sus intrones. En el último caso, el DNAc se puede marcar radiactivamente y utilizarse como una sonda de hibridación para identificar los fragmentos de DNA que contienen el gen.

Cuando se manipula un genoma poco caracterizado se utiliza con frecuencia un procedimiento que consiste en formar una «genoteca», por el cual el genoma completo se corta al azar en grandes trozos de un tamaño de unas 10 kilobases (kb) o más, utilizando una digestión parcial con varios enzimas de restricción, y todas estas piezas se clonan sin ningún propósito de seleccionar unas secuencias determinadas. Cuando las bacterias que contienen estos fragmentos se siembran en placas para que formen colonias individuales, cada colonia contendrá una porción del genoma, y existe una probabilidad determinada de que el gen deseado se encuentre en alguna de tales porciones. Si se obtienen las colonias suficientes se puede estar casi seguro de que al menos una contendrá el gen. Cuanto mayor sea el genoma y menor el tamaño medio de los fragmentos, mayor será el número de colonias que habrá que obtener para estar seguro de encontrar un gen determinado. Mediante los cálculos oportunos se demuestra que para fragmentos de 10 kb se necesitan $1{,}5 \times 10^3$ colonias para el genoma de *E. coli,* y casi 2×10^6 para el *Homo sapiens.* En el último caso, está claro que no se puede manejar el número de colonias que se requiere, y por lo tanto se han de clonar fragmentos mucho mayores, de un tamaño de unas 40 kb. Como se describirá en la Sección 11.2.7, para clonar fragmentos de tal tamaño se necesitan vectores especiales. Los métodos para identificar las colonias que contienen determinados genes se revisarán más adelante (véase Sección 11.2.6).

La química de los ácidos nucleicos ha avanzado tan rápidamente que la síntesis de largas moléculas de DNA de cualquier secuencia de nucleótidos deseada es ya una técnica de rutina en muchos laboratorios. De hecho, es posible comprar máquinas que realizan automáticamente cada paso de la síntesis; todo lo que tiene que hacer el operario es suministrar los reactivos y establecer la secuencia de nucleótidos a obtener. En consecuencia, si se conoce la secuencia de aminoácidos de un polipéptido, puede ser más fácil sintetizar un «gen» que codifique esa secuencia que tratar de aislar el gen natural; esta aproximación se utilizó para la síntesis bacteriana de la hormona polipeptídica somatostatina.

11.2.3 *Plásmidos como vectores de clonación*

Para clonar un fragmento de DNA no basta con transferirlo a una bacteria con la esperanza de que se replique junto con el propio DNA de la célula. El DNA extraño no se replicará a menos que contenga una secuencia de nucleótidos que la bacteria hospedadora reconozca como «origen de replicación». Por lo tanto, generalmente, es necesario unir el DNA a otro fragmento que contenga un origen de replicación. Estos orígenes de replicación existen de forma natural en los plásmidos, que son pequeñas moléculas circulares de DNA que se encuentran en muchas bacterias. Son independientes del DNA cromosómico principal, y sin embargo se replican y generalmente pasan a las células hijas durante la división celular. Estos plásmidos pueden llevar genes muy importantes, incluyendo los de resistencia a antibióticos, los de producción de toxinas o de antibióticos, los de fijación de nitrógeno y los de enzimas necesarios para la degradación de un gran número de sustratos «poco frecuentes» tales como herbicidas o residuos industriales. Sólo unos pocos de estos genes están presentes en cualquier plásmido, pero debido al frecuente intercambio de material genético entre los plásmidos y el DNA cromosómico, continuamente surgen nuevas colecciones de genes, contribuyendo de esta forma a que las poblaciones bacterianas respondan rápidamente a nuevas condiciones ambientales. Esto puede representar un problema serio en hospitales si se están utilizando distintos antibióticos, ya que la transferencia de genes a través de los plásmidos puede originar la aparición de bacterias con resistencia a varios antibióticos diferentes a la vez.

Los plásmidos ofrecen una fuente apropiada de orígenes de replicación para la clonación de genes, pero la mayoría de sus genes son superfluos, y hacen que la molécula sea difícil de manejar. Por lo tanto, se han construido plásmidos a partir de otros que existen en la naturaleza, conservando sólo aquellas características que favorezcan la clonación. Uno de los plásmidos más ampliamente utilizados, el pBR322, se construyó cortando partes de plásmidos que aparecen naturalmente, utilizando enzimas de restricción y volviendo a unirlas en las orientaciones correctas, en una serie de operaciones que hacen que parezca fácil resolver el cubo de Rubik. El plásmido resultante posee muchas de las características que son deseables en un vector de clonación (Fig. 11.4). La molécula contiene un origen de replicación, que deriva de un plásmido relacionado con el plásmido natural Col El. Este origen es particularmente útil por ser «relajado», es decir, su replicación no va unida a la del DNA cromosómico, y de aquí que la iniciación de la replicación del plásmido pueda ser más frecuente que la del DNA principal de la bacteria. Como consecuencia, en cada célula se acumulan múltiples copias del plásmido.

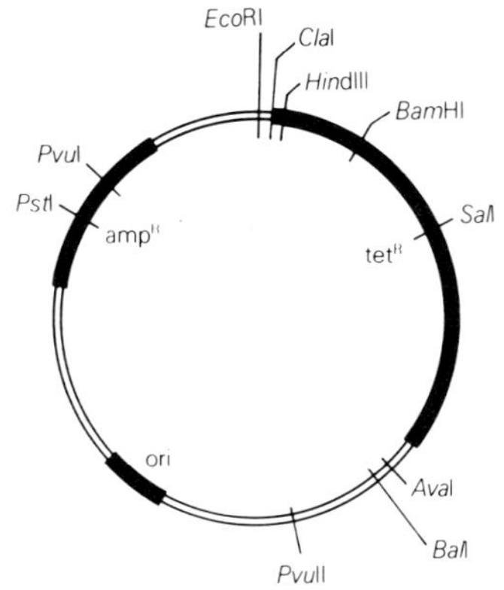

Fig. 11.4 Mapa del plásmido pBR322. Las regiones que codifican la resistencia a la ampicilina (ampR) y a la tetraciclina (tetR), y el origen de replicación del DNA (ori) se indican con segmentos oscuros. Se indican los puntos de corte de diversas endonucleasas de restricción, algunas de las cuales cortan el plásmido por un gen de resistencia a un antibiótico. Cada una de los enzimas que se muestran cortan el plásmido por un solo punto, y por lo tanto origina una sola molécula lineal a partir del plásmido circular

Este proceso puede llevarse aún más lejos si al cultivo celular se añade cloranfenicol (un inhibidor de la síntesis proteica), ya que la síntesis proteica es necesaria para la replicación cromosómica, pero no para la del plásmido. De esta forma, se puede utilizar el cloranfenicol para «amplificar» el plásmido, obteniéndose hasta 3.000 copias por célula.

Este plásmido también se ha construido meticulosamente, de forma que contiene un único punto de reconocimiento para 20 endonucleasas de restricción diferentes. Esto significa que cualquiera de los enzimas verificará un sólo corte en el plásmido circular, generando una sola molécula lineal a la que se puede unir un fragmento de DNA para su clonación. Seguidamente la molécula se puede volver a cerrar regenerando un plásmido circular ligeramente mayor. En los ejemplos de la Figura 11.4 se ve que los puntos de restricción se distribuyen por todo el plásmido, y esto permite una gran flexibilidad en la estrategia para seleccionar las moléculas recombinantes, como a continuación se describe.

En el pBR322 se han conservado dos conjuntos de genes; éstos codifican la resistencia a la ampicilina y a la tetraciclina, que son marcadores de gran utilidad. La presencia del plásmido en una bacteria confiere a ésta resistencia a dichos antibióticos, de forma que estas bacterias pueden seleccionarse cultivándolas en un medio que contenga ampicilina o tetraciclina. Además, como los puntos de restricción están situados en los genes de resistencia a los antibióticos, se puede preparar la inserción del DNA extraño para que se inactive uno de los dos genes. Por ejemplo, si se inserta el DNA en el punto *Bam*-HI, se destruirá la resistencia a tetraciclina; por lo tanto los plásmidos recombinantes harán que las bacterias puedan crecer en presencia de ampicilina pero no ofrecerán protección frente a la tetraciclina.

Esto proporciona las bases de un método de discriminación entre las bacterias que símplemente contienen el plásmido de aquéllas que contienen el plásmido con el DNA insertado (véase Figura 11.1). La bacterias se siembran a baja concentración en placas con un medio de cultivo, sólido por adición de agar, que contiene ampicilina. Tras la incubación, todas las células que contengan un plásmido habrán crecido formando colonias. En esta fase se podría saber qué bacterias contienen los plásmidos con DNA insertado inoculando células de cada colonia en una nueva placa del medio con tetraciclina en lugar de ampicilina. Las bacterias que no puedan crecer en esta placa contendrán probablemente plásmidos con DNA insertado y los clones de células se pueden recuperar a partir de la colonia correspondiente en la placa madre. En la práctica, la forma más sencilla de hacer esta selección es mediante la «replicación de placas», en la que se hace contactar una almohadilla de terciopelo estéril con la primera placa, cogiendo algunas células de cada colonia. A continuación se inocula la segunda placa haciéndola contactar con la almohadilla de terciopelo. Tras la incubación, las colonias se encontrarán en la segunda placa en idéntica posición a la de la primera, pero faltarán algunas. Entonces es muy fácil saber qué colonias no han crecido en el medio con tetracilina, pudiendo recuperarse a partir de la primera placa y cultivarse para una posterior caracterización de los fragmentos insertados en sus plásmidos.

El tamaño de los plásmidos que se utilizan como vectores para clonar se ha ido reduciendo al mínimo posible. Esto se ha hecho por dos razones: primero, porque es mucho más difícil que las moléculas pequeñas de DNA sufran daños por cortes durante el aislamiento; este aumento de la estabilidad permite que se utilicen métodos relativamente violentos para procesos tales como la desproteinización de las preparaciones de plásmidos, haciendo que sea más fácil obtener buenos rendimientos de DNA puro. En segundo lugar, las moléculas pequeñas se incorporan con mayor eficacia a la bacterias durante el proceso de «transformación», aspecto importante a considerar cuando se manejan cantidades muy pequeñas de un DNA valioso. El tamaño del plásmido debe, por lo tanto, mantenerse lo más pequeño posible, por lo que es obvio que la inserción de grandes fragmentos de DNA en un plásmido dará como resultado una molécula físicamente inestable y que puede tener una eficacia de transformación tan baja que la haga impracticable. Las limitaciones en el tamaño máximo del fragmento a insertar pueden originar problemas cuando, por ejemplo, se está preparando una genoteca de un organismo eucariota. En tal caso, suponiendo un tamaño medio de los fragmentos de 10 kb, sería necesario obtener unas 2×10^6 colonias de bacterias para estar razonablemente seguro de que al menos una tendrá un plásmido que lleve insertado un gen determinado. Sin embargo, si se pudiesen clonar fragmentos de un tamaño de 40 kb, sólo se necesitarían 7×10^4 colonias. Aunque esto puede parecer todavía un número elevado, de hecho, no es demasiado difícil de manejar.

11.2.4 *Unión del DNA*

El proceso de clonación del DNA no sólo depende de la disponibilidad de enzimas de restricción y de vectores, sino también de nuestra capacidad para unir fragmentos de DNA covalentemente. Si los fragmentos de DNA que se van a unir se han cortado con el mismo enzima de restricción, dando extremos adherentes idénticos, al encontrarse tenderán a unirse por puentes de H entre pares de bases complementarias. No obstante, esta asociación es tan solo temporal, debido a la labilidad de los enlaces y al reducido número de bases implicado. La unión puede hacerse permanente utilizando un enzima «ligasa», que formará un enlace fosfodiéster entre los grupos 5'-fosforil libre y el 3'-hidroxil, uniendo así dos moléculas de DNA o circularizando una sola molécula lineal. La principal fuente de ligasa es el fago T4, y dicho enzima requiere ATP para llevar a cabo la unión. A fin de estabilizar el apareamiento de bases de los extremos adherentes, la unión se realiza a temperaturas de 4-10 °C con largos períodos de incubación para compensar la baja tasa de actividad enzimática a esas temperaturas. Una característica importante de la DNA-ligasa del T4 es su capacidad para unir extremos romos de DNA, siempre que las concentraciones de enzima y de DNA sean suficientemente altas.

Como puede observarse, el proceso de unión que se acaba de describir depende de los choques al azar de las moléculas de DNA para determinar qué fracciones se unen. Por lo tanto, los productos de una mezcla de fragmentos de DNA y un vector lineal incluirán no sólo el vector con una única fracción de DNA insertado, sino también al vector circularizado sin ninguna inserción, fragmentos de DNA compuestos por uno o más fragmentos, fragmentos circularizados, dos o más moléculas del vector unidas, etc. Mediante una selección cuidadosa de las concentraciones del DNA del vector y del que se va «a insertar» se puede favorecer la formación de un plásmido que contenga una sola inserción, pero no se puede excluir totalmente la formación de productos no deseados.

Este tipo de unión es adecuado para algunos fines, especialmente cuando el producto recombinante se selecciona en pasos posteriores. Sin embargo, hay formas de ejercer cierto control sobre los productos que pueden formarse. Por ejemplo, si el vector se trata con una fosfatasa alcalina después de la restricción, se eliminan los grupos 5'-fosforil (Fig. 11.5). La ligasa sólo unirá extremos 3' y 5' del DNA si el extremo 5' está fosforila-

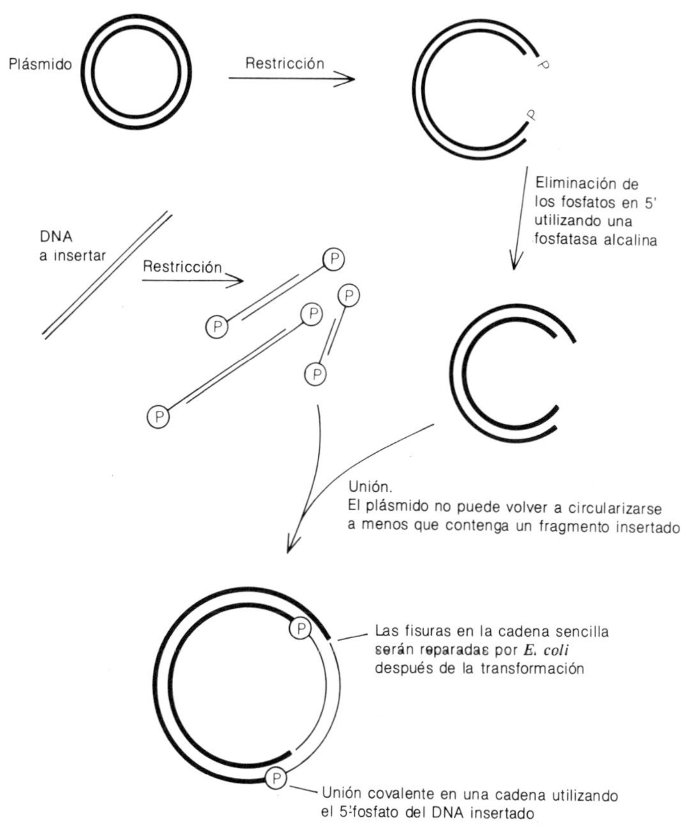

Fig. 11.5 Utilización de una fosfatasa alcalina para incrementar el rendimiento de moléculas recombinantes

do, y, por lo tanto, al unir fragmentos de DNA sin tratar, sólo pueden formarse enlaces entre los fragmentos y el vector o entre fragmento y fragmento, impidiendo de esta forma la simple circularización de los vectores e incrementando la producción de moléculas recombinantes. Por supuesto, la unión fragmento-vector sólo puede realizarse a través de una cadena de DNA, pero es suficiente para mantener la molécula unida y las bacterias hospedadoras repararán las «fisuras» después de la transformación.

En condiciones ideales tanto el vector como el DNA «a insertar» deben cortarse con el mismo enzima de restricción, o con dos enzimas que generen extremos idénticos (isoesquizómeros), pero esto no siempre es posible. En tales casos, cualquier extremo adherente puede convertirse a la forma roma, bien eliminando los nucleótidos protuberantes con una nucleasa S1 (que degrada DNA de una sola cadena), o llenando los extremos unicatenarios utilizando una DNA-polimerasa y los cuatro nucleósidos trifosfatos. En principio, las moléculas de extremos romos podrían unirse a continuación utilizando la DNA ligasa del T4. Sin embargo, no suele hacerse, ya que probablemente las moléculas recombinantes así obtenidas no contendrían puntos de restricción en los lugares por donde se han unido, y por tanto sería difícil recuperar el DNA insertado a partir del vector tras la clonación. En consecuencia, es mucho más útil unir los extremos romos de los fragmentos de DNA a los de los «engarces», que son oligonucleótidos obtenidos por síntesis química que contienen uno o más lugares de restricción (Fig. 11.6). Por ejemplo, si el vector contiene un punto de escisión *Hin*dIII en uno de sus genes de resistencia a antibióticos, los fragmentos de DNA, tras la conversión a formas de extremos romos, se unirán a engarces que contengan un lugar *Hin*dIII. Posteriormente, al tratar los fragmentos unidos a los engarces con el enzima de restricción *Hin*dIII se obtendrán moléculas que puedan unirse al vector. Se dispone a nivel comercial de tantos engarces (y moléculas afines que se conocen como adaptadores) que se pueden solucionar casi todos los problemas de incompatibilidad entre el vector y el fragmento de DNA a insertar.

Para unir moléculas de extremos romos se puede utilizar una técnica que se conoce como «colas homopolímeras», que tiene la ventaja de que entre el vector y el DNA a insertar sólo puede haber enlaces intermoleculares. El vector y el fragmento de DNA se tratan independientemente con una transferasa terminal y con dATP o con TTP, de modo que en el extremo 3' de uno se forman colas poli-dA y en el del otro colas poli-T. Al mezclarlos, las colas complementarias forman moléculas híbridas estables que pueden utilizarse para la transformación. La desventaja de este método es que no crea automáticamente puntos de restricción a ambos lados del fragmento de DNA, por lo que puede ser difícil recuperar el DNA insertado. Cuando se utilizan dGTP y dCTP de forma similar con moléculas que se han cortado con el enzima de restricción *Pst*I, al unirse se regenera un punto de escisión *Pst*I que puede utilizarse para recuperar el DNA insertado a partir del plásmido después de la clonación.

11.2.5 *Transformación y cultivo de las bacterias*

Antes de que el DNA recombinante pueda multiplicarse por clonación ha de incorporarse a una bacteria hospedadora adecuada, a la que entonces se llama «transformada» y que generalmente es una cepa de *E. coli* que no tiene sistema de restricción, el cual en condiciones normales degradaría el DNA extraño. Las bacterias sin tratar no incorporarán DNA de forma significativa, y por tanto han de tratarse previamente para hacerlas «competentes». Este tratamiento previo generalmente incluye una incubación de las células en crecimiento exponencial con $CaCl_2$ a baja temperatura, tras lo cual se añade el DNA; a continuación, con un moderado aumento de la temperatura se provoca la incorporación del DNA. La eficacia de la transformación nunca es alta, viéndo-

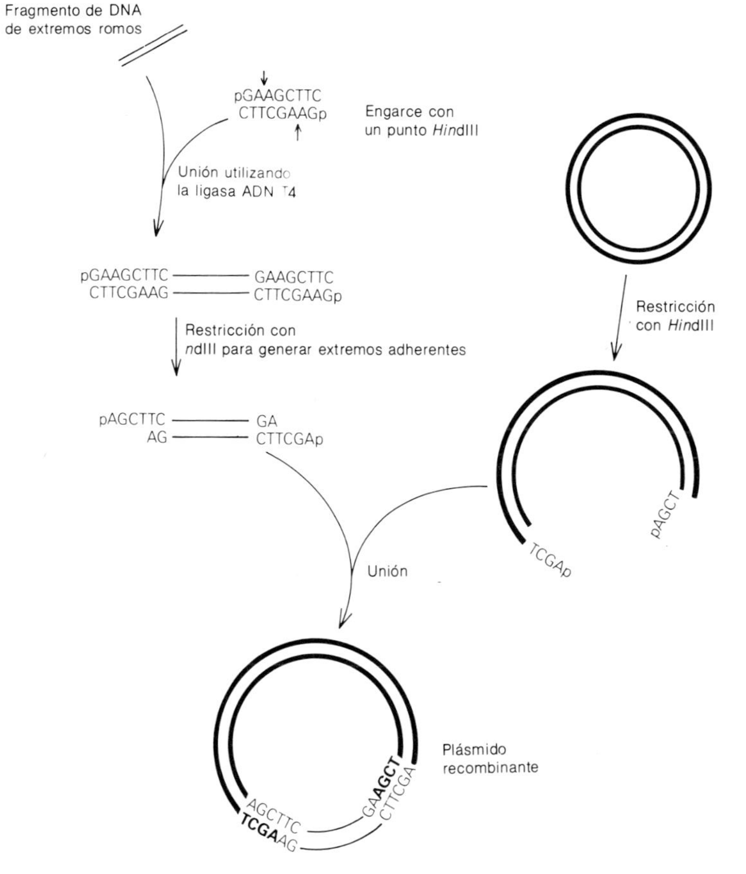

Fig 11.6 Utilización de engarces para unir moléculas de extremos romos

se influida por la cepa bacteriana y por el tamaño y forma del DNA. Por cada microgramo (μg) de DNA superenrollado de pBR322 pueden obtenerse de 10^5 a 10^7 transformantes, pero esta tasa baja a menos de $10^4/\mu$g de plásmido circularizado y disminuye progresivamente a medida que aumenta el tamaño de DNA insertado. El DNA lineal es casi totalmente ineficaz en la transformación. Incluso cuando su eficacia es máxima, la transformación tiene lugar tan solo con un 0,01 % de las moléculas de DNA. Dado que el proceso favorece las moléculas pequeñas, esto puede representar un problema cuando se intentan clonar grandes fragmentos de DNA insertados en plásmidos, y deben tomarse algunas precauciones para evitar que los plásmidos no recombinantes vuelvan a circularizarse, utilizando fosfatasa alcalina (véase Sección 11.2.4).

La selección de las bacterias transformadas depende generalmente de su resistencia a un antibiótico, y por tanto es importante incubar las células en un medio sin antibiótico durante una hora para permitir que se expresen los genes del plásmido de resistencia a antibiótico. A continuación se pueden sembrar las bacterias en un medio sólido que contenga el antibiótico para seleccionar las colonias que contengan el DNA recombinante, según se describe en la Sección 11.2.3. Más adelante se describirán los métodos para seleccionar colonias determinadas. A veces se pretende clonar un único tipo de plásmido (recombinante o no) que ya se ha purificado y en este caso no hay necesidad de sembrar en placa las bacterias transformadas antes de cultivarlas en un medio selectivo. Para más información acerca de la transformación y el cultivo de las bacterias véanse los Capítulos 6 y 7.

11.2.6 *Selección de los clones*

¿Cómo es posible seleccionar a partir del gran número de colonias que se obtienen por transformación las pocas (quizás sólo una de varios miles) que contienen un fragmento de DNA determinado? Uno de los métodos más útiles se conoce como «hibridación de colonias» (Fig. 11.7) y depende de que se disponga de una «sonda» con un marcador radiactivo, la cual consiste en ácido nucleico con una secuencia complementaria para, al menos, parte del DNA. En esta técnica, las colonias de las bacterias transformadas se replican en placas (véase Sección 11.2.3) sobre un filtro nitrocelulósico depositado en la superficie de un medio nutritivo sólido y se incuban hasta obtener las colonias en el filtro (los nutrientes pueden difundir hasta las bacterias a través del filtro). A continuación se lisan las células tratando el filtro con un álcali, con lo que también se des-

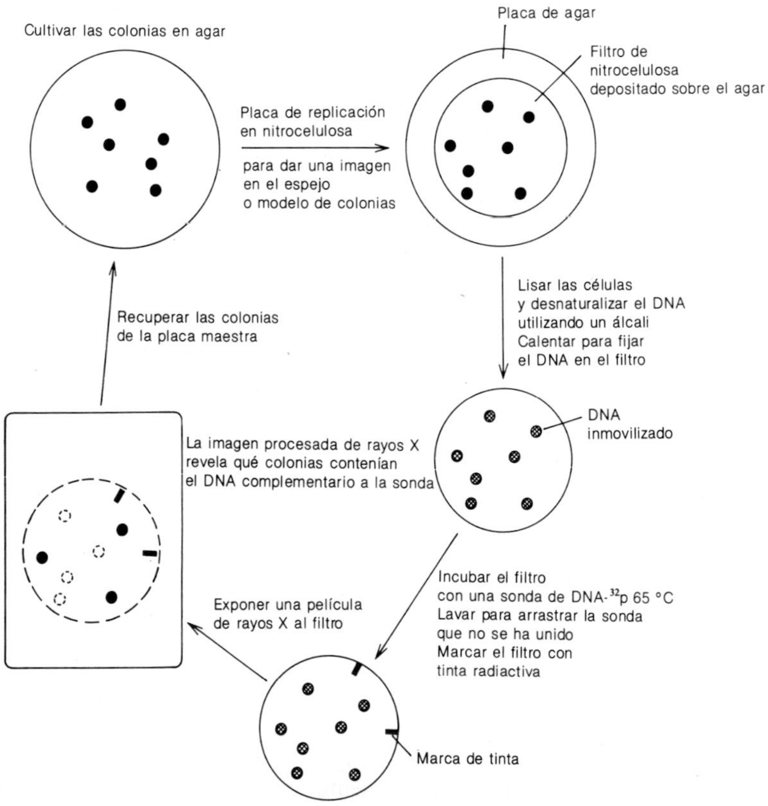

Fig. 11.7 Hibridación de colonias

naturaliza su DNA, que se fija al filtro calentando. De esta forma, la disposición de las colonias en la placa se sustituye por otra idéntica de DNA fijado y desnaturalizado. El filtro se incuba en una disolución de la sonda marcada, la cual se hibridará con cualquier DNA fijado que contenga secuencias complementarias a la suya. Si esto se realiza a temperaturas alrededor de 65 °C, sólo habrá hibridación cuando haya una complementaridad casi perfecta entre los dos ácidos nucleicos. Después de lavar para eliminar la sonda que no se haya unido, puede determinarse la posición de la sonda híbrida mediante una autorradiografía del filtro. Entonces se puede saber qué colonias contienen DNA complementario a la sonda y seleccionarlas de la placa madre para su posterior cultivo y análisis.

Obviamente, la hibridación de colonias se basa en la disponibilidad de cantidades considerables de una sonda específica y altamente radiactiva. Cuando el DNA que interesa es un gen, el RNA producto de su transcripción es un punto de partida obvio para la elaboración de una sonda. Esta es una de las razones de por qué los genes de RNAr y RNAt se encuentran generalmente entre los primeros para aislar y analizar su secuencia; los productos de RNA son abundantes y relativamente fáciles de aislar, por lo que pueden marcarse en un extremo para utilizarlos como sonda, o pueden utilizarse como patrones para sintetizar sondas de DNAc radiactivos (véase Sección 11.2.2). Es mucho más difícil aislar un RNAm determinado, especialmente si, como la mayoría, es muy poco abundante. El RNA mensajero puede separarse de otros tipos de RNA en virtud de la presencia de una larga cola poli-A en el extremo 3' de casi todos los RNA mensajeros; de aquí que el RNAm se una a una columna de afinidad de oligo-dT celulosa, de la cual puede eluirse posteriormente (Fig. 11.8). Esta preparación del RNAm puede enriquecerse en la molécula deseada fraccionando por tamaños, mediante centrifugación en gradiente de densidad con sacarosa. Pero ¿cómo se detecta qué fracción contiene el RNAm específico? Cada fracción de RNAm puede traducirse, utilizando un sistema de traducción *in vitro* basado en lisados de reticulocitos de conejo o en extractos de germen de trigo, y la presencia del RNAm deseado se pone de manifiesto si alguno de los productos de traducción precipita con anticuerpos obtenidos frente a la proteína que codifica el RNAm que buscamos. Si, como sucede frecuentemente, no ha sido posible purificar el producto proteico para elaborar los anticuerpos, deben utilizarse otras características como actividad enzimática o actividad en una prueba biológica para detectar el producto de traducción deseado.

Con frecuencia se puede conseguir un enriquecimiento muy útil del RNAm precipitando polisomas con anticuerpos obtenidos frente a su proteína purificada, o uniendo el complejo polisoma-anticuerpo a una columna de proteína A-Sepharose. El máximo enriquecimiento se consigue empleando anticuerpos monoclonales.

Una vez que se ha obtenido una preparación de RNAm enriquecida en un tipo determinado, generalmente no vale la pena intentar purificar más el RNA, sino que la mezcla de distintos RNA se utiliza para dirigir la síntesis de sus DNAc correspondientes, y estos a continuación se clonan. Entonces comienza la laboriosa tarea de identificar los clones que contienen DNA complementario al RNAm «que buscamos» (Fig. 11.8). El DNA de cada clon se desnaturaliza y se inmoviliza, mezclándolo a continuación con el RNAm total en las condiciones adecuadas para su hibridación. Después de lavar para eliminar las moléculas que no se han hibridado, se libera el RNAm ligado y se traduce *in vitro*. Finalmente, el producto resultante se analiza para detectar la presencia de la proteína deseada mediante electroforesis en gel con SDS (SDS-PAGE), pruebas enzimáticas, pruebas biológicas o inmunoprecipitación. Esta técnica se conoce como «traducción híbrido libre». Una técnica afín, aunque de menor utilidad cuando el RNAm no es muy abundante, es la «traducción híbrido retenido», en la que se traduce el RNAm que *no* está

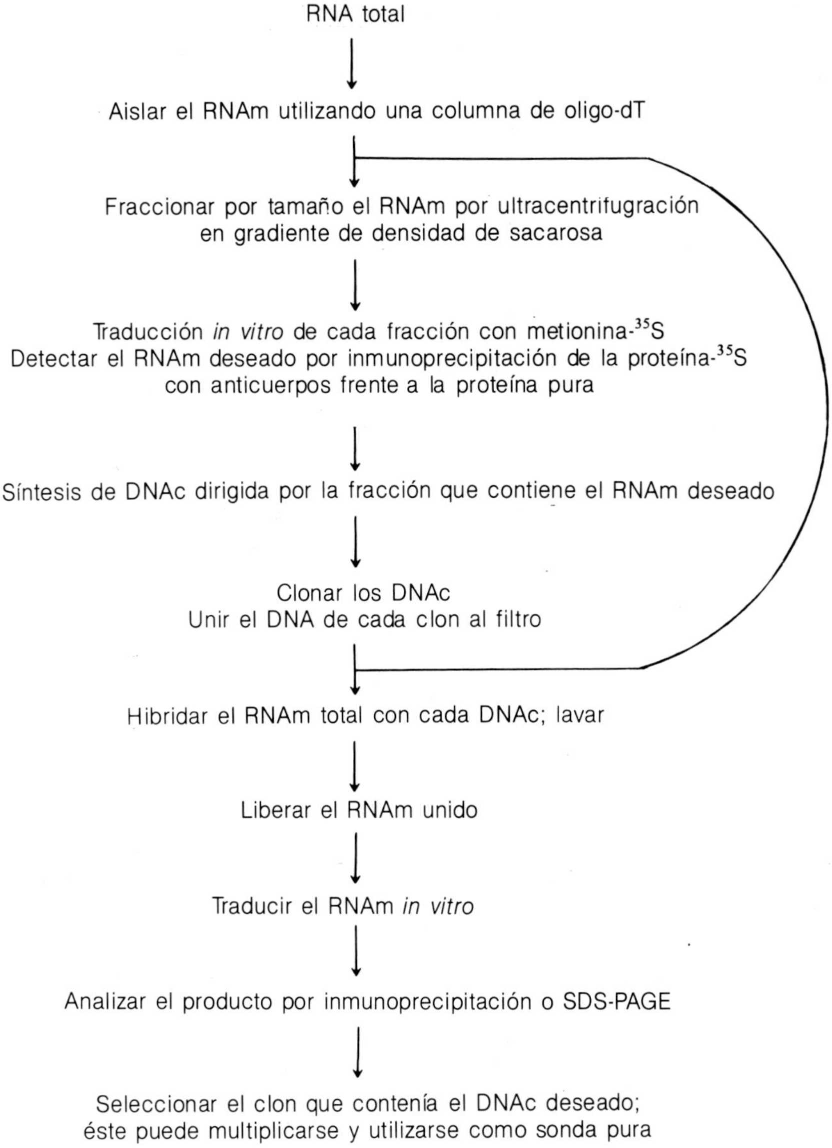

Fig. 11.8 Traducción del híbrido libre

unido al DNA inmovilizado, buscando la *ausencia* de un determinado producto. En la práctica, se mezclan grupos de colonias y cuando un grupo da un resultado positivo, se analizan individualmente las colonias que componen ese grupo.

Con el desarrollo de métodos rápidos y baratos para sintetizar oligonucleótidos bastante largos de cualquier secuencia deseada se pueden obtener sondas sintéticas. Si se conoce la secuencia de aminoácidos del polipéptido, se pueden predecir las posibles secuencias de nucleótidos de su gen. Como consecuencia, si el polipéptido es corto, se pueden sistetizar todas las secuencias posibles del gen y utilizarlas como sondas para el gen natural. Esto no se puede hacer en el caso de polipéptidos largos, pero afortunadamente se puede utilizar perfectamente una sonda que sólo sea una fracción de todo el gen.

Las técnicas de selección más bien complicadas que se acaban de describir son necesarias porque el DNA clonado permanece «latente» en las bacterias y por tanto sólo se puede detectar por hibridación. Sin embargo se puede clonar DNA en «vectores de expresión» (véase Sección 11.2.8) de forma que, si el DNA es un gen que codifica un producto polipeptídico, se expresará para dar ese polipéptido, que entonces podría reconocerse por un efecto fenotípico (por ejemplo, resistencia a un antibiótico) o por inmunoensayo.

11.2.7 *DNA vírico y vectores cósmidos*

Los plásmidos son vectores excelentes para fragmentos cortos de DNA y, por lo tanto, siempre se utilizan para preparar genotecas de DNAc, en las que cada fragmento de DNA a insertar se ha obtenido por transcripción inversa de un RNAm. Dado que las moléculas de RNAm son relativamente cortas (incluso proteínas grandes rara vez tienen cadenas de más de unos 400 aminoácidos, lo que equivale a 1.200 nucleótidos de RNAm), los fragmentos de DNA insertados no serán tan largos como para que tengan un efecto serio en la estabilidad o en la eficacia de transformación de los plásmidos. Sin embargo, hay muchas ocasiones en las que es necesario clonar grandes fragmentos de DNA, siendo la más obvia la recopilación de la genoteca de un organismo superior con un genoma complejo. Ya se ha indicado que, si el genoma se fragmenta en porciones lo suficientemente pequeñas como para clonarlas en un plásmido, para estar seguro de que cualquier parte del genoma estará presente al menos en un gen habría que obtener un número tan elevado de colonias que no sería viable. Por lo tanto, para obtener genotecas han de utilizarse vectores alternativos.

11.2.7.1 *DNA vírico.* Teniendo en cuenta que la principal limitación para el tamaño del DNA a insertar es la disminución de la eficacia de transformación, los vectores para clonar grandes fragmentos de DNA han de utilizar un mecanismo distinto para entrar en la célula hospedadora. Esto explica la importancia del DNA vírico y de los «cósmidos» afines para este tipo de clonación. El DNA del bacteriófago λ tiene 49 kb de longitud y se encuentra en una «cabeza» de proteínas, unida a una «cola» también proteica. La cola puede unirse a la membrana celular externa de *E. coli,* y seguidamente el DNA lineal se inyecta en la bacteria (Fig. 11.9). Una vez en la bacteria, el DNA desnudo puede circularizarse, debido a la presencia en cada extremo de la molécula de cadenas sencillas y complementarias de 12 nucleótidos. Estos extremos complementarios se conocen como las posiciones *cos,* y son una característica clave de la molécula. Una vez circularizada, la molécula se replica y con el tiempo, por un mecanismo de «círculo rodante» da lugar a una larga cadena de DNA compuesta de varios genomas completos, unidos por sus extremos, formando un concatenado. El DNA del bacteriófago λ dirige la síntesis de muchas proteínas, incluyendo las que forman su cubierta vírica. Estas proteínas se ensamblan en una secuencia bien definida formando cabezas vacías en las que se empaqueta el DNA por un proceso que incluye la escisión del DNA concatenado por las posiciones *cos,* obteniéndose moléculas del tamaño adecuado para encajar en las cabezas. Se añaden las colas correspondientes y se liberan las partículas víricas, permitiendo que se repita el ciclo infectivo.

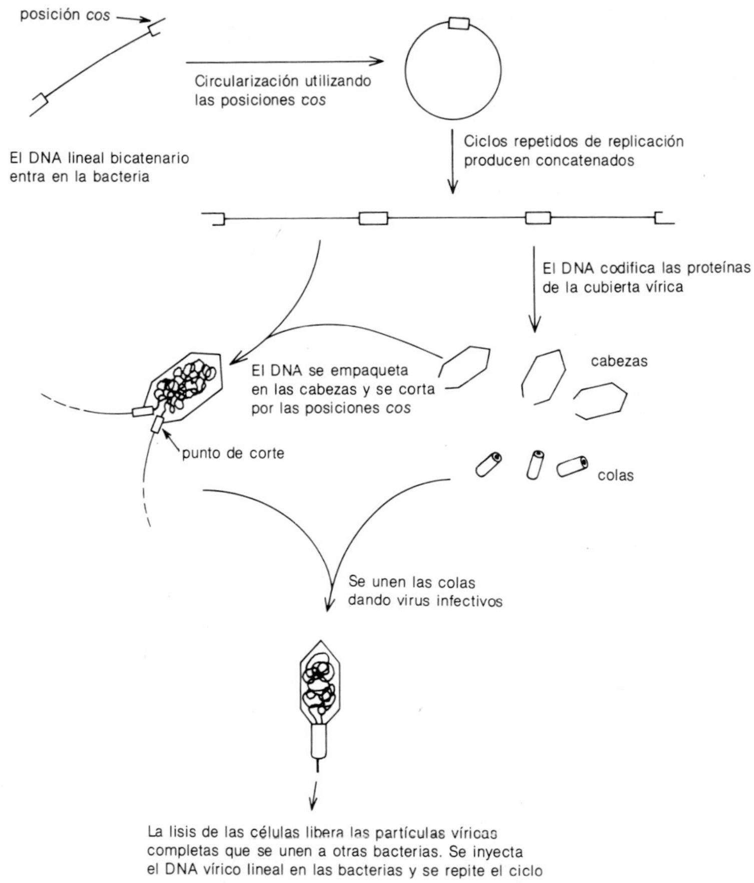

Fig. 11.9 Ciclo lítico del bacteriófago λ

Afortunadamente hay una cierta flexibilidad en la longitud del DNA que se puede empaquetar, oscilando entre el 79 y el 109 % de la longitud de la molécula silvestre. Esto significa que se pueden insertar fragmentos cortos de DNA en el DNA de λ sin detrimento de su replicación o empaquetamiento, y por tanto el DNA de λ puede utilizarse como vector de clonación. Más afortunado aún es el hecho de que se pueda eliminar un gran número de genes de λ sin que se impida el desarrollo del virus. En consecuencia, es posible cortar un tramo largo de DNA y sustituirlo por DNA extraño para su clonación. Naturalmente, el genoma ha tenido que modificarse mucho para que fuese adecuado para la clonación; por ejemplo, se han quitado los puntos de restricción de las regiones del genoma que han de conservarse intactas.

Los vectores λ que se han construido se pueden clasificar en dos categorías: vectores de «inserción», que contienen un solo punto de corte, en el que se puede insertar un fragmento de DNA extraño relativamente corto, y los vectores de «sustitución», que tienen dos puntos de corte situados bastante separados, a cada lado de un tramo de DNA que no es esencial. La escisión por estos puntos da lugar a la formación de unos brazos derecho e izquierdo, cada uno de ellos con un terminal *cos,* y una región «de relleno» más larga procedente del centro de la molécula. Los fragmentos de relleno que no interesan se pueden separar de los brazos en base a su diferencia de tamaño, mediante electroforesis o untracentrifugación en gradiente de velocidad, y entonces los brazos se pueden mezclar y unir con los fragmentos del DNA a clonar. Como se puede observar en la Figura 11.10, por este procedimiento se podrían formar varios productos que no interesan, incluyendo cadenas largas de pares de brazos derecho e izquierdo sin DNA insertado o fragmentos insertados que están compuestos por varios fragmentos cortos unidos entre sí. El primero de estos productos resulta un serio inconveniente, ya que reduce la cantidad de moléculas recombinantes útiles que se obtienen. El segundo tipo de producto podría arruinar los intentos de construir una genoteca, ya que uniría fragmentos que podrían estar muy distantes en el genoma original. Para evitar que se formen dichas inserciones múltiples, los fragmentos a insertar se tratan antes de la unión con una fosfatasa alcalina. Como alternativa, si sólo se utilizan grandes fragmentos de DNA, puede asegurarse que cualquier inserción de varios fragmentos originará una molécula demasiado larga para que pueda empaquetarse en la cabeza vírica.

Uno de los principales productos de unión serán cadenas de DNA compuestas por unidades de brazo izquierdo/fragmento grande/brazo derecho, uniéndose las distintas unidades por las posiciones *cos* (Fig. 11.10). Incluso si se circularizan algunas de estas

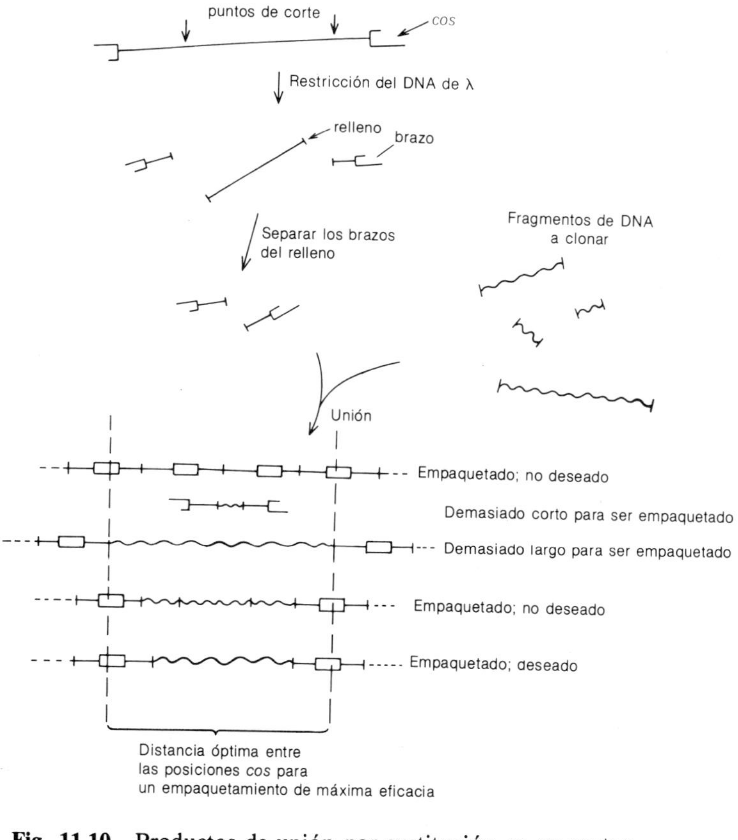

Fig. 11.10 Productos de unión por sustitución en un vector

moléculas, serán demasiado grandes para transformar eficazmente las bacterias. Por el contrario, si las moléculas se mezclan con una preparación de proteínas de cabeza y de cola, las unidades de DNA pueden empaquetarse *in vitro*, siempre que la longitud de la unidad se encuentre en el rango que puede acomodarse en la cabeza. Las partículas víricas completas así formadas pueden utilizarse para infectar bacterias, en las que inyectarán su DNA. Este es un proceso tan efectivo que pueden obtenerse hasta 10^8 halos de lisis por microgramo de DNA vírico. Durante el proceso de empaquetamiento, una «carga» de DNA se arrolla en una cabeza recientemente ensamblada, y como resultado los puntos *cos* izquierdo y derecho se sitúan en la «boca» de la cabeza, donde serán cortados por una proteína específica (la proteína A). Seguidamente a cada cabeza se une una cola. Como consecuencia, el principal requisito para el empaquetamiento es que haya un par de posiciones *cos* y que estén a la distancia adecuada. Por ello, el empaquetamiento *in vitro* proporciona una forma de seleccionar los fragmentos de longitud apropiada.

Al igual que al clonar utilizando plásmidos como vectores, ha de disponerse de formas de seleccionar el DNA recombinante y de detectar fragmentos determinados. Hoy día existe una amplia gama de vectores λ que incorporan varias características de utilidad para la selección. Por ejemplo, se puede detectar la presencia de relleno en el DNA vírico si el relleno contiene un gen que codifique la β-galactosidasa. Cuando se infectan bacterias lac^-, que no poseen el gen de la β-galactosidasa, con un virus, el DNA del relleno dirigirá la síntesis del enzima, que puede detectarse por su capacidad para hidrolizar el sustrato artificial Xgal dando un producto azul. Por lo tanto, los halos azules indican la presencia de relleno, y se producirán halos incoloros cuando el relleno se haya sustituido por un fragmento insertado. Utilizando esta prueba, se pueden separar los clones que contienen DNA recombinante de los no recombinantes.

Para identificar los clones que contienen una determinada secuencia, se pueden utilizar técnicas muy similares a las que se utilizan cuando el vector es un plásmido. El procedimiento de hibridación de colonias descrito en la Sección 11.2.6 puede aplicarse tanto a halos de lisis como a colonias de células, por lo que puede utilizarse la hibridación con sondas radiactivas para «sacar» cualquier secuencia específica de DNA clonado.

11.2.7.2 *Cósmidos.* Incluso cuando la región de relleno del DNA de λ se ha sustituido por un fragmento insertado, el DNA restante contiene toda la información necesaria para el crecimiento lítico del virus, incluyendo los genes necesarios para la replicación del DNA y para la síntesis de las proteínas víricas. De esta forma el DNA se clona por ciclos repetidos de lisis e infección de células próximas, originando la formación de un halo de lisis. Dado que los genes esenciales constituyen en torno a un 60 % del genoma de λ, y que la longitud máxima entre puntos *cos* que puede empaquetarse es de 52 kb, hay un límite máximo para el tamaño del fragmento a insertar de 21 kb. Aunque ésta es una longitud de gran utilidad, hay ocasiones en las que se desean insertar tramos aún más largos, como por ejemplo, en la construcción de genotecas de genomas de mamíferos, o para el análisis de genes muy largos y de sus regiones colindantes. Para analizar tramos largos de DNA se puede ir «paseando» a lo largo del cromosoma utilizando la hibridación para identificar secuencias clonadas que se solapan; obviamente la velocidad a que se «pasea» aumenta si se dan pasos más largos, y por lo tanto, para esta técnica, se requieren fragmentos grandes.

Para evitar la limitación de tamaño de λ, se ha desarrollado un vector híbrido que incorpora las posiciones *cos* de λ para empaquetamiento en virus, pero para la replicación del DNA en la célula hospedadora utiliza el origen de replicación de un plásmido. No hay genes para las proteínas víricas, por lo que no se forman virus en las células y no hay lisis celular. Estos vectores «cósmidos» tienen por tanto las características normales de un plásmido — el origen de la replicación, un gen marcador que codifica la resistencia a un fármaco, un solo punto de escisión para la inserción de DNA extraño, el cual puede encontrarse dentro de un gen marcador, y son de pequeño tamaño. El único «extra» es una pequeña fracción de DNA que contiene la posición *cos* de λ, de tal forma que los extremos adherentes de 12 bases están apareados y unidos. El proceso de clonación se ilustra en la Figura 11.11, e implica la linearización del cósmido con un enzima de restricción y la unión con fragmentos de DNA extraño, obtenido utilizando el mismo enzima de restricción. Como siempre, se formarán diversos productos, pero éstos incluirán moléculas que consistan en el DNA extraño unido por cada uno de sus extremos a un cósmido. Siempre que la distancia que haya entre los puntos *cos* se encuentre en el rango de 37 a 52 kb, la molécula recombinante será empaquetada por un

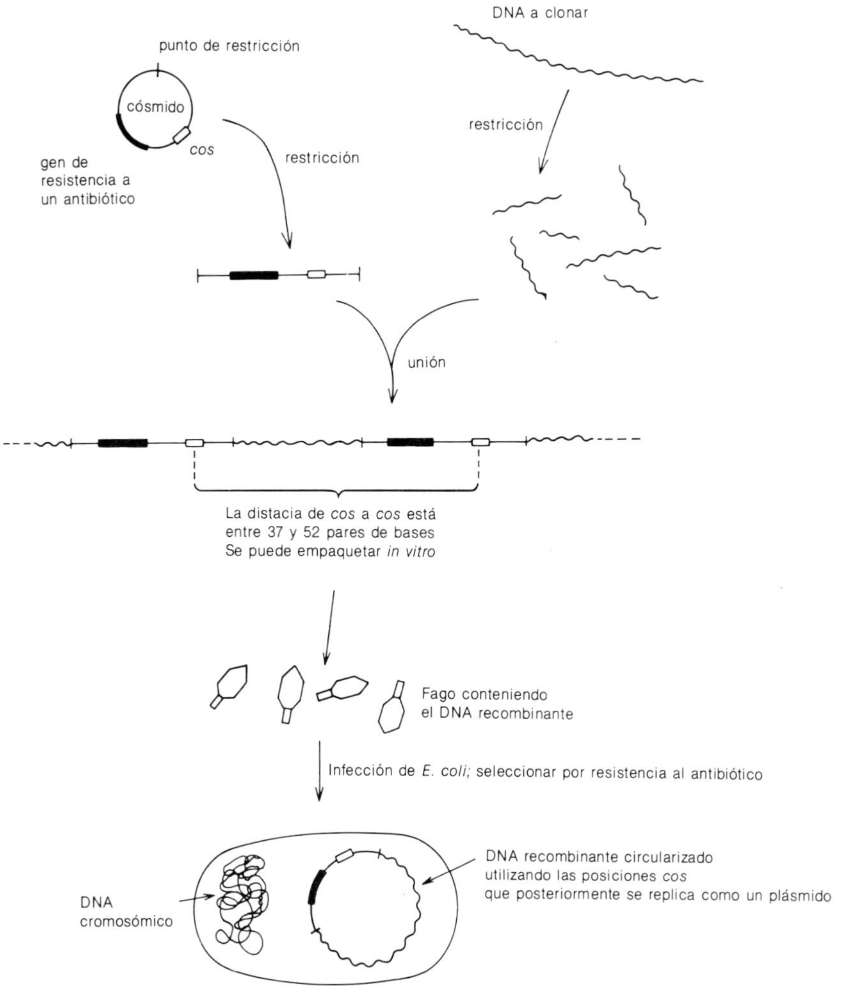

Fig 11.11 Clonación utilizando vectores cósmidos

sistema de empaquetamiento *in vitro* de λ, que consiste en enzimas de empaquetamiento y proteínas de cabeza y de cola, lo mismo que si fueran parte de una cadena de moléculas de DNA de λ que se repite. Como los cósmidos tienen una longitud de unas 5 kb, se empaquetará DNA con fragmentos de 32 a 47 kb, que seguidamente será transferido con gran eficacia a las bacterias por infección con los virus. Una vez en el interior de la bacteria, el DNA lineal se circulariza debido a la complementaridad de bases de sus extremos adherentes, tras lo cual se replica como un plásmido. Los métodos para seleccionar unos fragmentos insertados en particular son los que ya se han descrito para los plásmidos.

11.2.8 *Expresión del DNA clonado*

El DNA clonado tiene valor para el biólogo molecular porque proporciona suficiente material para análisis adicionales de determinadas partes de un genoma, por ejemplo para determinar su secuencia. Sin embargo, el DNA por sí mismo es de poca utilidad para el biotecnólogo, a menos que pueda expresarse, dando lugar a la biosíntesis de un polipéptido de interés.

A no ser que se provoque deliberadamente, no hay razón para que un gen clonado en un plásmido se exprese en la célula hospedadora. Para elaborar un polipéptido son necesarias la transcripción y la traducción, y cada uno de estos procesos requiere la presencia de secuencias específicas, además de las que codifican el polipéptido. En los procariotas, la transcripción no puede comenzar a menos que la RNA polimerasa bacteriana pueda unirse a una región «promotora» de DNA inmediatamente antes (o «más arriba») del gen. Hay dos regiones particularmente importantes para esta unión 10 y 35 pares de bases antes del gen, y sus particulares secuencias parecen determinar la «fuerza» del promotor. Así, la presencia de un promotor adecuado daría lugar a la síntesis de RNAm a partir de un gen situado después de él.

Para que un ribosoma se una al RNAm antes de la traducción, debe haber una breve secuencia, de unos seis a ocho nucleótidos, situada con su centro a unos ocho nucleótidos antes del codón de iniciación. Esta secuencia, que se conoce como la «secuencia Shine-Dalgarno» en honor a sus descubridores, parece ser complementaria de parte del RNAr 16S de la subunidad ribosómica pequeña, lo que explica su importancia en la unión al ribosoma. El gen en sí mismo debe empezar con el codón de iniciación universal AUG.

Si, como es lo más probable, el gen es de origen eucariota, puede existir un problema adicional a resolver antes de que se pueda obtener un producto funcional. La mayoría de los genes eucariotas están compuestos por varias secuencias («exones») que en conjunto codifican el polipéptido, intercaladas con otras secuencias («secuencias intercaladas» o «intrones») que no codifican. En consecuencia, como resultado de la transcripción se produce una molécula de RNA que es demasiado larga y que contiene partes de «basura» en forma de intrones. Este RNA se procesa antes de salir del núcleo para dar lugar a una molécula de RNAm compuesta en su totalidad por exones, los cuales se traducen para dar el producto adecuado. Los genes bacterianos no contienen intrones, por lo que no resulta extraño que las bacterias no tengan la maquinaria para separar los intrones del RNA transcrito de los genes eucariotas. Como consecuencia, la expresión adecuada de un gen eucariota en bacterias sólo será posible si el gen es uno de los raros ejemplos que no tiene intrones. Este problema desaparece si el DNA clonado se ha obtenido por transcripción inversa del RNAm, como en la formación de una genoteca de DNAc, ya que el RNAm ya está listo para la traducción.

Sería muy laborioso añadir un promotor, la secuencia Shine-Dalgarno y (cuando fuese necesario) un codón de iniciación a cada gen que se va a expresar, debido especialmente a que la distancia relativa entre éstos resulta crítica. Esto sería un problema especial en los casos en los que la expresión, seguida de inmunoensayo de los productos, se va a utilizar para analizar un gran número de genes. Por todo ello se han construido «vectores de expresión», que contienen un promotor potente, cuya actividad se puede controlar generalmente mediante la temperatura o por el nivel de un inductor o represor específico, y una secuencia Shine-Dalgarno que puede estar a la distancia óptima de un codón de iniciación. Para facilitar la inserción de un gen que se va a expresar, normalmente hay al menos un lugar de restricción en el codón de iniciación o a poca distancia por debajo de él. Además, los vectores contienen un origen de replicación y un gen marcador que codifica la resistencia a un antibiótico.

Para construir vectores de expresión se han utilizado varios promotores bacterianos, incluyendo los promotores *lac* y *trp,* que están regulados por sus correspondientes represores. El promotor *lac* se induce por la presencia de isopropil-β-D-tiogalactosido (IPTG), mientras que el agotamiento de triptófano o del ácido 3-indolilacético inducirá el promotor *trp.* La fuerza y la fácil regulación del promotor pL del fago λ hacen que sea particularmente atractivo para su utilización en vectores de expresión, ya que se pueden seleccionar las células hospedadoras que tengan incorporado en su genoma un represor λ sensible a la temperatura. Utilizando este sistema, tras la transformación con el vector de expresión, las células se cultivan hasta el final de la fase logarítmica a 32 °C. En estas condiciones el represor es activo, por lo que el gen clonado no se expresa. Seguidamente, al llevar las células a 42 °C se inactivará el represor, activándose la expresión del gen.

Siempre que el gen insertado se sitúe en el vector de expresión de forma que su marco de lectura esté en la fase adecuada respecto al codón de iniciación, debería sintetizarse el polipéptido correspondiente. Sin embargo, las proteínas eucariotas no siempre son estables en los organismos procariotas, y en tales casos es necesario proteger la proteína. Esto puede hacerse utilizando un vector que contenga un gen estructural procariota situado de forma que se exprese. Si se inserta un gen extraño en el gen procariota, con sus marcos de lectura en fase, se elaborará un polipéptido híbrido, con la parte del producto procariota unida al N-terminal del polipéptido extraño. Esta secuencia extra en el N-terminal puede ayudar a estabilizar el polipéptido. No obstante, también puede interferir con el correcto funcionamiento de la proteína extraña. Si se está obteniendo un producto por sus propiedades antigénicas, por ejemplo, para elaborar una vacuna, los residuos de aminoácidos extra pueden no perjudicar mucho, pero en la mayoría de los casos será necesario separar la proteína híbrida en sus dos partes mediante escisión química por un aminoácido determinado, como la metionina. Por desgracia, no es frecuente encontrar una proteína que no contenga al menos una metionina en su cadena polipeptídica, por lo que inevitablemente las aplicaciones de la escisión química se ven limitadas. Este método se ha utilizado para la elaboración bacteriana de insulina «humana». En *E. coli* se puede inhibir la degradación de proteínas extrañas introduciendo el gen *pin* (inhibición de proteasa) del fago T4 de forma que se exprese; en tales casos no hay necesidad de sintetizar polipéptidos híbridos.

Algunas proteínas se «etiquetan» para salir de la célula, sintetizándose como precursores con un polipéptido «señal» en su extremo N-terminal (por ejemplo, β-lactamasa). Se ha podido conseguir que las bacterias excreten proteínas al medio creando moléculas híbridas, en las que el N-terminal contiene una secuencia señal bacteriana. En vista de lo relativamente fácil que es recuperar proteínas del medio de cultivo, en lugar de tener que lisar las células, es posible que el empleo de estas secuencias señal adquiera gran importancia. En las células eucariotas se emplean secuencias similares para marcar las proteínas a excretar o a depositar en determinados orgánulos, y es seguro que van a encontrar una aplicación en la manipulación genética de organismos superiores.

11.3 Manipulación genética de células eucariotas

11.3.1 *Limitaciones de las bacterias*

Las bacterias manipuladas genéticamente parecen ser los organismos indiscutibles a utilizar para elaborar a gran escala polipéptidos de interés. Crecen rápidamente, se transforman con facilidad, pueden utilizar una amplia gama de sustratos y tienen genomas relativamente simples y bien caracterizados. En consecuencia, todos los polipéptidos manipulados genéticamente que se han elaborado hasta ahora a cualquier nivel que se aproxime a una escala industrial han sido productos de sistemas bacterianos. Sin embargo, las bacterias no están exentas de problemas. Como ya se ha indicado anteriormente (Sección 11.2.8), los procariotas no pueden eliminar los intrones que aparecen en la mayoría de los genes eucariotas, por lo que dichos genes no pueden expresarse en las bacterias. Las proteínas eucariotas que se han elaborado en bacterias estaban codificadas por genes que no contenían intrones o por DNAc que se había obtenido a partir de RNAm maduro. Dado que los polipéptidos de mayor valor son inevitablemente aquellos que se producen normalmente en cantidades muy pequeñas, el aislamiento de su RNAm previo a la síntesis del DNAc es con frecuencia uno de los principales obstáculos para conseguir elaborar proteínas utilizando bacterias. En tales casos resulta atractivo utilizar células eucariotas para expresar el gen ya que, siempre que el gen esté unido todavía a su promotor (o a un sustituto adecuado), se transcribirá adecuadamente y el RNA se procesará para dar un RNAm funcional.

Existe otro problema cuando se utilizan organismos procariotas para síntetizar proteínas eucariotas que requieren algún tipo de modificación una vez que se han liberado del ribosoma. Esta «modificación posterior a la traducción» puede ser en forma de una proteolisis limitada (como en la conversión de proinsulina a insulina) o la adición de oligosacáridos en determinados puntos de la cadena polipeptídica (glicosilación), cualquiera de las cuales puede ser esencial para la formación de un producto activo. Sólo las células eucariotas son capaces de realizar tales modificaciones posteriores a la traducción.

La transformación de una bacteria por un plásmido no es irreversible. Aunque cada célula contiene generalmente muchas copias del plásmido, no hay ningún mecanismo que asegure la segregación del mismo número de plásmidos a cada célula hija durante la división celular, y, particularmente en condiciones de una proliferación celular rápida, con el tiempo aparecerán células sin ningún plásmido. Si no existe algún tipo de presión selectiva, tales bacterias tendrán una ligera ventaja sobre sus competidores que contienen plásmidos, ya que no se desviará ninguno de sus recursos a la replicación del plásmido. Como consecuencia, en tales cultivos bacterianos hay cierta tendencia a perder los plásmidos. La forma habitual de asegurar la estabilidad del plásmido consiste en cultivar las células en un medio que contenga un antibiótico para el que el plásmido lleva un gen de resistencia, de forma que sólo sobrevivirán las células que contengan el plásmido. Esto resulta adecuado a nivel de laboratorio, pero posiblemente sea muy caro e incluso peligroso cuando se lleva a una fermentación a escala industrial. Si el plásmido lleva uno o más genes que originan un aumento de la velocidad de crecimiento, como en el caso del gen de la glutamato deshidrogenasa insertado en *Methylophilus methylotrophus,* que se cultiva para la producción de proteína unicelular, entonces existirá inevitablemente una presión selectiva para mantener el plásmido. Como se describe más adelante, ahora es posible construir «mini-cromosomas» que se pueden utilizar como vectores de genes en levaduras, y que se replican y segregan durante la división celular igual que si fuesen cromosomas normales. Ciertos vectores de vegetales y de animales también se mantienen en un estado estable en el interior de la célula integrándose en el DNA del núcleo.

La utilización de la manipulación genética en la biotecnología no se limita a la elaboración de polipéptidos mediante cultivos celulares. Se está dedicando un esfuerzo considerable a mejorar tanto los cultivos vegetales como los animales de explotación mediante la ingeniería genética. Esto requiere inevitablemente el desarrollo de vectores que puedan utilizarse para transformar células eucariotas y dirigir la expresión de los genes que llevan.

11.3.2 *Células vegetales*

11.3.2.1 *Plásmido Ti*. El método más prometedor para transformar células vegetales utiliza un plásmido llamado T*i* (Fig. 11.12). Este plásmido se encuentra en la naturaleza en la bacteria *Agrobacterium tumefaciens,* que vive en el suelo e invade muchas plantas dicotiledóneas cuando sufren lesiones a nivel del suelo. La bacteria penetra en la lesión reciente y se une a la pared de una célula intacta, tras lo cual transfiere una parte relativamente pequeña de su plásmido T*i* al núcleo de la célula vegetal. El DNA transferido se conoce como DNA-T, y lleva varios genes que se expresan en la planta

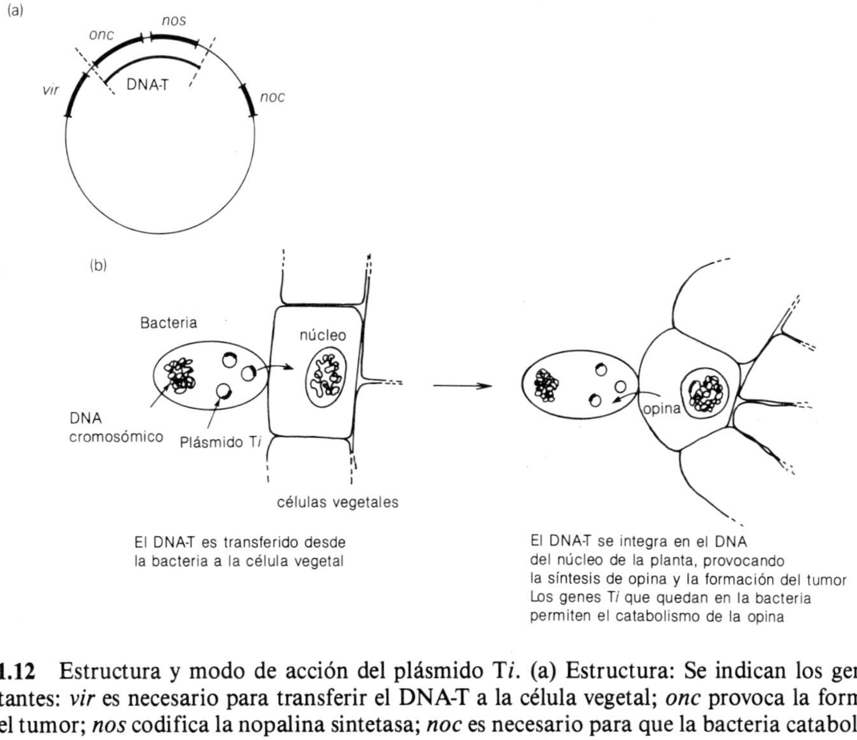

Fig. 11.12 Estructura y modo de acción del plásmido T*i*. (a) Estructura: Se indican los genes importantes: *vir* es necesario para transferir el DNA-T a la célula vegetal; *onc* provoca la formación del tumor; *nos* codifica la nopalina sintetasa; *noc* es necesario para que la bacteria catabolice la nopalina. (b) Modo de acción

y que ejercen un drástico efecto en su metabolismo. Uno de los genes codifica un enzima que cataliza la síntesis de una opina a partir de aminoácidos y otros metabolitos que se encuentran normalmente en la célula vegetal. Las opinas no se encuentran normalmente en las plantas, y éstas no pueden metabolizarlas, pero *A. tumefaciens* puede utilizarlas como sustrato, y de hecho las utiliza. La opina particular que se elabora depende de la cepa de bacteria que infecta la planta. Algunas cepas, por ejemplo, dan lugar a la producción de nopalina, otras provocan la síntesis de octopina. En cada caso concreto la bacteria sólo puede utilizar la opina en particular que ella induce. Los enzimas codificadas son nopalina u octopina sintetasa, y sus respectivos genes se denominan *nos* y *ocs*. El DNA-T no sólo asegura un aporte de nutrientes a la bacteria, sino que también induce la proliferación desordenada de células alrededor de la herida para formar un callo, agalla o tumor que posteriormente puede ser colonizado por las bacterias. Este crecimiento desordenado es el resultado de una producción excesiva de fitohormonas y está codificado en el gen *onc* del DNA-T.

Una propiedad importante del DNA-T es que una vez en el interior de la célula vegetal no permanece como un plásmido independiente, sino que se integra en el DNA cromosómico de la planta. Esta integración parece depender de la presencia de dos secuencias repetidas de 25 pares de bases que se encuentran a cada extremo del DNA-T, las cuales podrían unirse después de que el DNA-T se haya escindido del plásmido T*i*, dando lugar a una forma intermedia circular de la molécula (Koukolikova-Nicola y col., 1985). Entre los genes que permanecen en el plásmido T*i* se incluyen los de fijación de la bacteria a la pared celular vegetal, los de transferencia del DNA-T a la célula vegetal y los de incorporación y catabolismo de la opina apropiada. La única región del plásmido T*i* que no se integra y que es esencial para la transferencia e integración del DNA-T es la región *vir*, la cual se encuentra cerca del DNA-T. La transformación de las células vegetales es irreversible, y las células del callo pueden cultivarse indefinidamente, mucho después de que se haya eliminado la bacteria.

El potencial de este sistema como vector para la manipulación genética de plantas se apreció rápidamente. Los genes en el DNA-T son de naturaleza eucariota, aunque deriven de un plásmido bacteriano, y se transcriben por la RNA polimerasa de las plantas. Contienen intrones, que se eliminan adecuadamente durante la maduración del RNAm. En lo que concierne a los biotecnólogos, hay poco DNA-T esencial, ya que la elaboración de opina y la formación de tumores no son necesarios para la integración estable del DNA. Por lo tanto, sería posible sustituir un gen *nos* u *ocs* por uno extraño manteniendo sin embargo el promotor de la opina sintetasa para asegurar la expresión del gen extraño. Tales experimentos se han llevado a cabo con éxito, lográndose que los genes de resistencia a kanamicina y metotrexato se expresen en un cultivo de células de callo (Schell y Van Montagu, 1983). Estos experimentos tuvieron gran importancia ya que demostraron que se podían construir plásmidos T*i* que contuviesen marcadores dominantes para seleccionar los transformantes. Por supuesto, se pueden seleccionar los transformantes en base a la presencia del gen *onc*, que permite que las células crezcan en cultivos sin adición de hormonas. Sin embargo, normalmente sería deseable regenerar una planta intacta y sana a partir de la célula transformada, y esto sería imposible en presencia de un gen *onc* activo. En consecuencia, para regenerar las plantas, el gen *onc* debe «desarmarse» eliminándolo, y por ello resulta esencial disponer de otro gen marcador seleccionable.

Dado que el plásmido T*i* es muy grande (hasta 235 pares de kilobases), no es factible modificarlo directamente, por lo que habitualmente se realizan todas las manipulaciones en un fragmento independiente de DNA que incluye el DNA-T, y seguidamente se utiliza la recombinación *in vivo* para intercambiar el DNA-T manipulado con su versión normal en un plásmido T*i* intacto. Se han desarrollado algunos vectores más simples, basados en el hecho de que en la transformación sólo son esenciales el DNA-T y las regiones *vir* y es seguro que se ha de avanzar mucho en este sentido.

Aunque resulta cómodo utilizar los promotores de la opina para expresar genes extraños (suponiendo que el gen se inserte en el marco lector adecuado), dichos promotores no permiten la expresión selectiva de tales genes, ya que están activos permanentemente. En la práctica es probable que los genes «manipulados», como la mayoría de los genes normales, necesiten expresarse sólo en ciertas etapas de desarrollo o en tejidos específicos. Esto requerirá la utilización de promotores específicos y regulados, y hay evidencias de que los promotores de la opina sintetasa pueden sustituirse con éxito por promotores controlables de origen vegetal. Se ha expresado el gen de la faseolina de la judía en células de girasol después de una transformación con el plásmido T*i* en la que el gen de la faseolina estuvo bajo el control de su propio promotor (Murai y col., 1983). Como la faseolina se sintetiza específicamente en semillas en desarrollo, podría esperarse que el promotor de la faseolina no fuera activo en células de girasol sin diferenciar, y de hecho se observó que el nivel de transcripción del gen era mucho más bajo cuando se utilizaba su propio promotor que cuando el gen se unía al promotor *ocs*. Otro tema polémico importante suscitado por este trabajo fue el descubrimiento de que la faseolina producida en células de girasol se degradaba rápidamente a fragmentos polipeptídicos, presumiblemente porque no se podría empaquetar en cuerpos proteicos protectores, como sucedería en las semillas de judía en desarrollo. Obviamente, los problemas del ingeniero genético no siempre terminan en la traducción satisfactoria de un RNAm determinado.

A. tumefaciens no induce tumores en plantas monocotiledóneas, y dado que la mayoría de las principales plantas de cosecha, incluyendo los cereales, son monocotiledóneas, el potencial comercial del plásmido T*i* podría parecer más bien limitado. Sin embargo, se ha conseguido un hilo de esperanza al descubrirse que *A. tumefaciens* puede transferir su DNA-T a ciertas monocotiledóneas, consiguiéndose que el gen de la opina se exprese en las células vegetales, pero sin inducir la formación de tumores (Hooykaas-Van Slogteren, Hooykas y Schilperoort, 1984). Si el DNA-T se integra en el DNA cromosómico de la planta, y si se pueden obtener resultados similares utilizando cereales, entonces, irónicamente, el plásmido T*i* será incluso más apropiado para la transformación de monocotiledóneas que para la de dicotiledóneas, dado que parece que no es necesario desarmar el gen *onc* cuando infecta a monocotiledóneas.

11.3.2.2 *Virus del mosaico de la coliflor.* Otro vector potencial para plantas es el DNA del virus del mosaico de la coliflor (CaMV). Este tiene varias características que contrastan con las del plásmido T*i*, algunas de las cuales hacen que su utilización como vector sea bastante atractiva. Una característica útil es que el DNA desnudo es infectivo, siendo capaz de entrar directamente en las células vegetales si se frota sobre una hoja con un abrasivo suave. Una vez en las células, el DNA se replica y encapsula en partículas víricas, que seguidamente invaden el resto de la planta. Aunque el DNA del CaMV no se integra en el DNA cromosómico, y por tanto no es seguro que se transmita a las células hijas durante la división celular, su distribución por toda la planta implica que las plantas transformadas pueden clonarse eficazmente por propagación vegetativa.

Por desgracia, estas características favorables se ven ensombrecidas por el hecho de que, probablemente por la necesidad de encapsularse, el tamaño del genoma del CaMV no puede aumentarse significativamente; además casi todo el genoma es esencial y no se puede eliminar a fin de conseguir espacio para insertar el DNA extraño. Esta limitación en la capacidad, junto con el limitado rango de hospedadores del virus, hacen que sea poco probable que el CaMV sea un vector particularmente útil. No obstante, algunos de sus componentes, tales como sus potentísimos promotores, pueden ser útiles si se incorporan a otros vectores.

11.3.2.3. *Transformación directa.* Un avance reciente, que los grupos que se han dedicado años a trabajar en vectores vegetales estarán sin duda observando con interés, es el empleo de la transformación «directa» de células vegetales con fragmentos de DNA (Paszkowski y col., 1984). Se ha demostrado que los protoplastos de plantas tratados con polietilenglicol, que se utiliza habitualmente para inducir la fusión de protoplastos, incorporan DNA del medio que le rodea y, lo que es más importante, este DNA puede integrarse de forma estable en el DNA cromosómico. Utilizando esta técnica se han podido transformar células vegetales con un gen de resistencia a kanamicina unido a un promotor vegetal potente. El gen se expresó y por tanto se pudieron seleccionar las células transformadas utilizando un medio con kanamicina. Las plantas regeneradas a partir de las células transformadas eran resistentes a kanamicina y esta resistencia era hereditaria. Parece que no hay un sitio particularmente favorable para la integración del DNA transformante, y que el tamaño de los fragmentos de DNA que se integran es aleatorio. No obstante, esto no representaría un grave problema siempre que hubiese un medio para seleccionar los transformantes que tuvieran integrado todo el gen deseado.

11.3.3 *Células de mamíferos*

El cultivo de células de mamífero a gran escala es mucho más costoso y difícil que el de las bacterias, que el de las levaduras e incluso que el de las células vegetales, y por tanto, su utilización comercial está limitada a la preparación de moléculas que sean productos naturales de células animales, tales como partículas víricas (para vacunas), hormonas o anticuerpos monoclonales. El valor de dichos productos puede justificar el elevado coste de producción, pero parece probable que los cultivos bacterianos y de levaduras vayan sustituyendo a los de células animales.

11.3.3.1 *Transformación directa.* La forma más directa de introducir DNA extraño en una célula de mamífero es precipitar el DNA con Ca^{2+}, y mezclar este precipitado con las células que se van a transformar. Las células incorporan el DNA y, una vez en su interior, los fragmentos transformantes se unen para dar un concatenado, que seguidamente se integra como un gran bloque en el DNA del núcleo. Al igual que en la transformación directa de células vegetales, la integración es aleatoria. La formación de concatenados es una característica particularmente útil, ya que el gen a clonar se puede mezclar con un gen marcador seleccionable, sabiendo que uno y otro se unirán antes de integrarse. Se han desarrollado varios genes marcadores que permiten una selección positiva de las células transformadas; uno de ellos permite a las células utilizar xantina como precursor para la síntesis de nucleótidos de purina cuando se ha bloqueado la ruta normal de la hipoxantina por la presencia en el medio de ácido micofenólico. Otro marcador proporciona a las células resistencia a la neomicina o a un compuesto análogo denominado G418, que normalmente inhiben la síntesis proteica.

11.3.3.2 *Virus.* La eficacia de la transformación de células animales se puede aumentar enormemente utilizando DNA vírico como vector, permitiendo que los virus inserten su DNA en las células que infectan. Un atractivo más de los virus es que contienen promotores muy potentes, que pueden utilizarse para asegurar la expresión de los genes extraños que se han insertado. El virus animal más ampliamente utilizado es el SV40, que contiene una molécula de DNA circular de una longitud de unas 5,2 kb. Este DNA, además del origen de replicación, contiene genes «tempranos», que son necesarios para la replicación del DNA, y genes «tardíos», que codifican las proteínas de la cubierta vírica. El DNA extraño puede sustituir tanto a los genes tempranos como a los tardíos, siempre que la célula hospedadora se infecte con un virus «auxiliar» que contenga copias funcionales de los genes que faltan. Si se utiliza como hospedador la línea celular conocida como *COS* no es necesario utilizar el virus auxiliar para suministrar los genes tempranos que faltan, ya que estos genes forman parte del DNA del núcleo. Esto resuelve el problema de separar los virus recombinantes de los auxiliares una vez que se han recuperado de las células.

11.3.3.3 *Microinyección.* La transformación de células animales clonadas no se puede utilizar en la mejora animal, ya que es imposible regenerar animales completos a partir de dichas células. Por el contrario, el DNA ha de transferirse al núcleo de los óvulos fertilizados, utilizando la microinyección. Se ha observado que el DNA inyectado se integra al azar en el DNA del núcleo, y si uno de los genes inyectados se une a un promotor adecuado, *podría* expresarse. No obstante, está claro que la localización del DNA insertado en el cromosoma tiene una gran influencia en si se expresa o no, haciendo que el resultado de este tipo de manipulación sea muy imprevisible. Tras la microinyección, el huevo ha de reimplantarse en una madre nodriza, y el estudio de la progenie para analizar la expresión y la adecuada regulación del DNA extraño sólo puede hacerse tras la gestación. Por lo tanto éste es un método de manipulación genética lento y que requiere un trabajo intensivo, y el reducido tamaño de la población que se puede obtener para su estudio disminuye inevitablemente las posibilidades de éxito. Sin embargo, este método se ha utilizado para transferir genes de la hormona del crecimiento de la rata a ratones, en algunos de los cuales se expresaron los genes, dando lugar a ratones «gigantes».

11.3.4 *Levaduras*

Dada su lenta velocidad de crecimiento, los cultivos celulares vegetales y animales no son adecuados para la biosíntesis de polipéptidos a gran escala, por lo que para estos fines se utilizan generalmente cultivos bacterianos. No obstante, las bacterias tienen sus limitaciones. Como ya se ha expuesto, los genes eucariotas con frecuencia contienen intrones, de forma que a menos que se pueda aislar el RNAm correspondiente para sintetizar el DNAc, estos genes no se expresarán en células procariotas. Incluso si se consigue la expresión, puede que sea necesario que el polipéptido sufra una modificación posterior a la traducción a fin de generar un producto activo, lo cual no tendrá lugar en las bacterias. Las bacterias también tienen la desventaja de que, incluso aunque no sean patógenas de por sí, pueden tener la capacidad de intercambiar parte de su DNA con bacterias patógenas, bien directamente o bien a través de un virus transmisible, y por lo tanto han de tratarse como patógenos potenciales, incluso aunque el empleo de plásmidos y de cepas hospedadoras deficientes proporcione un alto nivel de protección.

Algunas de estas limitaciones de la utilización de bacterias puede solventarse utilizando levaduras *(Saccharomyces cerevisiae),* que es un eucariota con un genoma pequeño y bien caracterizado. Las levaduras tienen una velocidad de crecimiento mucho más rápida que las células animales y que las vegetales, no son patógenas y no hay evidencias de que intercambien DNA con ningún organismo patógeno. Muchos de sus genes contienen intrones, que se eliminan durante el procesado del RNAm de la levadura. Sin embargo, parece que estos intrones contienen secuencias necesarias para una escisión adecuada, que no aparecen en los intrones de eucariotas superiores, por lo que para conseguir expresar en levaduras un gran número de genes extraños, todavía es necesario utilizar el DNAc. Una ventaja importante de las levaduras respecto a las bacterias es que realizan modificaciones posteriores a la traducción, tales como eliminar una secuencia señal de un precursor polipeptídico cuando es excretada por la célula. También glicosila polipéptidos, aunque la naturaleza de la glicosilación puede no ser idéntica a la que llevan a cabo las células animales. Como se tratará más adelante, se puede aumentar la estabilidad del DNA clonado formando mini-cromosomas, y la posibilidad de una integración directa del DNA hace que las levaduras sean particularmente útiles para la mutagénesis dirigida a un punto (véase Sección 11.4). Cuanto más se sabe de la manipulación genética de las levaduras, más atractiva resulta su utilización como hospedadores para la expresión de genes eucariotas.

Existen varias formas de abordar la clonación en levaduras, incluyendo todas ellas la incorporación de DNA extraño a las células. Esto puede realizarse mediante una digestión enzimática de las paredes celulares para obtener esferoplastos, exponiendo los esferoplastos al DNA en presencia de Ca^{2+} y polietilenglicol y dejando que se regeneren las paredes celulares después de que el DNA se haya incorporado. Si el DNA extraño ha de mantenerse en levaduras que están creciendo y dividiéndose debe unirse a DNA que contenga una secuencia que la levadura reconozca como origen de replicación. De aquí que no sea de esperar que los plásmidos bacterianos se repliquen en las levaduras, ya que sus orígenes de replicación son de naturaleza procariota. No obstante, las levaduras tienen su propio plásmido, conocido como el círculo de 2 μ, que se mantiene a niveles de unas 50 copias por célula. En principio éstos se podrían utilizar como vector para clonar genes extraños, pero en la práctica se ha observado que es más fácil aislar su origen de replicación y los genes REP que impiden que el número de copias del plásmido disminuya demasiado, y unirlos al DNA que se va a clonar. Tales plásmidos también contienen generalmente un gen que complementa un gen deficiente en la cepa de levadura que se utiliza como hospedador, permitiendo de esta forma la selección de las células transformadas.

Se ha observado que ciertas secuencias de DNA se replican en las levaduras con gran eficacia, junto con cualquier DNA al que estén unidas. Tales secuencias se conocen como «secuencias replicadoras autónomas» o fragmentos ARS y no se sabe si son verdaderos orígenes de replicación en las moléculas de las que derivan o es que en las levaduras actúan fortuitamente como orígenes de replicación. Se pueden construir plásmidos utilizando un ARS para asegurar la replicación en levaduras y un marcador seleccionable para asegurar el mantenimiento del plásmido en los levaduras cultivadas en condiciones selectivas. Incorporando en el plásmido un fragmento de DNA que contenga un centrómero de levadura (la región CEN), se puede controlar mejor la segregación, ya que entonces el plásmido es de hecho un pequeño cromosoma y se une al huso mitótico durante la división celular. Por desgracia, los cromosomas son más inestables cuanto más pequeños son, y por tanto, en algún momento las células pueden perder tales «minicromosomas».

Incluyendo un origen de replicación bacteriano en un plásmido de levadura se crea un «vector transbordador» (Fig. 11.13), que puede manipularse y clonarse convenientemente en bacterias, transfiriéndolo después a levaduras para la posible expresión de los genes eucariotas insertados.

Si en DNA extraño puede integrarse en el DNA cromosómico de la levadura no hay necesidad de ningún tipo de origen de replicación, ya que el DNA integrado se replicará formando parte de un cromosoma. Dicha integración tiene lugar por un entrecruzamiento específico entre las regiones homólogas del cromosoma y del DNA que se va a integrar, como ocurre, por ejemplo, si un plásmido contiene una copia de un gen cromosómico de una levadura (Fig. 11.14). El requisito de la homología implica que el DNA extraño, uniéndole una secuencia apropiada, puede dirigirse con precisión a un lugar determina-

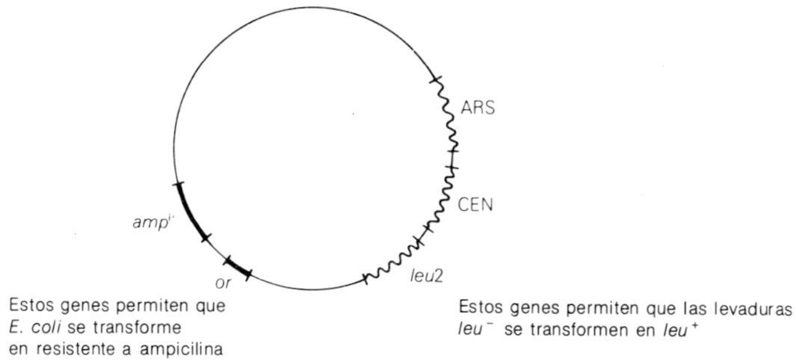

Fig. 11.13 Vector transbordador levadura/*E. coli*. *Clave: amp*R: resistencia a ampicilina; *or*: origen de replicación procariota; ARS: secuencia de replicación autónoma; CEN: cetrómero de la levadura; *leu*2: complementa un gen deficiente de la levadura, permitiendo el crecimiento en ausencia de leucina

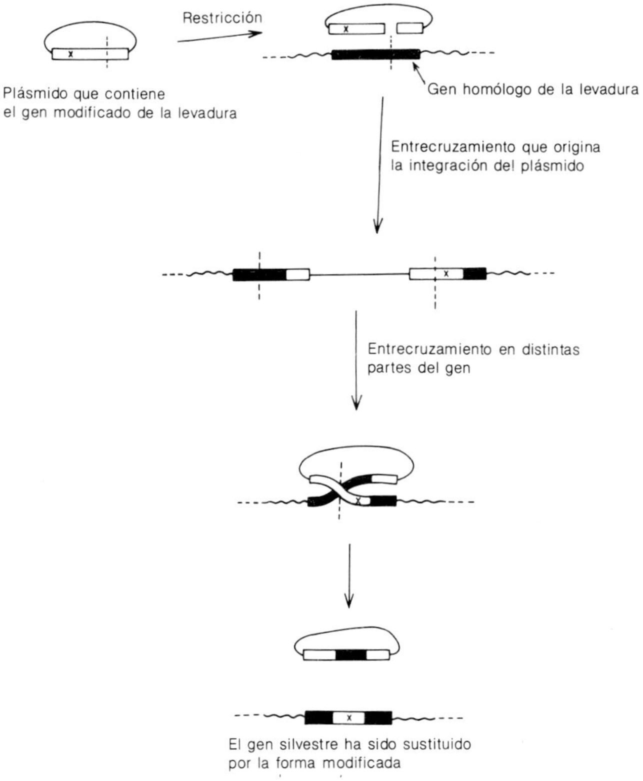

Fig. 11.14 Sustitución de un gen en una levadura

do del DNA cromosómico, lo cual contrasta con la inserción de DNA en los cromosomas de células animales y vegetales que parece ser al azar. Dado que la inserción es reversible y que puede perderse tanto la región del cromosoma como la copia extraña de la región homóloga, este método se puede utilizar para sustituir un gen silvestre por una versión modificada, creando de esta forma nuevas perspectivas para la «ingeniería de enzimas» en levaduras. No hay necesidad de que el DNA insertado se encuentre en forma de plásmido circular; de hecho la integración se potencia enormemente si las regiones homólogas se encuentran en cualquiera de los extremos de una molécula lineal, como la que se obtendría cortando un plásmido por la secuencia homóloga.

La importancia de la manipulación genética de células eucariotas seguramente va a aumentar, tanto para mejorar organismos superiores como para utilizar cultivos celulares como fábricas para sintetizar productos de valor.

11.4 Mutagénesis dirigida a un punto

Las técnicas que permiten introducir mutaciones en lugares específicos de un genoma han sido de gran valor para los biólogos moleculares, contribuyendo en particular a identificar regiones implicadas en el control de la expresión genética. Con frecuencia el proceso ha consistido en clonar un fragmento sustancial de DNA, incluyendo la región de interés, para seguidamente manipular *in vitro* el DNA clonado de forma que se produzcan formas mutantes. Se pueden eliminar fragmentos cortos de ADN o hacer inserciones o sustituciones en el ADN; con frecuencia estos cambios se realizan al azar, obteniéndose una mezcla de moléculas de ADN mutante. A continuación, el ADN se reintroduce en las células, en las que se estudian las alteraciones en el nivel o naturaleza del producto particular del gen. El ADN de las células alteradas puede entonces examinarse para localizar la mutación y por tanto asignar funciones a cada región del gen.

Hay una amplia gama de métodos para conseguir pequeñas deleciones o inserciones en un fragmento de ADN clonado. En ambos casos el primer paso es cortar el ADN al menos por un sitio, bien al azar o, si hay un lugar de restricción situado adecuadamente, en un punto específico. La deleción se puede conseguir en ese momento mediante la degradación enzimática limitada de los extremos libres del DNA, obteniéndose extremos romos que seguidamente pueden volver a unirse. Esto regenera la molécula original menos una corta región a cada lado del lugar de escisión. La inserción puede conseguirse añadiendo engarces a los extremos del corte del DNA, tratando a continuación los engarces con un enzima de restricción para formar extremos adherentes y uniéndolos finalmente para regenerar moléculas con unos pocos nucleótidos extra derivados de los conectores insertados en el punto de escisión.

Incluso cuando las inserciones o las deleciones se dirigen a un punto específico del DNA, es posible que sus efectos sean bastante drásticos y de aquí que sea poco probable que tales mutaciones tengan utilidad para realizar pequeñas modificaciones en la secuencia de genes. Sin embargo, son precisamente esas modificaciones sutiles las que posiblemente sean de máxima utilidad para el biotecnólogo, quien puede desear modificar sólo un aminoácido en una proteína a fin de ajustar las propiedades de ésta a sus necesidades (véanse Secciones 14.1.3 y 14.5.2). Las modificaciones de este tipo requieren la introducción de mutaciones puntuales, en las que se cambia un sólo nucleótido, en una única posición en el gen. La mayoría de los métodos para crear mutaciones puntuales por sustitución de un nucleótido por otro sólo se pueden utilizar si la mutación está muy próxima a un punto de restricción. Por ejemplo, en presencia de bromuro de etidio, que se une al DNA, los enzimas de restricción harán una incisión en el DNA cortando sólo

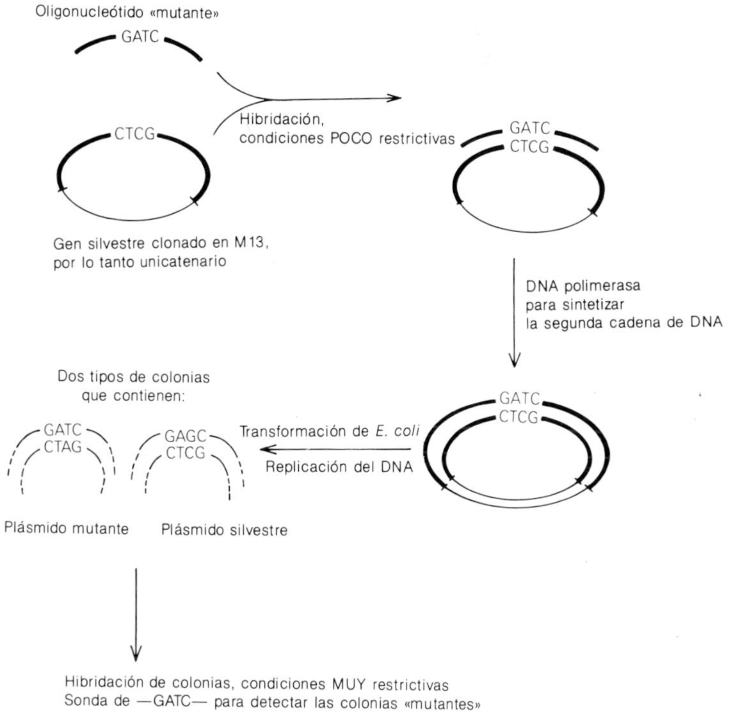

Fig. 11.15 Mutagénesis dirigida a un oligonucleótido

una cadena en sus puntos de restricción, y entonces estas fisuras se pueden abrir dando lugar a tramos de una sola cadena de unos cinco nucleótidos de longitud. Utilizando análogos de nucleótidos (que son relativamente inespecíficos en su complementaridad de bases), u omitiendo uno de los cuatro desoxinucleótidos trifosfato, pueden volver a completarse los tramos vacíos de forma que no haya complementaridad en una posición del tramo. Tras la replicación del DNA modificado, aproximadamente la mitad de las moléculas resultantes serán del tipo silvestre y la otra mitad serán mutantes.

El método probablemente más potente de introducir mutaciones puntuales en un gen se conoce como «mutagénesis dirigida a un oligonucleótido» (Fig. 11.15). Esta técnica sólo se puede utilizar cuando se conoce la secuencia de nucleótidos de un gen, pero en la práctica se dispone de esa información para cualquier gen cuyo producto esté lo suficientemente bien caracterizado como para intentar modificarlo. Cuando se ha decidido qué base se va a cambiar, se sintetiza un nucleótido que corresponda al nucleótido mutante y su región contigua, normalmente de 15 a 20 nucleótidos de longitud. Se deja que este oligonucleótido se hibride con un clon de cadena sencilla del gen de tipo silvestre, obtenido utilizando un sistema de clonaje M13. Siempre que esta hibridación se lleve a cabo en condiciones «poco restrictivas» (es decir, a baja temperatura y en una elevada concentración de sal, dando lugar a una cierta tolerancia ante pares de bases mal emparejadas), el oligómero se apareará con su secuencia complementaria de tipo silvestre, pudiendo entonces utilizarse como un cebador para la elaboración de un DNA de cadena doble mediante una DNA polimerasa. Una cadena de este DNA será del tipo silvestre y la otra contendrá el punto de mutación deseado. La replicación del DNA en un hospedador bacteriano dará lugar a una mezcla de los DNA de cadena doble del tipo silvestre y del mutante, que pueden extraerse y utilizarse para transformar más células, generando clones que contienen el DNA del tipo salvaje o del mutante. Afortunadamente es bastante fácil distinguir entre los dos tipos de clon; Se inmoviliza el DNA de un lisado de colonias en filtros de nitrocelulosa y se hibrida con oligonucleótidos que llevan un marcador radiactivo en condiciones «muy restrictivas» (temperatura elevada y baja concentración de sal), en las que sólo el DNA mutante se hibrida con la sonda. De esta forma se pueden identificar y aislar las colonias que contienen el DNA mutante para su posterior cultivo.

El potencial de la mutagénesis dirigida a un oligonucleótido en la «ingeniería de proteínas» se ha puesto de manifiesto claramente utilizando como enzima modelo la tirosil-RNAt sintetasa (TyrTS). Un grupo de expertos trabajando en enzimología y en cristalografía de rayos X con base en el Imperial College de Londres pudo caracterizar el enzima con suficiente detalle como para permitir predecir las sustituciones de aminoácidos que podrían incrementar la afinidad del enzima por su sustrato, el ATP. Se identificó una cadena lateral de treonina que interviene en la unión con el ATP, y se sugirió que, si ésta se pudiese sustituir por alanina o prolina, podría aumentar la afinidad del enzima por el ATP. En base a estas predicciones, biólogos moleculares de Cambridge utilizaron la mutagénesis dirigida a un oligonucleótido para construir genes TyrTS mutantes en los que un codón específico de treonina se sustituyó por otro que codificaba alanina o prolina. Cuando se expresaron estos genes mutantes y se analizaron los enzimas TyrTS resultantes se observó que la mutación a alanina daba lugar a un pequeño aumento de la afinidad por el ATP, mientras que la sustitución por prolina originaba un drástico aumento de la afinidad. De esta forma, a bajas concentraciones de ATP, el enzima resultante de la manipulación sería mucho más activo que el tipo silvestre (Wilkinson y col., 1984). Resulta tentador pensar que éste es un ejemplo del hombre mejorando la naturaleza, pero, como los mismos «ingenieros» indicaron, los niveles intracelulares normales de ATP son tan altos que tanto los enzimas mutantes como los de tipo silvestre trabajan cerca de la saturación con el ATP, de forma que la afinidad no es un factor limitante *in vivo.* De hecho, las formas mutantes tienen constantes de actividad bajas para la formación de un grupo aminoacílico, por lo que serían menos activas que el tipo silvestre cuando los niveles de ATP estuvieran próximos a la saturación. Se puede esperar que los enzimas se ajusten perfectamente a sus funciones en la célula, pero no hay ninguna razón para que hayan evolucionado para ajustarse a las condiciones que se emplean en los procesos industriales. La importancia del trabajo en la TyrTS radica en que nos permite ser muy optimistas respecto al futuro del «ajuste» de enzimas existentes, en términos de afinidad, constante de actividad, temperatura óptima, pH óptimo, etc., para ajustarse a los requisitos del ingeniero bioquímico.

11.5 Resumen

Los principales pasos del proceso de clonación de genes son los siguientes: aislamiento de un gen, inserción del gen en un vector, transferencia o recombinación del vector con una bacteria, selección de las bacterias que contengan el vector recombinante deseado, cultivo de las bacterias seleccionadas y utilización de las bacterias (si el gen se expresa) o recuperación del gen clonado.

Se trata en profundidad cada uno de los pasos anteriores. Para cortar el DNA por puntos determinados se utilizan enzimas de restricción. Se puede aislar RNA mensajero y utilizarlo para dirigir la síntesis de DNAc, que a su vez puede clonarse para formar una genoteca. Los vectores para clonar plásmidos contienen genes de resistencia a antibióticos, que generalmente contienen puntos por los que pueden cortarse con un enzima de restricción antes de la inserción de un fragmento de DNA que se va a clonar. Para que se forme un enlace covalente entre el vector y el fragmento a insertar es necesario que previamente ambos se unan. El ADN recombinante que se obtiene se incorpora a bacterias, que se llaman transformadas. Tras cultivar las bacterias transformadas, se seleccionan aquellas colonias que contienen un ADN recombinante determinado, utilizando la hibridación de colonias. Este proceso exige la preparación de una «sonda» complementaria al ADN deseado. Con frecuencia se emplea como sonda el DNA complementario (DNAc), que puede aislarse de una biblioteca de DNAc mediante traducciones híbrido libre o híbrido retenido. Para detectar un determinado DNAc también se pueden utilizar vectores de expresión.

Para clonar grandes fragmentos de DNA, como por ejemplo cuando se está preparando una genoteca, en lugar de plásmidos se utilizan el DNA vírico y los vectores cósmidos. El DNA se empaqueta en partículas de cabezas víricas por un proceso en el que interviene la posición *cos,* y la infección de la bacteria va seguida por una transferencia muy eficaz de DNA a las bacterias.

Se puede conseguir expresar los genes clonados, pero si el gen es de origen eucariota, puede ser necesario eliminar los intrones. También se discuten los vectores de expresión que se han construido. La excreción de proteínas de la célula puede tener gran importancia al facilitar su recuperación.

La manipulación genética de células eucariotas tiene algunas ventajas sobre el empleo de bacterias, especialmente cuando la modificación posterior a la traducción es importante, y puede utilizarse para mejorar los cultivos y los animales. Para la manipulación genética de plantas con frecuencia se utiliza como vector el plásm do T*i*. También puede introducirse DNA en las células vegetales utilizando el virus del mosaico de la coliflor, o por transformación directa de los protoplastos. Las células de mamífero se manipulan mediante transformación directa, vectores de DNA vírico o microinyección. La manipulación genética de levaduras tiene gran importancia ya que éstas presentan un crecimiento rápido y son seguras, baratas y eucariotas. La transformación de los esferoplastos por vectores de levaduras puede ir seguida de la integración en posiciones homólogas en el DNA cromosómico.

La mutagénesis dirigida a un punto, en la que se introducen mutaciones puntuales en una posición específica de un gen, permite a los biotecnólogos abordar la ingeniería de proteínas, con el objetivo de modificar las propiedades de los enzimas para adaptarlas a las necesidades industriales.

Capítulo 12

Avances y perspectivas de la ingeniería genética

12.1 Avances

¿Cuáles son los avances de la ingeniería genética en el área de la biotecnología? Hasta ahora son muy pocos los productos obtenidos por ingeniería genética que han llegado a producirse comercialmente, aunque muchos han llegado a la fase de planta piloto o se están sometiendo a ensayos clínicos. Las bacterias manipuladas genéticamente se han venido utilizando durante varios años para producir proteína unicelular. Se dispone de insulina «humana» sintetizada por bacterias, si bien sostiene una dura competencia con la insulina de cerdo modificada químicamente. Las únicas vacunas disponibles comercialmente por ahora son para animales, donde existe una gran demanda. Estas vacunas no pueden ofrecer la prolongada protección que proporcionan las bacterias vivas atenuadas, pero su empleo también presenta menos riesgo. Estos pocos productos, a pesar del éxito, posiblemente no pueden generar los beneficios suficientes como para cubrir las enormes cantidades de dinero que ya se han invertido en el desarrollo de la ingeniería genética, y ciertamente los inversores tendrán que esperar algunos años más antes de obtener un beneficio que merezca la pena. Ya ha habido empresas que se han encontrado con problemas financieros al no considerar el tiempo que se requiere para resolver los enormes problemas asociados al desarrollo, producción y control de un nuevo producto. Los Estados Unidos y Japón han mostrado con mucho el mayor compromiso con la ingeniería genética, y es de esperar que en los próximos años comiencen a obtener los muy considerables beneficios de su previsión. De hecho se espera que para el año 2000 se atribuyan a la ingeniería genética ventas en todo el mundo por 40 billones de dólares (Gregory, 1984), por lo que ahora existe gran interés para invertir en investigación.

Los proyectos que probablemente van a proporcionar beneficios tanto comerciales como sociales en un futuro próximo incluyen la producción del factor VIII de coagulación de la sangre humana, interferones, factor de necrosis tumoral, linfotoxina y vacunas para el virus del herpes simple, el de la hepatitis B y otros virus humanos. Se dispondrá de bacterias que degraden contaminantes tales como el 2,4,5-T o el DDT, o para producir compuestos tensoactivos, emulsionantes y otras moléculas especializadas. Todos estos proyectos se han conseguido a nivel de laboratorio y ahora han de llevarse a cabo a gran escala.

12.2 Problemas

12.2.1 *Expresión y estabilidad de los plásmidos*

La ingeniería genética ha alcanzado un nivel en el que es relativamente sencillo aislar y clonar el gen de cualquier proteína que se haya caracterizado adecuadamente. Los problemas que requieren más tiempo aparecen después de esta etapa. Para empezar, es necesario conseguir niveles elevados de expresión de un gen en un hospedador extraño, idealmente bajo alguna forma de control, de modo que pueda retrasarse la expresión hasta que las células hospedadoras hayan alcanzado una elevada densidad celular. La proteína resultante del gen podría no ser estable en la célula hospedadora, por lo que puede ser necesario utilizar un gen híbrido como una forma de «marcar» la proteína con un polipéptido protector; otra alternativa sería modificar el genoma de la célula hospedadora para evitar que degrade proteínas extrañas. Si el gen extraño está en un plásmido, debe asegurarse que el plásmido se mantiene en el cultivo celular. Cuando el gen extraño aumenta la eficacia de crecimiento de la célula hospedadora, como es el caso del gen de la glutamato deshidrogenasa transferido a *M. methylothrophus,* la estabilidad del plásmido queda asegurada automáticamente; pero en la mayoría de los casos, debe incluirse en el plásmido otro gen que ejerza una presión selectiva en favor de las células que contengan el plásmido.

12.2.2 *Recuperación del producto*

Nuestras preocupaciones no terminan incluso cuando se ha conseguido la expresión de un gen en un plásmido estable. La facilidad para extraer un producto puede ser un factor primordial para determinar si determinado proceso puede ser rentable. Si el producto permanece en el interior de la bacteria, éstas han de recogerse, lisarse y separar el producto del resto. Por otra parte, si se puede hacer que las bacterias excreten el producto, su obtención es mucho más sencilla, con la ventaja de que las células no se destruyen durante el proceso. Las células eucariotas excretan las proteínas con una secuencia señal adecuada en su N-terminal, eliminando esta secuencia señal cuando la proteína sale de la célula, pero las procariotas generalmente tienen menor capacidad para excretar proteínas. Sin embargo, se sabe que *Bacillus subtilis* excreta más de 50 proteínas, y por lo tanto, cuando la excreción tiene importancia, a menudo se utiliza este microorganismo en lugar de *E. coli.* Los problemas de recuperación de enzimas de los cultivos celulares se discuten con detalle en el Capítulo 13.

12.2.3 *Seguridad*

Otro factor que debe considerarse detenidamente es la seguridad de cualquier sistema manipulado genéticamente. Cuando se empezó a clonar, a mediados de los 70, parecía existir una posibilidad real de que los genes patógenos (tales como los que codifican la formación de tumores o de una toxina) podrían transferirse inadvertidamente a bacterias que sobrevivirían fuera del laboratorio y que podrían difundirse entre la población. Los Institutos Nacionales de la Salud de los Estados Unidos y el Grupo Asesor sobre Manipulación Genética del Reino Unido elaboraron unas normas estrictas prohibiendo la clonación de DNA vírico o de DNA de tumores y especificando altos niveles de contención física para la mayoría de los demás experimentos de clonación. Afortunadamente, se desarrollaron células hospedadoras seguras, tales como la 1.776, que tenía unos requerimientos nutritivos tan específicos, la pared celular frágil, alta sensibilidad a las sales biliares, etc., que era poco probable que sobrevivieran fuera del laboratorio. Al mismo tiempo, se construyeron plásmidos que no poseían los genes *tra* necesarios para transferir el plásmido de una célula a otra por conjugación, reduciéndose así el riesgo de transferencia de un plásmido peligroso de un hospedador seguro a otro infectivo.

Para que un gen clonado llegue a ser perjudicial, debe suceder *todo* lo siguiente: El gen debe ser transferido a un hospedador infectivo, el nuevo hospedador debe evadirse del confinamiento y originar la infección, el gen clonado debe expresarse en el hospedador y el producto debe ser capaz de desplazarse de la bacteria a la persona infectada, donde podría llegar a ser patógeno si alcanza una localización determinada. Dado que la probabilidad global de tal incidente es el *producto* de las probabilidades de cada paso, el riesgo comienza a parecer claramente insignificante, dado que se utilizan hospedadores y plásmidos deficientes, con niveles razonablemente estrictos de contención física. En vista de todo esto, las normas se han ido relajando progresivamente y las únicas restricciones serias que se mantienen están en relación con la eliminación al medio ambiente de organismos manipulados genéticamente, lo cual sería necesario para la degradación microbiológica de contaminantes o para la extracción de petróleo potenciada por microorganismos. Por supuesto, el trabajo con patógenos debe realizarse todavía en condiciones de contención estrictamente reguladas.

12.2.4 *Economía*

No existe ninguna garantía de que un producto vaya a ser rentable por el simple hecho de que esté elaborado por organismos manipulados genéticamente. Si el mercado es reducido no hay ninguna posibilidad de obtener beneficios, a no ser que todos los clientes sean jeques del petróleo. Este tipo de argumento puede aplicarse a la hormona del crecimiento, ya que hay relativamente pocos casos de enanismo en el mundo y por lo tanto los posibles ingresos son insuficientes para sufragar los gastos de desarrollo y de producción. Sin embargo, si se descubre que la hormona también es eficaz para el tratamiento de quemaduras y para favorecer la cicatrización, entonces el mercado será amplio y será muy rentable producir la hormona, en particular porque en tal caso la demanda superará con mucho las cantidades que pueden obtenerse a partir de cadáveres. Este simple ejemplo puede aclarar que gran parte de la inversión en ingeniería genética ha de ser especulativa, excepto cuando existe una clara demanda de un producto sin que haya ninguna fuente alternativa satisfactoria. Incluso en tales casos puede haber enormes riesgos, entre los que se encuentra el problema de una adecuada protección de patente para cualquier DNA recombinante nuevo. A pesar de poder patentarse un organismo o un plásmido, no está claro aún qué protección se ofrece frente a la obtención de células o plásmidos que realicen la misma función de forma ligeramente distinta; por ejemplo, se pueden modificar algunas de las bases de un gen sin que cambie la proteína que codifica.

12.2.5 *Necesidad de investigación básica*

Uno de los principales obstáculos en el camino de la ingeniería genética no tiene nada que ver con la manipulación genética; consiste en el hecho de que desgraciadamente todavía desconocemos muchos de los principios básicos que subyacen bajo las características que nos gustaría modificar. Hasta que no tengamos un sólido conocimiento de la bioquímica que determina la resistencia a la enfermedad, la velocidad de crecimiento, la morfología, el rendimiento fotosintético, etc., será difícil manipular tales características por ingeniería genética.

12.3 El futuro

En este libro sólo se ha tratado la manipulación genética en relación con su aplicación directa a la biotecnología. Sin embargo, no debe olvidarse que una de las principales aplicaciones de estas técnicas es para investigar la estructura y la función de los genes. Estos estudios básicos tendrán inevitablemente gran influencia en la biotecnología, tanto en lo que respecta a qué se clona, como a la forma en que se hace. Podemos esperar que se sepa mucho más acerca de los factores que intervienen en la regulación de la expresión genética, y deberíamos ser capaces de utilizar esta información para optimizar la expresión de genes extraños. El completo conocimiento de los mecanismos de excreción y de las modificaciones posteriores a la traducción contribuirán a la eficaz producción de polipéptidos totalmente activos y estables.

¿Qué avances podemos esperar para los próximos 10 años? La vida sería muy aburrida sin sorpresas, y no hay razones para pensar que la ingeniería genética no vaya a proporcionarnos algunas. No obstante, en base al trabajo que se está realizando actualmente, se puede prevér en qué áreas generales es posible obtener resultados.

12.3.1 *Farmacología*

Mediante la clonación se obtendrá material suficiente para que puedan llevarse a cabo ensayos clínicos completos de aquellos polipéptidos, tales como interferones, encefalinas, cininas, etc., que en el organismo se producen de forma natural a niveles bajos y que probablemente actúen como «modificadores de la respuesta biológica». Si se pudiesen utilizar estos compuestos como fármacos «naturales», podría abrirse un área completamente nueva de la farmacología. Parece probable que aumente el número de vacunas elaboradas mediante ingeniería genética, entre las que se incluirían varias para uso humano; hay esperanzas de obtener vacunas contra la malaria y el SIDA.

12.3.2 *Enzimas industriales*

A medida que aumenta la importancia del empleo industrial de enzimas (véase Capítulo 14) es de esperar que éstas se obtengan mediante microorganismos manipulados genéticamente. Probablemente se modificará cada gen mediante mutagénesis *in vitro* para obtener un enzima en el que se haya mejorado la estabilidad, la cinética, y, quizás, que se pueda inmovilizar para un uso más eficaz a nivel industrial. Es probable que esta «ingeniería de proteínas» sea de una importancia inmensa para el desarrollo de la tecnología de enzimas y depende únicamente de las técnicas de ingeniería genética. Un proyecto que ya está logrando progresos importantes es la producción de ligninasas, que puede poner a nuestra disposición una fuente de alimentos inmensa y nueva, basado en la degradación de residuos lignarios. Para una discusión más profunda de las posibles aplicaciones de enzimas elaboradas por ingeniería genética, véase el Capítulo 15.

12.3.3 *Mejora*

A nivel de organismos completos, podemos esperar mejoras significativas en la calidad de los cultivos al necesitarse menos fertilizantes, plaguicidas y al aumentar la resistencia a enfermedades, el rendimiento y la calidad de las proteínas vegetales. También es posible que haya avances similares en la calidad del ganado. Ya se ha descrito la síntesis bacteriana de nuevos compuestos, al crearse nuevas rutas metabólicas. Por ejemplo, con *Streptomyces* se han sintetizado nuevos antibióticos híbridos llevando a un solo organismo los genes biosintéticos de cepas que producen antibióticos diferentes (Hopwood y col., 1985).

12.3.4 *Alternativas*

Se ha asegurado (Vane y Cuatrecasas, 1984) que la elaboración de péptidos por ingeniería genética sólo será de importancia temporal, ya que los avances en el conocimiento de las interacciones receptor-efector pueden permitirnos diseñar moléculas pequeñas que sean tan eficaces como polipéptidos grandes, que incluso pueden obtenerse por síntesis química. Es cierto que se han encontrado péptidos cortos, entre 8 y 20 restos de longitud, que son más eficaces que las proteínas víricas completas para estimular la producción de anticuerpos para el virus de la glosopeda o el de la polio, y muchos polipéptidos con efectos biológicos son muy cortos (por ejemplo, calcitonina 32 restos, endorfinas 31, encefalinas 5). La síntesis química ofrece la posibilidad de modificar algunos residuos, por ejemplo para utilizar D-aminoácidos, de forma que los polipéptidos no se degraden en el tracto digestivo, permitiendo así la administración oral de fármacos que de otra forma han de administrarse vía intravenosa. La elección entre síntesis biológica o química se verá influenciada por factores tales como los avances tecnológicos en la síntesis de péptidos a gran escala, el coste de la materia prima, el grado de pureza necesario, etc., y no es posible predecir cuánto tiempo ha de transcurrir para que los fármacos se puedan diseñar racionalmente para que se ajusten a los receptores con que se unen. Es probable que la ingeniería genética se utilice durante muchos años para elaborar péptidos y que en un futuro inmediato sea el único método viable para producir enzimas. La ingeniería genética ya se ha convertido en una herramienta para la mejora, y su importancia en este campo aumentará sin lugar a dudas.

12.4 Resumen

El estudio de los avances incluye la biosíntesis de insulina, vacunas, factores de coagulación de la sangre y factores antivíricos y anticancerígenos.

Los principales problemas que quedan por resolver son: la expresión eficaz y controlada de los genes clonados, la estabilidad de los plásmidos y recuperación del producto.

La nueva tecnología presenta algunos riesgos potenciales. Como consecuencia, se han dictado ciertas normas y se han desarrollado vectores y células hospedadoras «seguras».

La rentabilidad determinará inevitablemente el futuro de la ingeniería genética, y debe haber suficiente demanda de un producto para justificar la gran inversión necesaria para llevarlo al mercado. Todavía no está claro con qué eficacia pueden proteger las patentes a los productos obtenidos por ingeniería genética.

Un breve estudio de los posibles productos de la ingeniería genética incluye los «modificadores de la respuesta biológica», las vacunas, los enzimas para uso industrial, las plantas y los animales mejorados y nuevos compuestos elaborados por bacterias. No obstante, se ha sugerido que la síntesis química de oligonucleótidos puede desafiar su elaboración mediante la ingeniería genética.

SECCION V

Tecnología enzimática

M. D. Trevan

Conceptos que deben conocerse

Principios básicos de estructura de proteínas.
Cinética enzimática de Michaelis-Menten.
Efecto del pH y la temperatura sobre las reacciones enzimáticas.
Inhibición competitiva y no competitiva.
Separaciones cromatográficas.
Separaciones electroforéticas.

Libros útiles

Godfrey T. & Reichert J. (1983) *Industrial Enzymology*. London, MacMillan.
Mosbach K. ed. (1976) *Methods in Enzymology, Vol XLIV*. New York, Academic Press.
Palmer T. (1981) *Understanding Enzymes*. Chichester, Ellis Horwood.
Stryer L. (1981) *Biochemistry*. San Francisco, Freeman.
Trevan M. D. (1980) *Immobilized Enzymes*. Chichester, John Wiley.

Capítulo 13

Producción de enzimas

13.1 Introducción: el uso de enzimas

La aplicación práctica de la catálisis enzimática es un negocio de considerables proporciones. El mercado mundial se estimaba en 1981 en 65.000 Tm y un valor comercial de 400 millones de dólares, estimándose se alcanzasen las 75.000 Tm y los 600 millones de valor comercial, antes de 1985. Los enzimas se utilizan en cuatro campos bien diferenciados: como agentes terapéuticos, como herramientas para la manipulación de materiales biológicos (como genes, por ejemplo), como reactivos analíticos y como catalizadores industriales. Aunque existen unas 25 empresas con alguna actividad en cuanto a producción de enzimas en el mundo occidental, sólo un puñado de ellas responden de la mayor parte de la producción. Novo Industries, de Dinamarca, produce el 50 % de los enzimas vendidos en los mercados occidentales, mientras que Gist Brocades, de Holanda tiene a su cargo el 20 %, el conjunto de la producción de Estados Unidos sólo representa el 12 % del total. La distribución del volumen de producción no refleja el reparto en cuanto a valor en el mercado, y ocurre frecuentemente que los grandes productores se dedican a fabricar los enzimas de bajo coste y gran demanda, que se utilizan sobre todo como catalizadores industriales. Por el contrario, las pequeñas empresas suelen especializarse en la producción de cantidades pequeñas de enzimas de alto coste, utilizadas principalmente en la actualidad en aplicaciones de manipulación o como instrumentos analíticos. Como ejemplo de esto, se puede citar el precio de uno de los enzimas más baratos entre los disponibles comercialmente, una α-amilasa bacteriana, que sólo cuesta 1,7 dólares/kg y que tiene un mercado de 3.000 Tm/año; en el otro extremo estaría el caso de una ornitín carbamil transferasa, que cuesta 215 millones de dólares/kg y de la que no se venden probablemente más de 10 mg por año.

No es de extrañar, por tanto, que el 80 % de los enzimas que se producen anualmente sean simples enzimas hidrolíticos y que, de ellos, el 60 % sean proteasas. La Tabla 13.1 muestra los porcentajes aproximados correspondientes a distintas clases de enzimas, en cuanto al volumen de producción total. Puede observarse que la cantidad de

Tabla 13.1 Distribución de los enzimas industriales

Proteasas 59 %		*Carbohidrasas* 28 %		*Lipasas* 3 %	*Otros* 10 %
Alcalinas (detergentes)	25%	α-Amilasas	13%		Analíticas
Neutras	12%	Isomerasas	6%		Farmacéuticos
Acidas (cuajos)	10%	β-Amilasas	5%		Para desarrollo
Alcalinas (otras)	6%	Pectinasas	3%		
Tripsinas	3%	Celulasas	1%		
Acidos (otras)	3%	Lactasa			

enzimas utilizados en quesos y detergentes es más del triple de la que se emplea en el conjunto de las demás aplicaciones, ya sean analíticas, farmacéuticas o de investigación y desarrollo. Se podría pues decir que el lavado y la comida (o sea, la producción de detergentes y de agentes para el procesado de alimentos) son el «pan y mantequilla», o sea, la base, de la tecnología de enzimas hoy por hoy.

Sin embargo, cuando se considera el potencial futuro de la tecnología de alimentos, parece probable que el mayor crecimiento se registre en los usos no tradicionales de enzimas: como reactivos analíticos, en aparatos totalmente automatizados para uso en química clínica, control de efluentes o seguimiento de procesos; como catalizadores industriales, para producir productos químicos de gran pureza de los que se obtienen hoy únicamente por medios químicos. Precisamente sobre estas áreas se procurará hacer hincapié en esta sección.

Una advertencia final debe hacerse aquí y es para poner sobre aviso al lector sobre lo que se entiende por el término «enzimas» en este contexto. Si nos ponemos a comprar un enzima producido comercialmente, podemos encontrarnos con un producto que contiene sólo un 10 % de proteína y sólo 1 ó 2 % de enzima activo, que a su vez, puede estar constituido por una mezcla de enzimas similares. Las proteasas alcalinas usadas en detergentes, por ejemplo, se suelen comercializar como preparados con 2-3 % de enzimas activos, que van «empaquetados» con un 10 % de otras proteínas y 85 % de sales inorgánicas, sobre todo, bicarbonatos y fosfatos. Como ya veremos, existen buenas razones para hacer esto. En el otro extremo, nos podemos encontrar con enzimas constituidos por una sola especie molecular, con una pureza prácticamente del 100 %, como por ejemplo, las endonucleasas usadas en manipulación genética. Por otra parte, se está generalizando el uso de células completas, a veces modificadas, de plantas o microorganismos, para catalizar determinadas conversiones, No hay pues solución de continuidad en cuanto al tipo de «enzimas» empleados como catalizador industrial: desde el enzima muy purificado hasta la célula modificada usada como catalizador, ya en la frontera con el área de la tecnología de las fermentaciones. El microorganismo usado en una fermentación clásica, no es en esencia más que un complejo multienzimático que actúa como catalizador. Por estas razones, sería quizás mejor adoptar el recientemente acuñado término de «biocatalizador» para describir adecuadamente todas estas posibilidades.

No pretende un texto como éste hacer referencia a todos los muy diversos usos para los que emplean enzimas en la actualidad. Para una revisión detallada de este campo, puede el lector consultar el trabajo de Godfrey y Reichert (1983). Hay tres grandes pasos que median entre la formulación de la demanda de un determinado enzima y su eventual producción: la selección de la fuente, la extracción y la purificación. Cada uno de estos aspectos será tratado de forma aparte, pero debe tenerse en cuenta que, en la práctica, las tres fases constituyen un proceso integrado. Veremos que la manera en que se abordan estos tres pasos, depende de una serie de factores. Por ejemplo, la fuente del enzima puede condicionar tanto los procedimientos de extracción como los de purificación; la aplicación final del enzima determinará el grado de purificación requerido; la escala a que se realice la operación puede delimitar las técnicas que, en la práctica, se pueden aplicar.

13.2 Selección de las fuentes de enzimas

Más de 2.000 enzimas han sido aislados y caracterizados, siendo la mayoría de ellos potencialmente disponibles a partir de cualquier organismo biológico. El problema del tecnólogo de enzimas radica en ser capaz de discernir de que fuente aislar el enzima deseado. La solución viene dada en gran parte por las características que se soliciten del enzima y por el coste, naturalmente, del proceso global de aislamiento.

13.2.1 *Especificidad*

Si el enzima que se desea ha de ser usado en un proceso en el que se requiera un alto grado de especificidad, esto puede ya inmediatamente determinar la elección de la fuente. Por ejemplo, la primera fase de la elaboración del queso, o sea, la proteolisis parcial de la caseína para obtener cuajada, ha hecho uso tradicionalmente de la renina, un enzima aislado del estómago de los terneros lactantes, obviamente una fuente limitada y potencialmente cara. Sin embargo, la elevada especificidad de la renina del ternero, conduce a una forma muy especial de fragmentación de la caseína, que es difícil de imitar con proteasas de otras fuentes. Algunas reninas bacterianas que han sido aisladas y utilizadas en elaboración de queso, no han sido universalmente aceptadas, debido a que una sutil diferencia en los productos de la proteolisis de la caseína, es capaz de originar sabores indeseables en el queso final. Por el contrario, las proteasas alcalinas usadas en los detergentes en polvo, tienen una baja especificidad de acción y en ese caso, la sustitución de una proteasa por otra puede fácilmente ser válida. De hecho, como ahí lo que se desea es la hidrólisis de las proteínas desnaturalizadas e insolubles, para obtener péptidos solubles, resulta conveniente usar una mezcla de proteasas distintas, que al escindir la proteína en péptidos distintos, puedan actuar sinérgicamente. De esta manera, para obtener la deseada solubilización de la mancha de proteína desnaturalizada en un tiempo dado, se necesita menos cantidad total de enzima cuando se añaden dos proteasas juntas, que cuando se usa cada una de ellas por separado.

13.2.2 *pH*

Debe prestarse atención al pH al que haya de utilizarse el enzima. El efecto del pH no sólo es importante por lo que respecta a la actividad operativa, sino también por la estabilidad. Por ejemplo, la proteasa animal tripsina tiene su máximo de actividad a pH 3, pero sólo es activa entre pH 6 y 8; la xilosa isomerasa (también conocida como glucosa isomerasa), procedente de *Bacillus coagulans* tiene un rango óptimo de actividad entre pH 5,5 y 7,0, pero sólo es operacionalmente estable entre pH 4,0 y 8,5. Si se quiere obtener del enzima un buen rendimiento, debe conservarse tanto activo como estable al pH impuesto por el proceso en cuestión. Además, han de tenerse en cuenta los requerimientos de pH de las etapas anteriores y posteriores al momento en que ha de actuar el enzima. Por ejemplo, si el enzima es activo y estable a pH 7,0, pero tanto la etapa anterior como la posterior del proceso, han de transcurrir a pH 10,5, habrá que añadir considerables cantidades de ácido antes de que entren en contacto enzima y sustrato, y luego bastante álcali, después de que se complete la reacción, para volver a pH 10,5. El resultado neto sería una gran cantidad de sal y un gasto adicional. Sería mucho más conveniente poder disponer de un enzima capaz de trabajar a pH 10,5. Fue precisamente esta consideración, lo que condujo a la búsqueda de las proteasas alcalinas, que constituyen hoy la partida más voluminosa de los enzimas comerciales. Las proteasas se vienen usando desde hace más de 50 años, en productos para el lavado de materiales textiles. Al principio, los enzimas empleados eran proteasas neutras (o sea, activas y estables a pH 7,0), incompatibles por tanto con el pH típico de una solución de detergente (aproximadamente 10,5). Por eso, los preparados enzimáticos de entonces, sólo podían utilizarse en una operación de remojo o prelavado. Es obviamente mucho más práctico poder disponer de un enzima que pueda acompañar al propio detergente para el lavado.

13.2.3 *Temperatura*

Lo dicho a propósito del pH, también se podría decir al hablar de la temperatura. Contra lo que afirma más de un libro de texto de bioquímica, no existe propiamente una «temperatura óptima» para un enzima. En la Figura 13.1 se puede ver que la típica curva que representa la actividad enzimática en función de la temperatura, es en realidad resultado de dos tendencias antagónicas. El aumento de temperatura conlleva inexorablemente un aumento de velocidad de reacción, efecto al que se contrapone la ac-

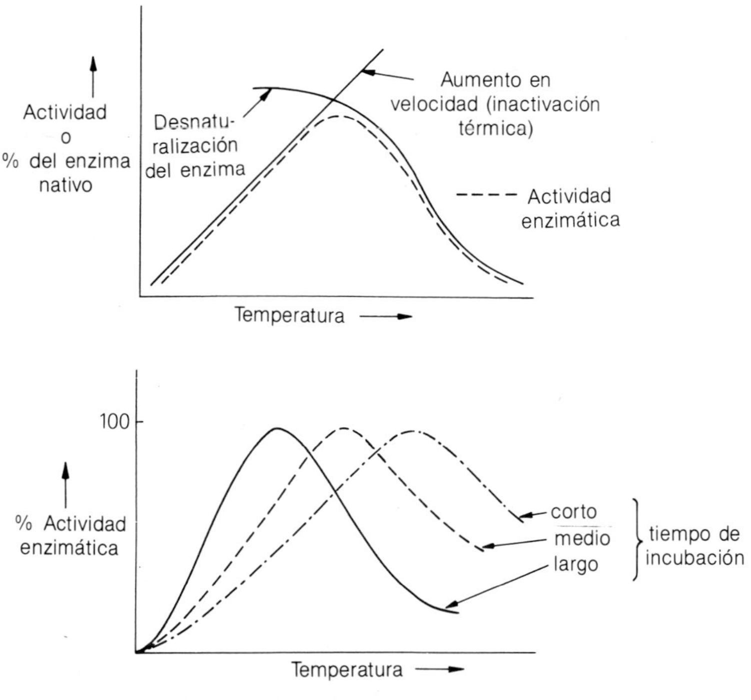

Fig. 13.1 Efecto de la temperatura sobre las reacciones catalizadas por enzimas

ción desnaturalizante del calor. Sin embargo, mientras que el incremento en velocidad de reacción es un fenómeno que se produce de forma instantánea, la desnaturalización de las proteínas lleva más tiempo. Así pues, a una temperatura determinada, la actividad real, medida en unidades (o sea, en cantidad de producto obtenido por minuto), irá disminuyendo al aumentar el tiempo de incubación. Cuando se compara la aptitud de distintos enzimas para actuar a una determinada temperatura, ha de tomarse la precaución de hacer iguales los tiempos de incubación, si no se quiere que los resultados carezcan de sentido. En general, es deseable trabajar a altas temperaturas, porque los procesos son así menos vulnerables frente a la contaminación microbiana y porque las velocidades de reacción se doblan por cada 10 °C que se aumenta la temperatura, acelerándose así el proceso. La estabilidad térmica del enzima que interese es también un atributo útil para la propia obtención del enzima, ya que ello permite la destrucción por calentamiento de otras actividades enzimáticas contaminantes.

Aunque el enzima totalmente termoestable pueda ser la meta ideal en la mayoría de los casos, en algunas situaciones (como en las que intervienen α-amilasas), puede interesar que el enzima se destruya por el calor al final del proceso.

13.2.4 *Activación/Inhibición*

Enzimas similares, pero aislados de distintas fuentes, pueden requerir diferentes activadores, o bien mostrar distintas respuestas frente a un determinado inhibidor. Así, por ejemplo, las β-galactosidasas bacterianas suelen necesitar cobalto como cofactor; su aplicación para la eliminación de lactosa, conllevará la pérdida de cobalto por parte de la leche tratada con estos enzimas. La separación del enzima y su activador puede implicar modificaciones en el pH óptimo o en la estabilidad térmica (véase Sección 14.5.4). Obviamente, la naturaleza del proceso para el que el enzima en cuestión esté destinado y, en particular, la composición que tenga el sustrato o haya de tener el producto, pueden tener una influencia decisiva para la selección del enzima y su fuente.

13.2.5 *Análisis*

Baste decir que se debe disponer de los métodos analíticos apropiados para detectar y cuantificar el enzima y sus productos.

13.2.6 *Disponibilidad*

La abundante disponibilidad del enzima y, por lo tanto, de su fuente, es de importancia fundamental. Esto se trata más adelante, en la Sección 13.4. No sólo debe el enzima ser fácilmente disponible, sino que tanto él como su fuente han de ser aceptables desde el punto de vista de la inocuidad. Esto es particularmente relevante cuando el enzima se vaya a destinar al procesado de alimentos, o pueda de otra manera entrar en contacto con personas (como en el caso de los detergentes). ¡Está claro que es preferible aislar un enzima destinado a alimentos a partir de un organismo no patógeno!

13.2.7 *Coste*

La consideración dominante en el contexto del procesado industrial es la del coste. De poco sirve dar con un enzima que es teóricamente mejor, si su coste es prohibitivo. Hay que tener en cuenta el coste tanto por unidad de conversión como en porcentaje respecto al coste total del procesado. Estas consideraciones son, sin embargo, de menor importancia en el campo de las aplicaciones terapéuticas o de la manipulación genética, donde tienen prioridad los criterios de elevada pureza y especificidad.

13.2.8 *Estabilidad*

En los párrafos anteriores sobre pH y temperatura, se han mencionado algunas consideraciones específicas relativas a la estabilidad; se volverá de nuevo sobre este tema en la sección dedicada a enzimas inmovilizados (ver Secciones 14.2 y 14.5). Han de hacerse aquí, sin embargo, algunas observaciones que vienen al caso. La primera es que la concentración efectiva de enzima puede en sí misma afectar a la estabilidad del preparado. Por razones que aún no son claramente comprendidas, pero que podrían implicar agregación de proteínas, muchos enzimas resultan estabilizados cuando aumenta su concentración. La segunda observación es que muchos enzimas pueden ser estabilizados por sus sustratos y/o sus productos; las amilasas, por ejemplo, tienden a ser más estables en presencia de almidón. Cuando un enzima es estabilizado por alguno de sus productos, su inactivación por ejemplo por el calor, al final de la reacción, puede resultar dificultosa. La tercera observación es que ciertos iones metálicos pueden estabilizar a algunos enzimas. Los iones de calcio, por ejemplo, a concentraciones de sólo 4 ppm, estabilizan la α-amilasa de *Bacillus licheniformis* hasta tal punto que puede retener el 100 % de su actividad después de 6 horas de incubación a 70 °C y pH 7,0; en ausencia de calcio, esas mismas condiciones de temperatura y pH bastan para su total inactivación en sólo 4 horas. Curiosamente, la α-amilasa de *Bacillus amyloliquifaciens* no es estabilizada por calcio. La cuarta observación a reseñar aquí es que algunos enzimas pueden estabilizarse al disminuir la concentración de agua en las mezclas de reacción. Por ejemplo, la licuefacción del almidón puede realizarse satisfactoriamente con una α-amilasa termoestable en una mezcla de almidón que tenga el 80 % de concentración de sólidos y ¡a 110 °C! Debe tenerse cuidado, no obstante, ya que concentraciones demasiado bajas de agua pueden rebajar la velocidad de la reacción y/o determinar que se altere el producto. La β-galactosidasa produce normalmente glucosa y galactosa, al hidrolizar la lactosa del suero de quesería, pero cuando se usa suero concentrado, el mismo enzima da además lugar a una mezcla de trisacáridos (véase también la Sección 15.3).

13.3 Fuentes de enzimas

Al definir las características que ha de reunir el enzima que nos interesa, es posible que hayamos ya limitado las fuentes potenciales de enzima a un sólo microorganismo. Es más probable, sin embargo, que debamos todavía valorar las ventajas relativas de distintas fuentes del mismo enzima. En principio, se pueden usar fuentes animales, vegetales o microbianas. Antes de comparar sus respectivas virtudes es instructivo echar una ojeada a las fuentes de los enzimas más comúnmente utilizados. En la actualidad, los únicos enzimas de origen animal de cierta importancia (en términos de volumen de producción) son la tripsina, varias lipasas y los cuajos; el uso tradicional de la actividad enzimática de las heces de perro para eliminar el pelo de las pieles para curtir, ha desaparecido prácticamente en los últimos años. Los enzimas de plantas son más utilizados; los más comunes son las proteasas papaina, bromelaina y ficina, las amilasas de cereales, la lipoxigenasa de soja y algunos enzimas especializados obtenidos de frutos cítricos. Estos enzimas se utilizan sobre todo en la industria alimentaria. Los enzimas microbianos constituyen el resto (y son de lejos, el grupo más importante en cuanto a volumen de producción), pero —y esto es interesante— a pesar de la enorme multitud de microorganismos disponibles, en la actualidad sólo se usan menos de 25 especies (8 bacterias, 4 levaduras y 11 mohos) para producir la casi totalidad de los enzimas microbianos comerciales. Existe, obviamente, el potencial para producir enzimas animales o vegetales a partir de microorganismos mediante trasplantes genéticos y la calificación que se ha de dar a esos enzimas está aún por resolver (¿cómo, por ejemplo, podría calificarse un queso hecho con quimosina producida a partir de genes de ternero expresados en *E. coli*).

Lo que está claro es que la fuente de un enzima y sus propiedades físicas y químicas determinan la eficacia de los procesos de extracción y purificación, así como la estabilidad y, en última instancia, el coste del enzima. Hasta el comienzo de los años 70 se creía que los materiales animales y vegetales eran las mejores fuentes de enzimas. Entre las diversas razones que sostenían esta creencia, estaba el hecho de que la mayor parte de los enzimas que se utilizaban entonces estaban destinados a la industria alimentaria, y los enzimas procedentes de plantas o animales no se consideraban afectados por problemas de toxicidad o contaminación. Después de todo, si se puede comer el animal, es obvio que se podrán comer sus enzimas. Además, la relativa facilidad para romper los tejidos vegetales, y más aún los animales, hacía su extracción más sencilla y menos costosa que la de los enzimas microbianos. Sin embargo, al crecer la demanda de enzimas, las fuentes de animales se hicieron limitantes y caras y las vegetales mostraron ser demasiado dependientes del clima y la política internacional, factores ambos no particularmente estables. Esto, unido a los refinamientos conseguidos en tecnología de fermentaciones condujo a un alza en la consideración de las proteínas producidas por microorganismos. Es quizás significativo el hecho de que, mientras en los últimos 5 años los enzimas de origen animal y vegetal han registrado un considerable aumento de precio en términos reales, los enzimas microbianos han incluso bajado los precios, también en términos reales.

13.4 Ventajas de los enzimas microbianos

Es obvio plantearse cuales han sido las razones que han contribuido a este cambio en costes relativos; ¿por qué son los enzimas microbianos mejores, desde el punto de vista comercial? Las ventajas son de dos tipos: técnicas y económicas.

13.4.1 *Ventajas económicas*

La principal ventaja económica de los enzimas microbianos es la de su producción a gran escala. La cantidad de producto que se puede obtener en una superficie pequeña en poco tiempo, supera muy de lejos a la que se puede conseguir de enzimas animales o vegetales. Por ejemplo, un fermentador de 1.000 litros de *Bacillus subtilis* puede llegar a producir hasta 20 kg de enzima en 12 horas. La cantidad media de cuajo que se extrae de un ternero es de 10 g, y producir un ternero lleva varios meses. Así pues, con los microorganismos, el industrial accede a los beneficios de la economía de escala. La segunda ventaja es la de la facilidad de extracción. Una gran proporción de los enzimas industriales de origen microbiano, por ejemplo la mayoría de las hidrolasas, son extracelulares y se obtienen por tanto del medio de cultivo, obviándose así los problemas de extracción. Incluso en el caso de los enzimas microbianos intracelulares, la mayoría de las veces la extracción no conlleva más pasos que los habituales para enzimas de organismos superiores. Por ejemplo, las primeras etapas de la producción de enzimas de animales o plantas, consisten en la obtención del organismo en cuestión y en su transporte a la planta de procesado. Los microorganismos, por el contrario, se obtienen *in situ* (con la notable excepción de la levadura procedente de las fábricas de cerveza), con el consiguiente ahorro en costes de producción y transporte del organismo y permitiendo además la integración de los procesos de producción y de extracción del enzima. Igualmente importante es la consideración de que el enzima animal o vegetal, a diferencia del microbiano, está específicamente localizado en un tejido u órgano; esa porción del organismo ha de ser separada del resto y han de eliminarse los residuos. Otras dos ventajas económicas de los microorganismos son la predictabilidad en el rendimiento de enzima, y la ausencia de variaciones estacionales. Las fuentes de enzimas animales y vegetales presentan amplias oscilaciones en rendimiento, y pueden no estar disponibles más que en determinadas épocas del año. Esta última condición exige, o bien instalaciones para el almacenamiento de grandes volúmenes de la fuente, animal o vegetal, o alternativamente, la inactividad del equipo de extracción durante largos períodos de tiempo, factores ambos que contribuyen significativamente al aumento de los costes.

13.4.2 *Ventajas técnicas*

Hay cuatro aspectos por los que los microorganismos son más ventajosos como productores de enzimas que los animales o las plantas. La primera es la enorme variedad de vías metabólicas (y, por tanto, de enzimas) que existen, no sólo en el mundo de los microorganismos en general, sino incluso dentro de una sola especie. Un microorganismo es teóricamente capaz de producir una amplia variedad de enzimas diferentes. La segunda ventaja de los microorganismos está en que crecen en un amplio rango de condiciones ambientales. Esto hace que sea más probable encontrar enzimas estables en condiciones extremas en microorganismos adaptados para crecer en ambientes hostiles. El ejemplo más obvio es el de los microorganismos termófilos que, a menudo, poseen enzimas que son por sí mismos estables a elevadas temperaturas. Los verdaderos organismos termófilos son los que crecen a 65 °C; se han observado algunos que proliferan a temperaturas muy superiores a ésta, como es el caso de *Methanothermus forvidus,* que crece hasta los 97 °C y algunos organismos aislados de aguas marinas profundas y supercalentadas que se reproducen a 250 atmósferas y 330 °C (ver Baross y Demming, 1983). No quiere esto decir que no se puedan encontrar enzimas termoestables en organismos mesófilos y así por ejemplo, la termolisina, una proteasa que retiene el 86 % de su actividad tras 30 horas a 70 °C, procede de *Bacillus thermoproteolyticus,* que tiene una temperatura óptima de crecimiento de 54 °C y no puede por tanto ser considerado como un termófilo. En términos estructurales, las diferencias entre los enzimas extraidos de organismos mesófilos y termófilos son normalmente muy pequeñas. Estas pequeñas diferencias, sin embargo, proporcionan al enzima termofílico considerables ventajas, aparte de la de poderse usar a altas temperaturas. Por ejemplo, el rendimiento de enzima es a menudo comparativamente mayor a partir de los organismos termófilos, por ser el propio enzima más resistente a las condiciones de la extracción y purificación o porque aguanta mejor el uso de disolventes orgánicos o detergentes. La duración de la vida del enzima suele ser también más larga. La Tabla 13.2 ilustra la diferencia en estabilidad entre gliceroquinasa de distintas procedencias.

La tercera ventaja radica en la mayor flexibilidad genética de los microoganismos, lo que supone una mayor facilidad para su manipulación (ver Sección 9.2, 9.3, y 11.2), con el fin de incrementar el rendimiento de enzima. La selección de cepas o mutantes, la inducción o derrepresión y la alteración del medio de crecimiento, son técnicas tradicionales para mejorar rendimientos que todavía se usan con preferencia sobre la transferencia genética. Sin negar el gran potencial que supone la transferencia genética, hay que señalar que la mutación al azar o la alteración del comportamiento de los genes existentes, son tecnologías de bajo coste, métodos rápidos y probados que no dependen del conocimiento (probablemente limitado) de la genética y la bioquímica del organismo donante. La ventaja final es el corto tiempo de generación de los microorganismos. El

Tabla 13.2 Estabilidad de la gliceroquinasa

Temperatura °C	*Bacillus stearothermophilus*	*E. coli*	*Candida mycoderma*
	$t_{\frac{1}{2}}$ min.		
60	310	4.5	0.7
70	3	0	0
80	0.5	0	0
20	sin pérdida en 10 días	8.6 días	4.1 días

promedio de las bacterias se reproducen en cuestión de minutos, mientras que las plantas tardan semanas en doblar su tamaño y los animales, meses. Incluso las plantas unicelulares tales como las algas que crecen en suspensión, tienen tiempos de duplicación que se miden en horas. Así pues, empezando con cantidades mínimas, los microorganismos pueden producir en días lo que las plantas tardarían meses en rendir.

Obviamente en el futuro pueden producirse avances en las técnicas de cultivo de células vegetales y animales que reduzcan el significado de algunas de las ventajas que hemos mencionado, pero incluso en ese caso, cuando el enzima deseado sólo se encuentre en un animal o planta superior, puede que sea más rentable transferir los genes correspondientes a un microorganismo que crezca rápidamente. Sin embargo, mientras que estas generalizaciones y predicciones pueden ser válidas para cuando se desea obtener un sólo enzima, la valoración puede ser distinta cuando se trate de sistemas multienzimáticos de origen vegetal o animal.

13.5 El problema de la escala

Antes de describir cada una de las técnicas de extracción y purificación de enzimas que están a la disposición del tecnólogo de enzimas, prestemos alguna atención a los problemas implicados en el uso de tales técnicas, cuando se aplican a operaciones en gran escala. Como principio general, hay que reconocer que lo que funciona mejor a pequeña escala puede no funcionar económicamente a gran escala. Lo que sigue es una discusión sobre los problemas generales que se plantean al aumentar la escala; los aspectos específicos se tratarán con cada técnica particular. Los puntos fundamentales son los relacionados con rendimientos y tiempo de procesamiento. La optimización de un proceso supone la obtención del rendimiento más alto posible en el tiempo más corto y el procedimiento para obtener dicha optimización debe tener en cuenta los factores que siguen.

Cuanto mayor sea la escala, más se tarda. El proceso de transferir un volumen de líquido de un recipiente a otro, es rápido y sencillo si se trata de sólo 100 ml; una rápida inclinación y ya está. Un volumen de 1.000 litros requerirá tuberías y bombas y, previsiblemente, tardará bastante más. De forma análoga, calentar un líquido, digamos de 20 a 60 °C, puede conseguirse fácilmente para un volumen pequeño pero, para uno grande, puede llevar varios minutos. Dejando aparte el hecho de que el aumento resultante en tiempo de proceso determina una disminución en cantidad de enzima producido por unidad de tiempo, tales prolongaciones en el tiempo de procesado pueden reducir el rendimiento, toda vez que el enzima habrá de mantenerse durante más tiempo bajo condiciones adversas (en cuanto a pH, por ejemplo, presencia de proteasas, calor, etc.).

Los aspectos físicos del manejo de grandes volúmenes, también conllevan sus problemas. Cuanto más grande sea el equipo de procesado, es probable que sea también más complejo y, por ejemplo, los dispositivos para bombeo o enfriamiento requerirán más mano de obra para su funcionamiento. Así pues, el incremento en escala de proceso más allá de un cierto nivel, puede conllevar un aumento desproporcionado en los costes, en forma difícil de predecir.

El control de la temperatura es mucho más problemático a gran escala. Al diseñarse un proceso, deben tenerse en cuenta los ciclos de calentamiento y enfriamiento; ha de prestarse la suficiente atención no sólo a la necesidad de calor, sino también a la de refrigeración. Un cubo de hielo alrededor de una cuba de 200 litros no es realmente una cosa factible. Por otra parte, no sólo hay que sumar el precio del equipo de calentamiento o refrigeración, sino el de la energía necesaria para que funcionen. No es pues de extrañar que se emplee el agua de refrigeración (una vez caliente) para calentar invernaderos o estanques para criar peces, como recurso para equilibrar gastos. Está por otra parte, el problema del control de la temperatura. En procesos a pequeña escala, es fácil y habitualmente deseable controlar la temperatura con un error inferior a 1 °C. A gran escala, los obstáculos que restan eficacia a la mezcla de los líquidos y a la transferencia de calor, hacen que no sean raras las variaciones de temperatura de 10-15 °C. El peligro es, por supuesto, que esto pueda causar inactivación del enzima y, por tanto, una reducción del rendimiento.

Uno de los mayores problemas para aumentar la dimensión de un proceso, está en el diseño del equipo, donde se suelen encontrar esencialmente dos dificultades. La primera es que no hay sistema que se comporte de manera ideal y, por tanto, predecible. Sin embargo, mientras que a pequeña escala la desviación del comportamiento ideal puede ser insignificante, al aumentar la escala, la desviación es mayor. Por esta razón, las predicciones teóricas de rendimiento para procesos a gran escala que estén basadas en comportamientos a pequeña escala, suelen resultar sobrestimadas, con un error por exceso que es, por sí mismo, impredecible. La segunda dificultad estriba en que algunos procesos que son operativos a pequeña escala, no se pueden hacer funcionar a gran escala por simples cuestiones de ingeniería. La centrifugación es un buen ejemplo; las ultracentrífugas capaces de alcanzar los 150.000 g son relativamente corrientes en los laboratorios de bioquímica. Sin embargo, tratar de construir una centrífuga a gran escala (para 1.000 litros de capacidad), capaz de desarrollar tal fuerza, basándose en el diseño de una centrífuga de laboratorio, sería como intentar construir el Concorde a base de estudiar las características de una avioneta Cessna. De igual forma han de modificarse frecuentemente los procedimientos cromatográficos. La típica columna de cromatografía de laboratorio es larga y estrecha, porque esa forma es la que da el máximo de resolución en el producto. Sin embargo, la compresibilidad de los geles comúnmente usados como medios cromatográficos es un problema cuando lo que se necesita son columnas de varios metros de largo; la variación en presión diferencial a lo largo de la columna, hará que las partículas de gel se empaqueten de modo desigual, originándose canales en el seno del gel o incluso bloqueándose el flujo. Existen dos posibles soluciones para este problema: la puesta a punto de medios de cromatografía no comprimibles, o bien, un nuevo diseño para las columnas, de forma que sean cortas y anchas. Los medios de cromatografía de la última generación parecen ser significativamente más rígidos que los precedentes. Las columnas gruesas y cortas, por otra parte, a pesar de su menor poder de resolución, poseen algunas ventajas económicas intrínsecas; para su construcción se necesita, para un mismo volumen, menos material (y, por tanto, menos coste); por otra parte, una menor caída de presión diferencial permite ahorrar energía y usar bombas menos costosas. Otro aspecto general del diseño que ha de tenerse en cuenta, es el de que es deseable que los procesos a gran escala trabajen de forma continua. Las centrífugas que funcionan por tandas (en «batch») pueden, en los procesos a gran escala, resultar menos viables económicamente que las que lo hacen en forma continua, aunque éstas siempren desarrollen menor fuerza centrífuga.

La siguiente complicación a considerar es la compatibilidad del equipo en la planta de procesado. A pequeña escala, el hecho de que determinada porción del equipo esté dedicada únicamente a un sólo proceso, carece de importancia económica. A gran escala, se debe intentar que el equipo sea lo más multifuncional posible, para poder servir para más de un proceso. Dejar sin usar, durante largos períodos de tiempo, una pieza grande del equipo, que ha podido representar una importante inversión de capital, es sencillamente antieconómico. Los distintos requerimientos de los diversos procesos pueden plantear limitaciones en el diseño del equipo, resultando como compromiso un diseño que no es el óptimo para ninguno de los procesos. Aún cuando ello determine una disminución en la capacidad o el rendimiento de alguno de los procesos, esto puede, en última instancia, tener sentido desde el punto de vista económico, ya que sólo hay que compensar un gasto de capital frente a los beneficios finales. Al considerar estas cuestiones, hay también que tener en cuenta la presencia *in situ* del equipo de que ya se disponga, así como sus posibilidades de adecuación y las perspectivas futuras de aprovechamiento de cualquier pieza del equipo construida de alguna forma especial.

Finalmente, al iniciar un programa de investigación y desarrollo, han de evaluarse los costes previsibles. Por ejemplo, el bioquímico de laboratorio puede poner a punto un proceso impecable, basado por ejemplo en cromatografía de afinidad, que luego resulte inviable a gran escala, debido a los cuantiosos gastos derivados de la preparación de estos medios de separación (pág. 193). Incluso en el caso de que ineludiblemente deba usarse cromatografía de afinidad, puede resultar razonable sacrificar poder de resolución a cambio de ahorrar en los costes de material, optando por un ligando barato (como los tintes Procion) en vez de otro más caro de tipo «bioquímico». Además, es importante valorar el coste del proceso, no sólo con relación al precio del producto, sino también en función del volumen de mercado que éste pueda tener. Así, aunque el producto a conseguir se pueda vender a varios miles de libras esterlinas por kg, montar un proceso a base de alta tecnología y altos costes no merecería la pena cuando el volumen de mercado vaya a ser sólo de unos pocos cientos de kg por año. Los ingresos totales obtenidos con el producto, no serían suficientes para cubrir las inversiones necesarias.

13.6 Extracción de enzimas

Una vez tratado el tema de la selección de la más apropiada fuente de enzima, el paso siguiente es extraerlo a partir de esa fuente. Existen muchos métodos, y la elección del más adecuado dependerá de diversos factores, tales como la naturaleza de la fuente, la escala de la operación, la estabilidad del enzima, o la pureza que se necesite. En este contexto, se entiende como gran escala a partir de 1 kg de materia prima, aunque obviamente, cuando se trata de enzimas que se producen por toneladas habría que hablar de muchas toneladas de materia prima.

Para abordar la tarea de la extracción de un enzima, hay que comenzar por una comprobación sobre su localización celular. ¿Es extracelular (como muchas hidrolasas bacterianas), en cuyo caso no sería necesaria la extracción, intracelular, o acaso está ligado a membranas?

Si se están considerando procedimientos que requieran algún grado de ruptura de las células, hay que valorar las considerables ventajas que supone emplear el método menos destructivo, siempre que libere una buena proporción del enzima deseado, de forma que se reduzca al máximo la contaminación por el extracto, simplificándose así la purificación subsiguiente. Por ejemplo, puede resultar más económico extraer sólo el 50 % del enzima disponible, si ello no conlleva más que una pequeña contaminación de otros componentes celulares; esto redundaría en una purificación simplificada y, por tanto, en una disminución de los costes. Con este ejemplo queremos hacer hincapié en la necesidad de estudiar de un modo global el asunto de la optimización de la producción del enzima, en vez de tratar de optimizar de forma separada todos y cada uno de sus pasos.

Generalmente, la extracción de los enzimas intracelulares solubles de origen vegetal o animal, presenta pocos problemas, pues los tejidos son normalmente blandos y se trituran fácilmente picándolos o batiéndolos. La mayoría de los microorganismos, sin embargo, son muy robustos desde el punto de vista mecánico y es necesario aplicar métodos más vigorosos para que liberen sus enzimas intracelulares solubles. Los enzimas ligados a membranas son un caso aparte, independientemente de su fuente. A continuación se describen una serie de métodos para romper células y extraer enzimas, la mayoría de los cuales se aplican sobre todo a microorganismos; se intenta en cada caso discutir la viabilidad de su uso a gran escala.

13.6.1 *Abrasivos*

No es casualidad que uno de los métodos más corrientemente empleados para romper las células, esté basado en una técnica con tanta solera como el mortero y el almirez; estamos hablando del uso de abrasivos. A pequeña escala (1 litro), una batidora de laboratorio complementada con un puñado de bolas de vidrio, sirve para romper células microbianas relativamente duras (y para extrar, por ejemplo, glucosa deshidrogenasa de *Bacillus subtilis*). A una escala mayor, se pueden usar distintos dispositivos que funcionen en continuo (por ejemplo, el «Dynomill»). En esencia, todos ellos están constituidos por largos cilindros con entrada y salida en extremos opuestos y con un eje longitudinal del que parten agitadores radiales (Fig. 13.2). Para conseguir la abrasión, hay bolas de vidrio dentro de la cavidad del cilindro. La capacidad suele estar entre los 0,6 y los 15 litros. Con este tipo de equipo se pueden extraer, a partir de diversas fuentes, muchos enzimas, como por ejemplo, la formato deshidrogenasa de *Candida boidino,* partiendo de más de 1 kg de pasta de células. Rehacek y Schaefer (1977) han descrito

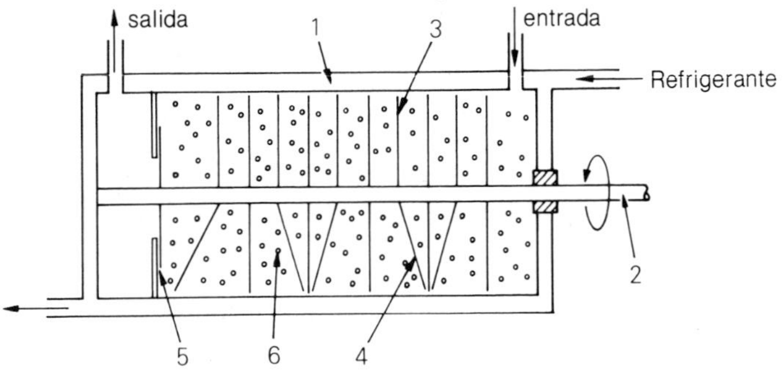

Fig. 13.2 Principio del dispositivo Dynomill para la ruptura de celulas: (1) tambor refrigerado; (2) eje de rotación (posiblemente refrigerado) al que se fijan discos que sean; (3) radiales o; (4) alternativamente oblicuos y radiales; (5) válvula para impedir la salida de; (6) perlas de vidrio

una variante más eficiente, en la que las paletas agitadoras están dispuestas a lo largo del eje, de forma que se alternan unas perpendiculares al eje con otras oblicuas; este dispositivo ha sido usado en un contenedor de 20 litros, para romper células de levadura en continuo. Un sistema de este tipo podría procesar de 25 a 45 kg de pasta por hora, fluyendo como suspensión al 15 %, a razón e 150-250 litros/hora. Los citados autores afirman que el sistema puede procesar hasta 340 kg/hora y que el dispositivo tiene además la ventaja de poder romper estreptococos, estafilococos y micrococos, organismos que generalmente resultan muy resistentes a la ruptura. Este equipo tiene también la ventaja de que puede ser instalado sin problemas dentro de una campana de seguridad, lo que permitiría usarlo para organismos potencialmente patógenos, como por ejemplo, para la extracción de endonucleasas de restricción a partir de *Haemophilus spp.*

13.6.2 *Cizalla líquida*

Se suele llamar de cizalla líquida al procedimiento consistente en hacer pasar suspensiones de células a alta presión, a través de un pequeño orificio que comunica con una cámara a presión atmósferica; las células explotan, literalmente, por la súbita decompresión. Los procesos de este tipo se pueden desde luego adaptar a un funcionamiento en continuo, trabajando a pequeña escala, con presiones de hasta 200 MPa. Estos rápidos cambios de presión generan grandes cantidades de calor, como habrá podido notar cualquiera que haya inflado ruedas de bicicletas con una bomba metálica; es pues necesario refrigerar de forma eficaz. Existen aparatos que pueden procesar hasta 250 litros/hora, aunque a medida que se aumenta la escala de la operación, la diferencia de presión va siendo menor, consiguiéndose por tanto un menor grado de ruptura en una sola pasada. Para compensar este menor grado de ruptura, se puede instalar un sistema de reciclado, pero esto naturalmente contrarresta la ventaja de la mayor velocidad de flujo, conseguida al aumentar la escala. Este procedimiento para romper células vendría pues a ser uno de esos casos en los que las limitaciones prácticas de un determinado equipo hacen que la gran escala no sea necesariamente más productiva. La cizalla líquida es, sin embargo, un buen método para aplicar a los microorganismos menos robustos (Bacterias gram negativas, por ejemplo), aunque frecuentemente el grado de ruptura obtenido dependa de la fase de crecimiento, siendo las células en fase estacionaria más resistentes que las de la fase exponencial. Para romper el máximo de las células más robustas, o sea, las fúngicas o las de bacterias gram positivas, se puede necesitar un reciclaje continuo.

13.6.3 *Choque osmótico*

El procedimiento de suspender las células en agua destilada para liberar las proteínas deseadas, es teóricamente útil, ya que las condiciones exigidas son muy suaves. Muchos organismos, sin embargo, son extremadamente resistentes al choque osmótico, por lo que este tipo de proceso sólo se usa en la práctica para organismos gram negativos (como *E. coli*, por ejemplo), cuando se quieren liberar los enzimas, generalmente hidrolíticos, alojados en el espacio periplásmico. La ventaja de esta técnica es que sólo provoca la extracción de los enzimas en esa localización, que constituyen normalmente menos del 5% del total de las proteínas de la célula, y esto simplifica la purificación. Algunos enzimas poco frecuentes pueden ser liberados por este método, por ejemplo, la luciferasa de *Photobacterium fischeri.* No obstante, el choque osmótico no es un método ideal para aplicar a gran escala de forma general, debido a tres razones prácticas: los grandes volúmenes implicados (400 litros para 10 kg de pasta de células), el elevado número de pasos de centrifugación empleados y la necesidad de refrigeración.

13.6.4 *Alcalis*

Quizás el método más sencillo para lograr la lisis celular sea el tratamiento con álcalis. La mayoría de las células se desintegran así, a pH entre 11,5 y 12,5, por lo que, en teoría, la alcalinización de una suspensión de células es un método simple, barato y fácil de aplicar a gran escala. Tiene, sin embargo, un inconveniente obvio: sólo sirve si el enzima deseado es estable a alto pH durante 20-30 minutos. Hasta ahora, el método sólo ha podido emplearse a gran escala para el aislamiento de un enzima, la asparaginasa de *Erwinia chrysanthemi.*

13.6.5 *Detergentes*

También en teoría, el uso de detergentes es un método ampliamente aplicable a la ruptura de células. Aunque la mayoría de ellas pueden ser rotas por la acción de detergentes en determinadas condiciones de pH, fuerza iónica y temperatura, esto hace, sin embargo, que se desnaturalicen la mayor parte de los enzimas. En este sentido, los detergentes iónicos son aún peores que los no iónicos, pues su mayor reactividad causa la disociación de las lipoproteínas. Aparte de esto, el uso de detergentes complica el diseño y control de los procesos, exigiendo un cuidadoso control de los efectos medioambientales e impidiendo el uso de algunos métodos útiles para la purificación, tales como la precipitación por adición de sales. A pesar de esto, los detergentes pueden resultar de provecho para algunas aplicaciones concretas, como por ejemplo, para la extracción de enzimas ligados a membranas. Este es el caso de la colesterol oxidasa de *Nocardia spp.,* que se extrae con detergentes, mediante un proceso que fue desarrollado tras fracasar otros métodos más frecuentes de extracción. El procedimiento, que ha sido descrito en detalle por Buckland *et al.* (1974), consiste en esquema en la extracción con 0,5 % Triton X-100 en tampón 5 mM fosfato pH 7,5, seguida de una adsorción sobre DEA-Sephadex en batch, con posterior elución. Este proceso tiene la ventaja añadida de la baja concentración de proteína en el sobrenadante de la extracción (o sea, que se extrae muy poca proteína, aparte del enzima en cuestión), lo que simplifica la purificación que se ha de realizar a continuación.

13.6.6 *Cizalla sólida*

El método consiste en congelar una pasta de células, normalmente por debajo de los —20 °C, y en hacerla pasar a alta presión, a través de un pequeño orificio; el proceso se suele realizar tradicionalmente por tandas y a pequeña escala. Ha sido diseñado un equipo para el tratamiento en continuo de hasta 10 kg de pasta de células por hora, pero su manejo es complicado y costoso y no es probable que se utilice mucho a no ser para aislar enzimas sensibles al calor.

13.6.7 *Lisozima y EDTA*

El uso combinado de lisozima (obtenida comercialmente a partir de clara de huevo) para destruir paredes bacterianas y de EDTA, para lisar membranas (por su efecto quelante de los iones calcio), constituye un método delicado y específico para romper células a pequeña escala. La lisozima sólo es eficaz en las bacterias gram positivas. Su alto precio impide, sin embargo, su uso a gran escala.

13.6.8 *Disolventes orgánicos*

Aunque los disolventes orgánicos (el tolueno, por ejemplo) sirven para romper muchos tipos de células y se pueden calificar como un medio tradicional de ataque, no se emplean para la extracción a gran escala por diversas razones, entre ellas el precio, la toxicidad, la desnaturalización de proteínas y la inflamabilidad.

13.6.9 *Sonicación*

Los ultrasonidos son utilizados frecuentemente a pequeña escala para liberar enzimas intracelulares. El elevado requerimiento de energía, sin embargo, la dificultad para la transmisión de energía en grandes volúmenes y el problema de la disipación de calor, hacen a la sonicación poco práctica a gran escala.

13.7 Purificación de enzimas

13.7.1 *Introducción*

Dejando aparte una o dos notables excepciones, como ya se ha indicado, la solución al problema de la extracción del enzima, genera el problema de su purificación. Normalmente el proceso comprende 6 etapas: eliminación de ácidos nucleicos, eliminación de restos celulares, purificación preliminar, concentración, purificación final, concentración y envasado. A los efectos de esta discusión, purificación y concentración serán tratadas de forma conjunta, ya que la purificación frecuentemente conlleva concentración.

Sin embargo, y antes de empezar nuestras consideraciones, hemos de volver nuestra atención, una vez más, hacia los criterios prioritarios en la producción de enzimas a gran escala; ¿consigue el proceso producir enzima con la pureza necesaria al mínimo coste posible? La respuesta obvia sería que sí, siempre que se haya optimizado al máximo el proceso integrado. Sin embargo, hay que tener presentes dos factores que no han sido discutidos hasta ahora. Primero, que la mayoría de los microorganismos son capaces de proporcionar grandes cantidades de más de un enzima a la vez y segundo, que normalmente hay mercado para más de un enzima. Puede resultar ventajoso considerar la posibilidad de producir y purificar más de un enzima a partir de un solo proceso. Si se adopta este planteamiento de la producción multienzimática, hay que tener en cuenta un par de cuestiones suplementarias. Es necesario llegar a un compromiso en cuanto al proceso óptimo para la producción de uno de los enzimas, para permitir la consiguiente producción del segundo enzima, el tercero, el cuarto, etc. En otras palabras, el proceso en conjunto ha de ser optimizado a costa de renunciar a la producción óptima de cada enzima. La obtención de dos o más productos enzimáticos a partir de un proceso, tiene claramente la ventaja económica de que hay más productos con los que pagar los costes de producción, inversión de capital, etc, suponiendo siempre que el beneficio obtenible, calculado multiplicando el valor de mercado de cada enzima obtenido, por su correspondiente volumen de producción y restando a ésto los costes de producción, de una cifra mayor que la resultante del proceso para un solo enzima.

Atkinson y col. (1979) hicieron un planteamiento de este tipo para la purificación regular de cuatro enzimas —superóxido dismutasa, rodanasa, tirosil-tRNA sintetasa y triptofanil-tRNA sintetasa— a partir de una única extracción de *Bacillus stearothermophilus* y con un proceso que permite además la recuperación de otros 18 enzimas (Fig. 13.3). Además de los enzimas indicados, es posible adaptar este proceso para producir endonucleasa de restricción Bst I. Montar un proceso separado para la obtención de este último enzima, sería probablemente totalmente ineconómico, ya que se encuentra a una concentración de sólo el 0,004 % del total de proteína soluble del extracto crudo.

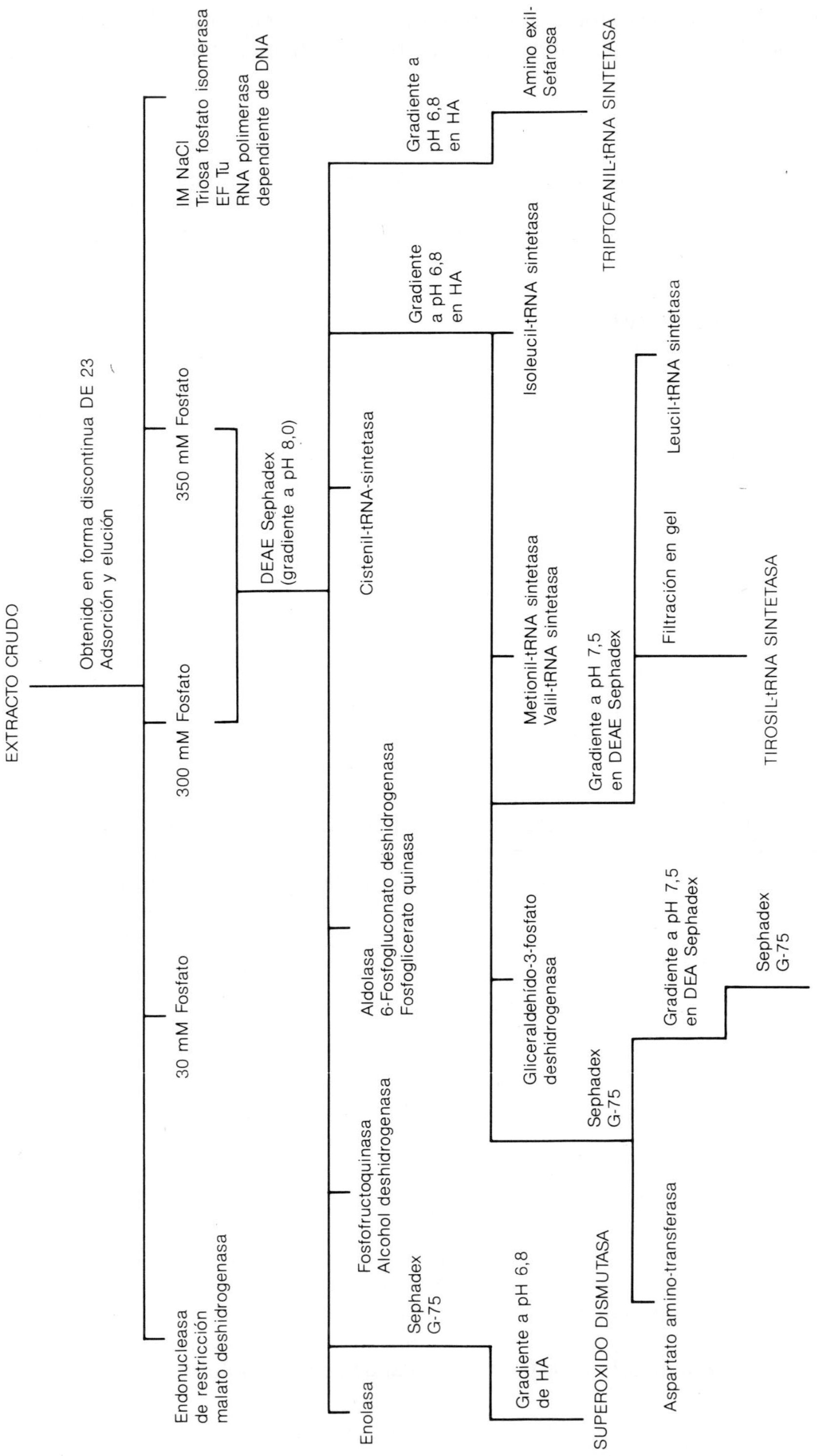

Fig. 13.3 Diagrama de flujo de la preparación de varios enzimas a partir de ***Bacillus stearothermophilus***. Los cuatro enzimas que se extraen de rutina han sido indicados con mayúsculas y

Finalmente, cuando se emprenda la tarea de la purificación de un enzima, no debe perderse de vista el principio general de que cuantos menos pasos haya, menores serán las pérdidas.

13.7.2 *Eliminación de ácidos nucleicos*

La mayoría de los métodos de extracción, con escasas excepciones, tienen como resultado la destrucción más o menos completa de la célula. En consecuencia, no sólo el enzima que nos interesa, sino también el resto del contenido celular, queda liberado en el medio. En la mayoría de las células, un componente importante y por ello, dentro de este contexto, un contaminante importante, que ha de ser eliminado, son los ácidos nucleicos. Como la mayor parte de los polímeros solubles, los ácidos nucleicos contribuyen de forma considerable a aumentar la viscosidad de la solución, haciéndola más difícil de manipular. Por esta razón, el primer paso de la purificación suele implicar la eliminación de ácidos nucleicos. Existen dos caminos posibles para ello, la precipitación y la digestión. La precipitación se puede conseguir fácilmente mediante adición de policationes de alto peso molecular, tales como protamina, estreptomicina o polietilenimina. Estos policationes son, sin embargo, relativamente caros y no se usan frecuentemente por razones económicas. La digestión enzimática con nucleasas es por otra parte, fácil y barata, por lo que viene a ser el método elegido en la mayoría de los casos. Por supuesto, el tratamiento con nucleasa no elimina en realidad los ácidos nucleicos sino que meramente los acorta, pero al hacer esto reduce la viscosidad de la mezcla, que es básicamente de lo que se trata. Los oligonucleótidos resultantes resultan eliminados en estadios posteriores de la purificación. Los casos en que la digestión enzimática tiene menor validez son los de preparación de DNA ligasas, y exo- y endonucleasas, debido al alto grado de pureza que el empleo de estos enzimas exige. Ahí es necesario hacer uso de la precipitación, cargándose al elevado precio al que se venden estos enzimas, el coste adicional.

13.7.3 *Eliminación de partículas sólidas*

Una vez precipitados o digeridos los ácidos nucleicos, han de ser descartados los restos celulares. Estos restos están compuestos por ácidos nucleicos precipitados, paredes celulares, grandes fragmentos de membranas, células sólo parcialmente rotas, etc. Hay que tener cuidado, naturalmente, para no tirar al niño junto con el agua del baño, si es que el enzima deseado se encuentra ligado a membranas. Hay dos posibles caminos, la centrifugación o la filtración, y la elección dependerá en parte de la escala a la que se desea realizar la operación y en parte, de la naturaleza de los sólidos presentes.

Si se trabaja a escala intermedia, con menos de 5 kg de material de partida, a menudo lo más sencillo es emplear una centrífuga grande de laboratorio que trabaje por tandas. Las centrífugas con capacidad hasta de 6 litros y con fuerza centrífuga de hasta 3.000 g, son bastante frecuentes. Para separaciones a mayor escala (o sea con 5 kg o más de material de partida), será probablemente deseable poder usar algún tipo de proceso continuo. Existe una amplia variedad de centrífugas continuas, desde las de tipo disco, que operan a 6.000-8.000 g, pudiendo retener hasta 60 kg de sólidos y admitir hasta varios miles de litros por hora, hasta las de tipo tubular (que alcanzan hasta 16.000 g) o basculante (800 g), habiéndose usado incluso centrífugas domésticas para escurrir ropa, convenientemente adaptadas. Algunas centrífugas continuas admiten la posibilidad de descargar de manera intermitente los sólidos acumulados, lo que supone la ventaja, desde el punto de vista operativo, de no tener que parar la centrífuga para vaciarla. Sin embargo, como la descarga suele ser una papilla con un 50% de líquido, se pierde así parte del líquido sobrenadante (o sea, del enzima), por lo que deben hacerse números para ver si la descarga intermitente trae cuenta desde el punto de vista económico (Fig. 13.4). Aunque la centrifugación es un buen método para eliminar material viscoso o gelatinoso (como es este el caso), difícil de filtrar, no es procedimiento muy apropiado

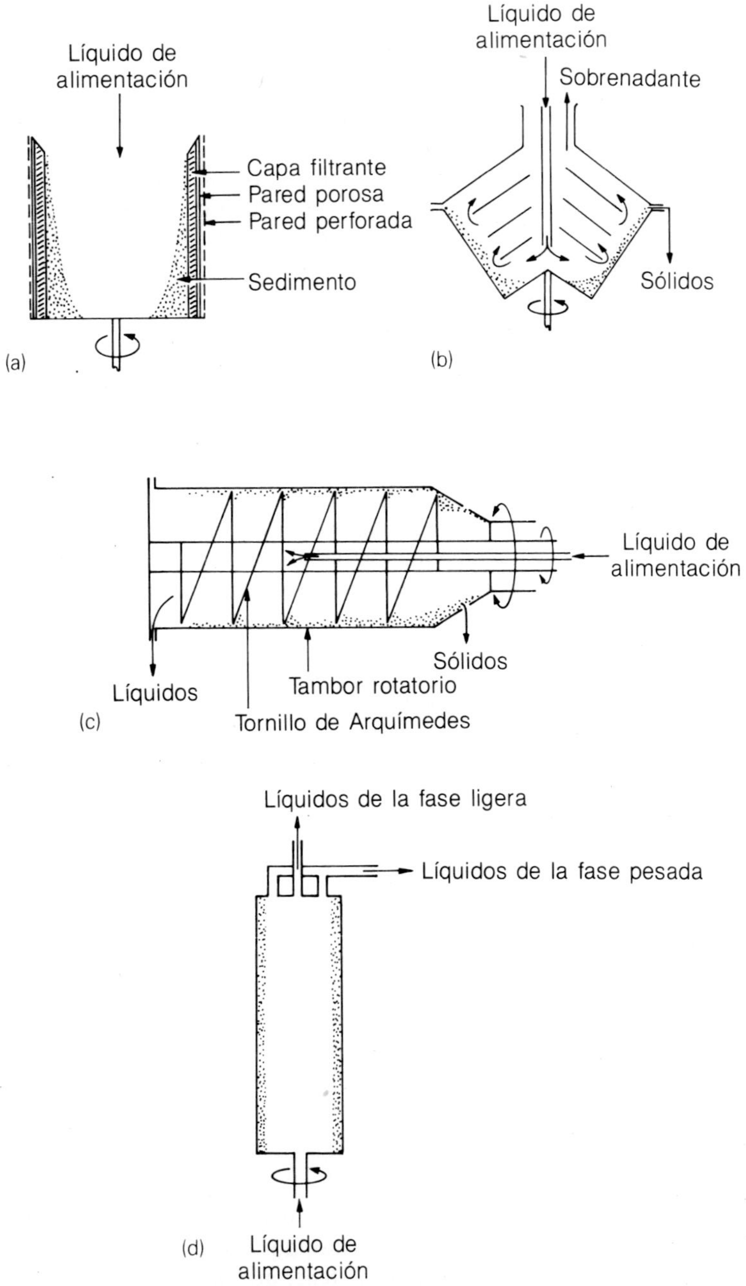

Fig. 13.4 Tipos de centrífuga continua (a) de cestillo (b) de taza (c) cilíndrica (d) «Sharples Super»

para emplear con grandes volúmenes de precipitados floculados, que pueden bloquear las conducciones de alimentación de la centrífuga. En esas condiciones, la filtración ofrece mejores perspectivas.

13.7.4 *Purificación y concentración*

La eliminación de los ácidos nucléicos y los restos celulares presentes en los extractos, deja un líquido sobrenadante que contiene el enzima deseado. El siguiente paso del proceso consiste en la eliminación de los contaminantes no deseados, moléculas pequeñas, orgánicas e inorgánicas, otras proteínas y la mayor parte del agua, si no toda. Hay una serie de métodos disponibles para purificar y concentrar el enzima deseado; algunos consiguen las dos cosas a la vez, otros sólo una de ellas. La selección del método de purificación apropiado, en gran medida, suele ser fruto de una mezcla de empirismo, pragmatismo y experiencia, y es imposible hacer generalizaciones. La Tabla 13.3 resume los procedimientos de extracción y purificación utilizados para varios enzimas. Examinando los datos de esta Tabla, puede verse que el proceso global de purificación y concentración consta de una serie de pasos individuales. Primero, una purificación inicial, que puede conllevar algo de concentración, seguida de otro paso de purificación, a base normalmente de cromatografía y finalmente, una concentración del enzima purificado.

13.7.4.1 *Precipitación.* Este es un método de separación de proteínas con mucha tradición, que está idealmente indicado para la purificación inicial a partir de un extracto que contenga el enzima. La precipitación puede ser de tipo negativo o positivo, o sea, que cabe precipitar las impurezas o el enzima. Esto último puede ser preferible, porque así se puede resuspender el enzima precipitado en un pequeño volumen de líquido, consiguiéndose la concentración además de la purificación. Para la precipitación, se pueden usar diversos agentes. Ajustando el pH del extracto, de 7,0 hasta 4,0 o 5,0, se consigue muchas veces eliminar los componentes solubles de las paredes celulares y numerosas proteínas no deseadas; esto ha sido aplicado por Marutzky *et al.* (1974), por ejemplo, para la purificación inicial de nucleósido-5'-fosfotransferasa de zanahoria. Es evidente que este método sólo puede usarse en los casos en que el enzima deseado es estable y soluble a pH bajo. Quizás el agente de precipitación más ampliamente usado sea el sulfato amónico, cuyo efecto en los procedimientos de precipitación fraccionada, puede considerarse un ejemplo de combinación positiva y negativa: la adición gradual del sulfato amónico sólido hace que precipiten primero las proteínas no deseadas y después la que interesa. Con procedimientos muy simples y baratos, se pueden obtener grados considerables de purificación y concentración, y esto puede servir para justificar lo extendido de esta práctica. Además, las concentraciones altas de sulfato amónico pueden aumentar considerablemente la estabilidad de muchos enzimas.

A muy gran escala, sin embargo, el uso del sulfato amónico puede presentar problemas de manejo y eliminación, pues altas concentraciones de esta sal pueden corroer el cemento e incluso el acero de alta calidad utilizado en las instalaciones a gran escala. El sulfato sódico no es corrosivo, pero su menor solubilidad requiere que se suba la temperatura por encima de los 35 °C, para conseguir el mismo grado de precipitación fraccionada.

Aunque los disolventes orgánicos son agentes de precipitación eficaces y adecuados para el trabajo de laboratorio, rara vez son empleados a gran escala, a causa de su inflamabilidad. Diversos polímeros han sido utilizados como agentes de precipitación. El polietilenglicol (PEG), que no es ni tóxico ni inflamable, es utilizado para el fraccionamiento del suero, pero su uso se ve limitado por su alta viscosidad en solución. El ácido poliacrílico, que tampoco es tóxico, ha sido empleado en la purificación parcial de la

Tabla 13.3 Métodos para la purificación de enzimas

Enzima	*Organismo de procedencia y método usado*	*Referencia*
L-Asparaginasa	*Citrobacter* spp. (55 kg de pasta) Homogenizador Manton Gaulin Precipitación de ácidos nucleicos con $McCl_2$ Fraccionamiento con acetona Fraccionamiento con sulfato amónico Columna de DEAE-celulosa (8 dm^3) con elución en gradiente Columna de hidroxiapatito (2 dm^3) con elución en gradiente 3 columnas de Sephadex G200 (1,4 dm^3) en serie	Bascomb *et al.* (1975)
β-Galactosidasa	*Escherichia coli* Homogenizador Manton Gaulin Fraccionamiento con sulfato amónico Cromatografía de afinidad en una columna de p-aminofenil-β-D-tiogalactosido-agarosa (1,8 dm^3) eluida con 0,05 M fosfato pH 7,0 y 0,1 M borato pH 10	Robinson *et al.* (1974)
Formaldehído y formato deshidrogenasa	*Candida boidini* (1 kg de pasta) Dynomill, funcionando a 5 dm^3/hora Sulfato de estreptomicina para precipitar los ácidos nucleicos Columna de DEAE-celulosa (7,8 dm^3) eluida de modo discontinuo Columna de DEAE-celulosa (1 dm^3) eluida en gradiente Columna de hidroxiapatito (1 dm^3) eluida en gradiente	Schutte *et al.* (1976)
Pululanasa y 1,4-α-glucan fosforilasa	*Klebsiella pneumoniae* (5 kg de pasta) Extracción de células con colato sódico Reparto en dos fases líquidas usando 9 % PEG y 2 % dextrano *Fase superior:* Eliminar PEG por diafiltración. Precipitar PULULANASA con bromuro de cetil-trimetilamonio *Fase inferior:* Homogenizador Manton Gaulin. Añadir PEG al 12 % y separar la fase superior. Añadirle PEG hasta el 19 % y 1,22 M KCl Tomar fase inferior y eliminar el PEG por diafiltración Adsorber con CM-Sephadex y eluir la 1,4-α-GLUCAN FOSFORILASA	Hustedt *et al.* (1978)
Renina	*Riñón de cerdo* (100 kg) Triturar el tejido Fraccionamiento con sulfato amónico Cromatografía de afinidad en una columna (0,5 dm^3) de pepstatin-Sepharosa Cromatografía en Ultrogel AcA 44	Hue *et al.* (1976)

amiloglucosidasa de *Aspergillus niger.* Un problema general de los métodos de precipitación es que hay que realizarlos por tandas y esto resulta difícil de integrar dentro de un proceso continuo global.

13.7.4.2 *Adsorción.* La adsorción sobre materiales insolubles, por tandas, ha sido muy utilizada en los pasos preliminares de purificación y concentración de proteínas.

Se pueden usar para esto, tres tipos de materiales: resinas, dextranos sustituidos o agarosa y celulosas sustituidas. El principio de adsorción que se aplica es habitualmente el del intercambio iónico, pero con algunos materiales, como la celita o el hidroxiapatito, la adsorción es inespecífica. Las resinas de intercambio iónico, tales como los poliestirenos sulfonados, resultan en la práctica de poca utilidad para la adsorción de proteínas, porque su alto grado de sustitución puede causar la desnaturalización. La excepción a esto es su uso con proteínas de punto isoeléctrico particularmente alto, como el citocromo c. Se usan muchos materiales para intercambio iónico las celulosas sustituidas, los dextranos y las agarosas, aunque a gran escala tienden a resultar caras. Los materiales como la celita y el hidroxiapatito, aunque interaccionan con las proteínas de modo relativamente inespecífico son muy utilizadas debido a su bajo coste. El hidroxiapatito hace particularmente un buen servicio porque permite eluir de manera diferencial las muchas proteínas que retiene, aumentando progresivamente la concentración de fosfato. Además, como el cloruro no interviene en el intercambio iónico, se puede realizar la adsorción y la elución a concentraciones de cloruro de hasta 1,0 M. Rara vez se utilizan en estos estadios del proceso los materiales que actúan por afinidad, por razones de precio. Con la mayoría de los materiales que hemos mencionado, las operaciones de adsorción y elución se suelen desarrollar por tandas, en vez de en columnas de cromatografía. Hay varias razones para hacerlo así y tienen que ver con la magnitud del volumen de extracto turbio que hay que procesar. Para empezar, está el problema de la compresibilidad del material de adsorción. La mayoría de los materiales hechos a base de celulosa o agarosa y usados para intercambio iónico, o para filtración en geles en general, suelen ser geles poco rígidos, que se aplastan fácilmente. Por eso, cuando se ponen en una columna y se aplica una presión demasiado alta al tampón que corre a través del gel, este puede llegar a comprimirse; esto hará que el flujo transcurra de forma no uniforme, formándose canales, o lo que es peor, se bloquee. El único método efectivo de reducir la presión es reducir la velocidad de flujo, construir columnas muy cortas y gruesas, o bien operar con varias columnas cortas dispuestas en serie. Este último punto es discutido más adelante. Las columnas cortas y gruesas no suelen tener el mismo poder de resolución que las columnas largas y estrechas, pero el máximo flujo que se puede conseguir con equipos de cromatografía como los que se usan en el laboratorio, es del orden de 30 ml/hora, lo que realmente no es suficientemente rápido para procesar volúmenes de varios cientos de litros. El bajo grado de clarificación que suelen tener los extractos, tampoco facilita el uso de las columnas de cromatografía, porque la capa superior del material de la columna se comporta como un filtro muy eficaz y muy fácil de atascar. Por todo esto, cuando hay que tratar volúmenes grandes de líquido con partículas en suspensión, no queda más remedio que recurrir a un proceso por tandas, como solución más realista, a pesar del relativamente bajo grado de resolución obtenible. Los materiales adsorbentes típicos se añaden al extracto y después de remover durante un rato, se sedimentan en una centrífuga basculante (o incluso en la secadora centrífuga doméstica). El material adsorbente se resuspende a continuación en un medio de fuerza iónica mayor o de pH distinto, o las dos cosas, y se vuelve a centrifugar de nuevo. Con una centrífuga con capacidad para 40 litros, es factible el procesado diario de hasta 2.000 litros. Durante el proceso de elución, es más eficaz dividir la cantidad total de líquido eluyente en dos o tres lotes, en vez de usarlo todo de una vez. A modo de compromiso, se puede realizar la adsorción por tandas, y la elución en columna. En resumen, la ganancia neta en este caso sería el tiempo que se ahorra y el inconveniente, una pérdida en poder de resolución.

13.7.4.3 *Separación en dos fases líquidas.* Esta es una reciente adquisición dentro de la colección de recursos con que cuenta el químico de proteínas. Tiene dos grandes ventajas potenciales, la fácil separación de proteínas por un lado y paredes celulares y residuos semisolubles por otro, y la posibilidad de funcionar en continuo. El principio de esta técnica se fundamenta en la observación de que al poner en contacto una solución de proteínas con una mezcla de dos polímeros inmiscibles, los dos polímeros se separan en fases distintas y las proteínas quedan selectivamente repartidas entre una fase y la otra. La razón de esta separación de los polímeros en fases y de la adsorción selectiva de las proteínas, está en las características físicas de las moléculas implicadas; las moléculas idénticas o similares tienen mayor tendencia a agregarse entre sí, que a hacerlo con moléculas diferentes. Un sistema de dos fases típico podría estar constituido por una mezcla de polietilenglicol y dextrano, o quizás, polietilen-glicol y sulfato amónico. La fase en la que se localice una determinada proteína dependerá de su propio peso molecular, del peso molecular y concentración de los polímeros, así como de la temperatura, el pH y la fuerza iónica. La selección de las condiciones apropiadas se hace de forma totalmente empírica. Una vez mezclados los ingredientes, la separación en fases se realiza por decantación o centrifugación (posiblemente en continuo). Varios casos de aplicación de esta técnica han sido citados. Uno de ellos es el de la separación y purificación de pululanasa (pululan-6-glucan hidrolasa) y de 1,4-α-glucan fosforilasa a partir de *Klebsiella pneumoniae* (Hustedt *et al.*, 1978, ver también Kula, 1979). Los restos celulares fueron separados de la pululanasa en una mezcla de polietilen-glicol y dextrano, siendo después eliminados los polímeros mediante una combinación de diálisis y filtración; el enzima fue precipitado con bromuro de N-cetil N,N,N-trimetil amonio para dar una preparación con el 80 % de pureza y un 70 % de rendimiento. Los restos celulares y la fosforilasa, que quedan en la fase de dextrano inicial, pasan a separarse en un nuevo sistema de polietilen-glicol y dextrano.

13.7.4.4 *Cromatografía en columna.* Esta técnica suele normalmente reservarse para las fases finales del procesado, una vez que se ha conseguido ya un cierto grado de purificación y de concentración (y por tanto, una reducción del volumen a tratar). Todos los tipos de cromatografía normalmente usados en el laboratorio pueden emplearse industrialmente, aunque los más usados son la filtración en geles, el intercambio iónico y la cromatografía de afinidad. Los tipos más antiguos de materiales cromatográficos (como el Sephadex, el DEAE-Sephadex, etc.), van siendo gradualmente desplazados por los medios de más reciente generación, basados ya sea en celulosas o agarosas entrecruzadas, en copolímeros de poliacrilamida y agarosa, o en materiales mixtos de celulosa y un componente inorgánico. Todos estos materiales han sido diseñados para lograr partículas más pequeñas y rígidas, que proporcionan mayor velocidad de flujo y además, mayor poder de resolución. Esta mayor capacidad de resolución puede ser de provecho económico porque permite acortar las columnas, reduciendo así el coste tanto de la columna en sí, como del material de relleno. Aunque una columna más corta no mejora el rendimiento por unidad de tiempo (que obviamente, sólo depende de la velocidad de flujo), presenta dos ventajas prácticas: la disminución en presión diferencial a lo largo de la columna y en tiempo de operación; como el volumen total del sistema es menor, se tarda menos tiempo en pasar un determinado volumen de líquido a través de la columna. Un inconveniente que tienen estos nuevos materiales cromatográficos, como es fácil de imaginar, es su precio.

La introducción de materiales con mejores propiedades hidrodinámicas no ha acabado, sin embargo, con los problemas de la cromatografía a gran escala. Por ejemplo, las dificultades para empaquetar una columna de 10 litros son mayores que las que hay para hacerlo con una de 500 ml, y por otra parte, la recogida automática de fracciones de varios litros cada una, requiere un aparato especial. Aunque existen en el mercado columnas con capacidad de hasta 100 litros, es difícil conseguir con ellas un flujo constante y predecible. Es preferible por tanto usar diez columnas de 10 litros conectadas en serie, porque así todo el sistema tendrá las características de flujo de una sola columna de 10 litros.

La filtración por geles, en particular si se usa uno de los nuevos medios, puede ser un método muy eficaz para separar el enzima deseado de moléculas de bajo peso molecular. Es posible conseguir velocidades de flujo del orden de los 2,0 litros/hora en columnas de 2,5 × 80 cm (a comparar con los 30 ml/hora que se obtendrían con un material «standard»).

La cromatografía de intercambio iónico se usa frecuentemente en lugar de o en combinación con la filtración en geles y tiene generalmente mayor poder de resolución que ésta. El intercambio iónico permite además la interesante posibilidad de adsorber por tandas y a continuación eluir en columna, lo cual puede, cuando se usan las matrices de última generación con sus mayores velocidades de flujo, acortar considerablemente el tiempo del proceso. Sin embargo, y debido a su elevado precio, estas nuevas matrices no se usan mucho a gran escala, a pesar de sus ventajas (Tabla 13.4).

Tabla 13.4 Resumen de las ventajas de la agarosa sustituida con reactivos bifuncionales

1.	Incompresibilidad = Velocidades de flujo altas
2.	Elevada capacidad incluso a fuerza iónica alta
3.	No encoge ni se hincha al cambiar el pH o la fuerza iónica
4.	Regenerable dentro de la columna
5.	Autoclavable
6.	Ciclos de tiempo corto

La cromatografía de afinidad, al menos en su versión clásica, no se utiliza mucho en operaciones a gran escala. A pesar de la ventaja de la alta resolución y de permitir procesos con sólo uno o dos pasos, los elevados costes, la baja capacidad y la inestabilidad de las matrices de afinidad, hacen normalmente renunciar a su uso, excepto para la eliminación de enzimas contaminantes o en aquellos casos en que no importe el coste del producto final (para algunos enzimas de diagnóstico, por ejemplo).

La cromatografía de afinidad puede clasificarse en dos tipos, la específica y la general, según la naturaleza del ligando de afinidad. Los ligandos específicos son corrientemente sustratos, análogos de sustratos o inhibidores del enzima y, como tales, se ligan con gran fuerza y especificidad. Entre los ligandos generales puede haber moléculas como el AMP, moléculas hidrocarbonadas (que absorben algunos enzimas mediante interacciones hidrofóbicas casi específicas) o tintes. Hay una bibliografía muy abundante sobre estos temas y para obtener detalles de algunas aplicaciones, puede acudir el lector a los trabajos de Robinson *et al.* (1974), Hue *et al.* (1976) y Furbish (1977). En general, es suficiente señalar, a los efectos de la presente discusión, que las técnicas de afinidad suelen proporcionar un aumento en los rendimientos (si se comparan con alternativas convencionales) del 5 al 50-90 %, reduciendo por otra parte el proceso completo de purificación a tres o cuatro pasos.

Merece la pena, sin embargo, tratar un poco el tema del uso creciente de los tintes o colorantes de triazina (como el azul Proción), como ligandos de afinidad. Este grupo de compuestos presenta una serie de ventajas, en relación con los ligandos de afinidad tradicionales: bajo coste, facilidad de inmobilización sobre un soporte y estabilidad del complejo soporte-ligando. Los tintes de triazina proporcionan un grado menor de especificidad que los ligandos de afinidad tradicionales, pero si se eligen cuidadosamente las condiciones y el tipo de tinte y de molécula usada para la elución, se puede conseguir una especificidad de ligamiento que puese ser suficiente a efectos prácticos. No se conoce con certeza el modo en que estos tintes se ligan a determinados enzimas, pero presumiblemente se trata de algunas coincidencias de forma o tamaño con el sustrato del enzima, o con un coenzima y otra molécula que éste ligue. Esta rama de la cromatografía de afinidad tiene un futuro muy prometedor en el campo de la purificación de enzimas y ha sido revisada por Lowe (1981).

13.7.4.5 *Electroforesis en continuo.* Hasta la invención de la electroforesis en continuo, puede decirse que el aprovechamiento de las propiedades electroforéticas de las proteínas no tenía mucha utilidad práctica en la purificación de enzimas (y proteínas en general) a escala preparativa. El principio de esta técnica consiste en la aplicación de un potencial eléctrico a través de un caudal continuo de solución de proteínas, una idea muy simple. Sin embargo, y debido a la mezcla que tiene lugar en las zonas laterales del cauce, en la práctica la técnica no funciona bien a menos que se obtenga un flujo laminar, que evite dicha mezcla. Como tantos otros descubrimientos de gran utilidad, el principio usado para inducir el flujo laminar es extremadamente sencillo. El dispositivo para electroforesis tiene dos electrodos: un cátodo sólido de forma cilíndrica, alrededor del cual hay un ánodo en forma de cilindro hueco, al que se hace rotar lentamente. Se hace pasar el solvente entre los dos electrodos y la rotación del externo impulsa el líquido alrededor del interno, estabilizando el flujo e evitando la mezcla en el espacio entre los electrodos (Fig. 13.5). Se pueden obtener velocidades de flujo de hasta 1 litro/hora, separándose el solvente en 20 salidas independientes en la parte superior del

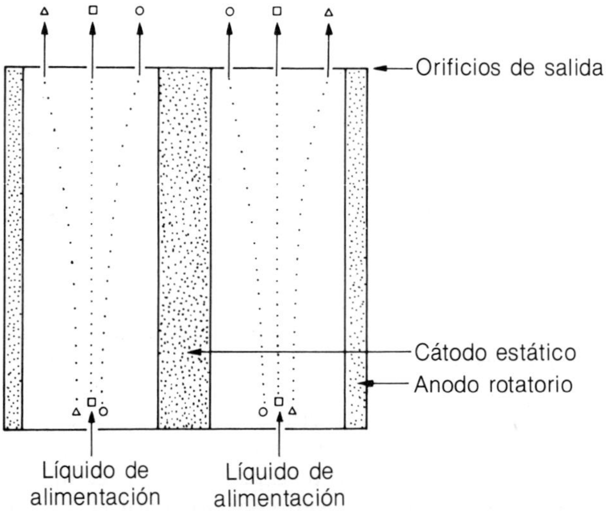

Fig. 13.5 Principios de la electroforesis continua

dispositivo. Esta técnica aún en sus primeras fases de desarrollo (y los aparatos son caros), usándose sobre todo en la actualidad para el fraccionamiento de las proteínas de sangre. No obstante, no debe ignorarse su potencial para la separación de isoenzimas, mezclas de enzimas prácticamente puras y materiales particulados.

13.7.4.6 *Ultrafiltración y diálisis.* La aplicación de membranas semipermeables a la purificación de enzimas a gran escala, suele destinarse generalmente a la eliminación de sales y a la concentración que suelen realizarse en las últimas fases del proceso. En este contexto, la diálisis no es realmente factible a causa de los grandes volúmenes de tampón o agua destilada que serían necesarios. La ultracentrifugación, por otra parte, puede usarse muy eficazmente para la concentración de soluciones de proteínas. La configuración de los ultrafiltros puede ser de fibra hueca o de lecho plano. Los ultrafiltros de fibra hueca son fáciles de usar y una unidad de tamaño intermedio puede tratar con facilidad unos 50 litros/hora. Tienen, sin embargo, la tendencia a fijar las proteínas presentes cuando su concentración está por debajo de aproximadamente 1 mg/ml. Los filtros de lecho plano tienen menos tendencia a fijar proteínas, pero generalmente (debido a la menor área disponible en la práctica) sus velocidades de flujo son menores (por ejemplo, 4 litros/hora). Ambos tipos de filtro pueden ser difíciles de limpiar y algunos enzimas se inactivan por las fuerzas de cizalla que se producen en la superficie de la membrana. Sin embargo, los avances más recientes en el diseño y la fabricación de ultrafiltros están permitiendo que la ultrafiltración se convierta en una operación clave en la mayor parte de los procesos, tanto para concentración de proteínas como para separación por tamaños, resultando preferible a otras técnicas debido a su bajo coste y facilidad para mantener la esterilidad.

13.7.5 Concentración y envasado

El grado de concentración final y sus características, así como la presentación de un enzima, dependerán de las opciones que sean practicables, el uso al que vaya destinado el enzima y de si hay que transportar grandes cantidades de enzima a mucha distancia. En última instancia, el criterio ha de ser realizar el mínimo número de operaciones requeridas para dar al enzima una forma aceptable. Cuando el enzima es de uso analítico, o se utiliza para trabajo manipulativo de investigación a pequeña escala, la presentación suele ser en forma liofilizada o como suspensión en 3.4 M sulfato amónico. Si el enzima purificado va a ser inmobilizado a continuación, es posible dejarlo como solución relativamente pura pero bastante diluida. Para enzimas que se comercializan al por mayor, particularmente para las proteasas empleadas en detergentes, debe adoptarse una forma de presentación que no incluya material en polvo, por razones de seguridad en la manipulación y para facilitar el transporte. En estos casos, el enzima suele mezclarse con diversas sales y ceras para formar granos o pequeñas cápsulas, o bien puede suministrarse como solución concentrada. Cuando se necesita deshidratar completamente un enzima y no es posible liofilizar por razones de escala o por inestabilidad del enzima, se puede emplear la evaporación. El calor desnaturaliza las proteínas, pero sólo cuando se aplica durante un tiempo suficientemente largo (normalmente más de 0,5 segundos). Alfa-Laval fabrica un aparato llamado Centri-Therm que deseca eficazmente soluciones de enzimas, usando los principios del tiempo de calentamiento ultracorto y del enfriamiento evaporativo. El elemento calefactor está constituido por una pila de discos cónicos, huecos y calentables, que rotan sobre un eje común. La solución de enzima es atomizada sobre la superficie inferior de los discos y el movimiento giratorio hace que el líquido se extienda formando una capa de 0,1 mm de espesor. El líquido está así en contacto con el disco caliente durante menos de 1 segundo, hierve de forma más o menos instántanea y el enzima desecado es inmediatamente barrido del elemento calefactor.

13.8 Resumen

Los enzimas son de una enorme utilidad potencial debido a su gran poder catalítico y su alto grado de especificidad. Se pueden aislar enzimas de casi cualquier organismo, pero la selección de la fuente para la producción de un enzima determinado dependerá de la consideración de una serie de factores, por ejemplo, de la especificidad, la dependencia de pH, la estabilidad térmica, las características de activación e inhibición, la disponibilidad y el coste. En la práctica, el empleo de microorganismos para la producción de enzimas presenta una serie de ventajas técnicas y económicas, que han hecho que éste haya llegado a convertirse en el modo más corriente de obtención de enzimas.

La extracción y purificación de enzimas a gran escala plantea problemas que no se dan a escala de laboratorio y por eso, no todos los métodos potenciales resultan adecuados. En particular, es necesario conocer las características del proceso completo antes de intentar optimizar uno de sus pasos, porque la elección de un método concreto en una determinada fase, puede condicionar la conveniencia de emplear otro método en otra fase del proceso. La aparición en los últimos años de innovaciones técnicas aplicables a la extracción y purificación de enzimas, promete mejoras muy significativas en estos procesos.

Capítulo 14

Aplicaciones de los enzimas

14.1 Introducción

14.1.1 Areas de utilización

Ahora que ya hemos conseguido aislar y purificar el enzima elegido, podemos pasar a tratar el tema de las aplicaciones prácticas de los enzimas, de los problemas que estas aplicaciones plantean y de (esperemos) sus posibles soluciones.

Existe, como vamos a ver, una abundante variedad de aplicaciones del uso de enzimas, pudiéndose observar en todas ellas sus típicas características de comportamiento como catalizadores altamente eficaces en condiciones de reacción suaves y con una especificidad muy precisa tanto para el sustrato como para la reacción catalizada. Una ojeada superficial al almacén de casi cualquier industria o lugar de trabajo relacionado con materiales orgánicos o biológicos, normalmente revelará la presencia de enzimas. Tanto en sitios probables (como hospitales), como en otros menos probables (como en las industrias fabricantes de acrilamida o en los campos petrolíferos) se pueden encontrar «enzimas». Para mayor claridad, dividiremos la discusión en cuatro categorías según su uso en actividades de desarrollo, terapéuticas, analíticas e industriales.

14.1.2 Catalizadores utilizables

Antes de tratar cada uno de estos campos en detalle, comentemos un poco las propiedades que hacen de un enzima un catalizador utilizable.

14.1.2.1 Eficacia catalítica. La eficacia catalítica de los enzimas puede ser magnificamente ilustrada repasando las propiedades de la catalasa. Este enzima cataliza la descomposición del agua oxigenada, para dar oxígeno y agua. Hace esto gracias a un único átomo de hierro situado en el centro activo de la molécula. No hay nada particularmente mágico en este átomo de hierro. De hecho, la descomposición del agua oxigenada puede ser catalizada por limaduras de hierro. Lo que sí pudo parecer mágico a los ojos de los antiguos alquimistas es, sin embargo, la observación de que la velocidad de descomposición del agua oxigenada conseguida por 1 mg de hierro en la molécula de catalasa, sólo puede igualarse con varias toneladas de limaduras de hierro. Esta diferencia en eficacia catalítica puede ser atribuida al entorno que el enzima proporciona al hierro. Así, el número de recambio de la mayor parte de los enzimas (o sea, el número de moléculas de sustrato transformadas por 1 molécula de enzima en 1 segundo) está dentro del rango entre 1 y 10^6. Algunos de los enzimas más eficaces, como la acetil colinesterasa, con números de recambio del orden de 10/seg, están de hecho limitados no tanto por su capacidad catalítica, sino por la velocidad (frecuencia) de las colisiones entre las moléculas del sustrato y las del enzima. Como veremos más adelante, esto puede repercutir en la actividad catalítica de un enzima (Sección 14.2).

14.1.2.2 Especificidad. Los enzimas, en general, son altamente específicos, tanto en términos de sustrato utilizado como de reacción ejecutada. La catalasa solamente convierte el agua oxigenada en oxígeno y agua: las limaduras de hierro, por el contrario, catalizan un gran número de reacciones diferentes. Esta especificidad es, desde luego, muy valiosa en el sentido de que permite a los enzimas realizar conversiones muy precisas, seleccionando de una mezcla de compuestos, una sola especie molecular; de ahí su valor en el análisis de mezclas muy complejas de compuestos. Sin embargo, este alto grado de especificidad es un inconveniente para algunas aplicaciones prácticas. Por ejemplo, las proteasas alcalinas como la subtilisina o la termolisina, que se añaden a los detergentes para ayudar a degradar las manchas de proteínas, son excelentes para hidrolizar hemoglobina, pero menos eficaces cuando actúan sóbre caseína o albúmina; por eso, si tiene usted que mancharse la ropa, manchese de sangre, pero no de leche o huevo. Otro curioso ejemplo de inconveniente que puede acarrear la especificidad, tendría relación con la producción de jarabes ricos en fructosa derivados del maíz (véase Sección 14.7). En este proceso, la glucosa es isomerizada a fructosa por acción de la xilosa isomerasa. Desgraciadamente, al menos para los que disponen de grandes cantidades de suero de quesería, la xilosa isomerasa no hace lo mismo con la galactosa, ni tampoco se ha encontrado hasta ahora un enzima que pueda isomerizar galactosa a glucosa. El descubrimiento de un enzima semejante, haría posible la conversión de un subproducto como el suero, en jarabe de fructosa, que es un edulcorante muy preciado.

14.1.2.3 Estabilidad. Quizás sea demasiado obvio decir que para que un enzima sea de utilidad práctica, debe conservar su capacidad catalítica durante el tiempo necesario para completar la reacción deseada. Por eso, el enzima debe ser relativamente resistente a los agentes desnaturalizantes, ya sean químicos o físicos, que se va a encontrar en la mezcla de reacción. Además, la estabilidad del enzima es importante por otras razones. Primero, porque un enzima estable va a sobrevivir más fácilmente a las condiciones adversas del proceso de aislamiento, permitiendo un rendimiento mayor y por tanto, un producto más barato. Segundo, porque la estabilidad aumenta la vida útil y la facilidad para almacenar el producto. Tercero, porque cuanto más estable es un enzima, mayores son sus posibilidades de reutilización (ver más adelante). Cuarto, porque en muchos casos es ventajoso hacer que las reacciones enzimáticas transcurran a altas temperaturas, por ejemplo, para acelerar la reacción y para evitar los problemas de contaminación microbiana. Algunos aspectos relacionados con estabilidad enzimática son tratados más en extenso en las Secciones 14.2.3 y 14.5.

Finalmente, conviene recordar que hay ocasiones en las que una elevada estabilidad es un inconveniente, concretamente en procesos tales como la sacarificación del almidón, donde un enzima soluble ha de ser eliminado del flujo de producto. La manera más fácil de conseguir esto, es calentando la mezcla.

14.1.2.4 Reutilización. Con algunas escasas excepciones, se puede decir que los enzimas no son baratos. Para disminuir el coste de un proceso basado en el empleo de un enzima, es una gran ventaja que éste pueda ser utilizado más de una vez. El mayor problema para esta reutilización está en la recuperación del enzima a partir de la mezcla de reacción. Teóricamente es posible extraer el enzima; quizás el procedimiento más sencillo fuera el de la ultrafiltración, pero el coste es normalmente prohibitivo. Por esta razón, mucha de la actual tecnología enzimática está orientada hacia la solución del problema de la reutilización de los enzimas. La vía con más éxito ha sido la de la inmobilización (ver Sección 14.2). La reutilización implica que, o bien el enzima se mantiene fijo en un flujo continuo de sustrato, o bien ha de ser separado/eliminado de la mezcla de reacción final.

14.1.2.5 Eliminación de la mezcla de reacción. Dejar el producto de la reacción libre de enzima es a menudo el primer paso en la purificación del producto. Si el enzima es suficientemente barato y no es necesaria su reutilización, el método más sencillo para eliminarlo es calentar la mezcla y descartar por filtración el enzima desnaturalizado. A veces, el producto no puede ser calentado en la medida que se necesita, sin que se produzcan efectos indeseados (esto es particularmente corriente en procesado de alimentos), por lo que se deben usar otros métodos para quitar las proteínas, como ultrafiltración o precipitación por cambio de pH o fuerza iónica, por ejemplo.

14.1.3 Optimización de la acción catalítica

Claramente, ningún enzima puede ser el catalizador ideal, básicamente porque los factores que contribuyen a su utilización, difieren en importancia según el uso a que se dedique. Así pues, la estabilidad será la principal propiedad de un enzima que vaya a ser usado como catalizador industrial, mientras que la especificidad será de mayor importancia si el enzima va a ser empleado como instrumento analítico. No obstante, hay una serie de procedimientos para mejorar las características útiles de un enzima y el objeto de esta sección es hacer una breve introducción a los mismos. Se pueden encontrar más comentarios a estos métodos en otras secciones de este libro.

14.1.3.1 *Selección.* En teoría al menos, la forma más simple de mejorar las características de un enzima, es seleccionar el material de partida más idóneo. Así, por ejemplo, si la cualidad fundamental ha de ser la termoestabilidad, tiene sentido buscar ese enzima en organismos termofílicos o caldoactivos. Por otra parte, los isoenzimas de una misma fuente muestran frecuentemente características notablemente diferentes. También cuando la especificidad es el criterio prioritario, puede ser provechoso deternerse a seleccionar la fuente apropiada. Por ejemplo, las reninas de ternero para hacer queso, tienen una especificidad muy elevada y cualquier intento de buscarles un sustituto de origen microbiano ha de tener en cuenta esta especificidad.

14.1.3.2 *Medio de reacción.* Muchas veces es posible manipular el medio de reacción de forma que se mejoren las características útiles del enzima. Así, por ejemplo, las amilasas (y muchos otros enzimas) resultan ser más estables a concentraciones altas de sustrato.

La mayoría de las reacciones enzimáticas son, al menos en teoría, reversibles. Por ejemplo, la hidrólisis de péptidos por acción de proteasas es una reacción reversible, cuyo equilibrio, en condiciones normales de dilución acuosa, está claramente desplazado hacia la derecha (o sea, en favor de la hidrólisis). Esto es en gran parte resultado de la elevada concentración de agua. Por esta razón, es posible en la práctica invertir el equilibrio de la reacción, añadiendo un disolvente orgánico o eliminando los péptidos resultantes de la unión de los aminoácidos. Estas estratagemas son utilizadas en la síntesis del aspartame, un dipéptido usado como edulcorante (ver Sección 15.3 y Carrea, 1984).

14.1.3.3 *Modificación química.* La modificación química de un enzima puede dar lugar a un sorprendente abanico de cambios en las características del enzima, desde alteraciones en el pH óptimo o en la K_m, hasta una mejora en la estabilidad (ver Sección 14.5). Este tratamiento suele aplicarse de forma empírica y muy frecuentemente, los intentos no consiguen más que inactivar el enzima. En producción masiva de enzimas, sin embargo, esta técnica se ve limitada por los costes, que pueden ser altos.

14.1.3.4 *Ingeniería enzimática.* Este término ha sido acuñado recientemente para aludir a la modificación de la estructura del enzima conseguida mediante alteración de su gen correspondiente. En este campo, la mayor parte de la atención está centrada en el uso de la mutagénesis dirigida hacia un determinado sitio, para obtener la sustitución de un solo aminoácido en la secuencia del enzima. En principio, debiera ser posible alterar de esta manera cualquier característica del enzima. Sin embargo, para ello haría falta conocer exhaustivamente todo el fundamento estructural de la característica concreta que se desea cambiar y de otras que pudieran resultar afectadas por el cambio. No tendría sentido, por ejemplo, cambiar la estructura del enzima para bajar su K_m, si con ello se pierde mucho en estabilidad. Por ahora, no disponemos de este tipo de información estructural para la mayoría de los enzimas. Y realmente se conoce muy poco de los rasgos generales asociados con estabilidad en los enzimas (ver Sección 11.4 y Winter y Fersht, 1984).

Aparte de introducirse modificaciones menores en la estructura de un enzima, quizás llegue también a ser posible el diseño de moléculas de proteína completamente nuevas, conseguidas a base de fusionar los genes correspondientes a distintos enzimas o moléculas de proteína, para crear nuevos enzimas híbridos. Estos nuevos multigenes podrían entonces ser expresados para dar lugar a una molécula multienzimática. Sabemos ahora que existen muchas de estas moléculas en la naturaleza; la sintetasa de ácidos grasos es una de ellas, con una sola cadena peptídica conteniendo tres porciones globulares cada una con su propia actividad enzimática. Existe pues el potencial para fabricar multienzimas para la catálisis de secuencias metabólicas completas, con todas las ventajas operativas de un complejo multienzimático (ver Sección 10.1.3). Una interesante aplicación de esta técnica podría ser el intento de fundir un enzima como la peroxidasa con la proteína A (de *Staph. aureus*); el resultado podría usarse como enzima ligante de una inmunoglobulina en ensayos de inmunoabsorción con enzimas ligados (ELISA; ver Sección 14.7.2).

14.1.3.5 *Inmovilización.* Si hubiera que nombrar una gallina del huevo de oro en tecnología enzimática, no cabe duda de que la inmovilización de enzimas sería el primer candidato. Hay, sin embargo, división de opiniones sobre la fecha concreta de la ovulación. Decir que la inmovilización ha sido invocada como remedio para todos los males de la tecnología enzimática, no sería suficiente. Ciertamente, la inmovilización de un enzima posibilita la recuperación y reutilización del enzima, puede mejorar su estabilidad y, muy frecuentemente, altera algunas características cinéticas tales como pH óptimo, K_m o sensibilidad a la inhibición, aunque no siempre en la dirección más conveniente. A pesar de todas las promesas, sin embargo, actualmente sólo se están empleando enzimas inmovilizados en unas cuantas aplicaciones: unos siete procesos industriales de importancia, unas cuantas ideas para uso terapéutico y un puñado de aplicaciones analíticas de rutina. ¿Por qué? La respuesta puede resumirse en dos palabras: coste y eficacia. Aunque los enzimas inmovilizados son más fáciles de manejar que sus versiones solubles, a menudo no resultan muy eficaces como catalizadores, introduciendo en el proceso industrial casi tantos problemas como resuelven. Por otra parte, los costes de inmovilización pueden hacer que su uso no sea rentable. Estos puntos serán tratados con más extensión en la discusión sobre aplicaciones e inmovilización que se hace más adelante en este capítulo. ¿Tienen futuro los enzimas inmovilizados? La contestación es desde luego que sí, pero que depende más que nada de factores económicos impredecibles. Las nuevas tendencias están quizás configurándose en estos momentos. Se están empezando a usar más las células inmovilizadas como biocatalizadores y podría ser este campo el más prometedor (ver Secciones 14.4 y 14.7). Es posible que en el futuro inmediato, el mayor potencial de los biocatalizadores inmovilizados esté en el desarrollo de biosensores, o sea en la fijación de un enzima o una célula alrededor de un dispositivo sensor capaz de registrar la acción catalítica. El sensor puede tener la forma de un electrodo potenciométrico (como un electrodo de pH) o incluso de un chip de silicona. Este último concepto del sensor bioelectrónico estable, si llega a hacerse viable, podría tener muy interesantes aplicaciones en numerosos campos, desde la medicina al procesado industrial, pues podría aplicarse no sólo para seguir el proceso, sino para controlarlo, integrándose directamente en él.

14.2 Inmovilización

14.2.1 ¿Qué es la inmovilización?

La inmovilización de un enzima ha sido definida como su «aprisionamiento en una fase diferenciada que, aún estando separada, mantiene un intercambio con la fase general, donde se encuentran, dispersas y controladas, las moléculas de sustrato, efectores e inhibidores» (Trevan, 1980; Fig. 14.1). Esta definición puede extenderse para cubrir también a las células y a otros biocatalizadores. La fase enzimática es normalmente un polímero de alto peso molecular insoluble en agua (como la celulosa) y el «aprisionamiento» del enzima puede conseguirse por diversos medios. La utilidad potencial de esta técnica ha sido ya señalada anteriormente (Sección 14.1.3) y será discutida más adelante (Sección 14.5 y 14.7). Antes vamos a analizar brevemente los medios por los que se puede inmovilizar un biocatalizador, y los efectos que tal inmovilización ejerce sobre su comportamiento.

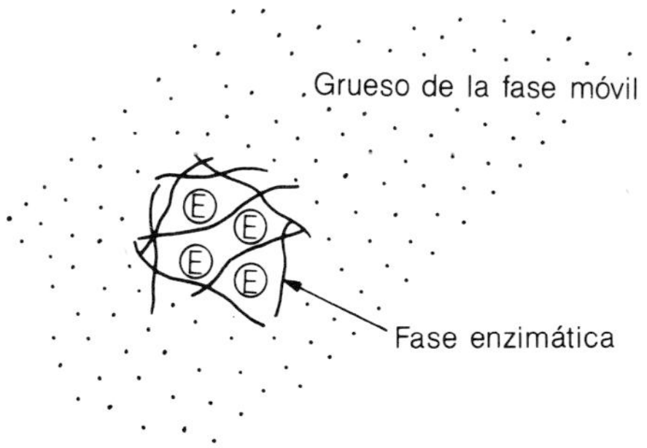

Fig. 14.1 Definición esquemática de la inmovilización de enzimas

14.2.2 Métodos de inmovilización

Los métodos de inmovilización pueden clasificarse según la relación física existente entre el catalizador y la matriz del polímero. Así, el catalizador puede estar covalentemente ligado al polímero, adsorbido físicamente sobre él, ligado consigo mismo (y posiblemente con otra proteína inerte), atrapado dentro de una matriz polimérica o encapsulado dentro de una «bolsa de polímero». También se pueden usar combinaciones de estos métodos. La Figura 14.2 ilustra las cinco principales categorías mencionadas. Varios cientos de métodos de inmovilización han sido ya descritos, algunos con más posibilidades de aplicación que otros, y muchos más están indudablemente por descubrir. Sin embargo, a pesar de toda esta diversidad de procedimientos, sólo unos cuantos de ellos son utilizados habitualmente y sobre ellos vamos a concentrarnos aquí. En todos los casos, el término polímero o matriz de polímero se usa de modo general para referirse al material que inmoviliza efectivamente al enzima; casi cualquier material imaginable puede ser utilizado para este propósito, desde geles acuosos de celulosa, hasta materiales tales como nylon, vidrio o incluso limaduras de hierro. El lector puede consultar el trabajo de Woodward (1985) para una descripción más extensa de estos métodos.

14.2.2.1 *Adsorción.* La adsorción de enzimas o células sobre soportes poliméricos fue probablemente la base de los primeros métodos de inmovilización. Para la adsorción se pueden aprovechar un amplio rango de fuerzas ligantes, específicas o no, como por ejemplo interacciones electrostáticas o hidrofóbicas, o complejamientos de alta afinidad con ligandos específicos unidos al polímero. En los años 40, Tate and Lyle pusie-

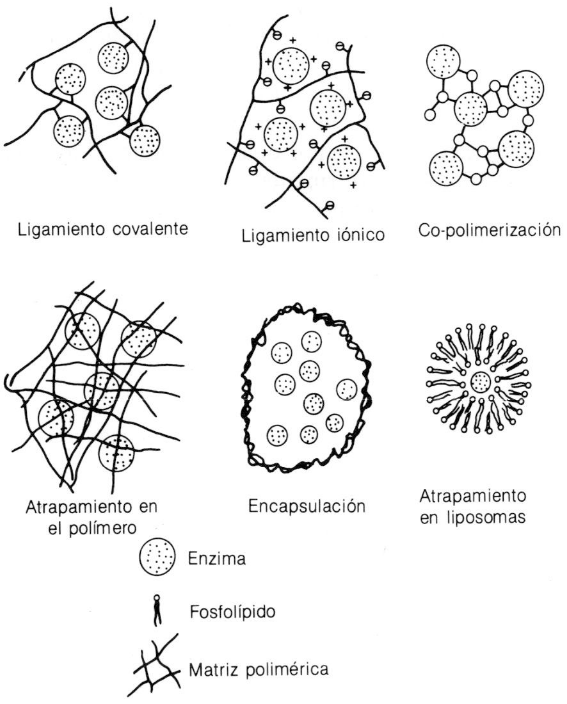

Fig. 14.2 Modos de inmovilización enzimática

ron a punto un proceso basado en la inmovilización de invertasa sobre un lecho de carbón activado (que servía además para eliminar las impurezas que dan color al jarabe). Uno de los procedimientos de inmovilización más ampliamente usados es quizá el de la fijación electrostática del catalizador sobre una celulosa de intercambio iónico (como la DEAE celulosa, por ejemplo). Este tipo de método tiene una serie de ventajas potenciales: condiciones fáciles y suaves para la preparación del material inmovilizado (mezclando simplemente el enzima y el polímero), disponibilidad comercial del material polímerico ya preparado, que es adecuado para usar en reactores de columna, posibilidad de recuperar y regenerar el catalizador inmovilizado, escasas limitaciones en la mayoría de los casos para el acceso del sustrato al enzima ligado y además, posibilidad de ser empleado con células completas o con orgánulos intracelulares. El método tiene por otra parte, dos serios inconvenientes: los cambios de pH, las subidas en fuerza iónica y, a veces, simplemente la exposición del enzima a su sustrato, pueden causar con relativa facilidad el desprendimiento del enzima o de las células; los sustratos que poseen la misma carga que el soporte pueden por otra parte, y debido al reparto iónico (ver Sección 14.2.4), verse impedidos de acceder al enzima, excepto cuando se emplean en altas concentraciones, que pueden a su vez determinar que el enzima se desprenda del polímero.

14.2.2.2 *Ligamento covalente.* Muy numerosos y variados procedimientos de inmovilización por ligamento covalente han sido publicados. De todos ellos, sólo unos pocos se usan con relativa frecuencia. En principio, existen dos maneras de ligar covalentemente un enzima a un soporte: una consiste en activar el polímero con un grupo reactivo y la otra, en usar un reactivo bifuncional que actúe como puente entre enzima y polímero. En la molécula del enzima, los grupos que más comúnmente intervienen en la unión son los oxidrilos y los aminos y, menos frecuentemente, los sulfidrilos. Aquí está el origen de uno de los mayores problemas asociados a esta técnica: la frecuente inactivación del enzima, ya sea por los cambios conformacionales consecuencia del ligamiento, o porque intervenga en la unión algún grupo que forme parte del centro activo. Este último problema puede a menudo ser superado, sin embargo, llevando a cabo la inmovilización en presencia del sustrato o de un inhibidor competitivo o, en el caso de las proteasas, utilizando el zimógeno o precursor (véase también la Sección 14.5). Entre las formas más corrientes de polímero activado, están los geles acuosos, como por ejemplo, las celulosas o las poliacrilamidas, a los que se ha incorporado grupos diazo, carbodiimida o azida. Alternativamente pueden usarse dichos geles acuosos activados directamente con, por ejemplo, bromuro de cianógeno. Esta última técnica, en particular, ha encontrado amplia aceptación. El uso de reactivos bifuncionales constituye una estrategia alternativa para la inmovilización covalente. Existen dos modos posibles de empleo. El más sencillo consiste en juntar en una misma mezcla, polímero, enzima y reactivo, glutaraldehído, por ejemplo; se trata de una operación muy simple aunque no muy controlable. La segunda posibilidad es hacer reaccionar el compuesto bifuncional con el polímero, hasta alcanzar el grado de sustitución deseado, y añadir a continuación el enzima. La ventaja de este segundo enfoque está en que se evita que el reactivo bifuncional llegue a penetrar en el sitio activo del enzima. Uno de los reactivos multifuncionales que se utilizan de esta manera es el cloruro cianurico (triclorotriazina), particularmente interesante por ser un reactivo trifuncional cuyos grupos van siendo menos reactivos a medida que aumenta la sustitución. Así, la triclorotriazina pura reaccionará con la celulosa en cuestión de segundos, para dar celulosa-diclorotriazina; ésta puede reaccionar con un compuesto sustituido con grupos hidroxilo, por ejemplo, la etanolamina, para dar celulosa-monoclorotriaziniletanolamina, la cual a su vez tardará varias horas en completar su reacción con un enzima añadido. Utilizando un compuesto del tipo X-OH para llevar a cabo la segunda sustitución, se pueden introducir en el polímero grupos positivos, negativos o no cargados, con el fin de modificar sus propiedades iónicas o hidrofílicas/hidrofóbicas, ya sea para mejorar la atracción del enzima que se desea ligar o para alterar las propiedades finales del preparado enzimático inmovilizado.

Dentro de esta categoría de métodos de inmovilización, se puede incluir el uso de complejos con iones metálicos para unir catalizador y polímero. Por ejemplo, los iones de Titanio (IV) intervienen en interacciones múltiples y extremadamente fuertes (aunque estrictamente no covalentes) y existen varios ejemplos del uso de vidrio recubierto con Titanio (IV) como soporte activado para la fijación de enzimas y células. Merece la pena recordar que el uso de complejos con iones metálicos es uno de los pocos métodos que se pueden emplear para fijar células «covalentemente».

Las ventajas generales del ligamento covalente en la preparación de catalizadores inmovilizados son similares a las citadas antes para la adsorción, aunque con la notoria diferencia de que no se suelen producir pérdidas porque se desprenda el catalizador del soporte. El polímero puede ser fabricado de forma que lleve las cargas que se deseen, tanto en cantidad como en signo; se puede emplear casi cualquier tipo de material polimérico y con los recursos químicos actualmente disponibles, se puede decir que se puede inmovilizar prácticamente cualquier enzima. Existe además la posibilidad de fijar enzimas a polímeros solubles. Por lo que se refiere a las desventajas de este método, hay que reseñar la frecuente inactivación del enzima, la necesidad de emplear reactivos tóxicos, los a menudo complicados procedimientos de preparación y la imposibilidad general de obtener células inmovilizadas (aunque, como contraste, sí que se pueden fijar así enzimas no purificados).

14.2.2.3 *Entrecruzamiento.* El método, consistente en unir las moléculas enzimáticas entre sí mediante puentes formados por reactivos bifuncionales y con la posibilidad de incluir una proteína inerte, constituye realmente una prolongación de las técnicas de ligamento covalente, con básicamente las mismas ventajas e inconvenientes. El reactivo bifuncional más comúnmente empleado es el glutaraldehído. La técnica es barata y sencilla, pero no suele usarse con proteínas purificadas porque proporciona muy poco volumen de enzima inmovilizado, con muy alta actividad específica. Se usa mucho, sin embargo, en preparados comerciales de enzimas inmovilizados obtenidos a partir de células no viables o de extractos celulares crudos (como es el caso de la glucosa isomerasa; véase la Sección 14.7.4), debido sobre todo a su bajo coste.

14.2.2.4 *Atrapamiento.* Atrapar, o retener, un biocatalizador dentro de una matriz de polímero, es algo en principio fácil de realizar. Se disuelve el biocatalizador en una solución del precursor del polímero y se activa la polimerización. Dos tipos de polímero han sido preferentemente utilizados para este fin, por un lado geles como la poliacrilamida y similares, y por otro, geles derivados de materiales naturales tales como triacetato de celulosa, agar, gelatina, carrageno o alginato. Las principales ventajas de los procedimientos de este tipo son la sencillez y la suavidad de las condiciones de preparación del biocatalizador inmovilizado, así como su utilidad para fijación de células. Sin embargo, dada la necesidad de mantener en los geles un tamaño medio de poro tan grande como sea posible, para no limitar excesivamente la difusión de solutos (véase la Sección 14.2.4) y a causa de la variabilidad en el tamaño del poro, pueden llegar a producirse pérdidas considerables por desprendimiento del biocatalizador, sobre todo cuando se trabaja con enzimas de bajo peso molecular. Las células no viables suelen retenerse bien, pero las viables pueden, al dividirse, hacer que reviente, que se desgarre, el material del gel (Fig. 14.3). Ninguno de los métodos de atrapamiento que se usan habitualmente es perfecto. Los geles de poliacrilamida tienen el problema de que los mo-

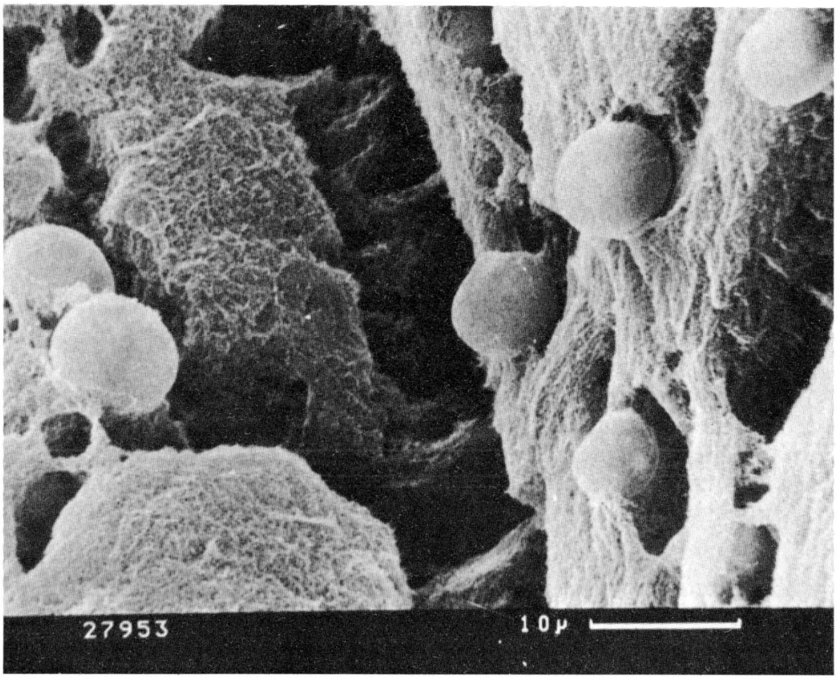

Fig. 14.3 Imagen obtenida por microscopio electrónico de barrido (SEM), de células de algas inmovilizadas dentro de una matriz de alginato cálcico. (Foto de C.W. Lilley y M.J. Taylor)

nómeros de los que proceden son tóxicos, al igual que los radicales libres que se generan durante el proceso de polimerización; esto determina la exclusión de este método para fijar células viables o algunos enzimas particularmente vulnerables. Los geles de agar y carrageno tienen poros grandes, lo que permite que células de bastante tamaño ($> 10\mu$) escapen fácilmente; además, se despolimerizan por calentamiento suave. Los geles de alginato calcico, que son hasta ahora los más empleados para inmovilizar células viables, se desintegran en contacto con agentes quelantes de calcio, como el citrato o el fosfato, que a veces, han de ser necesariamente incluidos en los medios de reacción.

Una nueva variante de esta técnica consiste en la preparación de fibras de enzima inmovilizado. Pastore y Morisi (1976) fabricaron fibras de α-galactosidasa atrapada en triacetato de celulosa, para utilizarlas en la hidrólisis de la lactosa de la leche y, más recientemente, ha sido patentada una técnica para hacer fibras de células atrapadas en alginato calcico. La ventaja específica de estos preparados fibrosos es su relativamente alta proporción de superficie útil por unidad de volumen, lo que conlleva una menor limitación para la libre difusión de los solutos (véase la Sección 14.2.4).

14.2.2.5 *Encapsulación.* La encapsulación, obtenida por confinamiento de una gotícula de solución de biocatalizador dentro de una cápsula de membrana semipermeable, ha sido hasta ahora practicada casi exclusivamente para aplicaciones médicas. La técnica es simple y barata, pero para que sea eficaz es necesario que el biocatalizador sea estable en solución. La difusión queda relativamente poco limitada y manipulando las condiciones de preparación, es fácil obtener cápsulas del tamaño deseado. Los materiales empleados para formar las cápsulas pueden ser «permanentes» (como el nylon, por ejemplo) o biodegradables (como por ejemplo, el ácido poliláctico o los liposomas de fosfolípido). Aunque el catalizador (ya sea célula o enzima) queda muy eficazmente retenido dentro de la cápsula, estos preparados son mecánicamente poco estables. Otra variante de esta forma de inmovilización consiste en el atrapamiento de una solución de enzima dentro de fibras huecas, semipermeables, de las que se utilizan en los cartuchos de filtración por membranas. Las fibras se sumergen en un flujo de solución de sustrato; éste penetra en el interior de la fibra y, tras producirse la reacción, el producto vuelve a difundirse hacia fuera de la fibra, incorporándose al flujo de sustrato. Entre las ventajas de esta técnica hay que citar que proporciona un preparado de enzima inmovilizado con una alta proporción de superficie por unidad de volumen, que es sencillo de utilizar, permitiendo reemplazar fácilmente el enzima y que se puede usar con soluciones de sustrato que tengan alta viscosidad o partículas en suspensión, lo que normalmente bloquea los reactores basados en otras formas de inmovilización. Su principal inconveniente está en que el enzima no está protegido, pues esta técnica, al contrario que otras formas de inmovilización, no tiene capacidad para estabilizar al enzima. La adsorción del enzima sobre las paredes de la fibra puede incluso conllevar desnaturalización. Por otra parte, el peso molecular del sustrato determina la posibilidad de aplicar esta técnica.

14.2.2.6 *La elección.* Más adelante se discute como se escoge el método de inmovilización (véase la Sección 14.6.2); baste aquí indicar que la elección se basa bastante en factores empíricos. Existen pocas reglas de uso general, aunque cabe excluir de entrada algunos métodos por razones obvias, tales como peso molecular del sustrato, tamaño o estabilidad propia de la molécula enzimática, o necesidad de que el enzima inmovilizado tenga una forma física determinada. Normalmente, sin embargo, no suele quedar más remedio que poner a prueba el método elegido. La selección del método de inmovilización para la aminoacilasa (véase la Sección 14.7.4) por ejemplo, fue resultado del ensayo de más de 40 métodos distintos.

14.2.3 Efecto sobre la estabilidad

La estabilidad de las preparaciones de enzimas o células, y los métodos capaces de aumentar dicha estabilidad, constituyen una cuestión de interés fundamental en el campo de la tecnología de biocatalizadores, que es tratada en distintas partes de este libro (véanse las Secciones 14.1.2, 14.1.3 y 14.5). Algunas observaciones han de hacerse también aquí, sobre el efecto que ejerce la inmovilización sobre la estabilidad del enzima.

Aunque existen muchas vías reales por las que la inmovilización puede estabilizar un enzima (véase la Sección 14.35), muchos de los datos publicados sobre la estabilidad inducida por la inmovilización, son probablemente resultado de las limitaciones existentes para el libre acceso del sustrato al enzima. Así, aunque se pueda observar una estabilidad «operativa» mejorada, no se ha conseguido una estabilización intrínseca. La Figura 14.4 es una representación esquemática de los resultados obtenidos frecuentemente en estudios sobre estabilización, consecuencia de lo que se ha llamado el «factor zulú». Los guerreros zulues constituían una fuerza muy eficaz de lucha, y no sólo por su dedicación y sus aptitudes militares, sino también por el abrumador efecto de su número. Cuando los guerreros de la primera oleada caían muertos, otros nuevos tomaban su puesto, de forma que para los atacados, la ferocidad de la batalla se mantenía constante a pesar de la alta mortandad en las filas zulues. Lo mismo ocurre con los enzimas inmovilizados. Si la partícula de polímero contiene una importante carga de enzima inmovilizado, las moléculas de sustrato que se difunden hacia el interior de la partícula, se en-

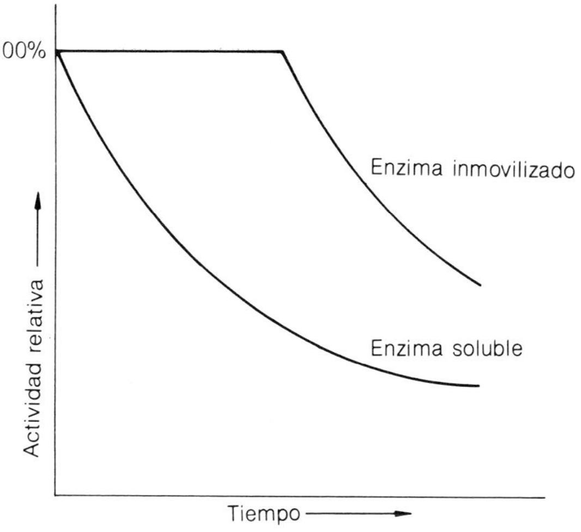

Fig. 14.4 Ilustración esquemática de la estabilización aparente de un enzima por efecto de la inmovilización

frentan con una alta concentración local de enzima, no pudiendo atravesar más de, digamos, un 10 % del volumen de la partícula sin convertirse en producto de la reacción. Poco a poco, se va desnaturalizando parte del enzima, pero durante bastante tiempo puede quedar suficiente cantidad como para que, penetrando el sustrato hasta una profundidad cada vez mayor dentro de la partícula, ésta siga registrando un nivel constante de actividad catalítica efectiva. Esta es pues resultado de la limitación que existe para la libre difusión del sustrato y función directa por tanto de la velocidad de difusión, que puede ser considerablemente más baja que la actividad enzimática intrínseca que posee la partícula; es posible pues perder parte de la actividad enzimática sin que ello tenga mucho efecto sobre la velocidad de la reacción. Cuando el sustrato está a una concentración alta, su velocidad de difusión aumenta, y la actividad enzimática intrínseca puede hacerse entonces limitante; como resultado, desaparece el efecto de estabilización observado a bajas concentraciones de sustrato. Igualmente, con el paso del tiempo, la cantidad de enzima desnaturalizado puede alcanzar un nivel tal, que sea ya la actividad enzimática, y no la difusión del sustrato, el factor limitante de la velocidad de la reacción.

El efecto de estabilización puede ser real o ilusorio, pero en cualquier caso es muy aprovechable, ya que da estabilidad operativa al sistema, o sea, capacidad para mantener un nivel constante de actividad a lo largo de un considerable período de su vida útil. Esto permite un más fácil control del proceso y una linealidad de respuesta que es importante en muchos biosensores basados en enzimas (véase la Sección 14.7.2).

El mismo principio es válido tanto para preparaciones de enzimas como de células, pero en este último caso, pueden intervenir otros factores. Existen ciertamente muchas publicaciones que presentan datos sobre estabilización de células por inmovilización. Este efecto puede ser debido a que la matriz de polímero proporciona un entorno más favorable a las células (por ejemplo, por la concentración local de hormonas endógenas), o a que se estabiliza realmente la membrana celular. Se ha dicho mucho de la estabilización de las células vegetales por efecto de la inmovilización, hablándose de una prolongación de la vida celular de hasta 10 veces o más. En este caso, sin embargo, el efecto de estabilización observado puede ser resultado de la forma en que se plantea la comparación. La longevidad de las células vegetales inmovilizadas ha sido normalmente comparada con la de las mismas células crecidas en cultivos en suspensión. No obstante, las células inmovilizadas tienen las características físicas del tejido del callo, cuyas células son mucho más estables que las que crecen en suspensión.

Quizás los resultados más intrigantes sobre el tema de la estabilización de la actividad en células, sean los publicados por Takata y col. (1982), que demostraron que el uso de distintos métodos de inmovilización proporcionaba diferentes grados de estabilidad para la actividad fumarasa de células de *Brevibacterium flavum*. Hay que señalar que en el trabajo no se hacía mención precisa del estado metabólico de las células de *B. flavum* y que no hay modo de averiguar con certeza si se trataba de células viables, células enteras no-viables o de una preparación de células lisadas o de extracto crudo; el uso de 1 mol/litro de fumarato en el ensayo, y de sales biliares en el pretratamiento aplicado a las células, parecen hacer más probable la última posibilidad. En esencia, los trabajos mencionados mostraban que la estabilidad de las células atrapadas en k-carrageno, era unas cinco veces mayor que la de las atrapadas en poliacrilamida; cuando el policatión polietilenimina acompañaba al gel de carrageno, la estabilidad de las células retenidas era 10 veces mayor que la de las atrapadas en poliacrilamida. La polietilenimina mostraba un efecto estabilizante sobre la actividad fumarasa de las células libres y la de las células atrapadas en poliacrilamida, cuando era incluida en la preparación de estos geles. Takata y col. (1982), concluían en su artículo que esta estabilización (frente a los tratamientos a base de calor, urea, alto pH y etanol), era resultado de una interacción a tres bandas entre la membrana celular, el carrageno y la polietilenimina. Ha de tenerse en cuenta, sin embargo, que las preparaciones inmovilizadas llevaban una gran carga de células (16 % en peso), lo que sugiere que parte de la «estabilización» observada podría quizás deberse a limitación de la difusión. Además, los datos presentados en esta y en anteriores publicaciones mostraban (a) algunos de los indicios que normalmente revelan la existencia de limitaciones en la difusión (por ejemplo, ensanchamiento de los perfiles de actividad en función del pH, incrementos de actividad inferiores a los esperados al subir la temperatura, etc); (b) cambios en las características físicas de los geles de carrageno al incluir la polietilenimina. Parece pues posible, que las diferencias en estabilidad observadas fueran debidas a la interacción de varios factores, a saber (a) que se produjera una genuina estabilización de la actividad de las células *per se,* por acción de la polietilenimina (las poliaminas suelen usarse como crioprotectores); (b) que existieran modificaciones en la estructura del gel que pudieran causar diferencias en la resistencia a la difusión (la inclusión de almidón en los geles de carrageno, por ejemplo, reduce la estabilidad de las células en ellos atrapadas); (c) que los diferentes métodos de inmovilización, al ocasionar distintos grados de inactivación enzimática durante su preparación, determinasen distintas cargas de actividad enzimática inicial (es sabido que los monómeros de acrilamida y los radicales libres producidos durante la polimerización, son tóxicos).

La razón por la que nos hemos detenido un poco en este asunto, es porque sirve para ilustrar la dificultad que comporta discernir de modo preciso las causas de la estabilización aparente de un biocatalizador. Ha de recalcarse, sin embargo, que en la práctica, cuando se va a usar un biocatalizador, lo importante es la mejora en su estabilidad operativa y el mecanismo por el que se consiga esto, es de importancia secundaria. A caballo regalado, no le mires el diente.

En conclusión, ha de quedar claro que hay que andarse con tiento antes de afirmar que se ha producido una estabilización intrínseca del biocatalizador como consecuencia de una inmovilización; un efecto aparente, pues puede ser sólo la estabilización real probablemente la excepción, más que la regla.

14.2.4 *Perturbación de las características cinéticas*

Se ha escrito mucho a propósito del efecto que la inmovilización ejerce sobre las características cinéticas de los biocatalizadores, sobre todo de los enzimas. Nos contentaremos pues aquí con hacer una breve revisión de los fenómenos más importantes que pueden ser causa de alteraciones en las características cinéticas.

14.2.4.1 *Características aquí consideradas.* En la discusión que sigue nos limitaremos a estudiar la K_m, la V_{max}, el efecto del pH y el de los inhibidores. Es posible que el lector encuentre aquí algunos términos que no le sean familiares, en particular los referentes a K_m y V_{max}. Muchos enzimas muestran cambios en la K_m, y la V_{max} como consecuencia de la inmovilización y se han usado distintas notaciones para distinguir entre la K_m y la V_{max} del enzima libre y las del enzima inmovilizado. Para referirse a este último, se emplean aquí los términos de V_s y K_v, que corresponden, respectivamente, a la máxima velocidad alcanzable a concentraciones saturantes de sustrato y a la concentración de sustrato que proporciona una velocidad igual a la mitad de la V_s.

14.2.4.2 *Causas de las perturbaciones.* Hay dos razones por las que la inmovilización puede causar un cambio (aparente) en las características del enzima. Se puede modificar directamente la conformación del enzima y por tanto su función, o bien puede crear un microambiente alrededor del enzima que sea diferente del común al resto de la fase. El microambiente facilitado por la matriz del polímero puede afectar al enzima de una o dos maneras, determinando un diferente reparto de moléculas en el microambiente del enzima y en el resto de la fase y/o restringiendo la libre difusión de moléculas, hacia el interior de la matriz de polímero o dentro ya de ella. Todos o ninguno de estos efectos, resumidos a continuación, pueden tener lugar en cada caso concreto.

Características intrínsecas (enzima soluble) $\xrightarrow{\text{inmovilización}}$ Características intrínsecas (enzima inmovilizado) — Efecto directo

↓ reparto

Características inherentes — Efectos microambientales (reparto; difusión limitada)

↓ difusión limitada

Características efectivas observadas experimentalmente

Los efectos directos de la inmovilización sobre las características intrínsecas de un enzima pueden incluir la inactivación total o parcial causada por grandes cambios conformacionales o por reacción de algún grupo esencial en el centro activo del enzima; incluyen también otros cambios conformacionales menores que pueden ser causa de desestabilización, alteración de los efectos alostéricos o las características cinéticas o de estabilización (véanse las Secciones 14.2.3 y 14.5).

El microambiente que rodea a un enzima inmovilizado y que la matriz de polímero le proporciona, puede afectar a la conducta aparente del enzima, si determina una distribución heterogénea de solutos entre el entorno del enzima y el conjunto de la fase en la que el enzima inmovilizado se encuentra disperso. Estos efectos microambientales pueden clasificarse en dos categorías, unos debidos a reparto y otros debidos a difusión limitada (Fig. 14.5). El reparto desigual de solutos es consecuencia de sus interacciones hidrofóbicas o electrostáticas con la matriz del polímero y afecta tanto a los solutos que no participan en la reacción, como a los que sí lo hacen, provocando su concentración o agotamiento en las proximidades del enzima.

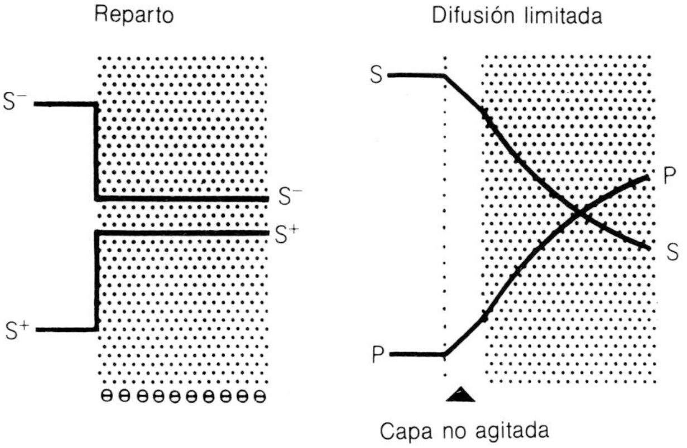

Fig. 14.5 Efecto del reparto y de la difusión limitada sobre los perfiles de concentración de solutos en sistemas de enzimas inmovilizados

La limitación de la libre difusión de moléculas de soluto debida a la presencia física de la matriz del polímero determinará el agotamiento de moléculas de sustrato y la acumulación de moléculas de producto alrededor del enzima. La limitación impuesta a la difusión puede ser de dos tipos. Por una parte, la barrera que se opone a la difusión puede estar constituida por la capa fija (capa de Nernst) de solvente que rodea a la partícula de enzima inmovilizado, lo que se llama limitación de la difusión externa. Alternativamente (o a la vez), la limitación a la difusión puede ocurrir dentro de la matriz de polímero —difusión interna— y entonces difusión y reacción concurren en el mismo sitio. Cuando la limitación a la difusión tiene lugar alrededor o dentro de una partícula de enzima inmovilizado que está actuando en una reacción, se llega a alcanzar un estado estacionario en el que la velocidad de la difusión de un soluto hacia dentro o hacia fuera de una determinada porción del volumen de la partícula, es igual a la velocidad con la que este soluto aparece o desaparece por efecto de la reacción. Para aquéllos con mente matemática, el uso de términos tales como porciones o «elementos» de volumen, podría implicar la necesidad de aplicar algo de cálculo en el diseño del modelo cuantitativo de los enzimas inmovilizados; para aquellos que no piensen en términos matemáticos, hay que decir que, desafortunadamente, este es el caso. No vamos, sin embargo, aquí a tratar de exponer estos efectos de forma cuantitativa sino que, por el contrario, intentaremos conseguir una comprensión cualitativa, intuitiva, de los mismos.

14.2.4.3 *Efectos del pH.* Estudiando la literatura existente sobre el tema del efecto del pH sobre la actividad de enzimas inmovilizados y sus correspondientes formas solubles, se pueden encontrar todo tipo de diferencias. El «perfil» de pH del enzima (o sea la representación gráfica de la velocidad en función del pH), puede verse desplazado, distorsionado, ensanchado o estrechado, como consecuencia de la inmovilización. ¿Cómo se puede averiguar la razón? En pocas palabras, hay cuatro posibles causas, que pueden presentarse independientemente o en combinación: el reparto desigual de los iones de hidrógeno, las cargas electrostáticas del polímero, la difusión limitada de los iones de hidrógeno producidos o consumidos en la reacción y la difusión limitada del sustrato.

El reparto desigual de los iones de hidrógeno, desplazándose hacia la matriz poliiónica de soporte o en sentido contrario, tiene como resultado la acumulación o agotamiento de los iones de hidrógeno en el entorno del enzima. De esta manera, el pH alrededor del enzima puede ser más alto o más bajo que el existente en el resto de la fase y esto provocará un aparente corrimiento del perfil de pH hacia valores más bajos o más altos (Fig. 14.6). La magnitud de este desplazamiento bruto del perfil de pH dependerá del coeficiente de reparto de los iones de hidrógeno en la matriz de polímero (ΔH^+), que será > 1 cuando el polímero es un anión y < 1 cuando es un catión. La ΔH^+ se define como el cociente entre la concentración de iones hidrógeno en la superfi-

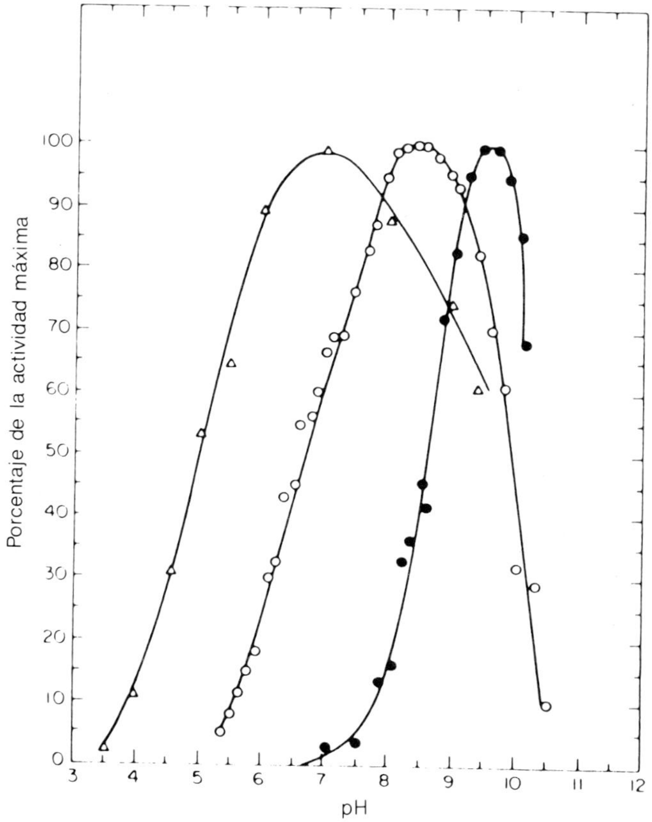

Fig. 14.6 Efecto de la matriz polimérica sobre el perfil de pH de la quimotripsina, en soluciones diluidas (O), inmovilizada sobre un copolimero polianiónico de anhídrido etilen-maleico (•) e inmovilizada sobre la matriz policatiónica poliornitina (Δ). El sustrato era acetil-L-tirosina etil éster, y la fuerza iónica era de 0,01. (Reproducido con permiso a partir de Goldstein, 1972)

cie del polímero (H_i^+) y la concentración en el resto de la fase (H_e^+) (o sea, (H_i^+/H_e^+). Para cualquier valor absoluto de (H_i^+), este cociente permanecerá constante y lo mismo ocurrirá con la diferencia de pH que pueda existir entre la superficie del polímero y el resto de la fase ($pH_e—pH_i$). Como todos los coeficientes de reparto iónicos, ΔH^+ depende de la fuerza iónica y quedará reducido a prácticamente la unidad cuando haya altas concentraciones de tampón o de sales. Por ejemplo, se ha observado que un enzima inmovilizado dentro de una matriz polianionica (cargada negativamente), puede mostrar una elevación del pH óptimo aparente (un perfil de pH desplazado hacia valores más altos). Esto puede explicarse si se tiene en cuenta que en este caso, el polímero está concentrando iones hidrógeno, bajando así el pH alrededor del enzima; por esa razón, para alcanzar allí el valor de pH necesario para el óptimo de actividad, el valor de pH del resto exterior de la fase ha de ser más alto que el pH óptimo intrínseco del enzima. El mismo argumento es válido para cualquier punto del perfil de pH del enzima, y dado que para un valor determinado de ΔH^+, la diferencia de pH ($pH_e—pH_i$) permanece constante, independientemente de los valores absolutos de pH_e o pH_i, el perfil permanecerá desplazado pero sin distorsión hacia valores más alcalinos de pH.

La carga electrostática del polímero puede tener un efecto directo sobre la estabilidad de los grupos ionizables en el centro activo del enzima, haciendo así que suba o baje su valor de pKa. Por ejemplo, la tripsina es dependiente para su actividad de la presencia de un residuo de serina con el hidróxilo ionizado; este grupo tiene un valor de pKa mucho más bajo cuando la serina forma parte de la tripsina que cuando el mismo aminoácido se encuentra libre en solución. Se ha postulado que esta bajada en el valor de pKa, que viene a ser una estabilización del ión $—O^-$, es debida al menos en parte a la carga positiva neta de la superficie de la molécula enzimática (6+ por molécula). La modificación de esta carga superficial a un valor neto de —5, hace que suba el pH óptimo del enzima en una unidad de pH; por el contrario, un valor neto de +12, hace que el pH óptimo baje una unidad. Ambos efectos son consecuencia del cambio en estabilizad (y por tanto en pKa) del ión $—O^-$ de la serina. Obviamente, se podría usar un razonamiento similar para explicar el efecto de las matrices poli-iónicas sobre los perfiles de pH de los enzimas inmovilizados, pero en la práctica, es imposible distinguir entre este mecanismo y el del reparto desigual de los iones de hidrógeno, antes descritos.

Una matriz polimérica puede limitar la libre difusión de los iones de hidrógeno, a pesar de su elevada movilidad, y aunque no se observe una limitación de la difusión del sustrato o del producto, debido a la baja concentración de estos iones hidrógeno en la mayoría de los sistemas. Aquí, como en otros casos, la limitación de la difusión sólo será detectable cuando la reacción consuma o produzca iones hidrógeno, y esto, en las reacciones enzimáticas, es más bien la regla que la excepción.

Tomemos el ejemplo de una reacción que produzca iones hidrógeno, en la que el perfil de la actividad enzimática muestre, frente a la variación del pH, una típica curva en campana, estando el enzima inmovilizado sobre una superficie impermeable. Este último supuesto simplifica un tanto la cuestión, poque sólo habrá que ocuparse de la limitación de la difusión interna, pudiendo en la práctica considerar el sistema como compuesto por dos compartimentos homógeneos, el grueso de la fase móvil y el microambiente en torno al enzima. Como en el caso de los efectos de reparto, cualquier diferencia entre los valores de pH_i y pH_e dará lugar a un desplazamiento del perfil de pH del enzima inmovilizado, ya que éste operará a un pH distinto del que se está midiendo. Independientemente del pH, una vez empezada la reacción, los iones de hidrógeno irán produciéndose en el microambiente y sólo llegarán al grueso de la fase móvil atravesando un gradiente de concentración, después de haberse acumulado alrededor del enzima. Eventualmente, la velocidad de difusión a partir del microambiente, será igual a la velocidad de producción. Obviamente, no se acaba aquí la cuestión, porque los iones de hidrógeno tienen un marcado efecto sobre la actividad enzimática y lo que ocurra después, dependerá de que el pH inicial esté por encima o por debajo del pH óptimo. Si está por encima, la acumulación de iones hidrógeno causará una bajada en el pH del microambiente, lo que a su vez hará aumentar la velocidad de la reacción. Esto redundará en una producción aumentada de iones hidrógeno, forzando al pH a bajar más y por esta razón, a que se produzca un nuevo aumento de la velocidad, continuándose este ciclo autocatalítico hasta que la acumulación de hidrogeniones y el subsiguiente descenso del pH, no induzcan más que un aumento prácticamente imperceptible en la velocidad de la reacción. De esta manera, el pH del microambiente es forzado a bajar en dirección al pH óptimo, observándose en conjunto el efecto como un ensanchamiento del lado alcalino del perfil de pH (Fig. 14.7). Si el pH inicial está por debajo del óptimo, la acumulación inicial de hidrogeniones (y la consiguiente bajada de pH_i), reducirán la velocidad de la reacción, haciendo que disminuya la necesidad de acumulación; el efecto se hace autolimitante, de forma que en este rango, el pH del microambiente no diferirá significativamente del pH del grueso de la fase móvil y el lado ácido del perfil de pH del enzima inmovilizado no será muy distinto del que tenga el enzima libre. La magnitud de estas distorsiones dependerá de dos factores, la severidad con que se limite la

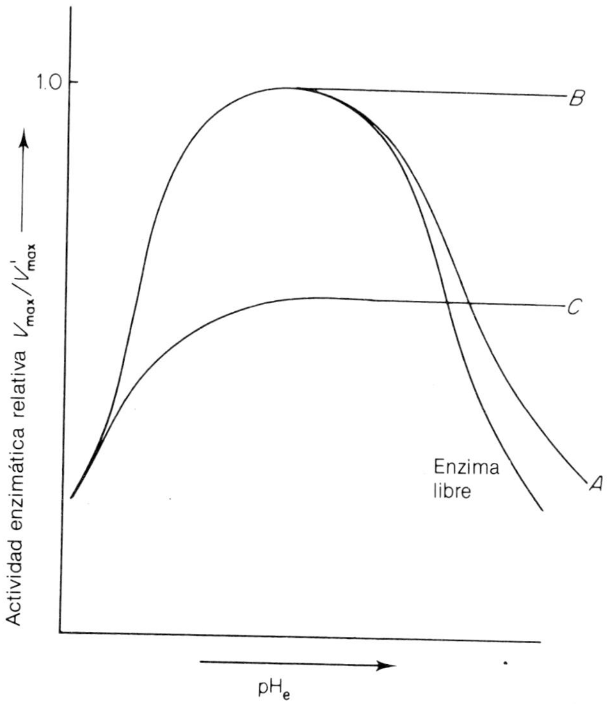

Fig. 14.7 Representación esquemática del efecto de la difusión limitada de los iones H^+ sobre un enzima liberador de iones H^+ que está inmovilizado sobre un polímero iónicamente neutro. Limitación de la difusión leve *(A)*, moderada *(B)* o severa *(C)*. (Reproducción con permiso a partir de Trevan, 1980)

difusión y la actividad enzimática intrínseca. Cuanto mayor sea la actividad enzimática, más marcada será la limitación de la difusión. En los casos en que esta limitación sea muy severa, el pH del microambiente puede no llegar a exceder nunca el pH óptimo (curva B, Fig. 14.7) o bien puede no llegar a alcanzarlo (curva C, Fig. 14.7). Este último efecto puede en un principio parecer ilógico; debe señalarse, sin embargo, que la velocidad de difusión de los hidrogeniones a partir del microambiente será proporcional a la diferencia de concentraciones $H_i^+ — H_e^+$. En casos de severa limitación, puede llegar a necesitarse una gran diferencia, de forma que $H_i^+ — H_e^+$ sea casi igual a H_i^+. Esta aproximación es válida cuando la H_e^+ sea menos del 1 % de H_i^+, o sea, cuando $pH_e — pH_i$ es mayor que 2. Así, podría darse una situación en la que, para proporcionar un gradiente suficiente para mantener una dispersión o salida de hidrogeniones igual en velocidad a su producción, se requeriría una diferencia de concentración de 10^{-6} moles dm^{-3}, no pudiendo entonces el pH_i ser superior a 6, (pues con este valor, H_e habría de ser efectivamente 0). Claramente, si el pH óptimo intrínseco del enzima está por encima de 6, el enzima inmovilizado tendrá siempre que operar a valores de pH_i por debajo del óptimo de pH.

Debe señalarse que este tipo de efecto se presentará más fácilmente en ausencia de solutos que actuen como tampón, cuya presencia pueda eliminar cualquier posible gradiente de pH.

Finalmente, ha de tenerse en cuenta el hecho de que la naturaleza logarítmica de la escala de pH supone que una misma diferencia $H_i^+ — H_e^+$ quedará reflejada como una diferencia $pH_e — pH_i$ mayor a medida que sube el valor absoluto de H_i. Esto da por sí mismo lugar a un aumento en la distorsión del perfil de pH, a medida que éste sube, provocándose un ensanchamiento del lado alcalino del perfil de pH.

La *limitación de la difusión del sustrato* puede también afectar al comportamiento de un enzima ante los cambios de pH. Es típico entonces que el perfil de pH se ensanche, mostrando el enzima una sensibilidad disminuida frente a los cambios de pH. La Figura 14.8 es característica de esta clase de efecto, que puede ser explicado teniendo en cuenta que, cuando la limitación de la difusión del sustrato es severa, es ella quien pasa a controlar la velocidad de la reacción, que se muestra entonces, naturalmente, insensible a los cambios de pH. En los extremos del rango de pH en que el enzima es normalmente activo, su velocidad intrínseca está por debajo de la velocidad de difusión del sustrato, siendo entonces por tanto, lo que controla la velocidad efectiva de la reacción, velocidad que sí responderá en este caso a los cambios de pH.

En la práctica, pueden darse diferentes *combinaciones* de los efectos mencionados, pudiendo ocurrir que en determinadas condiciones, la respuesta del enzima inmovilizado frente al pH llegue a ser realmente extraordinaria. Las Figuras 14.9 y 14.10 son ejemplo de ello.

14.2.4.4 *Constante de Michaelis* (K_m). El cambio de K_m resulta ser la regla más que la excepción, al inmovilizar un enzima. Dejando a un lado, de momento, cualquier efecto directo de la inmovilización sobre la K_m intrínseca del enzima, vamos a considerar los efectos que pueden producirse a causa del microambiente del enzima. También en este caso hay dos factores que configuran el microambiente, el reparto no homogéneo y la difusión limitada.

El reparto desigual del sustrato entre las zonas próximas y las zonas alejadas del polímero da lugar obviamente a una diferente concentración en el entorno del enzima y en el grueso de la fase móvil. Supongamos que el coeficiente de reparto del sustrato sea

$$p = \frac{S_i}{S_e}$$

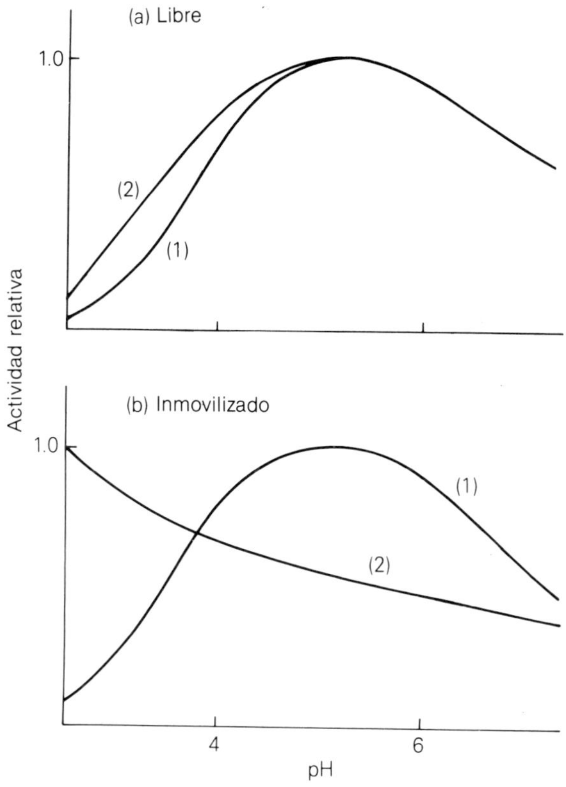

Fig. 14.8 Efecto de la limitación de la difusión del sustrato sobre el perfil de pH de una glucosa oxidasa atrapada en un gel de poliacrilamida. (a) Enzima libre en presencia de (1) 1,0 y (2) 0,1 mol dm^{-3} de glucosa; (b) inmovilizado en presencia de (1) 1,0 y (2) 0,1 mol de glucosa. Nótese que el efecto, igual que la difusión limitada, desaparece a concentraciones altas de glucosa. (Tomado de M. D. Trevan, resultados no publicados)

donde S_i es la concentración de sustrato junto a la superficie de polímero y S_e, la que existe en el grueso de la fase móvil. En un sistema sencillo, el enzima seguiría una cinética de Michaelis-Menten, estando la velocidad de la reacción (v) relacionada con el valor de S_e y con p, de la siguiente manera

$$v = \frac{V_{max} S_i}{K_m + S_i} = \frac{V_{max} p S_e}{K_m + p S_e}$$

lo cual, dividiendo por p, se convierte en

$$v = \frac{V_{max} S_e}{K_m/p + S_e}$$

Como S_e es la concentración de sustrato medida, la constante de Michaelis-Menten observada (K_v) será

$$K_v = K_m/p$$

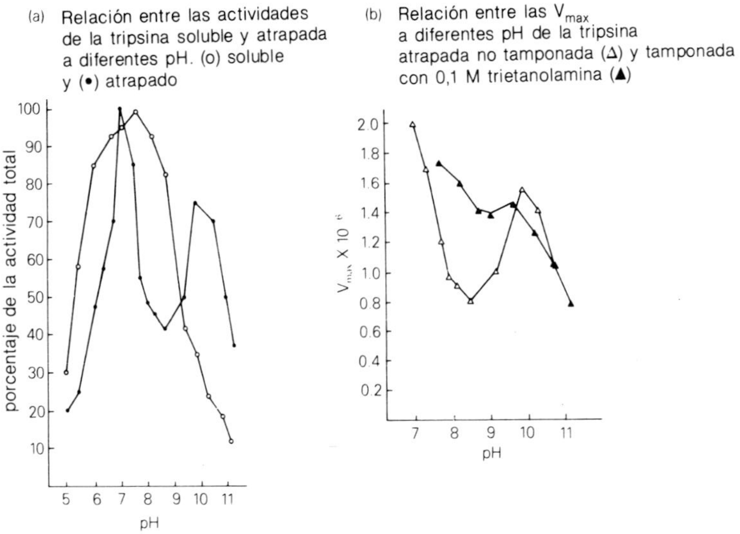

Fig. 14.9 Comparación de la actividad en función del pH de la tripsina soluble (O) y de la atrapada en un gel de poliacrilamida, (•) expresada (a) como % de la actividad total, (b) V_{max} de la tripsina inmovilizada, en presencia (▲) y ausencia (Δ) de 0,1 mol dm^{-3} de buffer de trietanolamina. (Tomado a partir de Trevan M.D. y Groves, S. (1979)

De esta manera, el reparto de sustrato con acumulación junto al polímero, tendrá como resultado un valor observado K_v, inferior a la K_m intrínseca del enzima; por el contrario, si el reparto tiene lugar de forma que la concentración junto al polímero sea menor que lejos de él, la K_v será mayor que la K_m intrínseca.

Si la distribución desigual es debida a interacciones electrostáticas, el valor de p tenderá hacia la unidad al aumentar la fuerza iónica. Así pues, a altas concentraciones de

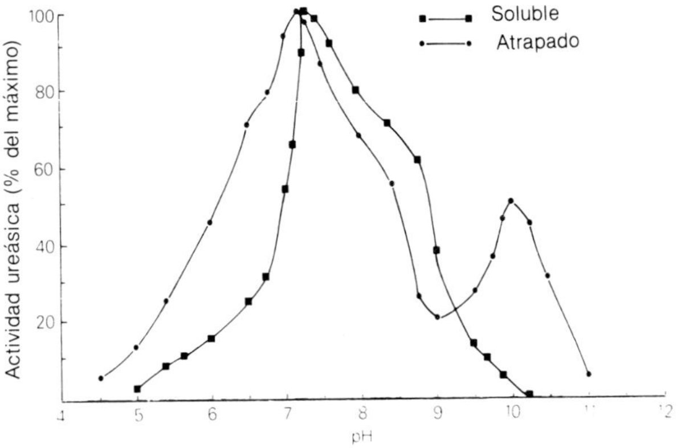

Fig. 14.10 Actividad relativa de la ureasa soluble y atrapada en un gel de poliacrilamida. (Tomado de M.D. Trevan, datos no publicados)

sal (o incluso de sustrato) desaparecerán las diferencias entre K_v y K_m. Puede esto verse claramente en la Figura 14.11, donde se muestra el efecto de la fuerza iónica sobre el valor observado de K_v para la bromelaina inmovilizada. Es interesante el hecho de que la K_v se estabilice a valores inferiores a los de la K_m intrínseca, fenómeno que fue en tiempos atribuido a una modificación de la K_m intrínseca causada directamente por la inmovilización. Cuando el propio sustrato tenga un efecto significativo sobre el valor de *p*, haciendo que la K_v observada se aproxime al valor de la K_m intrínseca al subir la concentración del sustrato, podrá observarse que la representación gráfica de la velocidad de la reacción en función de la concentración de sustrato, tendrá forma sigmoide en lugar de lineal.

La *difusión limitada* del sustrato producirá igualmente cambios en la K_m observada, pero en ese caso la K_v será invariablemente mayor que la K_m. Visto de forma simplista, esto resulta de que para la difusión del sustrato al interior del microambiente del enzima, ha de establecerse un gradiente de concentración, con valores más altos en el grueso de la fase móvil que en la proximidad del enzima. Por tanto, para alcanzar la concentración de sustrato que proporcione la mitad de la velocidad máxima para el enzima inmovilizado (K_v), la concentración de sustrato en el grueso de la fase móvil tendrá que ser mayor que la que proporcionaría la mitad de la velocidad máxima con el enzima libre (K_m). En esencia, la velocidad de reacción observada estará limitada por, ya sea la velocidad de difusión del sustrato hacia el enzima, o por la velocidad intrínseca del enzima, controlando el conjunto aquélla de las dos velocidades que sea menor. Dos factores decidirán en cada caso cual de las dos velocidades será la más lenta, el nivel intrínseco de actividad del enzima inmovilizado y la concentración de sustrato en el grueso de la fase móvil. Tomemos el ejemplo de un enzima inmovilizado sobre una superficie

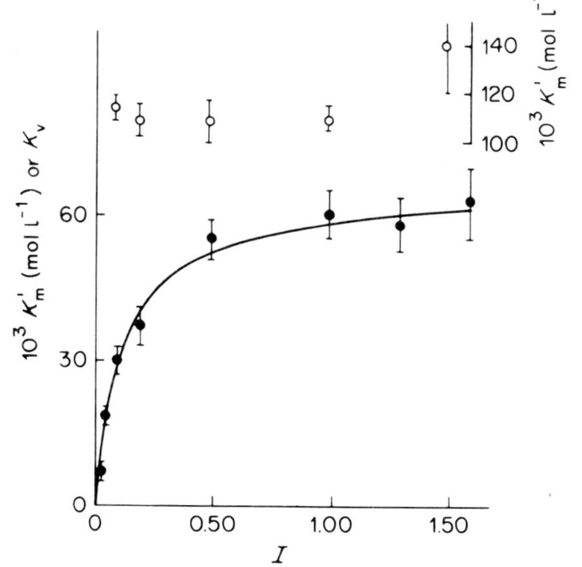

Fig. 14.11 Efecto de la fuerza iónica sobre la aparente constante de Michaelis K_v de la bromelaina en solución diluida (O) e inmovilizada sobre carboximetilcelulosa (•), actuando sobre la benzoilarginina etil éster. (Reproducido con permiso de Wharton, Crook y Brokelhurst, 1968)

impermeable, en el que la difusión del sustrato a través de la capa estancada alrededor del enzima se encuentra limitada. La máxima velocidad alcanzable para la difusión del sustrato aumentará linealmente al subir la concentración en el grueso de la fase móvil (S_e), mientras que la máxima velocidad alcanzable para la velocidad intrínseca de la reacción, aumentará al subir S_e, siguiendo una característica curva hiperbólica. La Figura 14.12 muestra estas dos tendencias, representadas en un mismo gráfico. La velocidad efectiva de la reacción sigue la curva más baja de las dos; a valores de S_e inferiores a *A*, vendrá pues determinada por la difusión del sustrato, mientras que a concentraciones superiores a *A*, estará limitada por la velocidad intrínseca de la reacción (ver Figura 14.12).

Varios aspectos se ponen pues de manifiesto. Primero, que el efecto de la difusión limitada del sustrato puede ser compensado a base de subir la concentración de sustrato en el grueso de la fase móvil, o de bajar la actividad intrínseca del enzima. Segundo, que las representaciones de la velocidad en función de la concentración del sustrato, tendrán forma curva. Tercero, que un aumento de la temperatura mejorará la difusión limitada del sustrato, porque la actividad intrínseca del enzima aumentará más rápidamente que la velocidad de difusión. Para doblar la actividad intrínseca del enzima sólo se necesitará un aumento de temperatura de 10 °C, mientras que para doblar la velocidad de difusión la temperatura tendrá que aumentarse en 300 °C (partiendo de 27 °C).

14.2.4.5 *Velocidad máxima* (V_{max}). El lector de mente agil habrá ya a estas alturas deducido que la velocidad máxima de un enzima inmovilizado (V_s) será igual a la del enzima soluble (V_{max}), dejando aparte los efectos directos de la inmovilización. Debe, sin embargo, señalarse que no siempre es éste el caso. Hay dos factores que pueden ser causa de una V_s que difiera de la V_{max}; por un lado, la limitación práctica de la

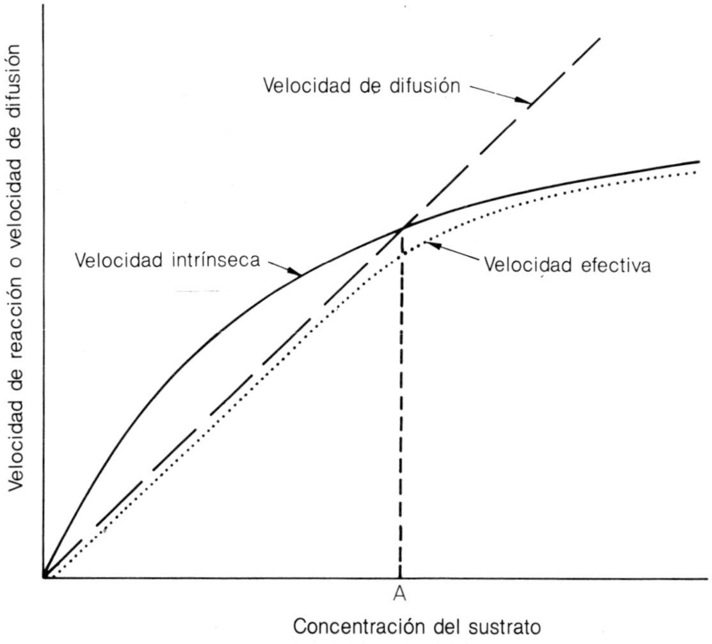

Fig. 14.12 Relación entre la velocidad intrínseca de reacción (———), la velocidad de reacción efectiva (.......) y la velocidad de difusión (– – – –) en un enzima inmovilizado

solubilidad del sustrato, y por otro, la modificación (real o aparente) de la estabilidad del enzima, como consecuencia de la inmovilización.

La solubilidad del sustrato puede limitar la concentración máxima de sustrato en el grueso de la fase móvil, pudiendo darse el caso de que la concentración de sustrato en el microambiente no pueda elevarse hasta el nivel requerido para obtener el máximo de actividad. En tales casos, la V_s será inferior a la V_{max}.

La estabilidad del enzima tiene su efecto sobre la velocidad registrada de la reacción, porque durante el tiempo finito en que se mide la velocidad, el enzima puede desnaturalizarse. Esto es relevante sobre todo a altas temperaturas. Así pues, si la inmovilización estabiliza eficazmente al enzima, éste puede no ser desnaturalizado durante ese período, con lo que las velocidades de reacción (V_s) pueden mostrarse aumentadas con respecto a las propias del enzima soluble (V_{max}). Esto podría explicar la variación en los valores de V_s de la aminoacilasa inmovilizada que se muestran en la Tabla 14.8.

14.2.4.6 *Inhibidores y activadores*. También aquí el reparto y la difusión limitada pueden ejercer su efecto.

El reparto desigual de los inhibidores o activadores puede tener un efecto mayor o menor según sean concentrados o expulsados del microambiente del enzima. Esta distribución estará afectada por factores tales como la fuerza iónica, de igual manera que en el caso del reparto del sustrato, ya descrito.

La difusión limitada de inhibidores o activadores afectará en general sólo a aquellas moléculas que también intervengan en la reacción, sean sustratos o productos, porque eventualmente se alcanzará una distribución homogénea. Una notable excepción es el caso en que moléculas de alto peso molecular puedan ser excluidas por obvias razones estéricas. Así, un enzima inmovilizado puede mostrar la misma sensibilidad que el libre ante un inhibidor de bajo peso molecular, pero puede ser relativamente poco afectado por otro de alto peso molecular.

Cuando el enzima inmovilizado sufra inhibición por producto, la difusión limitada puede exacerbar el fenómeno, debido a la acumulación de producto en el microambiente del enzima. Para agravar aún más las cosas, muchos productos son inhibidores competitivos y si el producto tiene una difusión limitada, también puede tenerla el sustrato. Estos dos efectos pueden actuar de forma sinérgica, ya que la concentración de producto es máxima allí donde la de sustrato es mínima. Sin embargo, si la concentración de producto en el grueso de la fase móvil se eleva hasta un nivel suficientemente alto, el efecto de la difusión limitada puede desaparecer, ya que la actividad intrínseca del enzima baja hasta un punto en que la difusión ya no es limitante.

Es realmente posible imaginar una situación en la que, existiendo una severa limitación de la difusión del sustrato, no llegue a observarse nunca inhibición competitiva por análogos del sustrato o del producto. Esto puede ser debido a que la concentración de sustrato requerida en el grueso de la fase móvil para contrarrestar la difusión limitada, sirve también para anular el efecto del inhibidor. Este no será obviamente el caso cuando se trate de un inhibidor no competitivo (Figura 14.13). Los efectos de la difusión limitada de sustrato y de la inhibición competitiva pueden pues ser antagónicos.

La inhibición por sustrato, cuando éste muestra una difusión limitada, puede hacer que se observen bucles de histéresis en la representación gráfica de la velocidad efectiva de la reacción en función de la concentración de sustrato, ya que existe la posibilidad de que existan múltiples estados estacionarios para una determinada concentración de sustrato. Baste indicar aquí que, para que se note inhibición por sustrato de un enzima inmovilizado, las concentraciones de sustrato que han de alcanzarse en el grueso de la fase móvil son generalmente superiores a las que producirían este efecto en el enzima

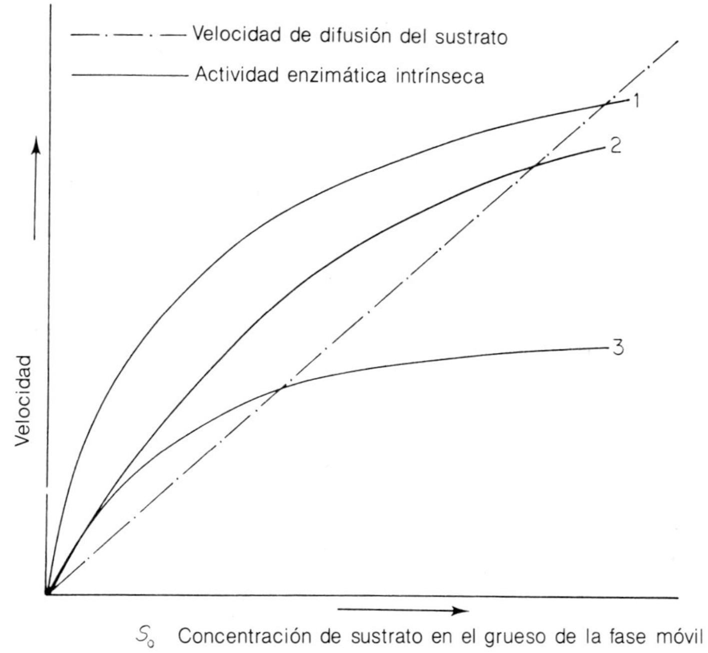

Fig. 14.13 Representación esquemática de la interacción entre la difusión limitada del sustrato y la inhibición química en un enzima inmovilizado. Las líneas continuas representan la intrínseca actividad enzimática del enzima inmovilizado, no inhibido (1), sujeto a inhibición competitiva (2) y sujeto a inhibición no-competitiva (3). Claramente, la inhibición competitiva puede no ser observable cuando la limitación de la difusión del sustrato es severa. (Reproducido con permiso a partir de Trevan, 1980)

soluble; este fenómeno puede tener aplicaciones útiles en los reactores enzimáticos. Para una discusión más amplia de este curioso aspecto del comportamiento de los enzimas inmovilizados, el lector puede consultar el trabajo de Trevan (1980).

14.2.4.7 *El efecto de la inmovilización sobre las células.* Poco puede decirse sobre el efecto de la inmovilización sobre el comportamiento de las células viables, porque hasta ahora este tema no ha sido sistemáticamente estudiado. Pueden, sin embargo, hacerse algunas observaciones generales.

Los métodos más corrientes para la inmovilización de células viables suelen consistir en alguna forma de atrapamiento dentro de un polímero de gel acuoso. Es muy probable por tanto que la difusión limitada haga que el microambiente que rodea a la célula sea bastante diferente en diversos aspectos, del grueso de la fase móvil.

El intercambio de gases entre el microambiente del polímero y el grueso de la fase móvil puede estar limitado, sobre todo cuando las células tienen una intensa actividad metabólica. Así pues, los niveles de O_2 y CO_2 pueden ser sustancialmente diferentes dentro y fuera del microambiente de las células y esto puede afectar directamente a su metabolismo y al producto derivado de él. En el caso de organismos fotosintéticos, puede ocurrir también que se vean afectados por una disminución de la intensidad de la luz, causada no tanto por el polímero sino por la sombra que las células más superficiales proyectan sobre las más profundas. En su metabolismo, las células producen a menudo ácidos o álcalis y por esa razón puede el pH del microambiente diferir del existente en el grueso de la fase móvil. Esto puede también influir no sólo en la tasa metabólica, sino también en la productividad para un determinado metabolito. Tanto las hormonas como los reguladores o los enzimas extracelulares, tenderán a acumularse alrededor de la célula inmovilizada, causando múltiples efectos. Las células vegetales inmovilizadas que excreten hormonas endógenas, por ejemplo, se verán beneficiadas al proporcionarse a sí mismas un ambiente favorable. Los microorganismos inmovilizados que excreten un enzima digestivo extracelular, experimentarán una acumulación del mismo en su entorno, obteniendo con ello un aporte mayor de un nutriente esencial (que puede de todas formas estar presente en una concentración disminuida, debido a las restricciones para su movilidad y difusión que pueden existir en el seno del polímero). La acumulación de metabolitos secundarios puede conducir a la represión de su propia síntesis en la célula, haciendo que las células inmovilizadas sean, por esta razón, menos productivas que las libres. Como contraste, la limitación del crecimiento causada por limitación de un nutriente puede determinar que las células pasen a una fase estacionaria en la que la producción de metabolitos secundarios sea mayor (ver Sección 6.3).

Es por eso poco sorprendente que la limitación de nutrientes o de luz, o la acumulación de productos inhibidores o tóxicos en el microambiente de las células, tengan como resultado que las células inmovilizadas de un preparado envejecido estén concentradas en la porción periférica de la matriz (Figura 14.14). Este efecto es probablemente debido más a la muerte celular en el centro de las partículas de soporte y al crecimiento celular en la periferia, que a la migración de las células en esa dirección.

14.3 ¿Solubles o inmovilizados?

Si la inmovilización de los biocatalizadores es tan dificultosa y empírica y tan frecuentemente objeto de transformaciones impredecibles, ¿para qué molestarse en la inmovilización? La razón está en que la inmovilización mejora las características útiles de un enzima (ver también las Secciones 14.1.2 y 14.1.3). La magnitud de la importancia de estas características dependerá en parte del uso que se vaya a dar al enzima. A veces y para ciertas aplicaciones, como por ejemplo, para el procesamiento de polímeros de alto peso molecular o para la manipulación genética, los enzimas inmovilizados no sólo son inapropiados, sino también inútiles; para otras aplicaciones, tales como los biosensores, son imprescindibles. Para la mayoría de las aplicaciones, sin embargo, optar o no por la inmovilización depende del coste y de la eficacia. Antes de tratar de las particulares virtudes de los enzimas inmovilizados, han de discutirse aquí los problemas propios de los enzimas solubles.

La aplicación de los enzimas solubles está limitada por varios factores: la relativa inestabilidad, el coste, la imposibilidad de recuperarlos separándolos del producto —lo que los limita a un solo uso—, y la imposibilidad de mantenerlos en un flujo de sustrato —lo que no permite un procesamiento en continuo—. La inmovilización puede resolver muchos de estos problemas, si no todos. La estabilidad puede mejorarse, aunque sólo sea de forma operativa. Esta mejora de la estabilidad es un prerrequisito para la segunda ventaja de los enzimas inmovilizados, su facilidad para ser separados del producto y poder así ser reutilizados. Obviamente, no es muy ventajoso tener un enzima reutilizable si no es lo suficientemente estable como para permitir la reutilización. Para un enzima inmovilizado, la reutilización es un factor que compensa el posible alto precio del enzima. Es obvio que cuantas más unidades de operación sea el enzima capaz de realizar

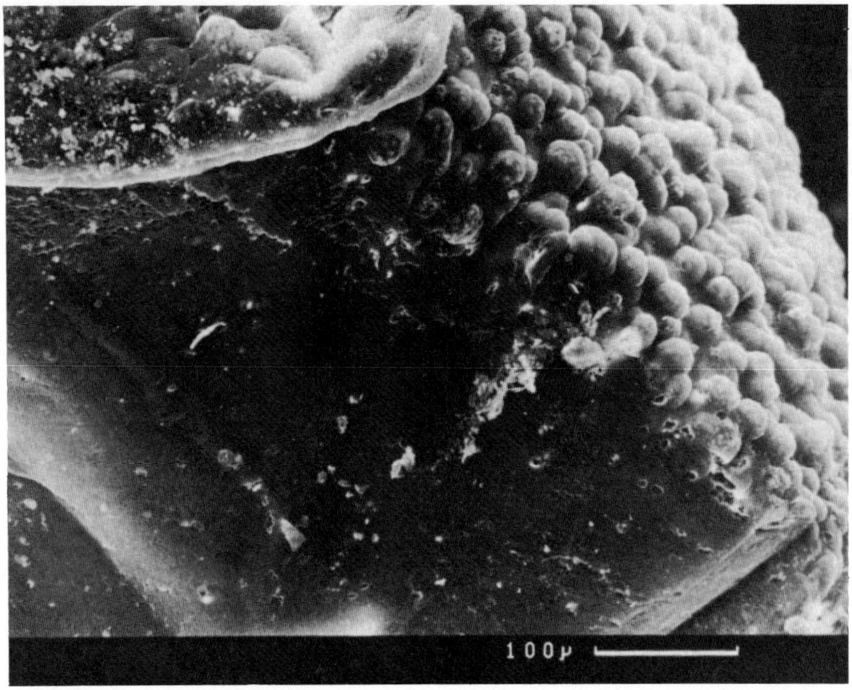

Fig. 14.14 Imagen observable con un microscopio electrónico de barrido (SEM) de la sección transversal de una esfera de gel de alginato cálcico conteniendo células de algas, 4 días después de su inmovilización; puede verse claramente la concentración de las células en la periferia de la esfera y su ausencia en el interior de la misma. (Foto de C. W. Lilley)

(por ejemplo, cuanto más sustrato pueda transformar), más bajo será el coste proporcional del enzima por unidad de producto elaborado. La inmovilización permite retener al enzima dentro de un flujo móvil de sustrato, lo que hace factible su empleo en procesos en continuo, con todas las ventajas económicas que ello conlleva. El empleo de reactores de lecho empaquetado, practicable sólo con enzimas inmovilizados, puede permitir mayores rendimientos de producción y mayor pureza (ver Sección 14.6.1). Finalmente, y con vistas al futuro quizás el factor más importante, está la posibilidad de conseguir mediante inmovilización, cambios en el comportamiento del enzima. El cambio, por ejemplo, en el pH óptimo de un enzima, por efecto de determinado procedimiento de inmovilización, podría permitir que un enzima que normalmente funciona a pH próximo a la neutralidad, pueda ser empleado para procesar soluciones alcalinas. También podría eliminarse la necesidad de alterar el pH de la solución de sustrato o aprovecharse esta modificación como un factor que ayude a limitar el crecimiento bacteriano contaminante. La difusión limitada del sustrato es clave para la linealidad del biosensor (ver Sección 14.7.2) y puede también ser usada para insensibilizar a un enzima frente a las variaciones de pH que puedan ocurrir durante los procesos a gran escala, manteniéndose así constante el rendimiento del producto sin necesidad de hacer un control de pH preciso y costoso. El reparto desigual del sustrato, acumulándose en el microambiente del enzima y/o el del producto, acumulándose en el grueso de la fase móvil, aumentarán tanto el rendimiento de producto como la tasa de conversión del sustrato en producto, a base de reducir el grado de inhibición por producto.

Muchas bioconversiones útiles tienen que ver con sustratos o productos que son poco solubles en agua. Para mejorar la eficacia de la conversión y el rendimiento, pueden usarse solventes orgánicos como vehículos de estos materiales, partiendo de la premisa de que, para que el proceso sea rentable, es necesario que el enzima (o la célula) sean estables en presencia de esos solventes orgánicos. La inmovilización puede mejorar esa estabilidad.

La mayor parte de las anteriores consideraciones pueden aplicarse también a las células inmovilizadas, en particular lo que se refiere a la posibilidad de crear un microambiente favorable a su alrededor. Además, las células animales y vegetales son de crecimiento relativamente lento y por tanto, la posibilidad de mejorar la estabilidad de las células y permitir su uso continuado, es de vital importancia económica. Cuando se usan células inmovilizadas viables, puede ocurrir también que al ser posible inicialmente que las células se multipliquen dentro de la matriz del polímero, se aumente la masa celular por unidad de volumen de reactor en mucha mayor medida de lo que sería posible en la práctica en la mayoría de los cultivos de células libres en suspensión, lo que también puede contribuir a aumentar la productividad.

14.4 ¿Células o enzimas?

Suponiendo que la inmovilización llegue en un determinado caso a ser considerada como deseable/rentable, la cuestión que se plantea a continuación es ¿qué forma de biocatalizador conviene más emplear, células o enzimas?. No existen reglas fijas para resolver este asunto y la respuesta depende en última instancia del estudio de los costes globales. A lo largo de toda esta discusión nos viene continuamente a la cabeza un acertijo: «¿cuándo un enzima no es un enzima?», cuya respuesta es «cuando es una célula».

Los biocatalizadores pueden hallarse disponibles bajo múltiples formas: enzimas puros, extractos celulares crudos, células (normalmente microbianas) no viables, células microbianas viables, células vegetales viables o células animales viables. Los procesos biocatalíticos pueden presentar muy diverso grado de complejidad, desde la conversión en un sólo paso, pasando por las conversiones en un sólo paso con requerimiento de coenzimas y los procesos de varios pasos para la biotransformación de precursores añadidos, hasta la síntesis *de novo* de compuestos a partir de fuentes carbonadas simples. El arte estaría en seleccionar el tipo de biocatalizador más adecuado para cada proceso. La Tabla 14.1 resalta algunos de los puntos clave para esta selección. De la información presentada en la tabla, podría concluirse que la opción entre un catalizador celular o enzimático, habría de resolverse en función de la interacción de un conjunto de factores: el número de pasos del proceso, el requerimiento de coenzimas, la importancia de las reacciones contaminantes, el coste, la estabilidad, la eficacia catalítica, etc. Se pueden ilustrar algunas de estas interrelaciones mediante la selección de algunos ejemplos apropiados.

Si el proceso es una catálisis de un solo paso que no necesita de coenzimas, el empleo de un enzima purificado puede presentar una serie de ventajas. Con un solo enzima no hay posibilidad de que haya reacciones secundarias indeseables, lo que simplifica mucho la purificación del producto. Con un enzima puro, por otra parte, se pueden obtener altas cargas de catalizador inmovilizado. Esto puede ser útil en diversos aspectos; por ejemplo, es posible usar reactores más pequeños o tiempos de procesado más cortos. Una carga demasiado alta puede, sin embargo, resultar un derroche, ya que el enzi-

Tabla 14.1 Comparación de la aplicación de varios biocatalizadores inmovilizados

	Enzimas	*Células microbianas*	*Células vegetales*	*Células animales*
Métodos de inmovilización	Posible por muchas técnicas	Posible sobre todo por atrapamiento o adsorción	Atrapamiento en geles acuosos; probados poco otros métodos	Posible por adsorción
Estabilidad propia de la forma no inmovilizada	Baja	Media → alta	Media	Baja
¿Se estabiliza el catalizador al inmovilizar?	Si, pero de forma más aparente que real	Alguna estabilización	Estabilización real y muy apreciable	
Procesos de un solo paso	Si, sobre todo reacciones hidrolíticas	Si, sobre todo reac. hidrolíticas con células no viables	Posibles pero probablemente menos eficaces que enzimas o cel. microbianas	Ineficaces
Procesos de un solo paso con coenzimas (caros)	Posibles, pero aún a coste prohibitivo	Posibles, pero la fermentación puede resultar más barata	Posibles, quizá sólo útiles para tratar residuos vegetales	Quizá, posibles pero muy caros
Procesos de varios pasos, para transformar precursores añadidos	Quizás factibles técnicamente, pero muy caros	Posibles, pero la fermentación tradicional puede resultar más barata	Posibles (ver arriba) Inmovilización quizá más eficaz que fermentación	Puede ser posible
Síntesis *de novo* a partir de fuentes carbonadas simples	No	Posible, pero la fermentación es casi seguro más barata	Posible y de probable interés económico si el precio y el mercado son buenos	Esencialmente produc. proteicos
Aplicaciones actuales o potenciales de mayor calibre	Confinadas probablemente a reac. de un solo paso, sobre todo hidrolíticas	Usadas como enzimas no purificados o posiblemente para r. de un solo paso, con coenzimas	Procesos de varios pasos o síntesis de novo	Producción de proteínas animales deseables
Tipo de producto más probable	Grandes cantidades de compuestos orgánicos, en procesos de un solo paso	Comp. orgánicos, cantidades medias o altas, por procesos de uno o más pasos	Cantidades medias o pequeñas de productos vegetales caros, procesos fotosintéticos	Como se indica arriba
Métodos alternativos de producción	Procesos químicos células microbianas inmovilizadas	Fermentación	Agricultura o fermentación, pero no para todos los productos	Extracción de tejidos animales ingeniería genética
Perspectivas a largo plazo	Buenas, pero limitadas	La fermentación mejorada* podría ser más rentable	Las células inmovilizadas podrían ser más rentables	La ingeniería genética puede eventualmente ser más rentable

* Excepto en procesos con sustratos o productos solubles en solventes orgánicos, en los que las células microbianas inmovilizadas pueden ser insustituibles

ma puede en la práctica estar sujeto a limitaciones en la difusión del sustrato. Esto a su vez, tiene su lado positivo, ya que puede determinar una mejora efectiva de la estabilidad operativa del enzima, simplificándose así el control del proceso y de su productividad. Frente a estas ventajas, hay que tener en cuenta los costes de purificación del enzima y la posibilidad de que la purificación conlleve una pérdida de estabilidad, como ocurre en el caso de muchos enzimas ligados a membranas. En la práctica, puede resultar más barato usar un homogenado de células, o bien un preparado de células no viables, eliminando los enzimas contaminantes con un tratamiento térmico selectivo (como se hace para eliminar actividad urocanasa en células de *Achromobacter liquidum,* que contienen actividad histidin amonio liasa) y aumentando la actividad específica del preparado mediante lisis parcial de la membrana celular.

Quizás sea significativo el hecho de que la mayoría de las aplicaciones a gran escala de biocatalizadores inmovilizados (tales como las de glucosa isomerasa o penicilin acilasa, véase la Sección 14.7.4), hacen uso de células microbianas no viables en vez de enzimas purificados.

Cuando se trata de sistemas de reacción más complejos, quizás con requerimiento de coenzimas, las células pasan a ser preferibles. En los niveles de mayor complejidad, por ejemplo, en la producción de alcaloides a partir de células vegetales que usan fuentes de carbono simples, es de sentido común utilizar células enteras en lugar de extraer, purificar y luego volver a ensamblar los elementos de la ruta metabólica. Es, sin embargo, en los casos de sistemas con uno o dos pasos de reacción y con requerimiento de coenzimas, donde las células inmovilizadas tienen un porvenir más brillante. Aunque sea teóricamente posible retener y regenerar coenzimas dentro de un reactor enzimático, no tiene mucho sentido el gasto de dinero y de trabajo, cuando una célula puede comportarse en esencia como una bolsa semipermeable conteniendo al enzima, los coenzimas y los sistemas enzimáticos complementarios para realizar el necesario reciclaje. Células enteras de *Nocardia* spp., por ejemplo, han sido inmovilizadas para ser usadas como catalizadores en la hidroxilación de esteroides.

Parece probable por tanto que las aplicaciones futuras de los enzimas inmovilizados queden restringidas a reacciones simples, probablemente hidrolíticas o bien a utilizaciones como las de los biosensores, en las que se necesite una elevada especificidad de reacción. Para reacciones más complejas, el futuro parece pertenecer a las células inmovilizadas.

14.5 Estabilización

La primera cuestión que nos hemos de plantear aquí es el significado de la palabra estabilidad. Puede parecer algo obvio, pero a juzgar por la diversidad de definiciones implícitas encontrables en la literatura, el significado del término posee múltiples matices. En este contexto, sin embargo, definiremos la estabilidad como la capacidad de un enzima para retener su actividad catalítica; el tema de esta Sección es como puede mejorarse esa estabilidad.

La siguiente cuestión también puede parecer obvia ¿qué factores pueden hacer que un enzima pierda su actividad? Existen muchos: la digestión microbiana, la hidrólisis por proteasas (incluyendo la autólisis), el envenenamiento por iones metálicos, por ejemplo, o por reacciones oxidativas, la agregación o precipitación del enzima (por acción de solventes orgánicos, por ejemplo) o el desplegamiento de la estructura molecular de la proteína. Los cuatro primeros de estos factores pueden ser bastante sencillamente neutralizados haciendo al enzima inaccesible al agente inactivador. La inmovilización, por ejemplo (ver Sección 14.2) introduce al enzima en una jaula que le protege físicamente del contacto con microorganismos y enzimas hidrolíticos y, en el caso de la inmovilización de un enzima proteolítico, impide su contacto intermolecular y por tanto, la autolisis. Alternativamente, puede modificarse químicamente la superficie del enzima, por alquilación o glicosilación, por ejemplo, cubriéndose así puntos potencialmente vulnerables a la acción de las proteasas en la superficie del enzima. Igualmente, la matriz polímerica de un enzima inmovilizado puede, por mecanismos estéricos o electrostáticos, impedir el envenenamiento del enzima a base de excluir o ligar selectivamente el «veneno», se trate de iones de hidrógeno o de metales, de moléculas orgánicas o incluso de oxígeno. La inmovilización puede también impedir la inactivación causada por solventes orgánicos, por ejemplo, ya sea mediante el aislamiento físico de las moléculas del enzima, o porque imponga un reparto negativo del solvente (esto es, porque lo excluya de la fase en que se encuentra el enzima).

Por lo que se refiere a impedir o corregir el desplegamiento de la estructura molecular del enzima, existen realmente multitud de procedimientos disponibles. Antes de tratarlos, hagamos un breve comentario sobre el desplegamiento, o sea la desnaturalización o pérdida de conformación nativa de las proteínas. La desnaturalización puede ser originada por distintos agentes físicos (temperatura, pH, fuerza iónica) o químicos (urea, guanidina, solventes orgánicos). En principio, el modo de acción de todos ellos es similar: ruptura de los diversos enlaces electrostáticos, hidrofóbicos, de hidrógeno, etc., que mantienen a la molécula de enzima en su configuración nativa, permitiendo así que se deshaga el plegamiento de la cadena peptídica y se establezcan nuevas interacciones. La semejanza en cuanto a modo de acción significa que si, por ejemplo, se consigue estabilizar un enzima frente a la acción de la urea, es muy probable que se haya conseguido también estabilizarlo frente al calor. La clave del asunto está en reforzar la estructura nativa del enzima y hay una serie de vías por las que se puede, al menos en teoría, conseguir esto.

El modo preciso en que tiene lugar la inactivación ha sido objeto de diversas hipótesis. En el caso más simple, se supone que la inactivación es un proceso de primer orden, con un solo paso, que puede ser representado como

$$E \xrightarrow{k_1} E_1$$

donde E es la actividad específica del enzima, siendo en este caso $E_1 = 0$; k_1 sería la constante de velocidad de la inactivación, descrita en la ecuación

$$\frac{-dE}{dt} = k_1 E$$

Henley y Sadana (1985) han difundido esta forma de tratamiento para el análisis de algunos de los resultados menos esperados de los estudios sobre estabilidad enzimática. Estos autores proponen un modelo con dos pasos

$$E \xrightarrow{k_1} E_1 \xrightarrow{k_2} E_2 \quad \text{donde} \quad \frac{E_1}{E} = \alpha_1, \quad \text{y} \quad \frac{E_2}{E} = \alpha_2$$

pudiendo αa_1 o α_2 ser mayores o menores que 1 y adoptando k_1 o k_2 valores variables independientes $\geqslant 0$.

Suponiendo que la actividad enzimática (a) registrada en un momento dado sea

$$a = \frac{E + \alpha_1 E_1 + \alpha_2 E_2}{E_0}$$

donde E_0 es la actividad específica en el tiempo $= 0$,

por integración los valores de E, E_1 y E_2 pueden ser descritos en función de k_1 y k_2 siendo posible definir, por sustitución, un modelo para cada caso específico.

Como resultado, este tratamiento describe varios modelos de inactivación, en los que la representación gráfica de los logaritmos de la actividad en función del tiempo, pueden mostrar las pérdidas de actividad lineales o complejas, o incluso los aumentos de actividad (Figura 14.15) que se obtienen en las observaciones experimentales.

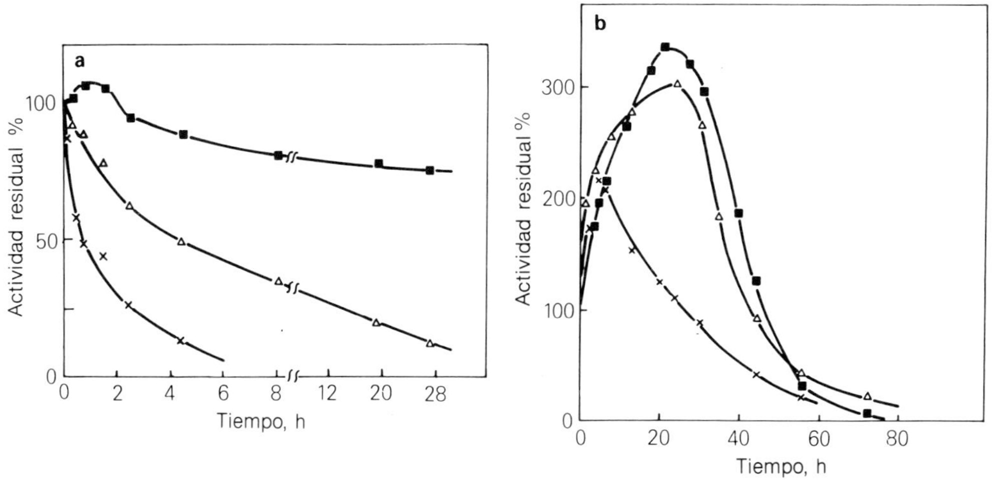

Fig. 14.15 Efecto del pH sobre la estabilidad de la 3-fosfoglicerato quinasa (a) soluble y (b) inmovilizada, a 25 °C y pH 7,0 (■), pH 8,0 (Δ) y pH 9,0 (x). Los experimentos se realizaron en buffer 0,1 mol dm^{-3} trietanolamina/HCl. Las concentraciones de enzima utilizadas fueron de 20 $\mu g\ cm^{-3}$ para el enzima soluble y 12 $mg\ cm^{-3}$ de sólido para el enzima inmovilizado. (Reproducido con permiso a partir de Simon *et al.* (1985))

14.5.1 *Termófilos*

Una de las mejores maneras de lograr algo es conseguir que alguien lo haga por nosotros. Así, por ejemplo, la forma más fácil de obtener un preparado enzimático más rentable es identificar y aislar el enzima que nos interesa a partir de un organismo termófilo. Estos seres poseen, de manera característica, enzimas de elevada estabilidad térmica que también son muy resistentes a otros agentes desnaturalizantes. La razón de esta estabilidad aumentada no es todavía bien conocida, pero parece improbable que sea debida a un mayor número de enlaces covalentes intramoleculares (o sea, de puentes disulfuro), pues es conocido que muchos enzimas termoestables contienen menos puentes disulfuro que el mismo enzima aislado de organismos mesófilos. Parece sugerirse con ello que puede haber enzimas constituidos como intrínsecamente termoestables sin necesidad de enlaces covalentes suplementarios. Gracias pues a determinados ajustes en la estructura primaria del enzima, podrían formarse un mayor número de interacciones intramoleculares no covalentes, uniones que podrían ser menos susceptibles a las alteraciones por calor. Parece probable en este sentido que el enzima tienda a depender más de las interacciones hidrofóbicas internas y menos, por ejemplo, de los enlaces de hidrógeno.

14.5.2 *Ingeniería enzimática*

Otro procedimiento relacionado con el anterior es la técnica de la ingeniería enzimática (véanse también las Secciones 11.4 y 12.3.2). Con esta técnica, el científico trata de echar una mano a la naturaleza. En principio, la metodología es sencilla: seleccionar un enzima entre los conocidos de diversas fuentes, aislarlo e investigar la estabilidad térmica y la estructura del enzima; intentar relacionar las características estructurales con la estabilidad; predecir cuales cambios en la secuencia de aminoácidos son necesarios para aumentar la estabilidad; aislar el gen responsable del enzima y, mediante inducción de mutaciones localizadas, alterar apropiadamente el DNA; clonar el gen en un organismo adecuado e investigar la estabilidad del enzima resultante. En la práctica, para superar con éxito todos esos pasos, hay que vencer obstáculos importantes. Se sabe poco todavía sobre las relaciones entre estructura y estabilidad y se necesitará probablemente algún tiempo para que los métodos citados lleguen a hacerse de rutina (ver Mozhaev y Martinek, 1984).

14.5.3 *Modificación de enzimas*

Si el conseguir las modificaciones de la estructura primaria de un enzima que determinen su estabilización es, por ahora, más un sueño que una realidad, la modifiación química directa del enzima nativo, como manera de conseguir una estabilización, es un arte refinado y practicado ya con relativa frecuencia. Martinek y Berezin (1977) han descrito la estabilización térmica de la α-quimotripsina mediante alquilación con acreolina de los grupos amino libres del enzima. La base de Schiff formada es estabilizada con borohidrato. Se pueden alquilar un total de 15 grupos amino por molécula. Cada grupo amino tiene una reactividad diferente (debido probablemente a su localización en el enzima) y, alterando las condiciones de la reacción, se puede conseguir alquilar el número de grupos amino que se desee, entre 1 y 15. La alquilación de menos de 5 grupos, en el caso que estamos describiendo, tuvo poco efecto sobre la estabilidad; al afectar de 5 a 13 grupos, el resultado era un aumento creciente, exponencial, de la estabilidad, de tal forma que con 13 grupos amino alquilados, el enzima era 120 veces más estable que la forma no alquilada. La alquilación del total de los 15 grupos dio, sin embargo, como resultado un enzima no más estable que la forma nativa. Martinek y Berezin (1977) describen en el mismo artículo una variación de esta técnica según la cual no sólo se modifican grupos en la superficie del enzima, sino que también se intenta hacer más rígida su estructura molecular introduciendo reactivos bifuncionales, que forman puentes covalentes intramoleculares entre distintas porciones de las cadenas peptídicas. El principio ha sido ampliamente utilizado y es en esencia similar a la práctica de aplicar bandas o placas metálicas en los muros exteriores de un edificio para reforzarlos e impedir que se desmoronen. Se han usado muchos tipos de reactivos bifuncionales; en esencia se trata de moléculas lineales con un grupo reactivo en cada uno de sus extremos (pueden citarse, por ejemplo, los dialdehídos, las sales de bisdiazonio, los diisocianatos; Figura 14.16). Mucho del trabajo inicial con compuestos fue de tipo empírico y en la mayoría de los casos no se consiguió más que una estabilización ligera o apenas apreciable, a veces como resultado de una única modificación puntual del enzima. El secreto de este método de estabilización, según se ha descubierto más tarde, está en elegir la longitud correcta para el brazo ligante; cada enzima requiere reactivos bifuncionales de distinta longitud, debido presumiblemente a la diferente distancia que puede haber entre los grupos reactivos en la superficie del enzima.

Torchillin y col. (1977), han descrito un procedimiento por el que la estabilidad de la α-quimotripsina fue incrementada 40 veces, haciendo reaccionar con diaminobutano ($NH_2(CH_2)_4NH_2$) al enzima previamente activado con carbodiimida; se forma así un enlace amida entre el compuesto diaminado y el grupo carboxílico en la superficie del enzima. Tanto la monoamina 1-aminopropano-3-ol, como el diamino-duodecano ($NH_2(CH_2)_{12}NH_2$) hicieron disminuir la estabilidad térmica del enzima, mientras que el diamino-pentano, el diamino-hexano y el diamino-etano mostraron un cierto efecto estabilizador. Cuando el experimento fue repetido usando α-quimotripsina succinilada (el

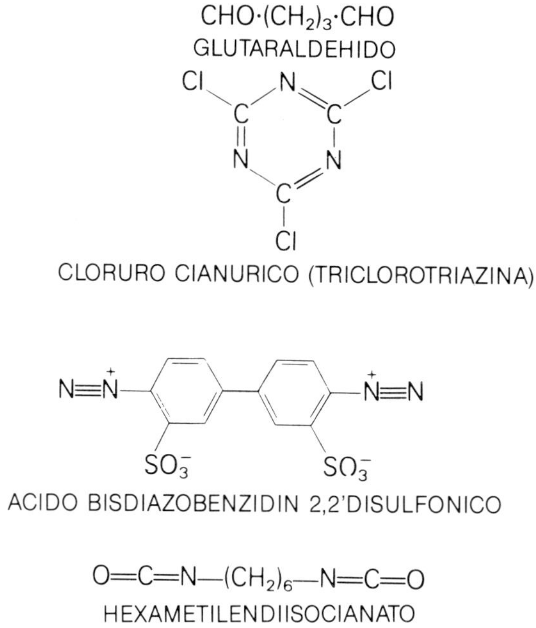

Fig. 14.16 Estructuras de algunos agentes bifuncionales

anhídrido succínico reacciona con los grupos amino del enzima, aumentando así la densidad de grupos carboxilato disponibles), se consiguió una estabilización aún mayor, aunque esta vez el reactivo bifuncional más eficaz, fue el diamino-etano (Tabla 14.2).

Tabla 14.2 Efecto de la longitud de la cadena alquílica de un reactivo bifuncional diaminoalquílico, sobre la estabilidad de la α-quimotripsina nativa y succinilada; la estabilidad es inversamente proporcional a la constante de velocidad de la termoinactivación.
(Tomado de Torchillin *et al.,* 1979)

Longitud de cadena de la alquildiamina ligante	*Constantes de velocidad de termoinactivación* min^{-1}	
	Quimotripsina nativa	*Quimotripsina succinilada*
Sin entrecruzamiento	0.25	0.25
0	0.48	0.05
2	0.10	0.01
4	0.08	0.04
5	0.15	0.05
6	0.24	0.09
12	0.27	0.07

14.5.4 *Agentes estabilizantes*

Existen, sin embargo, otros procedimientos para impedir el desplegamiento de la estructura de un enzima. Hay muchos ejemplos que demuestran que la presencia de sustrato o determinados iones metálicos (tales como Zn^{2+} o Ca^{2+}, por ejemplo) pueden estabilizar notablemente al enzima (ver Sección 13.2.8). Estos efectos pueden ser explicados por los enlaces adicionales creados por fijación al enzima de las moléculas añadidas. Tales efectos son obviamente específicos para cada enzima. También se ha demostrado que se puede conseguir la estabilización de muchos enzimas mediante la adición de polímeros hidrofílicos de alto peso molecular tales como dextranos o polietilenglicoles (ver Schmidt, 1979). Estos últimos agentes funcionan presumiblemente a base de reducir la actividad de agua en torno al enzima, eliminando así su capa de hidratación efectiva y restringiendo en consecuencia su capacidad para alterar su propia conformación. Un enzima totalmente desnaturalizado tendrá el máximo posible de interacciones entre sus grupos hidrófilos y el agua. Si se hace al agua menos disponible para el enzima, la conformación «desnaturalizada» será más difícil de alcanzar y más improbable, por tanto. De hecho, si los grupos hidrófilos no pueden interaccionar con el agua porque ésta ha sido secuestrada, no tendrán más remedio que interaccionar entre sí, manteniéndose de esta manera la conformación nativa del enzima. Alternativamente, la estabilización puede ser fruto de un aumento en la viscosidad del solvente. En este contexto, es interesante llamar la atención sobre las observaciones de Zaks y Klibanov (1984) referentes al papel del agua en la estabilidad térmica de la lipasa pancreática porcina. En medio acuoso, la lipasa resultó instantáneamente desnaturalizada al subir la temperatura a 100 °C, pero en un medio con 2 M n-heptanol en tributirina, con el contenido en agua reducido hasta el 0,015 %, la vida media de la lipasa a 100 °C resultó ser de más de 12 horas. Al aumentar progresivamente el contenido en agua hasta el 0,3 %, esta sorprendente estabilidad del enzima disminuyó dramáticamente. Los estudios de este grupo, sin embargo, ilustran también un problema fundamental, común a muchos métodos usados para la estabilización de enzimas; debido a la restricción de movimientos impuesta al enzima para su estabilización, pueden producirse cambios indeseables por lo que respecta a actividad específica y a especificidad. Así por ejemplo, la lipasa «seca» resultó tener una especificidad mucho menos amplia que la «húmeda», siendo para mayor perplejidad, su actividad específica a 100 °C no más alta que la del enzima «húmedo» a 20 °C. Así pues, este procedimiento no resulte aprovechable para aumentar la velocidad de reacción mediante elevación de la temperatura (para lo que se necesita generalmente un aumento en la estabilidad del enzima), podría constituir un modo útil de mejorar la especificidad del enzima.

14.5.5 *Concentración de proteína*

Uno de los métodos más sencillos para aumentar la estabilidad de una proteína es aumentar su concentración. Forniani *et al.* (1969) estudiaron la estabilidad de la glucosa-6-fosfato deshidrogenasa de diversas fuentes, en distintas condiciones. El enzima humano, a una concentración de 1 unidad por cm^3, retuvo el 90 % de su actividad tras ser mantenido a 37 °C durante 10 días, pero bajando la concentración a 0,06 unidades por cm^3, sólo conservó el 20 % de su actividad inicial en las mismas condiciones. Para poner esto en perspectiva, puede añadirse que el enzima también resultaba marcadamente estabilizado por la presencia de 0,5 mM NADP. No está clara la razón concreta por la que las soluciones concentradas de un enzima (¡con excepción de las proteasas!), sean más estables, o dicho al revés, la razón por la que las soluciones diluidas son relativamente inestables. Puede tal vez tener algo que ver con el modo de acción, mencionado anteriormente, de los polímeros solubles, o puede alternativamente ser debido a interacciones intermoleculares específicas que tengan más probabilidad de ocurrir a concentraciones altas de enzima. Cualquiera que sea la razón, este efecto podría, al menos en parte, ser responsable de la estabilización que proporcionan otras formas de tratamiento del enzima descritas aqui, en particular del efecto que la inmovilización ejerce sobre el enzima (ver más adelante y Sección 14.2.3).

14.5.6 *Inmovilización*

Hay dos modos relacionados mediante los que, al menos teóricamente, es posible estabilizar un enzima: el entrecruzamiento intramolecular (ver Sección 14.5.3) y la inmovilización. Se supone que ambos métodos operan a base de reforzar la estructura molecular, el primero de ellos aplicando a modo de grapas o abrazaderas en el interior de la molécula, y el segundo, proporcionando una especie de andamiaje exterior. Existen, sin embargo, una serie de artefactos con los que puede tropezar el investigador no precavido, que dan lugar a estabilizaciones reales o aparentes no atribuibles a entrecruzamiento o inmovilización *per se.* Por ejemplo, cualquier estabilización que se perciba puede ser debida a modificación química de la superficie del enzima, a una autolisis disminuida o, en el caso particular del enzima inmovilizado, a un aumento en la concentración local de enzima y/o a los efectos de limitación de la difusión del sustrato (ver Sección 14.2.3). Además, la inactivación de un enzima por efecto del calor, el pH o los agentes desnaturalizantes, no puede a menudo ser descrita como un simple proceso de primer orden (esto es, como una pérdida de actividad de tipo puramente exponencial y en función del tiempo). No es infrecuente encontrar enzimas «puros» que adoptan formas múltiples, exhibiendo cada una de ellas una estabilidad diferente. La propia preparación de un enzima entrecruzado o inmovilizado puede conllevar la total inactivación de la forma(s) lábil (y predominante) del enzima, dando lugar a un preparado con una estructura molecular inherentemente más estable que la forma libre del enzima. La tripsina, por ejemplo, es habitualmente purificada como una mezcla de 2 formas α y β, cuya estructura difiere solamente en el grado de hidrólisis sufrido por la cadena peptídica; la forma β es, sin embargo, 100 veces más estable que la α. Teniendo en mente estas reservas, no ha de sorprender por tanto que se hayan presentado tantos casos en los que la estabilización de enzimas haya sido atribuida a la inmovilización. Lo que sí es quizás sorprendente es el desmedido optimismo que puede verse a veces en los tecnólogos de enzimas al referirse a este método.

Las principales preocupaciones al tratar de conseguir una estabilización real del enzima como resultado de la inmovilización, suelen ser la fijación del enzima al polímero por más de un punto y la modificación del microambiente del enzima debido al soporte.

El asunto de la fijación por múltiples puntos parece evidente por sí mismo, cuando se mira retrospectivamente y está bien documentado en la actualidad. Esta claro que cuantos más puntos de anclaje haya entre la molécula de enzima y su rígido soporte polimérico, en mayor medida se restringirán los movimientos en el interior de la molécula. Las relaciones que hay entre la fijación por múltiples puntos y la rigidez estructural de un enzima, también han sido ampliamente documentadas. A este principio se le pueden plantear, sin embargo, tres objecciones. En primer lugar, la limitación del cambio conformacional puede llevar a la desestabilización, cuando el enzima ha quedado «aprisionado» en una configuración inestable; no son raros los trabajos publicados en los que se da cuenta de la desestabilización de enzimas como resultado de la inmovilización. En segundo lugar, hay que tener en cuenta que la mayoría de los enzimas requieren cierto grado de libertad conformacional para ligar al sustrato y/o desarrollar su función catalítica. Si se restringe esa capacidad de cambio conformacional, puede inactivarse el enzima, lo que tampoco es infrecuente. En tercer lugar, no es probable que las superficies del enzima y de la matriz polimérica de soporte sean complementarias, por lo que incluso si se obtiene un ligamiento por varios puntos, sólo se hará rígida una parte pequeña de la superficie del enzima y no se observará mucha estabilización. Afortunadamente, este problema tiene solución. Martinek y col. (1977 a y b), han descrito un método ingenioso por el que la matriz polímera del soporte es acoplada a la forma de la molécula del enzima, moldeándola sobre ella. Para conseguirlo, estos autores utilizaron dos procedimientos. Uno de ellos consistió en acriolar la α-quimotripsina y mezclarla con una solución de monómero de acrilamida, tras lo que se inició la polimerización. El enzima fue así incorporado a la estructura del gel de poliacrilamida, consiguiéndose 200 veces de aumento de la estabilidad. Cuando se puso en práctica el mismo procedimiento con polimetacrilato, se consiguió mejorar la estabilidad 1.000 veces. Los investigadores mostraron también que las variaciones en concentración del gel poliacrílico no afectaban a estas estabilizaciones. En el segundo bloque de experimentos, se probó a atrapar la α-quimotripsina no modificada en geles de polimetacrilato de diversa concentración. Aquí se suponía que el enzima mantenía múltiples interacciones electrostáticas con el gel. El enzima inmovilizado mostró una estabilidad mejorada que era dependiente de la concentración (o densidad) del gel, de forma no lineal. Así, los geles de cocentración inferior al 20 %, apenas ejercían efecto estabilizador. A concentraciones entre el 20 y 50 %, se observaba una estabilización progresiva y al 50 % de gel de polimetacrilato, la vida media teórica del enzima inmovilizado era a 60 °C, de varios millones de años. En varios casos, pero sobre todo en este último, es posible que parte del efecto estabilizador o quizás su totalidad dependan de una reducción de la actividad de agua en el microambiente del enzima, lo que equivaldría a una deshidratación del enzima.

El microambiente del enzima puede también jugar un papel en la estabilización del enzima, impidiendo el acceso de los agentes desestabilizantes. Así, una matriz polianiónica puede excluir a los hidrogeniones, haciendo en consecuencia al enzima inmovilizado menos susceptible a la desnaturalización en soluciones ácidas. Alternativamente, una matriz polielectrolítica puede comportarse como un eficaz agente tamponador local, con una capacidad amortiguadora superior a la de la mayoría de las sustancias tampón solubles en agua. En cualquiera de los casos, el efecto sería de mantener un pH inocuo alrededor del enzima inmovilizado, aún cuando pueda existir un pH extremo en el grueso de la fase móvil. Tal efecto ha sido descrito para la lactato deshidrogenasa inmovilizada sobre vidrio poroso (Dixon y col., 1973). De forma similar, se ha propuesto la estabilización frente a solventes orgánicos por inmovilización del enzima dentro de un gel acuoso (soluble o insoluble). Pocos intentos de este tipo, sin embargo, han tenido éxito (ver Douzou y Balny (1977) y Takahashi y col. (1984). La estabilización es presumiblemente debida a la exclusión del solvente orgánico del microambiente del enzima y/o a la sustitución de la capa de hidratación del enzima, por los grupos hidróxilo de la matriz polimérica. Obviamente, será más fácil impedir la interacción del solvente orgánico con el enzima, cuando el solvente no sea miscible con el agua. La inactivación por oxígeno es un problema menos corriente, pero que afecta a un grupo de enzimas con gran potencial de uso en la conversión biológica de la energía solar, las hidrogenasas. Aquí también puede la inmovilización ser de utilidad. La solubilidad del oxígeno en el agua disminuye cuando la fuerza iónica aumenta, un proceso de desplazamiento por acción de las sales. Así pues, una hidrogenasa de *Clostridium* inmovilizada por adsorción sobre polietilenimina-celulosa, resultó tener una vida media de una semana en agua saturada de aire, siendo sólo de 4 minutos la vida media del enzima libre (Klibanov, Nathan y

Karmen, 1978). La polietilenimina proporciona de hecho un microambiente en torno al enzima en el que el oxígeno es virtualmente insoluble.

Finalmente, merece la pena mencionar aquí dos observaciones curiosas referentes a la estabilización por inmovilización. La primera fue publicada por Cashion y col. (1982) y trata del aumento gradual de la actividad específica de la fosfatasa alcalina a consecuencia de la inmovilización sobre tritil-agarosa, siendo la actividad final de la preparación 4,8 veces superior a la del enzima nativo, 12 días después de la inmovilización. Carrea, Bavara y Pasta (1982) encontraron, cuando estudiaban la estabilidad de la gliceraldehído-3-fosfato deshidrogenasa inmovilizada sobre Sepharosa-4B activada con CNBr, que la actividad disminuía 2,3 veces en una hora como resultado de la inmovilización, pero que después se mantenía a este nivel durante más de 30 horas a 40 °C. Podemos pues ver que el problema de la estabilización de enzimas puede abordarse de muy diversas maneras y que el tema está por fin abandonando sus orígenes empíricos y emergiendo como un área de tema conceptualmente racional, aunque plagado de posibles artefactos que amenazan al incauto.

14.6 Reactores para biocatalizadores

Para poder sacar partido de un biocatalizador, se necesita de algún sitio donde ponerlo, el reactor. El diseño de los reactores apropiados es un arte en sí mismo, que está en función de la forma y la naturaleza, tanto del biocatalizador como de la reacción. Obviamente el tema tiene mucho en común con el del diseño de fermentadores, que se discute en otra parte de este libro (ver Sección 8.2). Nos limitaremos pues aquí a estudiar las mayores diferencias prácticas entre los distintos tipos de reactores (principalmente de los que se usan para enzimas), así como de los factores relevantes para la elección del catalizador y del método de inmovilización que ha de ser empleado.

14.6.1 *Diseño de reactores*

Poco cabe decir aquí sobre diseño de reactores. Todo lo que haremos será ilustrar el rango de posibilidades existentes, que se resumen en la Figura 14.17. Los reactores pueden clasificarse en dos categorías básicas: los de funcionamiento discontinuo y los continuos.

14.6.1.1 *Reactores discontinuos.* Son básicamente grandes tanques con agitación en los que se ponen enzima y sustrato y, una vez finalizada la reacción, son vaciados, procediéndose entonces a separar el enzima del producto. En la práctica, estos reactores son usados con enzimas solubles baratos o en los casos en que, por tener el sustrato consistencia sólida o coloidal, no son apropiados los enzimas inmovilizados. A pesar de su simplicidad y bajo coste, estos reactores no son ideales para su utilización en procesos continuos integrados.

14.6.1.2 *Reactores de flujo continuo.* Estos están basados en el principio de que el biocatalizador permanece en el reactor, mientras que de manera continua se añade sustrato y se retira producto. Tales reactores, que pueden tener distintas formas, son susceptibles de ser integrados en procesos globales, haciendo posible la automatización. Los reactores de flujo continuo no son, sin embargo, la última novedad en diseño de reactores y pueden resultar muy inapropiados cuando el resto del proceso no es continuo.

El catalizador puede ser mantenido dentro del reactor ya sea por inmovilización de algún tipo o por empleo de la forma soluble en combinación con una unidad de ultrafil-

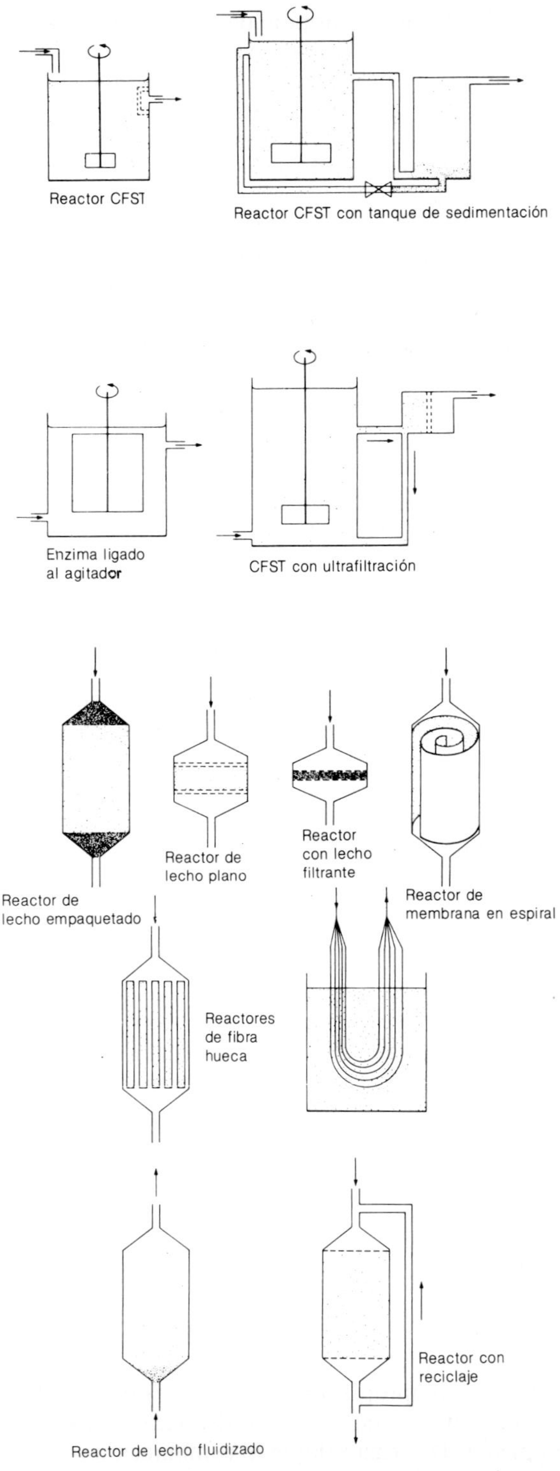

Fig. 14.17 Tipos de reactores de flujo continuo. (Reproducido con permiso a partir de Trevan, 1980)

tración en el punto de salida. Mediante una cuidadosa selección de la concentración de sustrato, la velocidad de flujo y la actividad del catalizador, se puede ajustar al nivel óptimo la productividad y el porcentaje de conversión en el reactor. A continuación se describen los tipos principales de reactor y se señalan las particulares ventajas de cada uno de ellos (ver también la Tabla 14.3).

14.6.1.3 *Reactor de tanque agitado de flujo continuo.* El reactor continuo más sencillo es el de tanque agitado con flujo continuo (TAFC). El catalizador es mantenido en suspensión en un tanque grande a través del cual fluye la corriente de sustrato y es retenido dentro del reactor mediante filtración, sedimentación posterior o fuerzas magnéticas, o bien por estar fijado a las paletas del agitador. Estos reactores son fáciles de contruir y controlar y permiten una sustitución relativamente fácil del catalizador gastado. Proporcionan un buen mezclado, con lo que las limitaciones de la difusión se reducen al mínimo. Si se dispone de un enzima inmovilizado de forma apropiada, permiten usar un sustrato coloidal o sólido, o alternativamente, puede no ser necesario eliminar los sólidos etc, de la corriente de sustrato. Este tipo de reactor de tanque agitado requiere un catalizador inmovilizado que no sea mecánicamente frágil para evitar los daños ocasionables por las palas de agitación. En la práctica, el volumen vacío de estos reactores

Tabla 14.3 Comparación de tipos de reactor

	TAFC	*Reactor de lecho empaquetado*	*Reactor de lecho fluidizado*	*Reactor de fibra hueca*
Facilidad de control	Buena	Moderada	Buena	Moderada
Porcentaje de conversión del sustrato	< 93 %	> 98 %	> 98 %	> 98 %
Rendimiento con inhibición por sustrato	Alto	Bajo	Moderado	Bajo
Rendimiento con inhibición por producto	Bajo	Alto	Moderado	Alto
Atascos	Ninguno	Posibles	Ninguno	Ninguno
Uso con sustratos coloidales	Si	No	Si	Sólo sustratos de bajo peso molecular
Sustitución del enzima	Fácil	Difícil	Difícil	Fácil
Propiedades del enzima	No quebradizo	Incompresible	No quebradizo	Soluble
Volumen vacío	Alto	Bajo	Moderado	—
Velocidad de flujo	Cualquiera	Cualquiera	Alta	Alta
Estabilidad del reactor	Buena	Buena	Escasa	Escasa
Transferencia de masa	Moderada	Pobre	Buena	Pobre
Desviación de las características ideales	No	Si	Si	Si
Presión hidrostática	Ninguna	Alta	Baja	Baja
Gasto de energía	Moderado	Bajo	Alto	Baja
Aumento de escala	Fácil	Moderado	Difícil	Moderada
Automatización	Moderada	Fácil	Moderada	Fácil
Facilidad de encargo	Fácil	Difícil	Difícil	Fácil
Coste	Moderado	Alto	Alto	Alto

es del orden del 98 % (o sea, que el catalizador sólo ocupa el 2 % del volumen), lo que determina que tenga que ser un orden de magnitud más grande que los reactores de otro tipo (simplemente para acomodar suficiente cantidad de catalizador). No sólo la productividad global es baja, sino que el porcentaje de conversión de sustrato en producto también tiende a ser bajo. En un reactor de tanque, el sustrato está uniformemente distribuido por todo su volumen y la concentración allí presente es prácticamente la misma que hay en el flujo de salida (Figura 14.18). La concentración de sustrato es uniformemente baja y nunca puede ser reducida a casi cero. Como contrapartida, la concentración de producto es uniformemente alta y si el catalizador presenta inhibición por producto, la productividad puede reducirse aún más. En la práctica, no es probablemente rentable con este tipo de reactor intentar rendimientos superiores al 90 %.

14.6.1.4. *Reactores de lecho empaquetado.* Aunque hay múltiples diseños disponibles, todos se caracterizan por su pequeño tamaño, elevada productividad incluso en presencia de inhibición por producto, pequeño volumen vacío y facilidad para la automatización. Poseen, sin embargo, también una serie de inconvenientes. Al no ser de fácil acceso, la sustitución del biocatalizador puede ser incómoda y el control de sus condiciones ambientales (particularmente del pH), difícil. Los costes de encargo y fabricación a la medida pueden ser altos, aunque luego los costes de funcionamiento sean bajos. Los líquidos de alimentación de sustrato que contienen partículas y los de consistencia coloidal o muy viscosa, tienden a bloquear el flujo en este tipo de reactores y además, a menos que el catalizador no sea comprimible, pueden producirse canales o taponamientos que alteren el flujo a través del lecho. Este último problema, así como el de la posible liberación de gas, pueden ser resueltos utilizando una lámina flexible de enzima inmovilizado enrollada en espiral e inserta longitudinalmente en el reactor, o bien madejas de fibras sobre las que está inmovilizado el enzima. El mezclado depende de la velocidad de flujo y por eso en estos reactores es fácil que haya difusión limitada a causa de un mezclado insuficiente. Un aumento en la velocidad de flujo para eludir este problema tiene como consecuencia un descenso en la productividad y en la tasa de conversión, a menos que se aumente la longitud del reactor o se introduzca algún

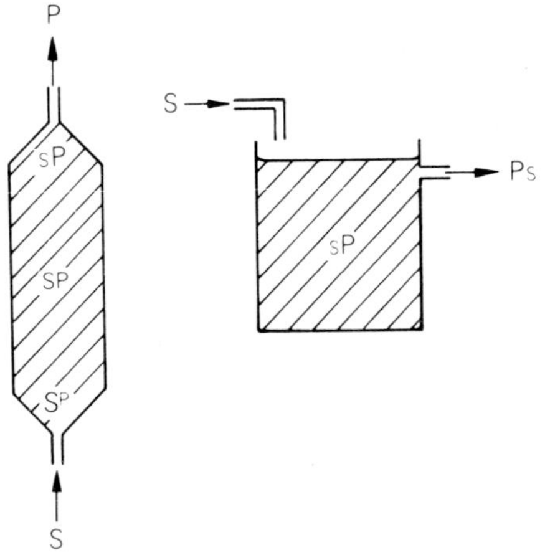

Fig. 14.18 Concentraciones de sustrato y producto en reactores de tanque agitado y de lecho empaquetado

reciclaje del flujo. Esta última solución puede causar aún más problemas, porque el reciclaje destruye eficazmente la heterogeneidad en concentración de producto que permite niveles altos de productividad y tasa de conversión.

14.6.1.5 *Reactores de lecho fluidizado.* Al menos en teoría, estos reactores están dotados de todas las ventajas de los de lecho empaquetado, sin tener ninguno de sus problemas. El principio de su funcionamiento está en la aplicación, en la base del reactor y a alta presión, de un chorro de solución de sustrato que levanta y mezcla el lecho de catalizador. Aquí no se forman canales y se pueden emplear sustratos coloidales o incluso sólidos, el mezclado está mejorado y las limitaciones a la libre difusión, reducidas, pudiéndose usar eficazmente grandes cargas de biocatalizador, todo lo cual redunda en aumento de la productividad del reactor. ¿Por qué entonces no todo el mundo usa este tipo de reactor? La causa es la incertidumbre y el coste. El gasto de energía necesario para fluidizar el lecho de catalizador es alto y aunque este tipo de reactores funciona bien a escala de laboratorio, sus prestaciones en procesos a gran escala son difíciles de predecir.

14.6.1.6 *Reactores de fibra hueca.* Estos reactores, hechos partir de unidades de ultrafiltración comercialmente disponibles y en los que el catalizador está separado del flujo de sustrato por la membrana semipermeable de la fibra hueca de ultrafiltración, han comenzado recientemente a despertar un gran interés. Eventualmente, estos reactores podrían quizás llegar a ser económicamente atractivos, porque pueden ser empleados con enzimas solubles (fácilmente renovables) y pueden ser de un valor único en reacciones que requieran coenzimas (ver Sección 15.1).

14.6.2 *Diseño de catalizadores*

Para elegir un catalizador para ser usado en un reactor, hay que tener en cuenta un conjunto de factores: la naturaleza del biocatalizador, la necesidad de inmovilización, la reacción, el material polímerico que vaya a servir de soporte para la polimerización y, lo más crítico de todo, el coste.

Aunque es imposible generalizar sobre el diseño de biocatalizadores, se pueden hacer algunas observaciones útiles, aunque al final sea frecuente que domine el empirismo. El punto de partida es normalmente un conocimiento de la reacción que ha de desarrollarse, y eso determinará el tipo de catalizador que vaya a ser usado y si éste tendrá que ser inmovilizado (ver Secciones 14.3 y 14.4).

14.6.2.1 *El enzima.* Este puede ser barato y fácilmente disponible, por lo que puede no merecer la pena su inmovilización, si es menos costoso su uso en forma soluble como reactivo no recuperable, como en el caso de la licuefacción del almidón con amiloglucosidasa. La inmovilización debe sólo ser considerada en los casos en que el enzima sea caro y/o presente una disponibilidad limitada. La cuestión que se plantea es, naturalmente, como de caro es un enzima. Dos elementos fundamentales deciden el gasto en enzima: el grado de pureza, que determina el coste absoluto, y la parte proporcional del total de coste que corresponda al gasto de enzima. Así pues, un enzima que a lo mejor es caro en términos absolutos, puede contribuir en sólo un 0,5 % al coste total del proceso, una proporción casi insignificante, mientras que un enzima barato, si constituye digamos más del 10 % del coste total del proceso con el enzima soluble, puede hacer que valga la pena que se inmovilice y se haga así posible su reutilización. Por otra parte, el coste absoluto de un enzima habitualmente aumenta con el grado de pureza, pero también lo hace así su actividad específica. Un preparado enzimático muy activo será capaz de procesar más sustrato en un tiempo dado; para un rendimiento determinado de producto, el flujo de sustrato necesitará estar en contacto con el enzima durante un período de tiempo (lo que se conoce como tiempo de residencia en el reactor) relativamente corto. Como este tiempo de residencia es igual al cociente entre el volumen vacío (o volumen líquido) del reactor y la velocidad del flujo, los tiempos de residencia bajos permitirán velocidades de flujo altas (una ventaja en reactores de lecho empaquetado) o bien tamaños de reactor pequeños (reduciéndose así los costes).

Se debe pues conseguir un equilibrio entre el coste de purificación del enzima y las reducciones en costes derivadas del uso de preparaciones enzimáticas de elevada actividad específica. Hasta ahora, la práctica industrial parece favorecer el uso de enzimas poco purificados o de células enteras.

14.6.2.2 *La matriz polimérica.* La matriz del polímero usada para la inmovilización ha de ser barata, preferiblemente de un material que pueda estar en contacto con alimentos, estable, incomprimible, no fracturable, retenible dentro del reactor, que no sufra pérdidas por fugas, resistente al ataque microbiano y con las características correctas por lo que se refiere a proporción de grupos hidrófobos e hidrófilos, con una elevada proporción entre superficie y volumen, con capacidad para fijar grandes cantidades de enzima, con pocas pérdidas de actividad a lo largo del tiempo, con una forma física y capaz de permitir una fácil fijación de cualquier enzima o célula mediante el uso de reactivos no tóxicos. No es de extrañar que haya que llegar a algún compromiso en cuanto al cumplimiento de todas estas propiedades, pues para empezar, muchas de ellas son mutuamente excluyentes. Así pues, la estabilidad mecánica es mayor en los polímeros comprimibles y la relación superficie/volumen aumenta al disminuir el tamaño de la partícula, pero eso suele comportar un aumento de la fragilidad. La mayoría de los polímeros usados tienen una densidad próxima a la unidad y son por tanto relativamente difíciles de retener en un tanque con agitación o un reactor de lecho fluidizado. Se ha invertido mucho esfuerzo y creatividad en la búsqueda de polímeros de alta densidad para su uso en inmovilización, siendo la solución más frecuente el revestimiento de un material particulado de alta densidad (limaduras de hierro, por ejemplo) con una capa de gel acuoso.

El emparejamiento de enzima y polímero debe pues resultar del estudio de las limitaciones prácticas de lo posible y ser aún lo más próximo al ideal que permita un presupuesto predeterminado.

14.7 Aplicación de biocatalizadores

Las aplicaciones de enzimas y células pueden dividirse en cuatro categorías: utilizaciones terapéuticas, analíticas, manipulativas y como catalizadores industriales. Como una revisión exhaustiva de todos estos aspectos no cabe en el ámbito de este texto, vamos a describir aquí una selección de algunos de los ejemplos más interesantes.

14.7.1 *Usos terapéuticos*

Los enzimas pueden ser usados en dos tipos de aplicaciones terapeúticas: para reemplazar a un enzima que falta, debido a una deficiencia congénita o al fallo de un órgano (enzimas sustitutivos), o para eliminar del cuerpo algún material indeseable, en el tratamiento de una enfermedad (enzimas terapéuticos).

14.7.1.1 *Enzimas sustitutivos.* Existen multitud de enfermedades en las que la ausencia de un determinado enzima provoca la acumulación de materiales endógenos hasta alcanzar niveles tóxicos o provocar el mal funcionamiento de una vía metabólica o del transporte de un metabolito. Existen numerosos ejemplos. El favismo, una enfermedad que se desarrolla como respuesta, a veces fatal, a la ingestión de habas verdes *(Vicia fava)*, es debido a una deficiencia de glucosa-6-fosfato deshidrogenasa en los glóbulos rojos de la sangre. Esto limita la capacidad de la célula para regenerar glutation, lo que, al hacer que aumente la fragilidad de la membrana, provoca anemia hemolítica. La enfermedad de Tay-Sachs es debida a la ausencia de una determinada hexosaminidasa normalmente presente en los lisosomas de las células ganglionares del cerebro, cuya función consiste en eliminar los residuos carbohidrato de los lípidos de tipo gangliosido, como primer paso para su degradación. Como resultado de esta deficiencia, los niveles de gangliosido (concretamente, de GM_2), van aumentando lentamente en estas células, alterando la función cerebral y provocando generalmente la muerte del individuo en menos de dos años. La síntesis de toda una serie de hormonas esteroides a partir de un precursor común, el colesterol, es un buen ejemplo de ruta metabólica ramificada en la que la alteración funcional de una de las ramas puede tener consecuencias desastrosas para la síntesis de los productos de las otras ramas. Así, la pérdida total ó parcial de una hidroxilasa de la corteza adrenal, responsable de la incorporación de un grupo hidróxilo al carbono 21 de la estructura cíclica del esteroide, conduce al proceso conocido como virilización. Es interesante que el enzima deficitario sea responsable de la síntesis de glucocorticoides y mineralcorticoides (como la aldosterona, por ejemplo) y que además de una pérdida de estas hormonas, provoque la producción excesiva de hormonas sexuales masculinas, haciendo que se produzca masculinización en las niñas y que aparezca una actividad sexual precoz (a los 5-7 años) en los niños que padecen esta enfermedad. Además de estas deficiencias heredadas genéticamente, pueden darse casos de pérdidas importantes de actividades enzimáticas causadas por daños tisulares.

En teoría al menos, tales enfermedades pueden ser tratadas mediante administración del enzima adecuado. En la práctica, sin embargo, este procedimiento es habitualmente ineficaz y puede causar más daños que beneficios: el enzima exógeno puede producir una reacción alérgica, o puede ser degradado rápidamente hasta desaparecer del torrente circulatorio, o bien puede no ser capaz de alcanzar o penetrar en la célula que se desee como destino. Por eso deben adoptarse estrategias más sutiles. En el caso de la virilización que mencionábamos antes, el tratamiento habitual no hace uso de enzimas, sino de la administración de aldosterona, que por una parte reemplaza a la hormona ausente y por otra restablece los mecanismos de control normales de la síntesis de esteroides, impidiendo así la sobreproducción de hormonas sexuales.

En otros casos, sin embargo, en los que es necesario reemplazar la pérdida de una actividad enzimática, puede haber dos maneras de abordar el problema. El enzima puede entrar en el cuerpo en una forma que no sea alergénica y ser retenido allí, asegurándose de que si un metabolito intracelular ha de ser atacado, el enzima sea dirigido hacia las células apropiadas e incorporado por ellas. Alternativamente, el enzima puede localizarse en una derivación extracorpórea del sistema circulatorio. En ambos casos, puede resultar útil la inmovilización del enzima por atrapamiento o encapsulación. Se han hecho muchos intentos de inmovilización de enzimas en liposomas (esferas concéntricas de capas dobles de fosfolípidos) que son destinados a determinadas células mediante su revestimiento con anticuerpos monoclonales específicos para dichas células. Estos liposomas serían inyectados en el caudal circulatorio, fijándose a las membranas de las células de destino y fundiéndose a continuación con ellas, de modo que tras un proceso de endocitosis, se liberase el enzima en el interior de la célula. Hasta aquí la teoría; en la práctica, el éxito de este procedimiento es variable. En muchos casos, no obstante, no es necesario dirigir las células a un destino concreto, porque el metabolito acumulado se encuentra en el líquido extracelular, por lo que pueden usarse enzimas estables inyectados, o bien derivaciones extracorpóreas.

Mientras que en la mayor parte de estas sustituciones se trata de simples hidrolasas u oxidasas, algunas situaciones requieren enzimas que emplean coenzimas. En estos casos, un sistema regenerador del coenzima debe ser incorporado junto con el enzima (véase la Sección 15.1). Como ejemplo puede citarse el caso de la deficiencia congénita de galactoquinasa, que ha sido tratada experimentalmente mediante inyección de galactoquinasa coencapsulada con ATP/ADP y piruvato quinasa como sistema regenerador de ATP.

Debe señalarse que no todas las enfermedades que conllevan deficiencias enzimáticas requieren la sustitución de enzimas. Así, por ejemplo, la falta de β-galactosidasa intestinal en la mayoría de los adultos, que causa molestias digestivas debidas a la presencia de lactosa no digerida, o la fenilcetonuria (PKU), originada por la incapacidad para metabolizar completamente la fenilalanina, pueden ser «tratadas» simplemente eliminando de la dieta la sustancia que causa el problema.

14.7.1.2 *Terapia enzimática.* La terapia enzimática consiste en la adición al organismo de un enzima que, o bien no está normalmente presente o lo está a niveles insuficientes, que no son resultado de ningún proceso patológico.. La adición tiene por objeto eliminar un material que puede estar causando o agravando una enfermedad. Así, el tratamiento de ciertas leucemias en las que el crecimiento de las células leucémicas depende de asparagina exógena, ha sido realizado mediante la administración de asparagina bacteriana. En pacientes con riesgo de embolia pulmonar, se ha suministrado uroquinasa por vía intravenosa, para estimular un mecanismo en cascada que origina plasmina activa (una proteasa que digiere la fibrina).

El campo de las aplicaciones de enzimas en medicina proporcionará grandes incentivos en los próximos años y no es poco lo que se ha conseguido ya (el mercado mundial para la uroquinasa en 1981 era de 50 millones de libras esterlinas, justo la mitad que el de la insulina).

14.7.2 *Usos analíticos*

Los usos analíticos de enzimas son ya muy numerosos, así que una vez más nos concentraremos sólo en algunos aspectos de este área que son nuevos o poco frecuentes. Tradicionalmente, los enzimas han sido usados para catalizar la conversión específica del compuesto que interesa en otro que pueda ser medido de forma más conveniente. La elevada estereoespecificidad de la mayor parte de los enzimas, permite la conversión de un solo compuesto aunque se encuentre en una mezcla compleja de sustancias químicamente similares, eliminando así la necesidad de costosos procedimientos de separación antes de realizar el análisis. El análisis enzimático puede ser de dos tipos: de punto final o cinético. En pocas palabras, el análisis de punto final supone la conversión total del sustrato en producto, en presencia de la suficiente cantidad de enzima como para permitir que la reacción se complete en unos pocos minutos. Para este tipo de análisis, no es crítica la concentración de enzima ni la presencia de inhibidores o activadores. El análisis cinético utiliza la relación entre concentración de sustrato y velocidad de reacción y puede ser usado para medir la concentración de sustrato o la de inhibidores reversibles del enzima (moléculas inórganicas incluso). Para una discusión completa de estas cuestiones, el lector puede acudir como referencia a Palmer (1981).

14.7.2.1 *Ensayos inmunoenzimáticos.* También pueden utilizarse enzimas en el análisis de concentraciones bajas de moléculas biológicas tales como hormonas, combinando la capacidad catalítica de los enzimas para producir un cambio fácilmente medible en el sistema analítico, con la específica capacidad ligante de los anticuerpos (inmunoglobulinas); se trata de los ensayos llamados inmunoenzimáticos, ELISA (ensayo de inmunoabsorción con enzimas ligados) y EMIT (inmunoensayo multiplicado por enzimas).

El ELISA se parece al inmunoensayo en que la actividad enzimática se usa para marcar convenientemente las moléculas del antígeno o, más comúnmente, a las del anticuerpo. Los anticuerpos presentes en el suero pueden ser detectados revistiendo con el antígeno adecuado el interior de un tubo de plástico (o de un pocillo en una placa) donde ha de añadirse a continuación el suero. Todos los anticuerpos allí presentes quedan retenidos por el antígeno. A esto se le incorpora después antiglobulina marcada con un enzima, que se fija estequiométricamente al complejo antígeno-anticuerpo. Una vez añadido el correspondiente sustrato, puede determinarse la velocidad de liberación del producto de la reacción enzimática, velocidad que sirve para calcular la cantidad de anticuerpo presente. Para medir el nivel de un antígeno, se pueden usar dos tipos de procedimiento. Uno de ellos emplea para el revestimiento una cantidad conocida de antígeno, al cual se añade el antígeno de la muestra y una cantidad conocida de anticuerpo marcado enzimáticamente. El antígeno inmovilizado y el de la muestra compiten por el anticuerpo, de forma que la cantidad de anticuerpo retenido en el tubo, y la cantidad de enzima, por tanto, son inversamente proporcionales a la cantidad de antígeno en la muestra. Alternativamente, se puede usar el anticuerpo para el revestimiento, añadiéndose después la muestra, cuyo antígeno se adhiere al anticuerpo. A continuación, se añade un anticuerpo del anticuerpo marcado enzimáticamente, que se ligará estequiométricamente al complejo antígeno-anticuerpo retenido en el tubo. Todas estas técnicas exigen la obtención previa de anticuerpos o antiglobulinas (específicos de especie o clase), a los que han de ligarse enzimas: trabajo que supone un gasto importante de tiempo y de dinero. Por esa razón se ha propuesto ligar el enzima a la proteína A, producida por *Staphylococcus aureus,* que se fija específicamente a las subclases 1, 2 y 4 de la inmunoglobulina G. Este reactivo de enzima-proteína A podría ligarse fácilmente a cualquier inmunoglobulina para formar complejos que puedan sustituir a las inmunoglobulinas marcadas enzimáticamente. La investigación que se desarrolla en este campo intenta ahora conseguir mediante ingeniería genética una molécula híbrida proteína-enzima que permita prescindir de la necesidad de unir químicamente a las dos.

Entre los enzimas empleados en este tipo de ensayos están la peroxidasa, la fosfatasa alcalina, la β-galactosidasa y la β-lactamasa. Esta última es particularmente útil en el caso de muestras humanas, por no estar normalmente presente en ellas y por disponerse además de varios sustratos artificiales que se convierten en productos intensamente cromogénicos.

14.7.2.2 *Autoanálisis.* El análisis de rutina de las grandes cantidades de muestras que se reciben habitualmente en los laboratorios de bioquímica clínica, suele llevar a cabo en autoanalizadores. Los reactivos y las alícuotas de muestra suelen ser bombeados y mezclados de forma automática en la célula de flujo del analizador (normalmente un espectrofotómetro). A pesar de su conveniencia, este proceso presenta, sin embargo, un inconveniente de peso: el precio del enzima. No sólo es que se pierda enzima con cada muestra, sino que para asegurarse de completar la reacción dentro de un tiempo razonable, ha de usarse un exceso de enzima. Este problema puede aliviarse en parte mediante la colocación de una espiral de enzima inmovilizado en contacto con el flujo de muestra. A este objeto, varias compañías han comercializado espirales de enzima (normalmente constituidas por varios metros de tubo de nylon, en cuya pared interior se encuentra fijado el enzima); la primera en aparecer en el mercado ha sido una espiral con glucosa deshidrogenasa para controlar glucosa en sangre. En teoría al menos, se pueden utilizar simultáneamente varios tipos de espiral, reciclando la muestra varias veces a través de la célula de flujo del analizador, para determinar más de un sustrato en la muestra.

14.7.2.3 *Biosensores.* Una de las atracciones favoritas dentro de la muy sugerente oferta de ensayos enzimáticos, es el biosensor, la combinación de un material biológicamente activo de especificidad característica, con un sensor químico o electrónico, para convertir un compuesto biológico en una señal eléctrica. Se han puesto a punto biosensores para medir casi cualquier cosa, desde los niveles de glucosa sanguíneos, hasta la frescura del pescado. Tendremos que contentarnos aquí con una breve descripción de los principios de sus modos de acción, ilustrándolos con unos pocos y esperemos que bien escogidos ejemplos. Para una exposición más detallada de este tema, el lector puede recurrir a los trabajos de Carr y Bowers (1980), Guibault (1980), Aston y Turner (1984) y Karube (1984).

El principio del biosensor es uno de esos conceptos estéticamente hermosos cuya aplicación práctica se resiste a veces a funcionar. Así, aunque el origen de la idea, atribuida a Clark y Lyons, se remonta a 1962, los biosensores comercialmente disponibles son por ahora muy escasos. Se trata de inmovilizar un catalizador muy cerca de un sensor que pueda medir una disminución en uno de los sustratos o un aumento en uno de los productos a que dé lugar la «reacción» catalizada por el biosensor. El sustrato monitorizable puede ser oxígeno y el producto, iones de amonio o hidrógeno, calor, luz o incluso directamente electrones. Una variación sobre el mismo tema es la inmovilización de anticuerpos o enzimas junto a un transistor con efecto de campo, que mide la diferencia de carga resultante de la fijación del antígeno o el sustrato. El biocatalizador puede ser un enzima purificado, una célula entera, un orgánulo subcelular o cualquier combinación de estos elementos. El sensor puede consistir en cualquier cosa desde un simple electrodo de carbono, un electrodo sensible a iones, un electrodo de oxígeno, una célula fotoeléctrica o un termistor. Muchos de estos biosensores han sido fabricados ya, siendo quizás de los más sencillos, el que sirve para determinar glucosa, a base de glucosa oxidasa y un electrodo de oxígeno, o el que sirve para determinar colesterol, con células de *Nocardia erythropolis* y un electrodo de oxígeno; entre los más extraordinarios, cabe mencionar un electrodo para adenosina, basado en un preparado de células de intestino delgado de ratón (conteniendo adenosin deaminasa), inmovilizadas en torno a un electrodo sensible al amonio. Todos estos electrodos tienen una serie de características comunes que pueden quedar bien ilustradas con el ejemplo del electrodo de glucosa que se describe a continuación.

Un simple electrodo de glucosa (Figura 14.19) puede ser hecho a base de inmovilizar glucosa oxidasa en una capa de gel de poliacrilamida que rodea a un electrodo de oxígeno de platino. Cuando la solución de glucosa se pone en contacto con el electrodo, la glucosa (y el oxígeno) se difunden a través de la capa de enzima y se convierten en gluconolactona y peróxido de hidrógeno, haciendo bajar así la concentración de oxígeno en la capa de gel alrededor del electrodo. La velocidad de la reacción, que se registra como la velocidad a la que disminuye la concentración de oxígeno detectada por el electrodo, es proporcional a la concentración de glucosa en la muestra. Este dispositivo responde de manera lineal a concentraciones de glucosa que estén dentro del rango de 10^{-1}-10^{-5} moles/litro, con un tiempo de respuesta típico de un minuto y manteniéndose estable hasta por 4 meses. La linealidad de la respuesta es resultado de la manera en que está construido físicamente el electrodo; si existen altas cargas de enzima y limitaciones para la difusión de glucosa, es porque la velocidad de la reacción es eficazmente controlada por la velocidad de difusión de la glucosa a través del gel, siendo ésta a su vez proporcio-

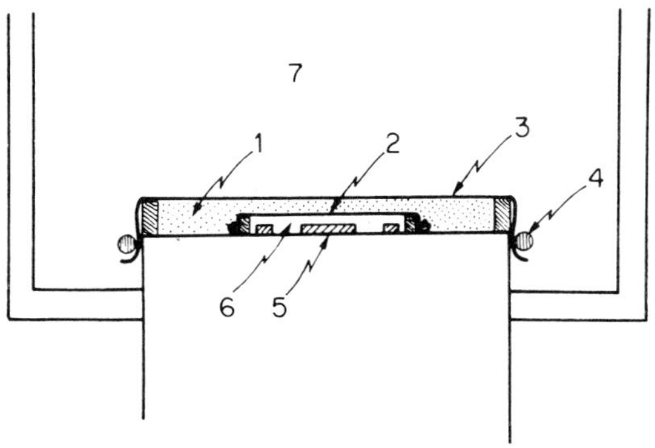

Fig. 14.19 Diagrama de un electrodo enzimático sensible a glucosa: (1) glucosa oxidasa inmovilizada; (2) membrana de teflón; (3) membrana de acetato de celulosa; (4) anillo sellador; (5) electrodo de platino para oxígeno; (6) solución saturada de KCl; (7) solución de muestra. (Reproducido con permiso de Trevan, 1980)

nal a la concentración de glucosa en la muestra. La construcción del electrodo de esta manera mejora también su estabilidad funcional (véase la Sección 14.2.3). En la Tabla 14.4 se incluyen algunos ejemplos de electrodos así constituidos.

Estos electrodos tienden a ser grandes y relativamente aparatosos, por lo que en los últimos años se ha invertido un considerable esfuerzo en el desarrollo de biosensores en los que el enzima directamente ligado al electrodo, catalice una reacción redox. Al enzima se le proporciona sólo el sustrato oxidable, produciéndose una transferencia de electrones del sustrato al enzima y de ahí directamente al electrodo, en vez de a un segundo sustrato que haya de ser oxidado por el electrodo (Figura 14.20).

14.7.3 *Usos manipulativos*

Las habilidades catalíticas de los enzimas vienen siendo aprovechadas desde hace muchos años para la manipulación de otros materiales biológicos. A gran escala, como

Tabla 14.4 Biosensores enzimáticos típicos

Sustrato	*Enzima*	*Estabilidad*	*Tiempo de respuesta*	*Rango*
Alcohol	Alcohol oxidasa	120 días	30 s	$5–10^3$ mg ml^{-1}
Colesterol	Colesterol oxidasa/ colesterol esterasa	30 días	2 min	$10^{-2}–3 \times 10^{-5}$ mol dm^{-3}
Acido úrico	Uricasa	120 días	30 min	$5 \times 10^{-3}–5 \times 10^{-5}$ mol dm^{-3}
Sacarosa	Invertasa	14 días	6 min	$10^{-2}–2 \times 10^{-3}$ mol dm^{-3}
Glucosa	Glucosa oxidasa	50–100 días	10 s	$2 \times 10^{-3}–3 \times 10^{-6}$ mol dm^{-3}

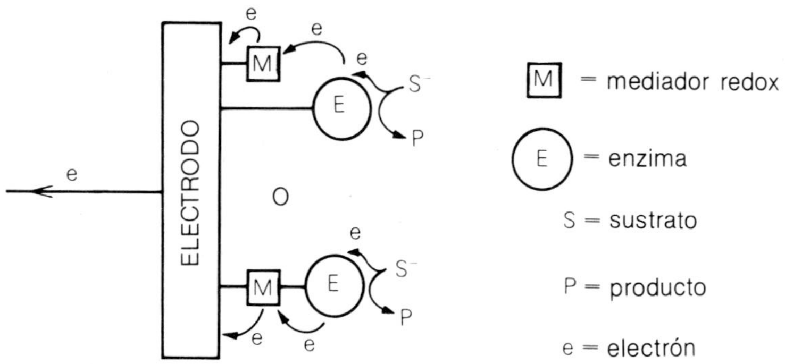

Fig. 14.20 Electrodo enzimático directo

en el caso de la lisis de bacterias con lisozima, esto raya con lo que es un uso industrial. A escala de pequeño laboratorio, sin embargo, se utilizan muchos enzimas como parte de la metodología experimental. Sería imposible resumir aquí todos esos usos, pero el lector puede consultar la Sección 11.2 para evaluar la importancia de los enzimas en ingeniería genética.

14.7.4 *Usos industriales*

En un libro como éste, que trata fundamentalmente de los principios biológicos en los que se apoya la biotecnología, no es posible presentar una relación detallada de todas las posibles aplicaciones de los enzimas. Aquellos lectores que requieren un tratamiento más pormenorizado de este tema, pueden disponer de distintos textos (Godfrey y Reichert, 1983; Poulsen, 1984). Es apropiado, sin embargo, hacer aquí algunos comentarios.

En la lista de la Tabla 14.5 se han incluido algunas de las más importantes y también de las menos conocidas aplicaciones de enzimas solubles como catalizadores industriales y poco más necesita decirse sobre ellos, excepto resaltar que la mayoría de los enzimas utilizados son hidrolasas, que se usan sobre todo para el procesado de alimentos y que aproximadamente el 25% de todos los enzimas producidos acaba en los detergentes para lavar la ropa. Este hecho más bien prosaico ilustra la sencillez de mucha de la tecnología enzimática que actualmente se utiliza en la industria, si se compara con la potencial complejidad que podría alcanzarse al introducirse procesos con base enzimática más compleja (la síntesis de esteroides, por ejemplo). El coste y la inestabilidad de los enzimas y coenzimas requeridos en esos procesos, conducirán casi inevitablemente al empleo de sistemas inmovilizados de enzimas/coenzimas, que es el tema que vamos a tratar a continuación.

La Tabla 14.6 resume la mayor parte de los usos actuales de enzimas inmovilizados en procesos industriales. El primer pensamiento que puede venirle a la cabeza al avisado lector es ¿por qué hay tan pocas aplicaciones? La respuesta es muy sencilla: la economía. A pesar de las indudables ventajas tecnológicas de los enzimas inmovilizados y de la abundante investigación realizada sobre procesos basados en ellos, el coste de poner realmente en marcha un proceso puede ser prohibitivo, sobre todo si ha de competir con otro ya existente que esté bien desarrollado. Es por tanto interesante hacer notar que el proceso que a mayor escala se viene practicando con enzimas inmovilizados, la producción de jarabes de maíz ricos en fructosa, utilizando glucosa isomerasa inmovilizada, no tuvo que competir con otra tecnología que proporcionase un producto similar. La Cetus Corporation patentó después otro proceso a base de enzimas para realizar la misma transformación, pero no llegó a prosperar debido en gran parte a que tenía que competir con la ya existente tecnología de la glucosa isomerasa. De hecho, el éxito comercial del proceso con glucosa isomerasa llegó a ser posible gracias al entonces alto precio de la sacarosa, único jarabe edulcorante que estaba disponible comercialmente en ese momento. Para cuando bajaron los precios del azúcar en el mercado internacional, varios años más tarde, el jarabe de maíz rico en fructosa ya había tenido tiempo de establecerse como producto viable, con su propia cuota de mercado (cerca del 50 % en Estados Unidos) dentro del conjunto de edulcorante industriales. Cuando el mismo proceso fue introducido en Europa, el Mercado Común Europeo, para proteger a los cultivadores de remolacha azucarera, impuso tan altos aranceles a los jarabes de fructosa, que su producción en esos países perdió de un día para otro toda viabilidad económica.

Quizás el proceso más significativo, entre los que figuran en la Tabla 14.6, sea el de la producción de acrilamida usando nitrilasa inmovilizada; en él está representada la penetración de la tecnología enzimática en un territorio nuevo y en gran parte inexplorado: el uso de enzimas en la manipulación de materiales que comúnmente se consideran como químicos, no biológicos. Este es el primer caso práctico de una tecnología enzimática entrando en competición directa con la química tradicional y, a pesar de las dudas que ahora suscita su vertiente económica, este es indiscutiblemente el camino por el que avanzará la tecnología enzimática en las próximas décadas. El examen del resto de la Tabla 14.6 depara algunas otra sorpresas, si se deja de momento a un lado el asunto de la incierta rentabilidad económica de muchos de esos procesos. Independientemente de consideraciones puramente políticas como las mencionadas anteriormente, el que un proceso sea rentable o no, depende de una serie de factores, frecuentemente interrelacionados, tales como los costes de las materias primas, el precio de mercado del producto y el volumen de este mercado, el coste de la mano de obra local y el del transporte, la magnitud de las inversiones necesarias y el coste de la compra o puesta a punto de la tecnología requerida. Por ejemplo, aunque sea técnicamente factible desarrollar un proceso más barato para la producción de aceite de jazmín (que cuesta literalmente su peso en oro), el coste de la puesta a punto del proceso puede resultar excesivo, si se tiene en cuenta el pequeño volumen del mercado para este aceite (Tabla 1.2, pág. 11), limitándose así los beneficios que es posible obtener. Los costes de mano de obra y transporte no requieren comentario; sólo conviene añadir que tratándose de un proceso que convierte grandes cantidades de material barato en pequeñas cantidades de producto caro, los gastos de transporte resultan menores instalando la planta de producción más cerca de la fuente de materia prima que del mercado en que se comercializa el producto. Los costes de las inversiones de capital son también factor importante; si se ha pedido un crédito, un cambio de un 0,5 % en las tasas de interés puede suponer una pérdida significativa en la rentabilidad proyectada. La incertidumbre y las fluctuaciones del mercado pueden hacer inseguro el precio de las materias primas y de los productos acabados. La propia introducción de una nueva tecnología hace cambiar al mercado, porque al crear nueva demanda de determinada materia prima, provoca probablemente un aumento en el precio de ésta y al introducir en el mercado mayor cantidad de un nuevo producto, es fácil que ello determine una caída en su precio. Por todo esto, en tiempos de recesión, invertir en una tecnología nueva y cara, cuyo beneficio resulta básicamente del procesado de materias primas para la obtención de productos de alto valor añadido, supone un considerable acto de fe.

La rentabilidad también está influida por la viabilidad del diseño del proceso y uno de sus parámetros clave es la vida operativa del catalizador enzimático inmovilizado.

Tabla 14.5 Usos industriales de enzimas solubles

Proceso o producto	*Enzima*										
	Amilasa	*Amiloglucosidasa*	*Catalasa*	*Celulasa*	*β-glucanasa*	*Glucosa oxidasa*	*Invertasa*	*Lactasa*	*Lipasa*	*Peptinasa*	*Proteasa*
Pan	Aceleración de la fermentación; mejora del volumen, textura y estructura			Extracción					Modificación de grasas		Textura y volumen mejorados
Metano	Pretratamiento de residuos	Pretratamiento		Pretratamiento					Pretratamiento	Pretratamiento	Pretratamiento
Cerveza	Amasado	Bebidas hipocalóricas		Extracción	Filtración mejorada						Clarificación Control del N Producción de condimentos
Cereales	Productos precocinados										
Cacao/té/café	Jarabes de cacao			Hidrólisis de celulosa en secado de café y fermentación del té						Fermentación concentrados de café	
Confitería	Recuperación de azúcar residual						Producción de rellenos			Producción de rellenos	
Jarabes de maíz	Jarabes ricos en maltosa	Jarabes de glucosa									
Productos lácteos			Eliminación del H_2O_2 en la leche					Eliminación de lactosa de leche y suero	Maduración de quesos helados		Producción de quesos e hidrolizados proteicos, estabilización leche evaporada

Huevos deshidratados						Eliminación de glucosa	Mejora del batido y la emulsificación		Mejor secado
Aromas	Clarificación, jarabes de malta			Extracción		Eliminación de oxígeno	Extracción de grasas	Extracción	Jarabe de malta Saborizantes
Zumos de frutas	Extracción mejorada	Procesado		Extracción		Eliminación de oxígeno		Clarificación, para evitar geles, mejora de rendimientos	
Lavandería	Detergentes						Detergentes		Detergentes
Pieles									Quitar pelos
Carnes									Reducir Tenderización Aprovechar restos Concentr. pescado
Fotografía									Recuperar plata de película vieja
Caucho			Formación de espuma de caucho						Producción
Bebidas no alcohólicas			Estabilización de terpenos de cítricos			Estabilización de terpenos de cítricos			
Textiles	Desmenuzado, producción de pasta de papel			Desmenuzado, modificación del papel, estampado de telas					
Hortalizas	Licuefacción de sopas y purés			Extracción				Producción de hidrolizados	
Vino	Producción de mosto		Control del calor	Producción	Clarificación	Control de color		Produc./clarificación de mosto	

Tabla 14.6 Usos actuales de enzimas inmovilizados

Enzima	*Producto*	*Sustrato*	*Tamaño de la operación*	*Método de inmovilización*	*Vida operativa*	*Reactor*	*Productividad*
Aminoacilasa (Poulsen, 1984)	L-Aminoácido	DL-Aminoácido	< 250 Tm L-aa/año < 5 Tm enzima/año	Absorción sobre DEAE-Sephadex	3-4 semanas	Columna	
Amiloglucosidasa glucoamilasa (Poulsen, 1984)	Glucosa	Dextrinas (de almidón)	< 5.000 Tm glucosa/año < 1 Tm enzima/año	Absorbido sobre carbón	debe ser > 5 sem.	Columna o tanquete con agitación	Economía dudosa
Glucosa isomerasa (Xilosa isomerasa) (Poulsen, 1984)	Jarabe de fructosa (45 % fructosa) (45 % glucosa)	Jarabe de glucosa	$3{,}6 \times 10^6$ Tm/año de jarabe 50 % fructosa 1.600 Tm enzima/año	Entrecruzamiento con glutaraldehído entre las células	9-17 semanas (25 % de actividad final)	Columna	2.000-2.200 kg de producto/kg enzima
Hidantoinasa (Poulsen, 1984)	Fenilglicina, por ejemplo	Hidantoilglicina	< 50 Tm D-fenilglicina/año 1 Tm enzima/año	No se conoce	—	—	—
Lactasa (β-galactosidasa) (Poulsen, 1984)	Glucosa y galactosa	Lactosa (sobre todo, suero)	< 1.000 Tm hidrolizados de lactosa/año < 5 Tm enzima/año	Covalente a silicagel; absorción a resina; atrapamiento en acetato de celulosa	Varias semanas (< 40 ciclos de operación)	Columna o tanque	Economía dudosa

Nitrilasa (Poulsen, 1984)	Acrilamida	Acrilonitrilo	< 5 Tm acrilamida y < 0,1 Tm enzima/año	Atrapada en gel de acrilamida catiónica	No publicado	Columna	Economía dudosa
Penicilina G-acilasa (Poulsen, 1984)	Acido 6-amino penicilánico	Penicilina G (y cefalosporinas)	4.000 Tm de 6-APA/año 3,5 Tm enzima/año	Covalente a Sephadex	18 semanas	Columna	1.500 kg de producto/kg de enzima
				Células fijadas a poliacrilonitrilo activado con glutaraldehído	7 semanas	Columna	600 kg de producto/kg de enzima
Penicilina V-acilasa (Poulsen, 1984)	Acido 6-amino penicilánico	Penicilina V	500 Tm de 6-APA y 1 Tm de enzima/año	Células entrecruzadas con glutaraldehído	9 semanas	Columna o tanque agitado	350 kg de producto/kg de enzima
Cetoácido deshidrogenasa y formato deshidrogenasa (Wandrey, 1984)	L-Metionina L-Valina L-Fenilalanina	Correspondientes cetoácidos	150 Tm/año	Enzimas solubles y polietilenglicol-NAD	—	Reactor de membrana	—
Fumarasa (células de *Brevibacterium flavum*) (Chibata, Tosa y Takata, 1983)	Acido L-Málico	Acido L-Fumárico	360 Tm/año 2 Tm enzima/año	Células enteras atrapadas en κ-carragenato y polietilenimina	Aprox. 15 semanas	Columna	70 % del máx. rendimiento teórico 150 kg prod./kg células
Aspartasa *E. coli* (Hamilton *et al.*, 1985)	L-Aspartato	L-Fumarato	—	Varios, como absorción sobre vermiculita	Hasta 6 meses	Columna	100 % de rendim. 4.000 kg de producto/kg de enzima

Obviamente, cuanto más larga sea esta vida, menor es la necesidad de recambiar frecuentemente el catalizador, economizándose así en costes de catalizador y en tiempo empleado en realizar esta maniobra, que es tiempo en el que las instalaciones permanecen improductivas. En la práctica, este último problema puede ser solventado mediante el uso de varios reactores en paralelo, con un cierto desfase en cuanto a su momento de puesta en marcha. Así, por ejemplo, de una batería de 8 reactores, en cualquier momento habría 7 operativos y uno parado, para el recambio de su catalizador. Otra ventaja adicional de esta disposición de los reactores es que el rendimiento y la productividad total del sistema presenta menos fluctuaciones que si se trabaja con un solo reactor de gran tamaño y esto facilita el funcionamiento de los procesos que en el diagrama de flujo se encuentran antes y después de este punto.

Terminaremos estas consideraciones con un breve análisis de un proceso hoy ya bien establecido, la obtención de L-aminoácidos a partir de la mezcla racémica de D y L, utilizando D-aminoácido acilasa. Cuando se introdujo en Japón el proceso, basado en el uso de enzimas solubles, era el comienzo de los años 60. Se trataba entonces de un sencillo proceso discontinuo, con un tanque en el que se revolvía la mezcla de los aminoácidos D y L con el enzima, hasta que éste se desnaturalizaba; entonces se daba por terminada la reacción y se separaba el L-aminoácido del D-acil-aminoácido. Hacia el final de los años 60, la compañía Tanabe Seiyaku puso a punto un proceso con el enzima inmovilizado. Se probaron para ello más de 40 procedimientos de inmovilización distintos y entre ellos, sólo 3 fueron seleccionados para una posterior evaluación: atrapamiento en gel de poliacrilamida, ligamiento covalente a iodoacetil-celulosa, y retención electrostática sobre DEAE-Sephadex. En la Tabla 14.7 se muestran las principales características de los 3 preparados obtenidos. Puede verse en esos datos que no había grandes diferencias en las prestaciones reales de esos preparados, aunque el hecho de que las velocidades máximas de los enzimas inmovilizados fueran mayores que las de los solubles pueda causar alguna perplejidad (véase la Sección 14.2.4.5). La única diferencia importante era la estabilidad frente al calor, que era mayor en el caso del DEAE-Sephadex. Dejando esto aparte, ¿cuáles fueron las consideraciones que llevaron a la selección final de este procedimiento? Sus desventajas potenciales eran la relativa inestabilidad del ligamiento entre el enzima y el polímero, y el alto precio del DEAE-Sephadex. Sin embargo, la facilidad con que se obtenía el preparado era máxima. Además, una de las desventajas potenciales, la inestabilidad de la unión entre enzima y soporte, podía en la práctica convertirse en una ventaja, al permitir una más fácil regeneración del enzima inmovilizado, sin necesidad de sacar del reactor el DEAE-Sephadex. Una vez en funcionamiento, cargando una columna de 1.000 dm^3 con el DEAE-Sephadex-enzima y con una velocidad de flujo de 2,8 volúmenes vacíos de reactor por hora a 50 °C, se conseguía que un caudal de 2.000 dm^3/h de solución 0,2 molar de acetil D,L metionina se convirtiera al 100 % en acetilmetionina y L-metionina. La actividad del reactor disminuía paulatinamente hasta el 60 % del nivel original al cabo de 30 días de funcionamiento, momento en que la actividad era regenerada mediante la adición al reactor de enzima fresco. El DEAE-Sephadex resultó ser un soporte polimérico extremadamente estable, manteniéndose sin cambiar hasta 10 años después de su puesta en funcionamiento. La mezcla producto de la reacción se evaporaba, cristalizándose la L-metionina; la acetil-D-metionina, después de ser racemizada por calentamiento a 60 °C con anhídrido acético, se volvía a incorporar al flujo de sustrato. El rendimiento total era de un 91 % del máximo teórico.

La comparación de la rentabilidad de los procesos con enzima inmovilizado y soluble, mostró que el coste del proceso inmovilizado era aproximadamente la mitad. El ahorro se conseguía por tres vías: los costes de enzima eran menores, comprensible-

Tabla 14.7 Resumen de las propiedades enzimáticas de varias aminoácido acilasas inmovilizadas. (Reproducido con permiso de Chibata y Tosa, 1976)

		*Aminoácido acilasas inmovilizadas**		
Propiedades	*Enzima soluble**	*DEAE-Sephadex*	*Iodoacetil-celulosa*	*Poliacrilamida*
pH óptimo	7.5–8.0	7.0	7.5–8.0	7.0
Temperatura óptima	60 °C	72 °C	55 °C	65 °C
Energía de activación** (kcal/mol)	6.9	7.0	3.9	5.3
Co^{2+} óptimo ($mmol\,l^{-1}$)	0.5	0.5	0.5	0.5
K_m ($mmol\,l^{-1}$)**	5.7	8.7	6.7	5.0
V_{max} (mol/h)**	1.52	3.33	4.65	2.33
Estabilidad térmica†				
60 °C, 10 min (%)	62.5	100	77.5	79.5
70 °C 10 min (%)	12.5	87.5	62.5	34.5
Estabilidad ‡ operativa (días)	—	65 días @ 50 °C	—	48 días @ 37 °C
Preparación	—	Fácil	Difícil	Intermedia
Actividad enzimática	—	Alta	Alta	Alta
Coste de la inmovilización	—	Bajo	Alto	Moderado
Fuerza de ligamiento	—	Media	Fuerte	Fuerte
Estabilidad operativa	—	Alta	—	Moderada
Regeneración	—	Posible	Imposible	Imposible

* Sustrato: acetil-D,L-metionina.
** Ensayada a 37 °C y pH 7,0.
† Actividad residual.
‡ Tiempo que tarda en inactivarse el 50 % del enzima.

mente, para el proceso inmovilizado; los costes de mano de obra quedaban reducidos gracias al procesado continuo completamente automatizado, aunque el nivel de cualificación requerido para los operarios fuera mayor, y el gasto de sustrato también era menor, debido a que el rendimiento era más elevado. Los costes de energía eran marginalmente más altos y estaba también el gasto extra del DEAE-Sephadex. Esta última partida del gasto desapareció, sin embargo, de los calculos después de unos pocos años de funcionamiento. La Tabla 14.8 resume estos datos. Ninguno de los análisis tiene en cuenta los costes de capital, que eran mayores para el proceso con enzima inmovilizado.

Se han hecho muchas otras propuestas de uso de enzimas inmovilizados, la mayoría de las cuales sólo han sido desarrolladas a escala de laboratorio, debido sobre todo a su dudosa rentabilidad. Sería imposible revisar todas ellas aquí, así que hemos de conformarnos con una mención breve de sólo algunas de ellas, seleccionadas por su mayor probabilidad de tener éxito en el futuro. Es interesante que todas ellas tengan una cosa en común: el uso de células enteras, no enzimas purificados, para la inmovilización.

Tate and Lyle ha patentato un proceso para la conversión de glucosa en isomaltulosa (Cheetham, Imber e Isherwood, 1982). La isomaltulosa ha sido propuesta a la industria alimentaria y farmacéutica como un agente espesante no cariogénico, y como tal está siendo evaluada. Los escépticos pueden arguir que este es un caso clásico de producto sin sin mercado. El proceso está basado en el empleo de un reactor de lecho empaquetado con

Tabla 14.8 Comparación económica del proceso convencional discontinuo, con enzima soluble y del proceso continuo con enzima inmovilizado, para el caso de la D-aminoácido acilasa

	Coste relativo	
Componente	*Soluble*	*Inmovilizado*
Sustrato	0.52	0.40
Enzima	0.25	0.01
Mano de obra	0.20	0.06
Combustible	0.03	0.05
DEAE Sephadex	—	0.02
Total	1.00	0.54

células de *Erwinia rhaptonica* atrapadas en alginato. El aspecto particularmente interesante de este proceso consiste en la utilización de concentraciones de sustrato muy altas (hasta 1,6 M), que tienen el efecto de estabilizar considerablemente las células inmovilizadas, aunque no las libres, consiguiendo una vida media de operación de más de un año a 30 °C, además de permitir una fácil recuperación del producto de la reacción.

Entre las conversiones propuestas y menos conocidas, cabe destacar dos usos de células de *Nocardia* spp. inmovilizadas por atrapamiento en geles. Uno de ellos, desarrollado por Wingard *et al.* (1983), hace uso de estas células para catalizar la epoxidación del propileno (ver Sección 15.3), ocupándose el segundo de la conversión de cortexolona en cortisol (una hidroxilación-11β). Esta última transformación ha sido también conseguida con esporos de *Curvularia lunata* atrapados en alginato (Ohlsen *et al.* 1980). En todos los casos, las células se encontraban en estado viable pero no se reproducían. Mucho del futuro potencial de las aplicaciones de los biocatalizadores inmovilizados está en el funcionamiento de estos catalizadores con compuestos gaseosos o no solubles en agua.

14.8 Resumen

El éxito de la aplicación de las habilidades catalíticas de un enzima depende de una serie de factores. Cuestiones cruciales en este sentido son la estabilidad del enzima y la posibilidad de separarlo del sistema de la reacción y de reutilizarlo, siendo habitualmente alguna de estas causas lo que suele impedir que un enzima llegue a tener una aplicación industrial. Es posible, sin embargo, mejorar las características de un enzima por diversos métodos.

El principal de estos métodos es la inmovilización, esto es, la fijación por el medio que sea, de un enzima a una matriz polimérica que actúa como soporte. Hay muchos procedimientos de inmovilización disponibles, que suelen clasificarse por el tipo de unión que exista entre enzima y polímero. La selección del procedimiento más adecuado en cada caso, suele llevarse a cabo de manera en gran parte empírica. La inmovilización puede afectar al comportamiento del enzima de manera directa, modificando sus características intrínsecas, o indirecta, proporcionando un microambiente distinto en torno al enzima. Así pues, la estabilidad, la K_m, la velocidad máxima, la susceptibilidad a los cambios de pH y a la presencia de activadores o inhibidores del enzima, pueden verse alteradas; los cambios pueden ser intrínsecos o solamente aparentes, debidos al microambiente impuesto. Efectos similares pueden ser observados cuando se inmovilizan células enteras. Existen (y están siendo desarrollados) otros métodos para mejorar las características de un enzima. Técnicas con gran potencial son, por ejemplo, la selección de enzimas a partir de organismos termófilos, la mutagénesis orientada hacia un sitio determinado del genoma para obtener alteraciones de la estructura terciaria de la proteína, la modificación del ambiente de la reacción o la directa modificación química del enzima. En todos los casos, sin embargo, es necesaria una mejor comprensión de las relaciones entre estructura y función para que los intentos para mejorar los enzimas sean algo más que fundamentalmente empíricos.

Al estudiar la posible aplicación de un biocatalizador, la cuestión de optar por un enzima o célula, soluble o inmovilizado, suele resolverse en función del proceso de que se trate y de los costes relativos de ambas alternativas.

Cuando vayan a utilizarse enzimas en un reactor, debe prestarse cuidadosa atención al diseño y modo de funcionamiento del reactor. Las prestaciones asociadas a un particular diseño y su interacción con las características físicas y cinéticas del enzima, pueden afectar al rendimiento y la productividad del proceso.

Los enzimas encuentran aplicación en métodos terapéuticos, analíticos, manipulativos e industriales, pero una discusión completa de todos estos aspectos escapa al planteamiento de este libro. Es fácilmente constatable, sin embargo, su integración en múltiples facetas de la vida moderna y la tendencia de su rango de aplicaciones a irse extendiendo paulatinamente con el paso del tiempo.

Capítulo 15

Problemas y perspectivas

La tecnología enzimática es un campo en rápido desarrollo que, como otras ramas de la ciencia en parecida situación, han de salvar algunos problemas inmediatos antes de poder satisfacer las espectativas que han alentado. Por eso, vamos a comenzar por dedicar nuestra atención a algunas de las potenciales vías de desarrollo, destacando en nuestra discusión, las estrategias hasta ahora aplicadas.

La predicción del futuro es un arte incierto en el mejor de los casos y pudiera ser que para cuando aparezcan impresas estas palabras, los hechos hayan dejado ya atrás algunas de estas predicciones.

15.1 Reacciones que requieren coenzimas

Los enzimas más numerosos en la naturaleza son, de lejos, las oxidorreductasas, seguidas de cerca en número por las quinasas. No debería, sin embargo, sorprendernos el hecho de que muy pocos de estos enzimas hayan encontrado aplicación industrial y que la mayoría de los enzimas usados a gran escala sean simples hidrolasas. La razón no es otra que la necesidad del aporte continuo de costoso coenzima. La utilidad de estos enzimas está, no obstante, fuera de toda duda. Por ejemplo, las deshidrogenasas ligadas a NADP pueden catalizar un amplio rango de reacciones: paso de alcohol o amina a carboxilo, decarboxilaciones oxidativas, paso de aldehído a ácido carboxílico, amina a imina, alcano a alqueno, etc.; la mayoría de estas reacciones se desarrollan con absoluta estereoespecificidad, lo que las hace potencialmente valiosas para la síntesis de, por ejemplo, esteroides o compuestos farmacológicamente activos. Las fosforilizaciones estereoespecíficas catalizadas por quinasas podrían resultar igualmente útiles. El problema, dejando a un lado la cuestión de la inherente estabilidad del enzima, está en como reducir los costes de coenzima. Hay dos formas de abordar la cuestión: reciclar el coenzima y retenerlo en el reactor.

15.1.1 *Reciclaje de coenzimas*

En teoría, los coenzimas pueden ser reciclados de distintas maneras, química, electroquímica o enzimáticamente. El método preferido más frecuentemente es el enzimático y se han propuesto muy diversos esquemas para conseguir el reciclaje (Figura 15.1). El principio del reciclaje es bastante sencillo: añadir al sistema una adecuada combinación de segundo enzima y sustrato, que puedan hacerse cargo de la reacción opuesta. Las posibilidades propuestas para reciclar el ATP se ven a menudo descalificadas por su inviabilidad económica o por la gran cantidad de energía libre generada (o sea, por la irreversibilidad) en las reacciones de transferencia de grupo fosforilo. Aunque algunas propuestas han sido puestas a prueba, ninguna hasta ahora ha conseguido aplicación práctica y el futuro para el ATP reciclado es hoy incierto. Mucho más éxito se ha alcanzado con el reciclaje de NAD/NADH. El sistema preferido para regenerar el NADH, que es lo que se necesita más corrientemente, está contituido por formato deshidrogenasa y ácido fórmico. La clara ventaja de este sistema es que el producto de la reacción es, además del deseado NADH, dióxido de carbono, que puede ser fácilmente eliminado del reactor sin necesidad de complejos procedimientos de separación. El coste de producción de la formato deshidrogenasa era hasta hace poco prohibitivo, pero el uso de un procedimiento de separación a base de dos fases líquidas, la ha abaratado drásticamente.

Es imposible tratar con algún detalle en este texto, el tema de la regeneración de coenzimas por métodos químicos o electroquímicos. Baste señalar que los compuestos químicos que forman parte de un equilibrio redox, como el metasulfato de fenazina o el 2,6-dicloroindofenol, por ejemplo, pueden ser difíciles de separar de la mezcla de reacción. De igual manera, el reciclaje electroquímico del coenzima requiere una eficaz transferencia de electrones entre cualquier intermediario, el coenzima o incluso el enzima, y la superficie del electrodo, lo que puede ser difícil de conseguir trabajando a gran escala (consúltese Jones y Taylor, 1976; Lowe, 1981; Wingard, Shaw y Castuer, 1982).

15.1.2 *Retención de los coenzimas*

La retención del coenzima dentro del reactor es más problemática. Obviamente, el pequeño tamaño de las moléculas de coenzima, implica que se escapen fácilmente del reactor enzimático, a no ser que sean previamente modificadas de alguna manera.

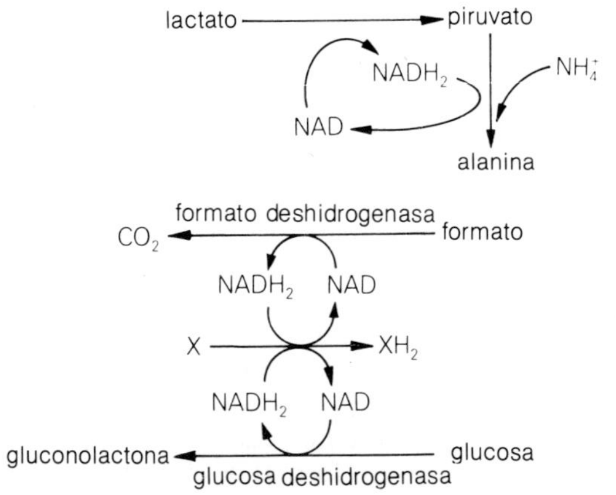

Fig. 15.1 Esquemas para el reciclaje de NAD/NADH

Esta modificación puede ser de tres formas. El coenzima puede ser inmovilizado mediante ligamento covalente a un polímero insoluble. Esta claro que así puede ser fácilmente retenido en el reactor, pero también es obvio que así es improbable que interaccione con un enzima inmovilizado, debiéndose entonces emplear un enzima soluble, lo que a su vez plantea el problema de como retener el enzima en el reactor. Por eso, el uso de coenzimas inmovilizados insolubles está en su mayor parte restringido a la cromatografía de afinidad. Hay, sin embargo, una excepción, una ingeniosa propuesta que resuelve el problema de inmovilizar tanto el enzima como el coenzima. La idea consiste en modificar el NAD ligándolo a un derivado de acrilamida adecuado para el caso, que se incorpora al gel de poliacrilamida empleado para atrapar a las deshidrogenasas. Así, los enzimas permanecen solubles, aunque estén atrapados dentro de la estructura del gel portador del NAD, por lo que puede tener lugar la interacción. Sin embargo, incluso en este caso subsiste el problema de la baja reactividad de los coenzimas inmovilizados, que es típicamente inferior al 1 % de la propia del coenzima soluble. Estas consideraciones dieron lugar a la segunda de las tres formas existentes para resolver la cuestión, la síntesis de coenzimas inmovilizados solubles. El NADP puede ser fácilmente ligado a polímeros solubles como, por ejemplo, dextrano o polietilenglicol, de modo que retenga su reactividad. El enzima y el NAD modificado por ligamiento a un soporte de alto peso molecular pueden entonces ser co-inmovilizados por atrapamiento en gel, o bien ser simplemente retenidos en el reactor, impidiéndose su salida mediante una membrana de ultrafiltración. El uso de reactores de fibra hueca es particularmente oportuno en este caso. La tercera forma de modificar el coenzima es quizá la más sencilla; se trata de inmovilizar el coenzima ligándolo directamente a la deshidrogenasa. Aunque pueda no parecerlo así, esta alternativa puede hacerse funcionar si se emplea un brazo espaciador suficientemente largo entre el enzima y el coenzima. Mansson, Larsson y Mosbach (1978, 1979) describen la preparación de un complejo NAD N^6, (6-amino-hexil) carbamilmetil lactato deshidrogenasa, en el que el NAD está disponible (y activo) para la lactato deshidrogenasa y para un enzima empleado para el reciclaje. ¿Cómo pueden pues ligarse con éxito a una matriz polímerica NAD, ATP o coenzima A (CoA)?. Diversos métodos han sido desarrollados para este fin y en general, puede decirse que el ligamiento directo del coenzima al polímero tiene como consecuencia la obtención de preparados con actividad apenas residual. Una molécula espaciadora debe pues introducirse entre el coenzima y el polímero. Como mejor se consigue esto es uniendo primero al coenzima una molécula lineal convenientemente reactiva, para ligar después al polímero este coenzima derivatizado con un grupo reactivo (normalmente una amina) situado en el extremo libre del brazo espaciador. Las moléculas espaciadoras más comúnmente usadas son grupos carboximetilo y (6-aminohexil) carbalmilmetilo. Ha de prestarse atención al sitio del coenzima por el que se fija la molécula espaciadora, para retener el máximo posible de actividad. Para el NADP, el ligamiento a través de la porción nicotinamida o ribosa suele provocar la inactivación del coenzima, siendo los mejores puntos de anclaje los correspondientes a la porción adenina. Para el NAD, el punto de ligamiento es crítico, siendo sólo aceptable la sustitución en el átomo N-6 de la adenina, independientemente de que se empleen grupos carboximetilos o (6-aminohexil) carbamilmetilos para el ligamiento. En el caso del NADP, en cambio, son activos tanto los carboximetil derivados obtenidos por sustitución del N-1, como los correspondientes a la sustitución del n-6; los derivados por sustitución en cualquiera de esas posiciones con (6-aminohexil) carbamilmetilo, sin embargo, son ambos inactivos en el caso del NADP. Está claro pues que es importante tener en cuenta los aspectos de carga y punto de sustitución en el coenzima para su ligamiento. Además, la selección del método de inmovilización puede también depender del enzima con el que se esté trabajando. Por ejemplo, el NAD N-6, (6-aminohexil) carboximetil-dextrano es un sustrato activo para la alcohol deshidrogenasa hepática de mamíferos, pero no para la alcohol deshidrogenasa de levadura.

En general, suele haber dos inconvenientes para la aplicación de los procedimientos que acabamos de considerar. Uno de ellos es el precio: los análogos de NAD son caros y de preparación laboriosa. El otro inconveniente es la inestabilidad: el enlace entre el NAD y el polímero o el enzima es relativamente lábil, y, sobre todo cuando se activa el polímero con bromuro de cianógeno, el preparado tiene una vida operativa bastante limitada.

Existen pues todavía muchos problemas por resolver en este campo, antes de que los enzimas que requieren coenzimas puedan hallar utilidad práctica como catalizadores industriales. Se está, sin embargo, investigando en un par de líneas para intentar eludir estos problemas. Una de ellas pretende usar células completas para aprovechar su actividad deshidrogenasa o quinasa (véase Sección 14.4). La otra consiste en la búsqueda de deshidrogenasas con estructura de flavoproteínas o quinoproteínas (como la metanol deshidrogenasa de algunas fuentes, por ejemplo), que operan mediante grupos prostéticos ligados.

15.2 Oxidasas y oxigenasas

Ni todas las oxidorreductasas requieren coenzimas, ni son las deshidrogenasas los únicos enzimas interesantes. Otros dos grupos de enzimas parecen ser prometedores; se trata de las oxidasas y las oxigenasas.

15.2.1 *Oxigenasas*

Las oxigenasas pueden introducir uno o dos átomos de oxígeno (mono-o dioxigenasas) en un centro de carbono; hasta ahora las mono-oxigenasas han sido las más estudiadas. Entre las reacciones que pueden catalizar están la conversión de alcanos en alcoholes, de olefinas en epóxidos y de sulfuros en sulfóxidos, la demetilación oxidativa, la ruptura de anillos aromáticos y, quizás más significativamente, la hidroxilación de compuestos aromáticos o policíclicos y de esteroides. Existen, por ejemplo, diversos microorganismos, entre los que destacan *Rhizopus arrhizus* y *Nocardia spp.,* que contiene una mono-oxigenasa capaz de hidrolizar la progesterona en la posición 11-αa. La acción de este enzima, junto con la de deshidrogenasas Δ^1 de origen microbiano y algunos pasos químicos, ha sido utilizada durante bastantes años para la conversión de progesterona en hidrocortisona, predmisolona, cortisona y prednisona. Hasta hace poco, el proceso era de fermentación, pero se está intentando ahora usar células inmovilizadas (sobre todo de *Nocardia spp.*) para realizar las hidroxilaciones 11-α. Para un estudio más amplio sobre este tema, el lector puede consultar una serie de artículos de distintos autores, recogidos en Chibata, Fukin y Wingard (1982). Es obvio que hay muchas posibilidades y dinero relacionados con la aplicación de enzimas en la síntesis de esteroides; en última instancia, podría llegarse, por vía totalmente enzimática, a la conversión de colesterol en un amplio rango de esteroides.

15.2.2 *Las oxidasas*

Las oxidasas son un grupo de enzimas igualmente útiles, entre las que se encuentran flavoproteínas (como las oxidasas de glucosa y aminoácidos), metalflavoproteínas (como la xantina oxidasa) y proteínas con grupos hemos (como la catalasa y las peroxidasas). Algunos de estos enzimas tienen ya aplicación práctica. La glucosa oxidasa, junto con la catalasa, viene siendo usada desde hace años en la industria alimentaria a modo de antioxidante y la catalasa por sí sola se emplea en la producción de goma espuma. Entre las aplicaciones más recientes está la producción de fructosa a partir de glucosa, utilizando piranosa-2-oxidasa (EC 1.1.3.10) para convertir la glucosa en glucosona, que es reducida después químicamente (Geigert, Neidleman y Hirano, 1983); está también la producción de α-cetoácidos a partir de aminoácidos, empleando aminoácido-oxidasas (Szwaher, Brodelius y Mosbach, 1982) y la producción de óxidos de alquenos a partir de alquenos, empleando haloperoxidasas (Neidleman, Amon y Geigert, 1981). Esta última aplicación está basada en la incorporación de átomos de haluros (cloro, por ejemplo) en alquenos (como el etileno, por ejemplo), para dar lugar a halohidrinas, que se convierten en epóxidos por tratamiento alcalino y después en óxidos (como el óxido de etileno). Se cree que la obtención de alquenóxidos (importantes precursores para la síntesis de polímeros), por vía enzimática o posiblemente microbiana, podría ser económicamente operativa antes de 1990.

15.3 Sistemas no acuosos

Muchas de las posibles reacciones que acabamos de describir tienen sustratos o productos que son poco o nada solubles en agua. Para facilitar una práctica rentable, sería conveniente que estas conversiones pudieran tener lugar en solventes orgánicos, lo que plantea el problema de la actividad y la estabilidad de los enzimas en estos medios (véase Sección 14.5). Introducir solventes orgánicos en una reacción enzimática tiene, sin embargo, una serie de ventajas. Al reemplazar el agua por un solvente orgánico, el efecto es la disminución de la concentración de agua. Como hemos visto, esto puede tener dos consecuencias: la estabilización del enzima (ver Sección 14.5) y el desplazamiento del equilibrio de las reacciones hidrolíticas, favoreciendo la síntesis neta. Por ejemplo, la α-quimotripsina en cloroformo sintetiza etil éster de N-acetil triptófano a partir de etanol y N-acetil-L-triptófano. La elección de un solvente adecuado tiene su importancia: el rendimiento de N-benzoil-L-fenilalanina etil éster en la reacción de la α-quimotripsina, es del 80 % con cloroformo, del 63 % con tetracloruro de carbono y del 26 % con éter dietilo (Martinek y Semenov, 1981). Es posible que la aplicación más inmediata de esta técnica sea la síntesis de glicéridos específicos a partir del glicerol y de los ácidos grasos adecuados, mediante inversión de la reacción hidrolítica normal, catalizada por lipasas. De esta manera, se pueden conseguir grasas parecidas a la manteca de cacao, a partir de sustratos baratos como el aceite de palma.

Finalmente existe la posibilidad de alterar la propia naturaleza catalítica del enzima por acción de un solvente orgánico, mediante modificación, presumiblemente, de la estructura del centro activo.

Pal y Gertler (1983) han mostrado que la actividad de la α-trombina, normalmente esterasa y amidasa, puede ser modificada por la presencia de dimetilsulfóxido. A una concentración v/v del 20 % de dimetilsulfóxido en agua, la actividad amidasa queda reducida al 10 % de su valor original, mientras que la actividad esterasa aumenta al doble.

Los efectos de los solventes orgánicos son pues inesperados y potencialmente muy útiles, por lo que una vez optimizadas sus condiciones de uso, encontrarán sin duda cada vez más aplicaciones con éxito. Existen, por otra parte, dos tipos de solventes orgánicos: los miscibles en agua y los inmiscibles. Mientras que los solventes inmiscibles pueden, potencialmente al menos, ser menos perjudiciales para el enzima contenido en la fase acuosa, los miscibles pueden proporcionar más sustrato al enzima. Ejemplo de esto es el trabajo de Antonini, Arrea y Cremonesi (1981), sobre el rendimiento de cortisona reducida formada a partir de cortisona por acción de la 20β-hidroxiesteroide deshidrogenasa (EC 1.1.1.53). En agua, el rendimiento de cortisona no sobrepasa el 5 %, mientras que en clorobenceno llega al 15 % y en butilacetato al 100 %, independientemente del hecho de que el clorobenceno no tenga efecto inhibidor y el butilacetato en cambio, inhiba a este enzima en un 52 %. La diferencia puede explicarse sobre la base de la solubilidad relativa de la cortisona en cada uno de los dos solventes y de los solventes en agua; la cortisona es más soluble en butilacetato, que a su vez es, de los dos solventes, el más soluble en agua. Así pues, el butilacetato introduce más cortisona en la fase acuosa, a la vez que tiene una mayor capacidad para desnaturalizar al enzima.

15.4. Producción de energía

Los seres vivos dependen, para su mera existencia, de la producción de energía. No ha de sorprender por tanto, que el hombre haya intentado durante siglos desviar esta producción de energía en su propio beneficio. Los combustibles fósiles y la madera son los principales ejemplos de la utilización del carbono fijado y concentrado biológicamente, como fuente de energía. Para cubrir en el futuro las necesidades energéticas humanas, estos materiales son, sin embargo, poco atractivos, debido a su limitada disponibilidad y alto coste. Por eso, en los últimos tiempos se vienen ensayando diversos procedimientos para subvertir deliberadamente los procesos metabólicos biológicos, a fin de obtener de ellos una forma utilizable de energía. La energía suele hacerse disponible de dos modos: como combustible transportable y como generación directa de potencial eléctrico.

15.4.1 *Combustibles transportables*

Entre los posibles combustibles transportables de origen biológico, cabe distinguir 3 tipos: el hidrógeno, los gases orgánicos y los líquidos o sólidos orgánicos.

El principal líquido orgánico propuesto como fuente de energía fue, naturalmente, el etanol. La obtención de etanol por fermentación es ya un arte refinado, pero rara vez es factible conseguir, directamente de la fermentación, una solución que contenga más del 20 % de etanol. Desgraciadamente y como puede comprobar cualquiera que deje caer una cerilla encendida sobre una copa de jerez u otro tipo de vino fortificado, estas mezclas son estrictamente no combustibles. Así, para obtener un preparado combustible, el etanol ha de ser destilado. Aquí vencen las leyes de la termodinámica, porque el gasto de energía que requiere la destilación del etanol es en realidad mayor que el propio valor energético del etanol. La razón por la que el combustible brasileño mencionado en el capítulo 1, a base de petróleo y etanol, resulta rentable, es debida a tres factores. Primero, lo que se emplea para alimentar el fuego que hace posible la destilación, es el bagazo (subproducto de la caña de azúcar, de la que se obtiene el etanol), o sea que la energía para la destilación es muy barata, si no gratuita. Segundo, la economía nacional, en el caso brasileño, es casi totalmente dependiente del pétroleo importado, con un coste muy elevado para su balanza de pagos; cualquier medida que alivie esta carga está considerada como políticamente positiva. Tercero, el propio azúcar tiene en estos momentos un precio relativamente bajo. Por estos motivos, en Brasil a principios de los años 80, el «gasohol» ha tenido sentido política y económicamente. Si Brasil encontrara grandes yacimientos de pétroleo o gas natural, si el precio del azúcar en los mercados internacionales subiera mucho o si bajara considerablemente el precio del pétroleo, la situación sería muy diferente. Con todo, en términos generales, y para el futuro predecible, el etanol como combustible parece una posibilidad poco rentable, a menos que puedan encontrarse microorganismos con alto rendimiento, que puedan producir un etanol más concentrado.

De los gases orgánicos, el combustible más fácil de obtener es el metano. Habitualmente se produce como resultado del metabolismo anaerobio de un amplio rango de microorganismos (véase el Apéndice del Capítulo 3). Obtenible incluso por el simple procedimiento de cubrir un hoyo en el suelo lleno de residuos animales, la producción de metano viene a ser una ideal y sencilla forma de conseguir un combustible por vía biotecnológica, y es probable que la mayor parte del metano que se produzca en el futuro, proceda de esta aplicación. No hay, sin embargo, razones teóricas por las que una fermentación controlada a partir de materiales orgánicos residuales (tales como la lactosa) no pueda también dar lugar a grandes cantidades de metano. Antes de que esta avanzada tecnología se haga realidad, se necesita trabajar mucho en el conocimiento, mejora y control de los organismos productores de metano. El futuro de este compuesto es quizás más brillante que el del etanol, debido a la evidente facilidad que existe para separar y recoger el metano. Este último punto ilustra la importancia de los costes de obtención y purificación del producto en la viabilidad de los procesos biotecnológicos.

El hidrógeno es quizás el combustible ideal. Es ligero, existe ya una tecnología para su uso, su empleo es más seguro en muchos sentidos que el del pétroleo y, si se obtiene de la lisis del agua, no contamina y en su combustión regenera su fuente original. Es sabido desde hace algunos años que diversos microorganismos (tales como el *Clostridium butyricum* y varias cianobacterias) son capaces de producir hidrógeno molecular cuando son «alimentadas» con un transportador de electrones reducido (ácido ascórbico, ferredoxina o metil viologeno, por ejemplo). El efecto es resultado de la acción de la hidrogenasa que cataliza la reducción de los iones de hidrógeno, convirtiéndolos en hidrógeno molecular. El transportador de electrones reducido puede tener diversas procedencias pero se ha hecho popular el uso del proceso fotosintético de las plantas para proporcionar poder reductor. Así pues, el cloroplasto se ilumina, el agua se escinde en iones de oxígeno e hidrógeno y los electrones son transportados a través de los dos fotosistemas para que se reduzca, por ejemplo, la ferredoxina. Esta es a su vez reoxidada por la hidrogenasa, con la concomitante liberación de hidrógeno (Figura 15.2). El atractivo de esta propuesta está en que la fuente de energía es la luz, que está libremente disponible. Quedan, sin embargo, varios problemas por resolver antes de que la producción biofotolítica de hidrógeno desplace a la industria del pétroleo. El primero es la inestabilidad de la hidrogenasa y su inhibición por oxígeno, uno de los productos de la reacción. Esta inestabilidad ha sido en parte resuelta seleccionando enzimas menos sensibles al oxígeno y mediante inmovilización (ver Sección 14.5). El segundo problema, la inestabilidad de los fotosistemas vegetales, ha resultado más difícil de tratar. Los cloroplastos aislados son muy inestables y la mayor parte de la investigación realizada se ha centrado en el uso de células enteras, particularmente de algas unicelulares. Por ahora, se ha conseguido que estos sistemas resistan lo suficiente como para producir hidrógeno hasta un máximo de 10 días. El tercer problema radica en la baja eficacia de conversión de la energía solar que alcanzan los fotosistemas biológicos y que es típicamente del 1 %; a menos que esta cifra pueda subirse hasta el 10 ó el 15 %, los reactores necesarios para producir cantidades suficientemente abundantes de hidrógeno, tendrían que ser excesivamente grandes. Está claro pues que la aplicación práctica de estos sistemas no se hará realidad a corto plazo.

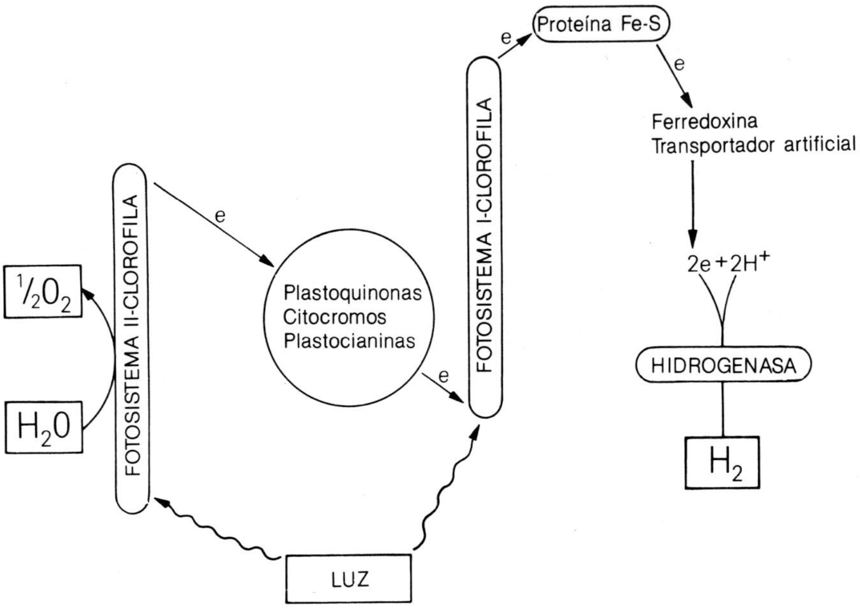

Fig. 15.2 Secuencia de reacciones para la liberación de H_2 a partir de los fotosistemas y la hidrogenasa

15.4.2 *Células de combustible*

Se ha cuestionado el uso de hidrógeno como combustible debido a su bajo valor energético, incluso al ser comprimido. Puede, sin embargo, ser utilizado para producir una corriente eléctrica, por oxidación en el ánodo de una célula de combustible convencional. Este es el principio de la célula de biocombustible. Los sistemas basados en la oxidación electroquímica del hidrógeno producido por vía microbiana, tienen, sin embargo, que llegar a obtener un rendimiento neto de energía, que supere el gasto empleado en calentar, remover y gasear las células microbianas.

La investigación sobre células de biocombustible se inició probablemente con el trabajo de Cohen (1931) que describió una célula bacteriana que al ser acoplada a un electrodo de ferricianuro, se comportaba como una media célula eléctrica. En principio, todas las células de biocombustible operan de la misma manera. Se utiliza un biocatalizador para reducir un material que luego es oxidado en un ánodo. El biocatalizador puede ser una célula entera o un enzima (por ejemplo, formato deshidrogenasa); el material reducido puede ser un producto metabólico o un transportador de electrones artificial y el material oxidado del par redox puede ser un nutriente para la célula biológica o un sustrato para el enzima. La Figura 15.3 ilustra algunas de las posibilidades. Se pueden generar típicamente potenciales de 40V con hasta el 90 % de eficacia termodinámica, pero las densidades de corriente están limitadas; la mayor corriente registrada con un dispositivo de este tipo ha sido hasta ahora de 200 mA/m^2 de electrodo de platino (Davis y col., 1983). Sin embargo, puede haber algunas aplicaciones bastantes especializadas de las células de biocombustible que resulten prácticas; se han propuesto, por ejemplo, para microordenadores de bajo consumo energético, para recargadores de baterias

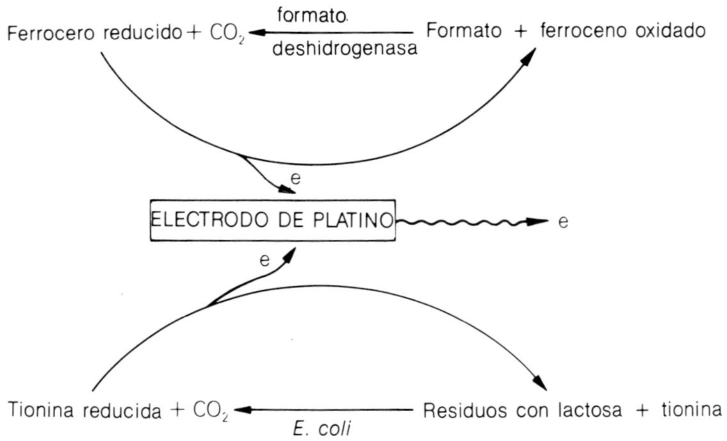

Fig. 15.3 Dos configuraciones posibles para células de biocombustible

silenciosos, de uso militar, y para proporcionar energía a los marcapasos cardíacos. Pero incluso para que estos sistemas puedan ponerse a punto, es necesario resolver el problema general de la inestabilidad de los biocatalizadores biológicos y encontrar métodos para mantener anaerobio el compartimento del ánodo, o para impedir la transferencia de electrones a partir del material reducido al oxígeno, en vez de al ánodo. Una revisión más completa del tema ha sido publicada por Aston y Turner (1984).

15.5 Nuevas reacciones para viejos enzimas

Aunque se ha dicho que sólo se ha caracterizado hasta ahora aproximadamente un 10 % de los enzimas presentes en la naturaleza, se ha sugerido también que sólo se han descrito parte de las reacciones que pueden ser catalizadas por los enzimas que se conocen actualmente. Así, ha surgido el concepto de nuevas reacciones de viejos enzimas. Este es aún un campo nuevo y muy especulativo, dentro de la tecnología de biocatalizadores y sólo se pueden estudiar los pocos ejemplos hasta ahora conocidos. El potencial de este campo es, sin embargo, enorme, porque es mucho más sencillo utilizar un enzima conocido que buscar otro nuevo.

Quizás el ejemplo clásico de enzima aprovechado para catalizar la reacción «que no le corresponde» podría ser el de la conversión industrial de glucosa en fructosa, por acción del enzima comúnmente llamado glucosa isomerasa. En realidad, el enzima es en sentido estricto una xilosa isomerasa, que puede funcionar con glucosa.

Recientemente ha sido propuesto el uso de un sistema enzimático para la obtención de hidroquinona a partir de benzoquinona. El enzima encargado de la reacción es una glucosa oxidasa, que normalmente convertiría glucosa y oxígeno en gluconolactona y peróxido de hidrógeno. El enzima, no obstante, funciona muy felizmente con benzoquinona como oxidante, produciendo hidroquinona.

La concentración de sustrato puede afectar a la estructura del producto en determinadas reacciones catalizadas por enzimas. La halogenación del alcohol-alílico catalizada por cloroperoxidasa, puede por ejemplo, dar lugar a monobromo-propanediol, cuando se usa el bromuro potásico a concentración 17 mM y a dibromo-propanol, cuando esta concentración se sube a 3,4 M (Neidleman y Geigert, 1983).

La carboxipeptidasa A tiene dos actividades, esterasa y peptidasa. El enzima contiene en su estado natural un átomo de zinc. La sustitución de este zinc por cobalto hace que se doble la actividad peptidásica y se aumente en un 14 % la esterásica, pero cuando la sustitución es con cadmio, la actividad esterásica aumenta en un 43 % y desaparece totalmente la actividad peptidásica (Vallee, 1980). La especificidad de sustrato de la aminoacilasa de *Aspergillus oryzae* depende del ión metálico presente; el cobalto favorece la deacilación de la N-cloroacetil-leucina, mientras que el zinc hace que el enzima deacile preferentemente la N-cloroacetil-norleucina.

De la consideración de estos ejemplos queda pues claro que hay mucho por hacer para el conocimiento de la catalisis enzimática y para su control y su aplicación.

15.6 Resumen

Aunque es difícil predecir el futuro, hay una serie de problemas por resolver antes de que el uso de enzimas se extienda de forma significativa.

Actualmente, los enzimas que necesitan coenzimas no tienen muchas aplicaciones, dejando aparte las analíticas, a pesar de la indudable utilidad de las reacciones que catalizan. Se han desarrollado algunos métodos para reciclar y retener los coenzimas dentro de los sistemas de los reactores, pero su rentabilidad es dudosa en la mayoría de los casos. El empleo de células en las que enzimas, coenzimas y sistemas de reciclaje estén ya listos para su uso, tendría un futuro más prometedor.

Hay dos grupos de enzimas que son objeto actualmente de intensivos estudios; son las oxigenasas y las oxidasas. Se ha visto que muchos de estos enzimas catalizan algunas reacciones bastante novedosas, como la epoxidación de alquenos, por ejemplo, y si esta tecnología llegase a desarrollarse con éxito, podría tener un impacto muy importante sobre lo que hoy se denomina la industria química.

Durante muchos años, el uso de enzimas en sistemas no acuosos, ha sido considerado como algo imposible. Se ha demostrado claramente, sin embargo, que algunos enzimas pueden funcionar en presencia de solventes orgánicos, a menudo con resultados provechosos. Los sistemas que contienen poca agua pueden favorecer la estabilidad de un enzima, por ejemplo, o ser utilizados para revertir una reacción que normalmente sea hidrolítica. El conocimiento de este tipo de operaciones es claramente vital para conseguir la transformación a gran escala de sustratos poco solubles en agua.

La tecnología enzimática se ha orientado también hacia la producción de energía, mediante la puesta a punto de sistemas productores de hidrógeno o que actúan como células de combustible. Puede pasar algún tiempo, sin embargo, hasta que estos procesos se hagan económicamente factibles.

Uno de los retos más apasionantes de la tecnología enzimática actual está en la caracterización de cuales son precisamente las reacciones que un enzima puede catalizar. La prolongación del uso de un enzima previamente conocido a otro tipo de reacción, puede resultar desde luego, ser una opción más viable que la búsqueda de un nuevo enzima.

Glosario

Clasificación E. C.

Enzima	*Nombre recomendado (si es diferente)*	*Número EC*
Acetil colinesterasa		3.1.1.7
Aconitasa	(Aconitato hidratasa)	4.2.1.3
Adenosin deaminasa		3.5.4.4
Alcohol deshidrogenasa		1.1.1.1
Alcohol oxidasa		1.1.3.13
Aldolasa	(Fructosa difosfato aldolasa)	4.1.2.13
Amino oxidasa		1.4.3.6
L-aminoácido oxidasa		1.4.3.2
Aminoacilasa		3.5.1.14
α-Amilasa		3.2.1.1
β-Amilasa		3.2.1.2
Amiloglucosidasa	(Exo-1,4,α-D-glucosidasa)	3.2.1.3
Asparaginasa		3.5.1:1
Aspartasa	(Aspartato-amonio-liasa)	4.3.1.1
Aspartato aminotransferasa		2.6.1.1
Aspartoquinasa	(Aspartato quinasa)	2.7.2.4
Bromelaína		3.4.22.4
Carboxipeptidasa A		3.4.17.1
Catalasa		1.11.1.6
Celulosa		3.2.1.4
2-Ceto-3-deoxi-6-fosfo-gluconato aldolasa	(Fosfo-2-ceto-3-deoxi-gluconato aldolasa)	4.1.2.14
α-Cetoglutarato deshidrogenasa	(Oxoglutarato deshidnasa lipoamida)	1.2.4.2
α-Cetoglutarato	(Quimotripsina C)	3.4.21.2
Citrato (enzima condensante)	(Citrato-(si)-sintetasa)	4.1.3.7
Cisteinil-tRNA sintetasa		6.1.1.16
Cloroperoxidasa	(Cloruro peroxidasa)	1.11.1.10

Enzima	*Nombre recomendado (si es diferente)*	*Número EC*
Colesterol esterasa		3.1.1.13
Colesterol oxidasa		1.1.3.6
Dimetilamina deshidrogenasa		1.5.99.7
DNA ligasa	(Polideoxirribonucleótido-sintetasa (ATP))	6.5.1.1
DNA polimerasa	(DNA nucleotidil transferasa)	2.7.7.7
Endonucleasas de restricción	(Endodeoxirribonucleasas)	3.1.23
Endonucleasas de restricción *Ava*I		3.1.23.3
Endonucleasas de restricción *Bal*I		3.1.23.5
Endonucleasas de restricción *Bam*HI		3.1.23.6
Endonucleasas de restricción *Cla*I		
Endonucleasas de restricción *Eco*RI		3.1.23.13
Endonucleasas de restricción *Hind*III		3.1.23.21
Endonucleasas de restricción *HPa*I		3.1.23.23
Endonucleasas de restricción *Pst*I		3.1.23.31
Endonucleasas de restricción *Pvu*I		3.1.23.32
Endonucleasas de restricción *Pvu*II		3.1.23.33
Endonucleasas de restricción *Sal*I		3.1.23.37
Endonucleasas de restricción *Sau*3A		3.1.23.27
(Enolasa)		4.2.1.11
Exonucleasas	(Exodeoxirribonucleasas)	3.1.11
Ficina		3.4.22.3
Fosfatasa alcalina		3.1.3.1
Fosfo(enol) piruvato carboxilasa		4.1.1.31
Fosfo(enol) piruvato hidratasa	(Enolasa)	4.2.1.11
6-Fosfofructoquinasa		2.7.1.11
(6-) Fosfogluconato dehidratasa		4.2.1.12
(6-) Fosfogluconato deshidrogenasa		1.1.1.44
(6-) Fosfogluconolactonasa		3.1.1.31
(3-) Fosfoglicerato quinasa		2.7.2.3
Formaldehído deshidrogenasa		1.2.1.1
Formato deshidrogenasa		1.2.1.2
Fructosa fosfato quinasa	(6-Fosfofructoquinasa)	2.7.1.11
Fructosa difosfato aldolasa		4.1.2.13
Fructosa-1, 6-difosfatasa	(Fructosa difosfatasa)	3.1.3.11
Fumarasa	(Fumarato hidratasa)	4.2.1.2
Galactoquinasa		2.7.1.6
β-Galactosidasa	(β-D-Galactosidasa)	3.2.1.23
β-Glucanasa	(Exo-1,4-β-D-Glucosidasa)	3.2.1.74
1,4-α-Glucanofosforilasa	(Fosforilasa)	2.4.1.1
Glucoamilasa	(Exo-1,4,α-D-Glucosidasa)	3.2.1.3
Glucosa deshidrogenasa		1.1.1.47
Glucosa isomerasa - nombre suprimido actualmente, reacción debida en realidad a la xilosa isomerasa (5.3.1.5) o a glucosa fosfato isomerasa (5.3.1.5), en presencia de arsénico		(5.3.1.18)

Enzima	*Nombre recomendado (si es diferente)*	*Número EC*
Glicolato deshidrogenasa		1.1.99.14
Glicolato oxidasa		1.1.3.1
Haloperoxidasa - ver Cloroperoxidasa		
Hexosa fosfato isomerasa	(Glucosa fosfato isomerasa)	5.3.1.9
Histidin-amonio liasa		4.3.1.3
Homoisocitrato liasa	(Homocitrato sintetasa)	4.1.3.21
Hidantoinasa	(Dihidropiramidinasa)	3.5.2.2
Hidrogenasa		1.18.3.1
21-Δ-Hidroxilasa	(21-Δ-Hidroxiesteroide deshidrogenasa)	1.1.1.150
Hidroxipuruvato reductasa		1.1.1.81
20β-Hidroxiesteroide deshidrogenasa		1.1.1.53
Invertasa	(β-D-Fructofuranosidasa)	3.2.1.26
Isocitrato deshidrogenasa	(Isocitrato deshidrogenasa NADP+)	1.1.1.42
Isocitrato liasa		4.1.3.1
Isoleucin-tRNA sintetasa		6.1.1.5
β-Lactamasa	(Penicilinasa)	3.5.2.6
Lactasa	(β-D-Galactosidasa)	3.2.1.23
Lactato deshidrogenasa		1.1.1.27
Leucil-tRNA sintetasa		6.1.1.4
Lipasa	(Triacilglicerol lipasa)	3.1.1.3
Lipoxigenasa		1.13.11.12
Lisozima		3.2.1.17
Malato deshidrogenasa		1.1.1.37
Malato sintetasa	(Malato sintasa)	4.1.3.2
Malil-CoA liasa		4.1.3.24
Malil-CoA sintetasa		6.2.1.9
α-D-manosidasa		3.2.1.24
Metano monoxigenasa	(Alcan 1-monoxigenasa)	1.14.15.3
Metanol deshidrogenasa	(Alcohol deshidrogenasa (aceptor)	1.1.99.8
Metanol oxidasa	(Alcohol oxidasa)	1.1.3.13
Metionin-tRNA sintetasa		6.1.1.10
Metilamina deshidrogenasa	(Amina deshidrogenasa)	1.4.99.3
Metilglutamato sintetasa	(Metilamina-glutamato-metiltransferasa)	2.1.1.21
Nitrilase		3.5.5.1
Nucleósido (-5') fosfotransferasa		2.7.1.77
Ornitin carbamiltransferasa		2.1.3.3
Papaína		3.4.22.2
Pectinasa	(Poligalacturonasa)	3.2.1.15
Penicilin acilasa		3.5.1.11
Peroxidasa		1.11.1.7

Enzima	*Nombre recomendado (si es diferente)*	*Número EC*
Glucosa oxidasa		1.1.3.4
Glucosa-6-fosfato deshidrogenasa		1.1.1.49
Glutamato deshidrogenasa	(Glutamato deshidrogenasa NADP+)	1.4.1.3
Glutamato sintetasa	(Glutamato sintetasa NADPH)	1.4.1.13
Glutamin sintetasa		6.3.1.2
Gliceraldehído-3-fosfato deshidrogenasa		1.2.1.12
Gliceroquinasa	(Glicerato quinasa)	2.7.1.31
Proteasas		3.4
Pululanasa		3.2.1.41
Piranosa (2-) oxidasa		1.1.3.10
Piruvato carboxilasa		6.4.1.1
Piruvato decarboxilasa		4.1.1.1
Piruvato deshidrogenasa	(Piruvato deshidrogenasa) (lipoamida)	1.2.4.1
Piruvato quinasa		2.7.1.40
Renina	(Quimosina)	3.4.23.4
Ribulosa (1-5) difosfato carboxilasa		4.1.1.39
Ribylosa-5-fosfato quinasa		
RNA polimerasa	(Fosforribuloquinasa)	2.7.1.19
	(RNA nucleotidil transferasa)	2.7.7.6
Rodanasa	(Tiosulfato sulfotransferasa)	2.8.1.1
S_1 nucleasa	(Endonucleasa S^1 (Aspergillus))	3.1.30.1
Sedoheptulosa difosfatasa		3.1.3.37
Serina-glioxilato aminotransferasa		2.6.1.45
Serina hidroximetiltransferasa		2.1.2.1
Subtilisina		3.4.21.14
Succínico deshidrogenasa	(Succinato deshidrogenasa)	1.3.99.14
Superóxido dismutasa		1.15.1.1
Tartrónico semialdehído reductasa	(Tartronato semialdehído reductasa)	1.1.1.60
Terminal transferasa	(DNA nucleotidilexotransferasa)	2.7.7.31
Termolisina	(proteinasa neutra de *Bacillus thermoproteolyticus*)	3.4.24.4
α-Trombina		3.4.21.5
Transaldolasa		2.2.1.2
Trioquinasa		2.7.1.28
Triosa fosfato isomerasa		5.3.1.1
Tripsina		3.4.21.4
Triptofanil-tRNA sintetasa		6.1.1.2
Tirosil-tRNA sintetasa		6.1.1.1
Ureasa		3.5.1.5
Uricasa	(Urato oxidasa)	1.7.3.3

Enzima	*Nombre recomendado (si es diferente)*	*Número EC*
Urocanasa	(Urocanato hidratasa)	4.2.1.49
Uroquinasa		3.4.21.31
Valil-tRNA sintetasa		6.1.1.9
Xantin oxidasa		1.2.3.2
Xilosa isomerasa		5.3.1.5

Referencias

Ajinomoto, A. (1983). European patent application 71023.

Al Obaidi, Z. S. and Berry, D. R. (1980), *Biotechnology Letters*, **2,** 5–10.

Antonini, E., Arrea, G. and Cremonesi, P. (1981). *Enzyme and Microbial Technology*, **3,** 291–296.

Aston, W. J. and Turner, A. P. F. (1984). In *Biotechnology and Genetic Engineering Reviews*, Vol. 1. Ed. Russell, G. E. pp. 89–120. Newcastle, Intercept.

Atkinson, A., Banks, G. T., Bruton, C. J., Comer, M. J., Jakes, R. J., Kamalagharan, T., Whitaker, A. R. and Winter, G. P. (1979). *Journal of Applied Biochemistry*, **1,** 247–58.

Ball, C. and MacGonagle, M. P. (1978). *Journal of Applied Bacteriology*, **45,** 67–74.

Baross, J. A. and Demming, J. W. (1983). *Nature*, **303,** 423–6.

Bascombe, S., Banks, G. T., Skarstedt, M. T., Fleming, A., Bettelheim, A. and Connors, T. A. (1975). *Journal of General Microbiology*, **91,** 1–16.

Beardsmore, A. J., Aperghis, P. N. G. and Quayle, J. R. (1982). *Journal of General Microbiology*, **128,** 1423–39.

Brewersdorff, M. and Dostalek, M. (1971). *Biotechnology and Bioengineering*, **13,** 49–62.

Bruton, C. J. (1983). *Philosophical Transactions of the Royal Society (London) B*, **300,** 249–261.

Buckland, B. C., Richmond, W., Dunnill, P. and Lilly, M. D. (1974). In *Industrial Aspects of Biochemistry*. (FEBS Vol. 30). Ed. Spencer, B., pp. 65–79. Amsterdam, North-Holland Pub. Co.

Bu'Lock, J. D., Hamilton, D., Hulme, M. A., Powell, A. J., Shepherd, D. Smalley, H. M. and Smith, G. N. (1965). *Canadian Journal of Microbiology*, **11,** 765–78.

Bu'Lock, J. D. (1980). *Biotechnology Letters*, **3,** 285–90.

Butterworth, D. (1984). In *Biotechnology of Industrial Antibiotics*, pp. 225–36. Ed. Vandamme, E. J. New York. Marcel Dekker.

Calam, C. T. and Smith, G. M. (1980). *FEMS Microbiology Letters*, **10,** 231–4.

Calcott, P. H. (1981). In *Continuous Culture of Cells*, Vol. 1, pp. 13–26. Ed. Calcott, P. H. Boca Raton, Louisiana, CRC Press.

Campbell, I. (1984). *Advances in Microbiology and Physiology*, **25,** 2–60.

Carr, P. W. and Bowers, L. D. (1980). *Immobilized Enzymes in Analytical and Clinical Chemistry*. New York, John Wiley.

Carrea, G. (1984). *Trends in Biotechnology,* **2,** 102–6.

Carrea, G., Bavara, R. and Pasta, P. (1982). *Biotechnology and Bioengineering,* **24,** 1–7.

Cashion, P., Javed, A., Harrison, D., Seeley, J., Lentini, V. and Sathe, G. (1982). *Biotechnology and Bioengineering*, **34,** 403–23.

Chang, L. T., Terasaka, D. T. and Elander, R. P. (1982). *Developments in Industrial Microbiology*, **23,** 21–9.

Chater, K. F. (1979). In *Genetics of Industrial Microorganisms* Ed. Sebek, O. K. and Laskin, A. I., pp. 123–33. Washington, American Society of Microbiology.

Cheetham, P. S. J., Imber, C. E. and Isherwood, J. (1982). *Nature*, **299,** 628–31.

Chibata, I., and Tosa, T. (1976). In *Applied Biochemistry and Bioengineering*, Vol. I. Ed. Wingard Jr. L. B., Katchalski-Katzir, E. and Goldstein, L., pp. 330–8. New York, Academic Press.

Chibata, I., Fukin, S. and Wingard, L. B. (1982) (eds) *Enzyme Engineering*, Vol. 6, pp. 117–34. New York, Plenum Press.

Chibata, I., Tosa, T. and Takata, I. (1983). *Trends in Biotechnology*, **1,** 9–11.

Clark, L. C. and Lyons, C. (1962). *Annals of the New York Academy of Sciences*, **102,** 29–45.

Cohen, B. (1931). *Journal of Bacteriology*, **21,** 18–19.

Colby, J., Williams, E. and Turner, A. P. F. (1985). *Trends in Biotechnology*, **3,** 12–17.

Colson, C., Cornelius, P., Digneffe, C., Walon, R. and Walon, C. (1981). European patent office, patent application number, 81,3005782.

Crameri, R., Davies, J. and Thompson, C. (1985). *The World Biotech Report 1985 Vol. 1: Europe. Proc. of Biotech '85, Europe, Geneva*, pp. 47–54. London, Online Publications.

Dagley, S. (1978). *The Bacteria*, Vol. 6, pp. 305–88. New York, Academic Press.

Dalton, H. (1980a). In *Hydrocarbons in Biotechnology*. Eds. Harrison, D. E. F., Higgins, I. J. and Walkinson, R. pp. 85–92. London, Heyden and Son.

Dalton, H. (1980b). *Advances in Applied Microbiology*, **26,** 71–87.

Daniels, L. (1984). *Trends in Biotechnology,* **2,** 91–98.

Davis, B. D. (1949). *Proceedings of the National Academy of Sciences, USA,* **35,** 1–10.

Davis, G., Hill, H. A. O., Aston, W. J., Turner, A. P. F. and Higgins, I. J. (1983). *Enzyme and Microbial Technology*, **5,** 383–8.

Dawson, P. S. S. (1974). *Biotechnology and Bioengineering Symposium*, **4,** 809–19.

Debabov, V. G. (1982). In *Overproduction of Microbial Products*, Eds Krumphanzl, V. and Vanek, Z., pp. 345–52. London, Academic Press.

Demain, A. I. (1980). *Search*, **11,** 148–51.

Demain, A. L. (1984). In *Biotechnology of Industrial Antibiotics*. Ed. Vandamme, E. J., pp. 33–44. New York, Marcel Dekker.

Ditchburn, P., Giddings, B. and MacDonald, K. D. (1974). *Journal of Applied Bacteriology*, **37,** 515–23.

Dixon, J. E., Stolzenbach, F. E., Berenson, J. A. and Kaplan, N. O. (1973). *Biochemical and Biophysical Research Communications*, **52,** 905–12.

Dostalek, M., Haggstrom, C. and Molin, N. (1972). *Fermentation Technology Today, Proceedings of the IV International Fermentation Symposium,* pp. 497–511. Ed. Terui, G., Tokyo, Society of Fermentation Technology, Japan.

Douzou, P. and Balny, C. (1977). *Proceedings of the National Academy of Sciences, USA*, **74,** 2297–300.

Dulaney, E. L. and Dulaney, D. D. (1967). *Transactions of the New York Academy of Sciences*, **29,** 792–9.

Dunnill, P. and Rudd, M. (1984) *Biotechnology and British Industry,* Swindon, Science and Engineering Research Council (U.K.).

Eagon, R. G. (1961). *Journal of Bacteriology*, **83,** 736–7.

Egli, T. and Lindley, N. D. (1984). *Journal of General Microbiology*, **130,** 3239–49.

Elander, R. P., Mabe, J. A., Hamill, R. L. and Gorman, M. (1971). *Folia Microbiologica,* **16,** 157–65.

Feren, C. J. and Squires, R. W. (1969). *Biotechnology and Bioengineering*, **11,** 583–92.

Ferenczy, L., Kevei, F. and Zsolt, J. (1974). *Nature (London)*, **248,** 793–4.

Fiechter, A. (1982). In *Advances in Biotechnology, 1. Scientific and Engineering Principles*. Eds, Moo-Young, M., Robinson, C. W. and Vezina, C, pp. 201–67. Oxford, Pergamon Press.

Forniani, G., Leoncini, G., Segin, P., Calabria, G. A. and Dacha, M. (1969). *European Journal of Biochemistry*, **7,** 214–22.

Furbish, J. (1977). *Proceedings of the National Academy of Sciences, USA,* **74,** 3560–3.

Geigert, J., Neidleman, S. L. and Hirano, D. S. (1983). *Carbohydrate Research,* **13,** 159–62.

Glover, D. M. (1984), *Gene Cloning: The Mechanics of DNA Manipulation*. London, Chapman and Hall.

Glover, D. M. (Ed.) (1985). *DNA Cloning: A Practical Approach*. Vols. 1 and 2. Oxford, IRL Press.
Grierson, D. and Covey, S. N. (1984). *Plant Molecular Biology*. Glasgow, Blackie.
Godfrey, T. and Reichert, J. (1983). *Industrial Enzymology*. London, Macmillan.
Goldberg, I., Rock, J. S., Ben-Bassat, A. and Mateles, R. I. (1976). *Biotechnology and Bioengineering*, **18,** 1657–68.
Goldstein, L. (1972). *Biochemistry* **11,** 4072.
Gore, J. H., Reisman, H. B. and Gardner, C. H. (1968). US Patent 3,404,102.
Gray, P. W., Aggarwal, B. B., Benton, C. V., Bringman, T. S., Henzel, W. J., Jarrett, J. A., Leung, D. W., Moffat, B., Ng, P., Svedersky, L. P., Palladino, M. A. and Nedwin, G. E. (1984). *Nature*, **312,** 721–4.
Gregory, G. (1984). *New Scientist*, **104,** 12–15.
Guilbault, G. G. (1980). *Enzyme and Microbial Technology*, **2,** 258–64.
Hamer, G. (1979). In *Economic Microbiology*, Vol. 2. Ed., Rose, A. H., pp. 31–45. London, Academic Press.
Hamilton, B. K., Hsiao, H-Y., Swann, W. E., Anderson, D. M. and Delente, J. J. (1985). *Trends in Biotechnology*, **3,** 64–8.
Hamlyn, P. F. and Ball, C. (1979). In *Genetics of Industrial Microorganisms* Eds, Sebek, O. K. and Laskin, A. I., pp. 185–91. Washington, American Society for Microbiology.
Hansen, E. C. (1896) In *Practical Studies in Fermentation* (Translated by Miller, A. K.) Chapter 1, pp. 1–76. London, Spoon.
Hanson, R. S. (1980). *Advances in Applied Microbiology*, **26,** 3–39.
Harrison, D. E. F. (1973). *Journal of Applied Bacteriology*, **36,** 309–14.
Henley, J. P. and Sadana, A. (1985). *Enzyme and Microbial Technology*, **7,** 50–60.
Hersbach, G. J. M., Van der Beek, C. P. and Van Dijck, P. W. M. (1984). In *Biotechnology of Industrial Antibiotics*. Ed., Vandamme, E. J., pp. 45–140. New York, Marcel Dekker.
Higgins, I. J., Best, D. J. and Hammond, R. C. (1980). *Nature*, **286,** 561–4.
Higgins, I. J., Best, D. J., Hammond, R. C. and Scott, D. (1981). *Microbiological Reviews*, **45,** 556–90.
Hirose, Y. and Shibai, H. (1980). *Advances in Biotechnology*, Vol. 1. Eds, Moo-Young, M., Robinson, C. W. and Vezina, C., pp. 329–33. Toronto, Pergamon Press.
Hooykaas-Van Slogteren, G. M. S., Hooykaas, P. J. J. and Schilperoort, R. A. (1984). *Nature*, **311,** 763–4.
Hopwood, D. A. (1976). In *Microbiology–1976,* Ed, Schlessinger, D., pp. 558–62. Washington, American Society for Microbiology.
Hopwood, D. A. (1979). In *Genetics of Industrial Microorganisms*, Eds, Sebek, O. K. and Laskin, A. I., pp. 1–9. Washington, American Society for Microbiology.
Hopwood, D. A., Malpartida, F., Kieser, H. M., Ikeda, H., Duncan, J., Fujii, I., Rudd, B. A. M., Floss, H. G. and Omura, S. (1985). *Nature*, **314,** 642–4.
Huber, F. M. and Tietz, A. J. (1984). In *Biotechnology of Industrial Antibiotics*. Ed. Vandamme, E. J., pp. 551–68. New York, Marcel Dekker.
Hue, D., Corvol, P., Menard, J. and Sicard, P. J. (1976). *Process Biochemistry*, **July/August,** 20–4.
Hustedt, H., Kroner, K. H., Stach, W. and Kula, M-R. (1978). *Biotechnology and Bioengineering*, **20,** 1989–2005.
Ichikawa, T., Date, M., Ishikura, T. and Ozaki, A. (1971). *Folia Microbiologica*, **16,** 218–24.
Jones, J. B. and Taylor, K. E. (1976). *Canadian Journal of Chemistry*, **54,** 2974–80.
Karube, I. (1984). In *Biotechnology and Genetic Engineering Reviews,* Vol. 2. Ed. Russell, G. E., pp. 313–41. Newcastle, Intercept.
Kase, H. and Nakayama, K. (1972). *Agricultural and Biological Chemistry*, **36,** 1611–21.
Kinoshita, S., Udaka, S. and Shimono, M. (1957). *Journal of General Applied Microbiology*, **3,** 193–205.
Klibanov, A. M., Nathan, N. O. and Kamen, M. D. (1978). *Proceedings of the National Academy of Sciences, USA*, **75,** 3640–3.
Komatsu, K., Mizumo, M. and Kodaira, R. (1975). *Journal of Antibiotics*, **28,** 881–7.
Kornberg, H. L. (1972). In *Essays in Biochemistry*, Vol. 2, London, Academic Press.

Koukolikova-Nicola, Z., Shillito, R. D., Hohn, B., Wang, K., Van Montagu, M. and Zembryski, P. (1985). *Nature,* **313,** 191–196.

Kula, M-R. (1979). In: *Applied Biochemistry and Bioengineering*, Vol. 2. Eds Wingard, L. B. Katchalski-Katzir, E. and Goldstein, L. London, Academic Press.

Kurth, R. and Demain, A. L. (1984). In *Biotechnology of Industrial Antibiotics* Ed. Vandamme, E. J., pp. 781–90. New York, Marcel Dekker.

Kyowa Hakko Kogyou (1983). European patent application 73062.

Large, P. J. (1981). In *Microbial Growth on C1 Compounds*. Eds Dalton, H. pp. 55–69. London, Heyden and Son.

Large, P. J. (1983). *Methylotrophy and Methanogenesis*, pp. 1–88. Wokingham, Van Nostrand.

Lehninger, A. L. (1982). *Principles of Biochemistry*, pp. 331–680. New York, Worth Publishers.

LeGrys, G. A. and Solomon, G. L. (1977). Patent application 23128.

Lewin, B. (1983). *Genes*. New York, John Wiley.

Lowe, C. R. (1981). In *Topics in Enzyme and Fermentation Biotechnology*, Vol. 5. Ed A. Wiseman, pp. 13–146. Chichester, Ellis Horwood.

MacDonald, K. D. and Holt, G. (1976). *Science Progress*, **63,** 547–73.

Mainwaring, W. I. P., Parish, J. H., Pickering, J. D. and Mann, N. H. (1982). *Nucleic Acid Biochemistry and Molecular Biology*. Oxford, Blackwell.

Malik, V. S. (1980). *Trends in Biochemical Sciences,* **March. 5,** (3), pp. 68–72.

Malik, V. (1982). *Advances in Applied Microbiology,* **28,** 28–116.

Maniatis, T., Fritsch, E. F. and Sambrook, J. (1982). *Molecular Cloning: A Laboratory Manual*. Cold Spring Harbor, USA.

Mansson, M-O., Larsson, P-O. and Mosbach, K. (1978). *European Journal of Biochemistry*, **86,** 455–61.

Mansson, M-O., Larsson, P-O. and Mosbach, K. (1979). *FEBS Letters,* **98,** 309–13.

Mantell, S. H., Matthews, J. A. and McKee, R. A. (1985). *Principles of Plant Biotechnology*, pp. 191–6. Oxford, Blackwell.

Marsh, R. A. and Pinkney, J. T. (1985). In *The World Biotech Report, 1985. Vol. 1: Europe. Proceedings of Biotech '85, Europe, Geneva*. pp. 253–62. London, Online Publications.

Martin, J. F., Gill, J. A., Naharro, G., Liras, P. and Villanueva, J. R. (1979). In *Genetics of Industrial Microorganisms*. Eds. Sebek, O. K. and Laskin, A. I., pp. 205–209. Washington, American Society for Microbiology.

Martinek, K. and Berezin, I. V. (1977). *Journal of Solid Phase Biochemistry,* **2,** 350–1.

Martinek, K. and Semenov, A. N. (1981). *Journal of Applied Biochemistry,* **3,** 93–126.

Martinek, K., Klibanov, A. M., Goldmacher, K. S. and Berezin, I. V. (1977a). *Biochimica Biophysica Acta,* **485,** 1–12.

Martinek, K., Klibanov, A. M., Tchernyshera, A. V., Mozhaev, V. V., Berezin, I. V. and Glotov, B. O. (1977b). *Biochimica Biophysica Acta,* **485,** 13–28.

Marutzky, P., Petessen-Barstel, H., Elossdorf, J. and Kula, M-R. (1974). *Biotechnology and Bioengineering,* **16,** 1449–58.

Mateles, R. J. (1979). *Society of General Microbiology Symposium,* **29,** *Microbial Technology: Current State and Future Prospects,* Eds Bull, A. T., Ellwood, D. C. and Ratledge, C., pp. 29–52. Cambridge, Cambridge University Press.

McNerney, T. and O'Connor, M. L. (1980). *Applied and Enironmental Microbiology,* **40,** 370–5.

Meyer, O. and Schlegel, H. G. (1983). *Annual Reviews of Microbiology,* **37,** 277–310.

Miwa, K., Nakamori, S. and Mimose, H. (1981). *Abstracts of 13th International Congress of Microbiology (Boston, USA)*. p. 96.

Monod, J. (1942). *Recherches sur les Croissances des Cultures Bacteriennes,* 2nd edition. Paris, Hermann and Cie.

Mozhaev, V. V. and Martinek, K. (1984). *Enzyme and Microbial Technology,* **6,** 50–60.

Merrick, M. and Dixon, R. (1984). *Trends in Biotechnology,* **2,** 162–6.

Murai, N., Sutton, D. W., Murray, M. G., Slightom, J. L., Merlo, D. J., Reichert, N. A., Sengupta-Gopalan, Stock, C. A., Barker, R. F., Kemp, J. D. and Hall, T. C. (1983). *Science,* **222,** 476–82.

Murrell, J. C. and Dalton, H. (1983). *Journal of General Microbiology,* **129,** 3481–6.

Nakao, Y., Kanamaru, T., Kikuchi, M. and Yamatodani, S. (1973). *Agricultural and Biological Chemistry,* **37,** 2399–404.

Nakayama, K., Kituda, S. and Kinoshita, S. (1961). *Journal of General and Applied Microbiology*, **7,** 41–51.
Nathan, L. (1930). *Journal of the Institute of Brewing*, **36,** 538–50.
Neidleman, S. L. and Geigert, J. (1983). *Trends in Biotechnology*, **1,** 21–25.
Neidleman, S. L., Amon, W. F. and Geigert, J. (1981). US Patent 4,247,641.
Okachi, R. and Nara, T. (1984). In *Biotechnology of Industrial Antibiotics*, pp. 329–66. Ed. Vandamme, E. J. New York, Marcel Dekker.
Old, R. W. and Primrose, S. B. (1985). *Principles of Gene Manipulation: An Introduction to Genetic Engineering,* 3rd edn Oxford, Blackwell.
Ohlson, S., Flygave, S., Larsson, P-O., Mosbach, K. (1980). *European Journal of Applied Microbiology*, **10,** 1–9.
Ozias-Akins, P. and Lorz, H. (1984). *Trends in Biotechnology*, **2,** 119–23.
Pal, P. K. and Gertler, M. M. (1983). *Thrombosis Research*, **29,** 175–85.
Palmer, T. (1981). *Understanding Enzymes*. Chichester, Ellis Horwood.
Pastore, M. and Morisi, F. (1976). In *Methods in Enzymology*, Vol. 44. pp. 822–30. Ed. Mosbach, K. New York, Academic Press.
Paszkowski, J., Shillito, R. D., Saul, M., Mandak, V., Hohn, T., Hohn, B. and Potrykus, I. (1984). *EMBO Journal*, **3,** 2717–22.
Pennica, D., Nedwin, G. E., Hayflick, J. S., Seeburg, P. H., Derynck, R., Palladino, M. A., Kohr, W. J., Aggarwal, B. B. and Goeddel, D. V. (1984). *Nature*, **312,** 724–9.
Pirt, S. J. (1973). *Journal of General Microbiology*, **75,** 245.
Pirt, S. J. (1975). *Principles of Microbe and Cell Cultivation*. Oxford, Blackwell.
Pirt, S. J. and Kurowski, W. M. (1970). *Journal of General Microbiology*, **63,** 357–66.
Podojil, M., Blumaverova, M. Culik, K. and Vanek, Z. (1984). In *Biotechnology of Industrial Antibiotics*, pp. 259–80. Ed. Vandamme, E. J. New York, Marcel Dekker.
Pontecorvo, G., Roper, J. A., Hemmons, L. M., MacDonald, K. D. and Bufton, A. W. J. (1953). *Advances in Genetics*, **5,** 141–238.
Poulsen, P. B. (1984). In *Biotechnology and Genetic Engineering Reviews*, Vol. 1. Ed. Russell, G. E. pp. 121–40. Newcastle, Intercept.
Quayle, J. R. (1980). *Biochemical Society Transactions*, **8,** 1–10.
Queener, S. and Swartz, R. (1979). In *Economic Microbiology 3: Secondary Products of Metabolism* Ed. Rose, A. H. pp. 35–123. London, Academic Press.
Ray Chowdhurry, M. K., Goswani, R. and Chakrabarti, P. (1980). *Analytical Biochemistry*, **108,** 126–8.
Reed, G. and Peppler, H. J. (1973). *Yeast Technology*, pp. 664–8. Westport, Connecticut, Avi.
Rehacek, J. and Schaefer, J. (1977). *Biotechnology Bioengineering*, **19,** 1523–34.
Rivierre, J. (1977). *Industrial Applications of Microbiology* (Trans. and ed Moss, M. O. and Smith, J. E.). Brighton, Surrey University Press.
Robers, J. F. and Floss, H. G. (1970). *Journal of Pharmacological Science*, **59,** 702–3.
Robinson, P. J., Wheatley, M. A., Janson, J. C., Dunnil, P. and Lilly, M. D. (1974). *Biotechnology and Bioengineering*, **16,** 1103–112.
Saltero, F. V. and Johnson, M. J. (1954). *Applied Microbiology*, **2,** 41–4.
Sano, K. and Shiio, I. (1970). *Journal of General Applied Microbiology*, **16,** 373–91.
Schell, J. and Van Montagu, M. (1983). *Biotechnology*, **1,** 175–80.
Schmidt, R. D. (1979). *Advances in Biochemical Engineering*, **12,** 41–118.
Schulze, K. L. and Lipe, R. S. (1964). *Archiv für Mikrobiologie*, **48,** 1–20.
Schutte, H., Flossdorf, J., Sahn, H. and Kula, M-R. (1976). *European Journal of Biochemistry*, **62,** 151–160.
Sermonti, G. (1969). *Genetics of Antibiotic Producing Organisms*. London, Wiley-Interscience.
Shehata, T. E. and Narr, A. G. (1971). *Journal of Bacteriology*, **107,** 210–25.
Shepard, J. F., Bidney, D., Barsby, T. and Kemble, R. (1983). *Science*, **219,** 683–88.
Simon, L. M., Szelei, J., Szajáni, B., and Boross, L. (1985). *Enzyme and Microbial Technology*, **7,** 357–60.
Sinclair, C. G. and Kristiansen, B. (1987). In *Fermentation Kinetics and Modelling*, Ed. Bu'Lock, J. D. Open University Press in association with Paradign Press.
Sipiczki, M. and Ferenczy, L. (1977). *Molecular and General Genetics*, **157,** 77–83.
Smith, S. R. L. (1980). *Philosophical Transactions of the Royal Society (London) B*, **290,** 341–54.

Smith, G. M. and Calam, C. T. (1980). *Biotechnology Letters*, **2,** 261–6.

Stanbury, P. F. and Whitaker, A. (1984). *Principles of Fermentation Technology*. Oxford, Pergamon Press.

Stanley, S. H., Prior, S. D., Leak, D. J. and Dalton, H. (1983). *Biotechnology Letters*, **5,** 487–92.

Stoppok, E., Schomer, U., Segner, A., Matel, H. and Wagner, F. (1980). Poster presented at the 6th International Fermentation Symposium, London, Ontario, Canada.

Stryer, L. (1981). *Biochemistry*, pp. 235–356. San Francisco, W. H. Freeman and Co.

Szwajer, E., Brodelius, P. and Mosbach, K. (1982). *Enzyme and Microbial Technology*, **4,** 409–13.

Takahashi, K., Nishimura, H., Yoshimoto, T., Okada, M., Ajima, A., Matsushima, A., Tamaura, Y., Saito, Y. and Inada, Y. (1984). *Biotechnology Letters* **6(12),** 765–70.

Takata, I., Kayashima, K., Tosa, T. and Chibata, I. (1982). *Journal of Fermentation Technology*, **60,** 431–7.

Taylor, I. J. and Senior, P. J. (1978). *Endeavour*, **2,** 31–4.

Tonge, G. W. (1980), *Enzyme and Microbial Technology*, **2**(**4**), 342–50.

Torchillin, V. P., Maksimenko, A. V., Smirnov, V. N., Berezin, I. V., Klibanov, A. M. and Martinek, K. (1977). *Biochimica Biophysica Acta*, **522,** 277–83.

Tosaka, O., Karasawa, M., Ikeda, S. and Yoshii, H. (1982). *Abstracts of 4th International Symposium on Genetics of Industrial Microorganisms*, p. 61.

Trevan, M. D. (1980). *Immobilised Enzymes. An Introduction and Application in Biotechnology*. Chichester, John Wiley.

Trevan, M. D. and Groves, S. (1979). *Biochem. Soc. Trans.* **7,** 28–30.

Trilli, A., Michelin, V., Mantovani, V. and Pirt, S. J. (1978). *Antimicrobial Agents and Chemotherapy*, **13,** 7–13.

Trinci, A. P. J. (1969). *Journal of General Microbiology*, **57,** 11–24.

Vallee, B. L. (1980). *Carlsberg Research Communications*, **45,** 423–41.

Vane, J. and Cuatrecasas, P. (1984). *Nature*, **312,** 303–5.

Vezina, C. and Singh, K. (1975). In *The Filamentous Fungi*, Vol. 1, pp. 158–92. Eds, Smith, J. E. and Berry, D. R. London, Arnold.

Vezina, C., Singh, K. and Sehgal, S. N. (1965). *Mycologia*, **57,** 722–36.

Vogel, G. D., Van der Drift, C., Stumm, C. K., Keltjens, J. T. M. and Zwart, K. B. (1984). *Antonie van Leeuwenhoek*, **50,** 557–67.

Walker, J. M. and Gaastra, W. (Eds) (1983). *Techniques in molecular biology*. London. Croom Helm.

Wandrey, C. (1984). In *Biotech Europe 84,* pp. 391–404. Online Publications, Pinner.

Wharton, C. W., Crook, E. M., and Brokelhurst, K. (1968). *European Journal of Biochemistry*, **6,** 572.

Whitaker, A. and Long, P. A. (1973). *Process Biochemistry*, **8,** 27–31.

Wilkinson, A. J., Fersht, A. R., Blow, D. M., Carter, P. and Winter, G. (1984). *Nature*, **307,** 187–8.

Windass, J. D., Worsey, M. J., Pioli, E. M., Pioli, D., Barth, P. T., Atherton, K. T., Dart, E. C., Byrom, D., Powell, K. and Senior, P. J. (1980). *Nature*, **287,** 396–401.

Wingard, L. B., Shaw, C. H. and Castuer, J. F. (1982). *Enzyme and Microbial Technology*, **4,** 137–42.

Wingard, Jr. L. B., Roach, R. P., Miyawaki, O., Egler, K. A. and Klinzing, G. E., (1985). *Enzyme and Microbial Technology*, **7,** 503–9.

Winter, G. and Fersht, A. R. (1984). *Trends in Biotechnology*, **2,** 115–19.

Wodzinski, R. S. and Johnson, M. J. (1968). *Applied Microbiology*, **16,** 1886–91.

Woodward, J. (1985) (Ed.) *Immobilized Cells and Enzymes*. Oxford, IRL Press.

Wyatt, J. M. (1984). *Trends in Biochemical Sciences*, **8,** 19–23.

Zaborsky, O. R. (1972). In *Enzyme Engineering*, Vol. 1. Ed. Wingard, L. B., pp. 211–17. New York, Plenum.

Zaborsky, O. R. (1974). In *Enzyme Engineering*, Vol. 2. Eds. Pye, E. K. and Wingard, L. B., pp. 115–22. New York, Plenum.

Zaks, A. and Klibanov, A. M. (1984). *Science*, **224,** 1249–51.

Zeikus, J. G. (1983). *Advances in Microbial Physiology*, **24,** 215–93.

Zobell, C. E. (1950). *Advances in Enzymology*, **10,** 433–68.

Indice alfabético

Otros títulos de nuestro catálogo sobre BIOQUÍMICA, BIOLOGÍA MOLECULAR Y BIOTECNOLOGÍA

Jagnow, G., y David, W.
BIOTECNOLOGÍA

Old, R. W., y Primrose, S. B.
PRINCIPIOS DE MANIPULACIÓN GENÉTICA

Pellón, J. R.
LA INGENIERÍA GENÉTICA Y SUS APLICACIONES

Smith, G.
INTRODUCCIÓN A LA MICOLOGÍA INDUSTRIAL

Walker, J. M.
BIOLOGÍA MOLECULAR Y BIOTECNOLOGÍA

Wiseman, A.
PRINCIPIOS DE BIOTECNOLOGÍA

Wiseman, A.
MANUAL DE BIOTECNOLOGÍA DE LOS ENZIMAS

Webb, F. C.
INGENIERÍA BIOQUÍMICA

Ashby, J. F., y otros
PRINCIPIOS DE QUÍMICA BIOLÓGICA

Bray, H. G., y White, K.
CINÉTICA Y TERMODINÁMICA EN BIOQUÍMICA

Clark, J. M.
BIOQUÍMICA EXPERIMENTAL

Dawes, E. A.
PROBLEMAS CUANTITATIVOS DE BIOQUÍMICA (2.ª ed.)

Fritsche, W.
FUNDAMENTOS BIOQUÍMICOS DE LA MICROBIOLOGÍA INDUSTRIAL

Lindsey, K., y Jones, M. G. K.
BIOTECNOLOGÍA VEGETAL AGRÍCOLA

Ward, O. P.
BIOTECNOLOGÍA DE LA FERMENTACIÓN

Crueger, W., y Crueger, A.
BIOTECNOLOGÍA. MANUAL DE MICROBIOLOGÍA APLICADA

Selección de libros sobre MICROBIOLOGÍA, CIENCIA DE LOS ALIMENTOS Y NUTRICIÓN

Forrest, S. C.
FUNDAMENTOS DE CIENCIA DE LA CARNE

Frazier, W. C.
MICROBIOLOGÍA DE LOS ALIMENTOS (2.ª ed.)

Gruda, Z., y Postolski, J.
TECNOLOGÍA DE LA CONGELACIÓN DE ALIMENTOS

Hart, F. L., y Fisher, H. J.
ANÁLISIS MODERNOS DE LOS ALIMENTOS

Hawthorn, J.
FUNDAMENTOS DE CIENCIA DE LOS ALIMENTOS

Hersom, A. C., y Hulland, E. D.
CONSERVAS ALIMENTICIAS (3.ª ed.)

Hobbs, B.
HIGIENE Y TOXICOLOGÍA DE LOS ALIMENTOS (2.ª ed.)

Holdsworth, S. D.
CONSERVACIÓN DE FRUTAS Y HORTALIZAS

ICMSF
ECOLOGÍA MICROBIANA DE LOS ALIMENTOS (2 vols.)

Jay, J. M.
MICROBIOLOGÍA MODERNA DE LOS ALIMENTOS (2.ª ed.)

Kent, N. L.
TECNOLOGÍA DE LOS CEREALES (2.ª ed.)

Lees, R.
ANÁLISIS DE ALIMENTOS (2.ª ed.)

Lewis, M. S. L.
PROPIEDADES FÍSICAS DE LOS ALIMENTOS
Y DE SUS SISTEMAS DE PROCESADO

Lloyd, L. E.
FUNDAMENTOS DE NUTRICIÓN

Lück, E.
CONSERVACIÓN QUÍMICA DE ALIMENTOS

Maier, H. G.
MÉTODOS MODERNOS DEL ANÁLISIS DE ALIMENTOS (3 vols.)

Müller, G.
MICROBIOLOGÍA DE LOS ALIMENTOS VEGETALES

Müller, H. G.
NUTRICIÓN Y CIENCIA DE LOS ALIMENTOS

Multon, J. L.
ADITIVOS Y AUXILIARES DE FABRICACIÓN EN LAS INDUSTRIAS AGROALIMENTARIAS

Nickerson, J. T.
MICROBIOLOGÍA DE LOS ALIMENTOS Y DE SUS PROCESOS DE ELABORACIÓN

Osborne, D. R.
ANÁLISIS DE NUTRIENTES DE LOS ALIMENTOS

Pearson, D.
TÉCNICAS DE LABORATORIO DEL ANÁLISIS DE ALIMENTOS

Ranken, M. D.
MANUAL DE INDUSTRIAS DE LOS ALIMENTOS

Rheinheimer, G.
MICROBIOLOGÍA DE LAS AGUAS

Robinson, D. S.
BIOQUÍMICA Y VALOR NUTRITIVO DE LOS ALIMENTOS

Robinson, R. K.
MICROBIOLOGÍA LACTOLÓGICA (2 vols.)

Sinell, H. J.
INTRODUCCIÓN A LA HIGIENE DE LOS ALIMENTOS

Veysseyre, R.
LACTOLOGÍA TÉCNICA (2.ª ed.)

Suzuki, T.
TECNOLOGÍA DE LAS PROTEÍNAS DE PESCADO Y KRILL

Walstra, P.
QUÍMICA Y FÍSICA LACTOLÓGICA

Woolfe, J. A.
LA PATATA EN LA DIETA HUMANA

Wooton, S.
NUTRICIÓN Y DEPORTE

Wills, R. H. H., y otros
FISIOLOGÍA Y MANIPULACIÓN DE FRUTAS Y HORTALIZAS POST-RECOLECCIÓN

Timm, F.
FABRICACIÓN DE HELADOS

Tamime, A. Y., y Robinson, R. K.
YOGUR. CIENCIA Y TECNOLOGÍA